国家"十二·五"规划重点图书

中 国 地 质 调 查 局

青藏高原 1:25 万区域地质调查成果系列

# 中华人民共和国

# 区域地质调查报告

## 比例尺：1:250 000

## 昂达尔错幅

## (I45C004004)

**项目名称：** 1:25 万昂达尔错幅区域地质调查

**项目编号：** 200313000018


**项目负责：** 王永胜　曲永贵

**图幅负责：** 王永胜

**报告编写：** 王永胜　张树岐　谢元和　李存直　于喜文
郑春子　冯德臣　王忠恒　段建祥　孙中纲
李庆武　鲁宗林　姜雪飞　吕　鹏　李学彬
刘贵忠　王洪双

**编写单位：** 吉林省地质调查院

**单位负责：** 郭文秀（院长）
曲永贵（院总工程师）



中国地质大学出版社

ZHONGGUO DIZHI DAXUE CHUBANSHE

## 内容提要

调查区位于青藏高原腹地羌塘盆地南部，俗称南羌塘，面积约 15 650km²。本次调查共完成以下工作量：填图面积 15 650km²；路线调查 2 097km；实测地质剖面 141.70km；采集薄片样品 1 133 件，硅酸盐、稀土、微量元素分析 63 件，K－Ar 测年 8 件，Sharmp 离子探针测年 1 件，$^{39}Ar-^{40}Ar$ 测年 1 组，大化石 1 123 件，孢粉 8 件，微体化石 13 件，热释光 3 件，电子自旋共振（ESR）3 件，基本分析 43 件。本次调查主要成果：厘定了测区地层分区，建立了测区的地层划分系统，合理解体了肖茶卡群、木嘎岗日群，建立了三叠纪—侏罗纪生物地层序列。在班公湖-怒江结合带中发现塔仁本洋岛玄武岩岩石组合，提出了区内班公湖-怒江洋曾在中侏罗世末一度闭合，最终闭合时代为早白垩世末期的新认识。对帕度错-昂达尔错油气、油页岩远景区进行了专题调查，提出早侏罗世曲色组、中侏罗世布曲组为该地区最重要的含油气层位。重视矿产资源调查，对比洛错油页岩和伦坡拉盆地油页岩做了进一步调查，初步估算油页岩有数十亿吨远景资源量。对测区生态环境做了初步调查，对草场环境进行了概略评价，提出了保护利用的建议。

**关键词：** 区域地质调查　昂达尔错幅　报告

**图书在版编目（CIP）数据**

中华人民共和国区域地质调查报告．昂达尔错幅（I45C004004）：比例尺 1∶250 000/王永胜等著．—武汉：中国地质大学出版社，2012.4
ISBN 978－7－5625－2495－3

Ⅰ.①中…
Ⅱ.①王…
Ⅲ.①区域地质-地质调查-调查报告-中国②区域地质-地质调查-调查报告-班戈县
Ⅳ.①P562

中国版本图书馆 CIP 数据核字（2010）第 109464 号

**中华人民共和国区域地质调查报告**
**昂达尔错幅（I45C004004）：比例尺 1∶250 000**　　王永胜　**等著**

责任编辑：刘桂涛　　责任校对：张咏梅

出版发行：中国地质大学出版社（武汉市洪山区鲁磨路 388 号）　　邮编：430074
电　　话：（027）67883511　　传真：（027）67883580　　**E－mail：** cbb @ cug. edu. cn
经　　销：全国新华书店　　**http：** //www. cugp. cn

开本：880 毫米×1230 毫米 1/16　　字数：503 千字　印张：14.125　图版：28　附图：1
版次：2012 年 4 月第 1 版　　印次：2012 年 4 月第 1 次印刷
印刷：武汉中远印务有限公司　　印数：1—1 500 册

ISBN 978－7－5625－2495－3　　定价：268.00 元

# 前　言

青藏高原包括西藏自治区、新疆维吾尔自治区及青海省南部、四川省西部和云南省西北部，面积达 260 万 $km^2$，是我国藏民族聚居地区，平均海拔 4 500m 以上，被誉为地球第三极。青藏高原是全球最年轻的高原，记录着地球演化最新历史，是研究岩石圈形成演化过程和动力学的理想区域，是“打开地球动力学大门的金钥匙”。青藏高原蕴藏着丰富的矿产资源，是我国重要的资源后备基地。青藏高原是地球表面的一道天然屏障，影响着中国乃至全球的气候变化。青藏高原也是我国主要大江大河和一些重要国际河流的发源地，孕育着中华民族的繁生和发展。开展青藏高原地质调查与研究，对于推动地球科学研究、保障我国资源战略储备、促进边疆经济发展、维护民族团结、巩固国防建设具有非常重要的现实意义和深远的历史意义。

1999 年国家启动了“新一轮国土资源大调查”专项，按照温家宝总理“新一轮国土资源大调查要围绕填补和更新一批基础地质图件”的指示精神。中国地质调查局组织开展了青藏高原空白区 1∶25 万区域地质调查攻坚战，历时 6 年多，投入 3 亿多，调集 24 个来自全国省（自治区）地质调查院、研究所、大专院校等单位组成的精干区域地质调查队伍，每年近千名地质工作者，奋战在世界屋脊，徒步遍及雪域高原，完成了全部空白区 158$km^2$ 共 112 个图幅的区域地质调查工作，实现了我国陆域中比例尺区域地质调查的全面覆盖，在中国地质工作历史上树立了新的丰碑。

西藏 1∶25 万 I45C004004（昂达尔错）幅区域地质调查项目，由吉林省地质调查院承担，工作区位于藏北羌塘高原南部。目的是对测区不同地质单位、不同的构造-地层单位采用不同的填图方法进行全面的区域性地质调查。最终通过对沉积建造、变质变形、岩浆作用的综合分析，反演区域地质演化史，建立构造模式。

I45C004004（昂达尔错）幅地质调查工作时间为 2003—2005 年，累计完成地质填图面积为15 650$km^2$，实测地质剖面 141. 70km。地质路线 2 097km，采集薄片样品 1 133 件，硅酸盐、稀土、微量元素分析 63 件，K－Ar 测年 8 件，Sharmp 离子探针测年 1 件，$^{39}Ar-^{40}Ar$ 测年 1 组，大化石 1 123 件，孢粉 8 件，微体化石 13 件，热释光 3 件，电子自旋共振（ESR）3 件，基本分析 43 件，全面完成了设计工作量。主要成果有：①厘定了测区地层分区，首次将测区北部以含煤线为特征的海陆交互相晚三叠世地层分布区划归左贡地层分区，南部以浅海相为特征的晚三叠世—侏罗纪地层分布区仍划归多玛地层分区，使左贡地层分区延伸进入本区，修改了多玛分区的北界，为羌塘地区的构造单元划分提供了地层依据。②对南羌塘盆地三叠纪和侏罗纪岩石地层单元划分进行了补充和完善，建立了新的岩石地层单元序列表，由老到新依次为：晚三叠世日干配错群、晚三叠一早侏罗世索布查组、早侏罗世曲色组、中侏罗世色哇组、莎巧木组、布曲组、夏里组、晚侏罗世索瓦组，建立了三叠纪世-侏罗纪生物地层序列，提高了南羌塘盆地的研究水平。③新建晚三叠世-早侏罗世索布查组，为一套碳酸盐岩组合，与下伏晚三叠世日干配错群和上覆早侏罗世曲色组呈整合接触。依据其中所产古生物化石，确定了三叠系与侏罗系生物地层界限，该剖面是青藏高原少有的三叠系与侏罗系连续沉积的层型剖面之一。④确定了毕洛错一带的含油页岩、膏盐地层为早侏罗世曲色组，并依据其中所产 *Cuspidaria* 等生物化石，确定该套含膏黑色页岩层为重要的缺氧事件层，曲色组和缺氧事件层的确定对指导南羌塘凹陷带寻找油气、油页岩具有重要意义。该套地层中还采集到辐鳍鱼类化石，为羌塘盆地内的首次发现。对研究该地区的古地理、古沉积环境，以及区域岩石地层对比具有重要的意义。⑤在班公湖-怒江结合带中发现塔仁洋岛玄武岩岩石组合，提出了区内班公湖-怒江洋曾在中侏罗世末一度闭合，最终闭合时代为早白垩世末期的新认识。⑥对帕度错-昂达尔错油气、油页岩远景区进行了专题调查，提出早侏罗世曲色组、中侏罗世布曲组为该地区最重要的含油气层位。⑦重视矿产资源调查，对比洛错油页岩和伦坡拉盆地油页岩做了进一步调查，初步估算油页岩有数十亿吨远景资源量。⑧对测区生态环境做了初步调查，对草场环境进行了概略评价，提出了保护利用的建议。

2005 年 6 月，中国地调局组织专家对项目进行最终成果验收，评审认为，成果报告资料齐全，工作量达到（或超过）设计规定，技术手段、方法、测试样品质量符合有关规范、规定。报告章节齐备，论述有据，在地层、古生物、岩石和构造等方面取得了较突出的进展和重要成果，反映了测区地质构造特征和现有研究程度。经评审委员会认真评议，一致建议项目报告通过评审，昂达尔错幅成果报告被评为优秀级。

参加报告编写的有王永胜、张树岐、谢元和、李存直、于喜文、郑春子、冯德臣、王忠恒、段建祥、孙中纲、李庆武、鲁宗林、姜雪飞、吕鹏、李学彬、刘贵忠、王洪双，由王永胜定全稿，曲永贵教授级高级工程师对全稿进行了审阅并提出许多宝贵意见。主要填图人员有张树岐、王忠恒、段建祥、李存直、谢元和等。图幅的遥感地质解译由吉林省地质调查院遥感中心吕鹏完成，刘贵忠同志参加野外验证和报告编写。1∶25 万地质图由王永胜、张树岐、王忠恒编稿，1∶25 万矿产图由于喜文、段建祥编稿，数字地质图初稿由姜雪飞、张斌、刘振宇完成，正式稿及数据库由吉林省地质调查院信息发展中心王立民同志完成，其他图件由相应专题工作人员编稿，由姜雪飞、李庆武、李学彬微机制图，资料归档由孙中纲完成。先后参加野外工作的还有：曲永贵、孙继龙、郭忠义、周建荣、杨宝义、刘文生、旦增。

在整个项目实施和报告编写过程中，得益于许多单位和领导的大力协助、支持，尤其要感谢的是：中国地质调查局、成都地质矿产研究所、中国科学院南京地质古生物研究所、中国地质大学地层古生物教研室、吉林大学地层古生物与地层学研究中心、中国地质大学岩石教研室；潘桂堂研究员、王大可研究员、王义昭教授级高工、莫宣学教授等专家给予了热心的指导和帮助。

为了充分发挥青藏高原 1∶25 万区域地质调查成果的作用，全面向社会提供使用，中国地质调查局组织开展了青藏高原 1∶25 万地质图的公开出版工作，由中国地质调查局成都地调中心与项目完成单位共同组织实施。出版编辑工作得到了国家测绘局孔金辉、翟义青及陈克强、王保良等一批专家的指导和帮助，在此表示诚挚的谢意。

鉴于本次区调成果出版工作时间紧、参加单位较多、项目组织协调任务重以及工作经验和水平所限，成果出版中可能存在不足与疏漏之处，敬请读者批评指正。

“青藏高原 1∶25 万区调成果总结”项目组

2010 年 9 月

# 目 录

# 第一章　绪　论

## 一、目的任务

根据中国地质调查局地质调查工作内容任务书（2003）002－16号，I45C004003（帕度错幅）、I45C004004（昂达尔错幅）1∶25万区域地质调查项目由吉林省地质调查院承担。工作性质：基础地质调查。工作内容编码：200313000018。工作年限：2003年1月—2005年12月。

总体目标任务：按照《1∶25万区域地质调查技术要求（暂行）》、《青藏高原艰险地区1∶25万区域性地质调查技术要求（暂行）》及其他有关规范、指南，参照造山带填图的新方法，应用遥感等新技术手段，以区域构造调查与研究为先导，合理划分测区的构造单元，对测区不同地质单位、不同的构造-地层单位采用不同的填图方法进行全面的区域性地质调查。最终通过对沉积建造、变质变形、岩浆作用的综合分析，反演区域地质演化史，建立构造模式。

本着图幅带专题的原则，在区域性地质调查的基础上，进一步加强含油气性的特殊岩类、地表油气标志和盖层条件的调查，研究中新生代沉积盆地性质与演化及其与油气的成生联系；进行新生代岩浆活动、新构造活动和第四纪地质的调查研究，探讨青藏高原环境变化趋势和隆升过程及其对油气成藏条件的影响；对测区南部班公错-怒江蛇绿岩带的地质特征、构造组成、形成与演化过程进行研究，为探讨特提斯构造演化提供新的基础地质资料；采用有效的技术方法和方法组合，注意对生态环境、旅游资源、矿产资源和灾害地质的调查研究。

## 二、位置与交通

工作区北起鄂雅错、雅根错，南至崩则错、色林错北岸，西起鲁雄错，东至其香错。总填图面积15 650km$^2$。行政区划隶属双湖特别区管辖。地理坐标：东经：88°30′00″～90°00′00″，北纬：32°00′00″～33°00′00″。

工作区交通极为不便，除那曲-阿里公路于图幅南侧从东到西通过部分地区外，还有班戈至双湖特别区简易公路斜穿测区（图1－1），其余广大地区只能在封冻季节才能强行探索前进。

## 三、自然地理及经济概况

工作区位于羌塘高原南部，俗称南羌塘。为多年冻土及湖盆区。地貌景观比较简单，为近东西向的高山与盆地相间，属高原湖盆地貌类型，地势上具有北高南低的特点，湖盆多分布于测区的中南部。区内山脉多为近东西走向，较高的山峰多分布在测区的东部和南部，其中最高峰为其香错北部的扎日梗永不朽，海拔5 642m，其次为尕阿鄂玛，海拔5 383m，区内最低湖面崩则错海拔4 530m，相对高差多在500m以下，最大高差为1 112m。区内有昂达尔错、其香错等大小湖泊30余个，均为陆内咸水湖，产硼砂等矿产。测区内水系不甚发育，河流全部属于内河流域，多以湖泊为中心的单独闭塞向心水系。河流短小，绝大多数为间歇性河流，较大河流为发源于唐古拉山南麓，向南注入色林错的扎加藏布。

测区内由于地势特高，气候分区为羌塘高原亚寒带半干旱气候区，属典型大陆性气候，具有干燥、寒冷、低压、风大、日照时间长、降水量集中、蒸发量大于降水量和严重缺氧的特点。区内年平均气温0℃以下，最低气温－33.8℃，最热为7月，平均气温12℃。月平均气压596.3mbar（相当于0.604标准大气压）。年降水量为127mm，6月至7月约占全年降水量的93％，平均年蒸发量为2 427.90mm。年平均风速为4.6m/s，每年风速等于或大于17m/s的日数超过200天。天气变化无常，时而晴空万

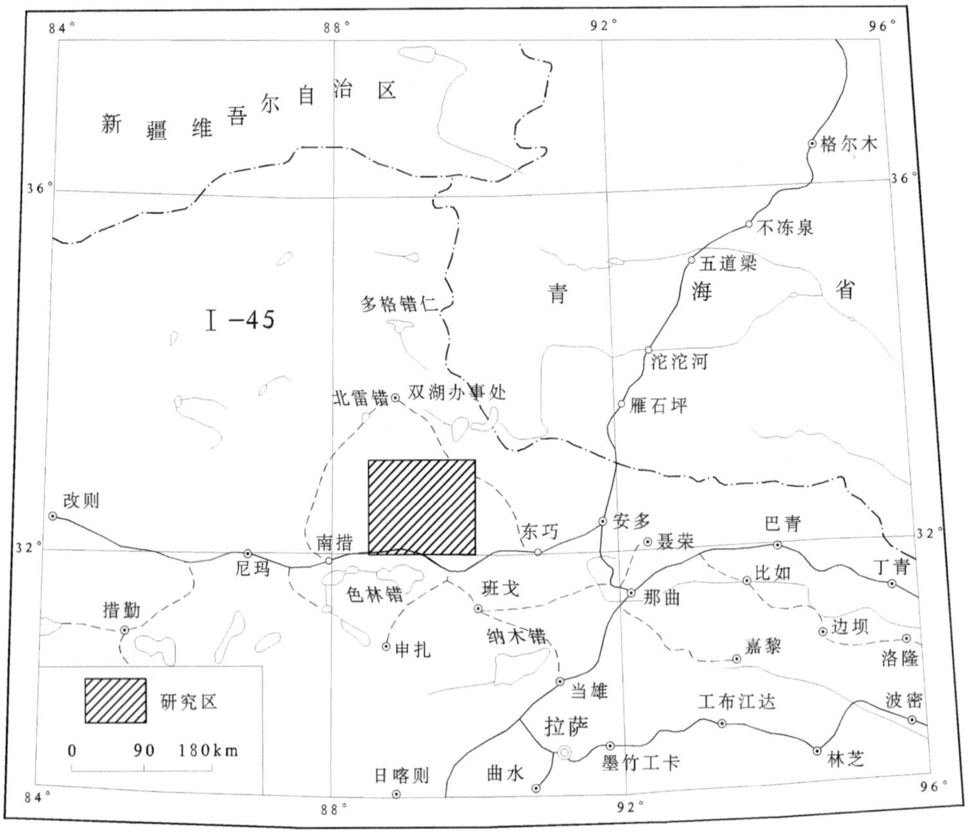


图 1-1　昂达尔错幅（I45C004004）交通位置图

里，时而浓云密布，狂风大作，冰雪交加。

区内基岩裸露不佳，除部分高山陡崖外，大部分为残坡积覆盖。

区内人烟稀少，除巴林、多玛、和平等乡（区）人口相对集中外，大部分游牧民散居，牲畜以牦牛及羊为主，产肉、皮、毛及酥油，没有工业，围绕湖区阶段性有硼砂等矿产品勘查开发。

## 四、地质调查研究历史及研究程度

本区地质调查研究历史始于1951年，1951—1955年，中国科学院西藏工作队地质组李璞等人在测区南部伦坡拉盆地进行了路线地质调查，将区内伦坡拉盆地的第三纪（古近纪＋新近纪）地层统称第三系（古近系＋新近系）。1956—1958年，地质部石油地质局柴达木石油普查大队黑河中队632队，在该区进行过石油普查工作，相应地进行了1∶100万地质测量，将伦坡拉盆地的第三纪地层划分为宗曲口层、的欧层、牛堡层、丁青层。1957年国家计委地质局在本区进行高原1∶50万航磁测量试验。1966—1974年，西藏自治区地质局第四普查大队开展了以伦坡拉盆地为中心（包括班戈盆地）的石油地质普查及勘探工作，工作中进行了1∶5万和1∶10万地质草测，并将该区古近纪地层划分并命名为牛堡组和丁青组。1969—1971年，地质部航空物探大队在本区进行了1∶50万航磁测量。1976年中国科学院青藏高原综合考察队藏北分队在本区进行过1∶250万路线地质调查。1978年西藏自治区地质局第四普查大队在崩则错至木地错一带进行了1∶10万的路线地质调查。1980年西藏自治区地质五队在该区做过航磁异常检查，化探分队也进行了1∶50万那曲幅地球化学测量工作。1982年地质部高原地质研究所11分队在该区西北部进行过1∶50万的路线地质调查。

本区研究历史见表1-1，工作程度见图1-2。

表 1-1 测区地质调查历史简表

| 序号 | 调查时间 | 项目名称 | 作者单位 | 提交时间 |
|---|---|---|---|---|
| 1 | 1969—1971 年 | 1∶50 万航磁测量 | 地质矿产部航空物探大队 | 1971 年 |
| 2 | 1976 年 | 1976 年青藏高原综合科学考察报告 | 中国科学院青藏高原综合科学考察队 | 1977 年 |
| 3 | 1978 年 | 西藏那曲地区伦坡拉盆地石油地质调查报告 | 西藏自治区地质矿产局第四地质大队 | 1986 年 |
| 4 | 1979—1983 年 | 1∶100 万改则幅区域地质调查报告 | 西藏自治区地质矿产局区调队 | 1986 年 |
| 5 | 1982 年 | 查桑-西亚尔岗地区 1∶50 万路线地质调查 | 地质矿产部高原地质研究十一分队 | 1982 年 |
| 6 | 1986—1989 年 | 青藏高原北部地区含油条件及前景预测 | 地质矿产部 562 综合地质大队 | 1990 年 |
| 7 | ？—1992 年 | 西藏自治区区域地质志 | 西藏自治区地质矿产局 | 1993 年 |
| 8 | ？—1996 年 | 西藏自治区岩石地层 | 西藏自治区地质矿产局 | 1997 年 |

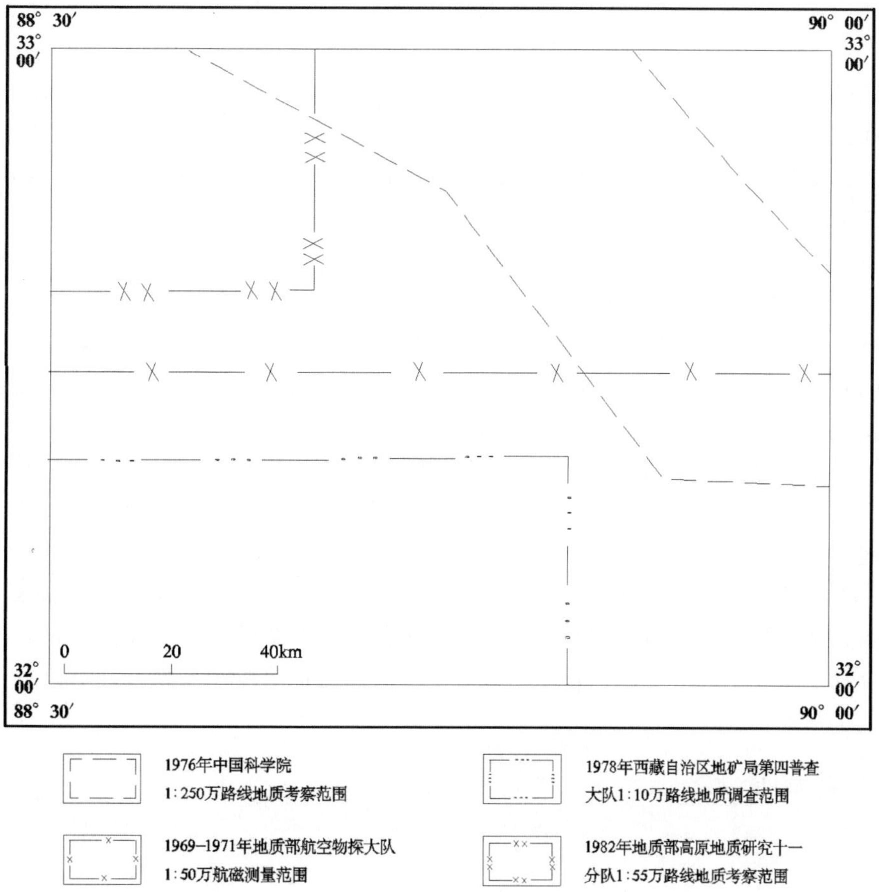


图 1-2 昂达尔错幅（I45C004004）研究程度图

上述各单位虽然不同程度地在地层、构造、岩浆岩及矿产方面收集了部分资料可供利用和参考，但由于条件所限，研究程度较低，涉及的范围较小。

1979—1986 年间，西藏自治区区调队开展了 1∶100 万改则幅区域调查工作，在充分收集研究前人资料基础上，通过路线地质调查和剖面测制，建立了本区的地层单位及构造格架，利用板块观点对区内构造环境进行了分析与探讨，为本次工作提供了较全面系统的资料。

在西藏自治区区调队进行 1∶100 万改则幅区域地质调查过程中，先后采用和建立了晚三叠世肖茶卡群。早侏罗世曲色组、中侏罗世色哇组、侏罗纪雁石坪群、木嘎岗日群。早白垩世去申拉组。古近纪牛堡组、丁青湖组、新近纪康托组。其中肖茶卡群是由西藏自治区区调队在本区进行区调时所建，用以代表羌塘地区晚三叠世沉积，《西藏自治区地质志》和《西藏自治区岩石地层》则将本区羌南分区的原肖茶卡群用日干配错群代替，羌北分区保留了肖茶卡群。早侏罗世曲色组是由西藏自治区区调队在本区进行区调时所建，与下伏地层肖茶卡群整合接触，与上覆地层色哇组整合接触。夏代祥等人在编写《西藏自治区岩石地层》时，认为曲色组与色哇组的岩性近似而且难以区分，故将曲色组归入色哇组，因此色哇组含义较建立时扩大，包括了原曲色组。吴瑞忠等于 1986 年将色哇组上部分出，建立了莎巧木组，时代为中侏罗世，1991 年地层清理时采纳了该划分方案。测区北部的中侏罗世地层，1∶100 万改则幅中称为雁石坪群，对于该套地层，在不同的地段、不同的单位和个人，对此命名和划分差别较大，主要是与工作程度和划分标准不同有关。沿班公错-怒江断裂带分布的侏罗纪木嘎岗日群是文世宣于 1979 年在本区内的木嘎岗日主峰木格各波日东南命名，之后西藏自治区区调队、《西藏自治区地质志》、《西藏自治区岩石地层》均沿用此名。但其所代表的年代地层各异。去申拉组为西藏自治区区调队 1986 年所建，代表分布于木嘎岗日地层分区的早白垩世中、酸性火山岩，其下与木嘎岗日群为角度不整合接触，上未见顶。对区内第三纪地层，前人曾对其进行多次工作，尤以西藏自治区地质局第四地质大队对伦坡拉盆地的研究为详，并建立了牛堡组和丁青组及其地质时代。区内的康托组为西藏自治区区调队 1986 年创名，用以代表区内新近纪山间河湖沉积，该组不整合于不同时代的老地层之上。测区内的第四纪地层分布广泛，成因类型复杂，主要为湖积，次为残积、坡积、冲积、洪积、风积、沼泽堆积、冰期及冰水堆积、泉华堆积等。

区内的侵入岩主要分布于赞宗错-色哇一带，为燕山早期基性、超基性分布区和燕山晚期酸性岩分布区，岩体总体呈东西向分布，与区域构造一致。

火山岩分布较少，以燕山期火山活动为主，零星分布于木地错、色哇等地，表现为基性熔岩的海相喷发为主，兼有陆相的酸性—基性火山岩喷发。

区内的构造研究主要是西藏自治区区调队运用板块构造观点进行的，将区内划分为一条缝合带和一个陆块，从南而北是：改则-色哇缝合带、羌塘陆块。改则-色哇缝合带为班公湖-怒江缝合带西段一部分，由侏罗纪复理石建造及硅质岩组成，内有二叠纪、三叠纪灰岩的外来岩块，区内蛇绿岩套构造定位其中。羌塘陆块夹持于改则-色哇缝合带与大横山-黑熊山缝合带之间，属华南-东南亚板块的一部分，由中生代地层组成。该陆块进一步划分为康托-昂达尔错弧前盆地、冈玛错-西亚尔岗岛弧及布若错-多格仁错弧后盆地。

1993 年出版的《西藏自治区区域地质志》及 1997 年出版的《西藏自治区岩石地层》，运用现代地层学新理论、新方法，结合本区的具体情况，在前人工作资料的基础上，对前人的划分方案进行了系统研究与清理，合理地划分了地层分区，建立了各地层区的岩石地层单元系列，并予以对比，为本次工作的顺利开展奠定了基础。

## 五、任务完成情况

### 1. 工作流程

测区填图面积 15 650km$^2$，本图幅的工作分 4 个阶段进行。

第一阶段：2003 年 3 月—2003 年 5 月，为资料收集及物资设备准备阶段。

第二阶段：2003 年 6 月—2003 年 12 月，为野外踏勘，遥感地质解译，主干剖面测制，主干路线调查，填图单元确立及设计编写阶段。2003 年 12 月 31 日在长春通过了中国地质调查局西南项目办组织的设计评审，评分 88 分，为良好级。

第三阶段：2004 年 1 月—2005 年 3 月，为面积性填图、专题调查及综合整理阶段。

第四阶段：2005 年 4 月—2005 年 12 月，为野外调查、野外验收、野外补遗及报告编写阶段。23

位工作人员（表1-2）在3年的时间里，按照任务书的要求，分阶段全面地完成了设计工作量（表1-3）。2005年6月10日—20日在拉萨通过了中国地质调查局西南项目办组织的野外资料验收，评分91.5分，为优秀级。

**表1-2　项目工作人员一览表**

| 姓名 | 职　务 | 职称 | 主要工作 | 工作时间（年、月） | 备注 |
|---|---|---|---|---|---|
| 曲永贵 | 队长、技术负责 | 教授级高工 | 全面负责 | 2003.3—2004.3 | |
| 王永胜 | 技术负责队长、技术负责 | 高工 | 基础地质<br>全面负责 | 2003.3—2004.3<br>2004.3—2005.12 | |
| 段建祥 | 技术负责 | 高工 | 矿产地质 | 2003.3—2005.3 | |
| 张树岐 | 副技术负责<br>技术负责 | 高工 | 基础地质（地层） | 2003.3—2004.3<br>2004.3—2005.12 | |
| 王忠恒 | 岩石组长<br>技术负责 | 高工 | 蛇绿岩<br>基础地质（岩石） | 2003.3—2004.3<br>2004.3—2005.3 | |
| 冯德臣 | 地层组员<br>地层组长 | 高工 | 三叠系、侏罗系、白垩系 | 2003.3—2004.3<br>2004.3—2005.3 | |
| 李学彬 | 专题负责 | 高工 | 第三系、第四系 | 2003.3—2005.3 | |
| 李庆武 | 专题负责兼卫生员 | 高工 | 二叠系 | 2003.3—2005.12 | |
| 姜雪飞 | 专题负责 | 工程师 | 旅游及灾害地质、微机操作 | 2003.3—2005.3 | |
| 郑春子 | 古生物鉴定及生物地层划分 | 教授级高工 | 古生物鉴定及生物地层划分 | 2003.3—2005.12 | |
| 谢元和 | 岩石组员<br>岩石组长兼综合员 | 工程师 | 花岗岩 | 2003.3—2004.3<br>2004.3—2005.12 | |
| 孙中纲 | 专题负责 | 工程师 | 变质岩 | 2003.3—2005.12 | |
| 鲁宗林 | 专题负责 | 高工 | 火山岩 | 2003.3—2005.3 | |
| 李存直 | 构造组长 | 高工 | 区域构造 | 2003.3—2005.12 | |
| 于喜文 | 矿产组长 | 高工 | 矿产地质 | 2003.3—2005.12 | |
| 吕　鹏 | 遥感组长 | 高工 | 遥感解译、生态地质 | 2003.3—2005.12 | |
| 刘贵忠 | 专题负责 | 高工 | 遥感解译 | 2003.3—2005.3 | |
| 王洪双 | 后勤组长综合员 | 工程师 | 财务、后勤 | 2003.3—2004.11 | |
| 孙继龙 | 职员 | 高级工 | 采样兼报务 | 2003.3—2005.12 | |
| 郭忠义 | 司机、车辆管理 | 高级工 | 运输管理 | 2003.3—2005.12 | |
| 周建荣 | 司机 | 中级工 | 一般事务性工作 | 2003.3—2005.12 | |
| 杨宝义 | 司机 | 中级工 | 一般事务性工作 | 2004.3—2005.3 | |
| 刘文生 | 司机 | 中级工 | 一般事务性工作 | 2004.3—2005.3 | |
| 旦　增 | 司机 | 中级工 | 司　机 | 2003.3—2005.12 | |

**表 1-3　帕度错幅、昂达尔错幅完成工作量一览表**

| 工作项目 | 单位 | 完成实物工作量 | 设计 | 完成设计百分数 | 昂达尔错幅实物工作量 |
|---|---|---|---|---|---|
| 1∶25 万地质填图 | $km^2$ | 31 300 | 31 300 | 100 | 15 650 |
| 1∶25 万路线地质调查 | km | 4 113 | 4 000 | 102.8 | 2 097 |
| 1∶5 万地质草测（解剖区） | $km^2$ | 96 | 50 | 192 | 96 |
| 1∶10 万地质填图（解剖区） | $km^2$ | 996 | | | 996 |
| 1∶5 万矿点地质草测 | $km^2$ | 100 | | | |
| 1∶5 千矿点地质草测 | $km^2$ | 30 | | | 30 |
| 1∶2 千矿点地质草测 | $km^2$ | 2.4 | | | |
| 1∶5 千实测地层剖面 | km | 59.76 | 80 | 74.70 | 40.13 |
| 1∶5 千实测岩石剖面 | km | 86.22 | 70 | 123 | 32.62 |
| 1∶5 千实测构造剖面 | km | 68.95 | 50 | 137.9 | 68.95 |
| 1∶10 万遥感地质解译 | $km^2$ | 31 300 | 31 300 | 100 | 15 650 |
| 矿点检查 | 点 | 12 | 13 | 92.31 | 6 |
| 槽探 | $m^3$ | 1 550.7 | 1 500 | 103.4 | |
| 浅井 | m | 33.7 | | | |
| 光片 | 件 | 17 | 20 | 100 | 2 |
| 薄片 | 件 | 1 889 | 2 500 | 76 | 1 133 |
| 人工重砂 | 件 | 13 | 30 | 43.33 | 3 |
| 硅酸盐分析 | 件 | 131 | 140 | 93.6 | 63 |
| 稀土分析 | 件 | 131 | 140 | 93.6 | 63 |
| 微量元素 | 件 | 131 | 140 | 93.6 | 63 |
| U-Pb（锆石） | 件 | | 2 | | |
| K-Ar 测年 | 件 | 8 | 15 | 53.3 | 8 |
| Sharmp 离子探针测年 | 件 | 1 | 1 | 100 | 1 |
| $^{39}Ar-^{40}Ar$ 测年 | 组 | 1 | | | 1 |
| 大化石 | 件 | 1 336 | 1 300 | 102.8 | 1 123 |
| 孢粉 | 件 | 15 | 20 | 75 | 8 |
| 微体化石 | 件 | 22 | 20 | 110 | 13 |
| 热释光 | 件 | 3 | 5 | 60 | 3 |
| 电子自旋共振（ESR） | 件 | 2 | 3 | 66.67 | 3 |
| 基本分析 | 件 | 198 | 100 | 198 | 43 |
| 光谱分析 | 件 | 18 | 100 | 84 | 1 |
| 自然重砂 | 件 | 115 | 50 | 236 | |

**2. 地形图质量评估**

地质调查工作中所使用的手图为中国人民解放军总参谋部测绘局 1969 年航摄，1973 年调绘的 1∶10 万的地形图。使用中国地质调查局信息中心提供的 1∶25 万数字化地形图做地理底图，精度均符合工作要求。

**3. 地质调查工作质量评述**

项目工作中严格执行了三级质量检查制度，检查数量均达到和超过了有关规定的要求，对调查工作的顺利完成起到了重要作用。西南地区项目管理办公室的领导及成都地质矿产所高原室的有关专家，先后两次对项目进行了野外实地检查和野外资料检查。2004 年 7 月在拉萨对项目进展情况进行了野外资料检查，肯定了工作成果，对存在问题提出了进一步工作意见。

2003 年 6 月潘桂棠研究员、王立全研究员等专家对调查区进行了野外实地检查，对项目中的重要地质问题提出了宝贵建议。为了提高图幅的研究程度，项目组注意与科研院所进行合作，先后与中国科学院南京地质古生物研究所、中国地质大学地层古生物教研室、吉林大学地层古生物与地层学研究中心合作进行化石鉴定和地层研究，与中国地质大学岩石教研室、成都地矿所高原室合作，进行岩浆岩同位素地质学研究，通过合作弥补了测试经费不足的实际困难，提高了图幅的研究程度。

**4. 报告编写人员及分工**

第一章由王永胜编写，第二章由张树岐、冯德臣、李学彬、李庆武、王永胜、郑春子编写，郑春子统稿，第三章由王忠恒、谢元和、鲁宗林编写，谢元和统稿，第四章由孙中纲编写，第五章由李存直、王永胜编写，第六章由段建祥、于喜文、吕鹏、刘贵忠、姜雪飞、王洪双、谢元和编写，第七章由王永胜编写。最后由王永胜定全稿，曲永贵教授级高级工程师对全稿进行了审阅并提出众多宝贵意见。图幅的遥感地质解译由吉林省地质调查院遥感中心吕鹏完成，刘贵忠同志参加野外验证和报告编写。1∶25 万地质图由王永胜、张树岐、王忠恒编稿，1∶25 万矿产图由于喜文、段建祥编稿，数字地质图初稿由姜雪飞、张斌、刘振宇完成，正式稿及数据库由吉林省地质调查院信息发展中心王立民同志完成，其他图件由相应专题工作人员编稿，由姜雪飞、李庆武、李学彬微机制图，资料归档由孙中纲完成。地质图建库由宜昌地质矿产研究所李莉、万勇泉、白云山完成，出版编辑文字部分由王永胜、郑春子完成，图件部分由刘冶兵完成。详见表 1-2。

# 第二章　地　层

测区地层属滇藏大区羌南-保山地层区和班公湖-怒江地层区（依照 1997 年《西藏自治区岩石地层》、2005 年《青藏高原及邻区地质图说明书 1∶150 万》及本次工作成果）。根据构造属性及沉积环境和岩石组合类型、生物群面貌的差异，可划分为 3 个地层分区（图 2-1，表 2-1），即左贡地层分区（北部）、多玛地层分区（中部）和木嘎岗日地层分区（南部）。经过本次工作可将区内地层划分如下地层填图单元，上三叠统日干配错群、姜钟组、角木日茶卡组、扎那组、扎那组赛公药长石石英砂岩，上三叠统—下侏罗统索布查组，下侏罗统曲色组，中侏罗统色哇组、莎巧木组、布曲组、夏里组，上侏罗统索瓦组，下—中侏罗统木嘎岗日岩群，上侏罗统沙木罗组、吐卡日组，下白垩统塔仁本洋岛玄武岩、去申拉组，上白垩统阿布山组，古—始新统牛堡组，渐新统丁青湖组、纳丁错组，中—上新统康托组。第四系按成因类型包括湖积、盐水湖积、冲积、洪冲积、洪积、山麓堆积、硅华沉积、钙华沉积、沼泽堆积。

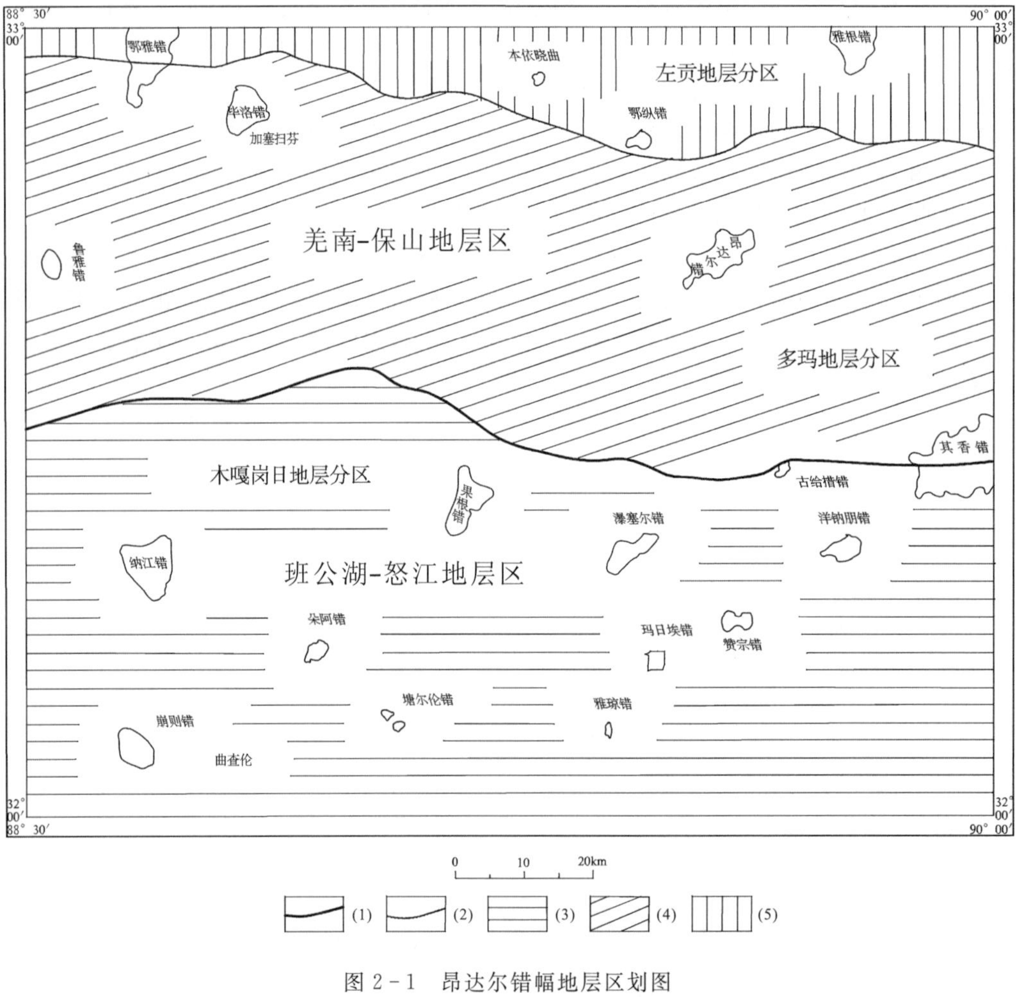


图 2-1　昂达尔错幅地层区划图

（1）地层区界线；（2）地层分区界线；（3）木嘎岗日地层分区；（4）多玛地层分区；（5）左贡地层分区

**表 2－1　昂达尔错幅岩石地层单元序列表**

| 地质年代＼地层分区 | | | 木嘎岗日 | 多玛 | 左贡 |
|---|---|---|---|---|---|
| 地层大区 | | | 滇藏大区 | | |
| 地层区 | | | 班公湖-怒江 | 羌南-保山 | |
| 代 | 纪 | 世 | 木嘎岗日 | 多玛 | 左贡 |
| 新生代 | 第四纪 | 全新世 | 盐水湖积、冲积、洪冲积、洪积、钙华沉积物、沼泽堆积 | | |
| 新生代 | 第四纪 | 更新世 | 湖积、盐水湖积、洪冲积、山麓堆积、硅华沉积物、钙华沉积物 | | |
| 新生代 | 新近纪 | 上新世 | 康托组 $Nk$ 上段 $Nk^2$ | 康托组 $Nk$ 上段 $Nk^2$ | 康托组 $Nk$ 上段 $Nk^2$ |
| 新生代 | 新近纪 | 中新世 | 康托组 $Nk$ 下段 $Nk^1$ | 康托组 $Nk$ 下段 $Nk^1$ | 康托组 $Nk$ 下段 $Nk^1$ |
| 新生代 | 古近纪 | 渐新世 | 丁青湖组 $E_3d$ | 纳丁错组 $E_3n$ | |
| 新生代 | 古近纪 | 始新世 | 牛堡组 $E_{1-2}n$ | | |
| 新生代 | 古近纪 | 古新世 | 牛堡组 $E_{1-2}n$ | | |
| 中生代 | 白垩纪 | 晚白垩世 | | 阿布山组 $K_2a$ | |
| 中生代 | 白垩纪 | 早白垩世 | 去申拉组 $K_1q$<br>塔仁本洋岛玄武岩 $t\beta$ | | |
| 中生代 | 侏罗纪 | 晚侏罗世 | 吐卡日组 $J_3t$<br>沙木罗组 $J_3\hat{s}$ | 索瓦组 $J_3s$ | |
| 中生代 | 侏罗纪 | 中侏罗世 | 木嘎岗日岩群 $J_{1-2}M$ | 夏里组 $J_2x$<br>布曲组 $J_2b$（颗粒白云岩 $gdl$、礁灰岩 $bls$）<br>莎巧木组 $J_2\hat{s}q$<br>色哇组 $J_2s$ | |
| 中生代 | 侏罗纪 | 早侏罗世 | 木嘎岗日岩群 $J_{1-2}M$ | 曲色组 $J_1q$（膏岩 $gy$、玄武岩 $\beta$、油页岩 $os$）<br>索布查组 $T_3J_1s$ | |
| 中生代 | 三叠纪 | 晚三叠世 | | 索布查组 $T_3J_1s$<br>日干配错群 $T_3R$ | 赛公药长石石英砂岩 $saq$<br>扎那组 $T_3\hat{z}$<br>角木日茶卡组 $T_3j$<br>姜钟组 $T_3j\hat{z}$ |
| 中生代 | 三叠纪 | 中三叠世 | | | |
| 中生代 | 三叠纪 | 早三叠世 | | | |
| 古生代 | 二叠纪 | 晚二叠世 | | | |
| 古生代 | 二叠纪 | 中二叠世 | | | |
| 古生代 | 二叠纪 | 早二叠世 | | | |
| 古生代 | 石炭纪 | 晚石炭世 | | | |
| 古生代 | 石炭纪 | 早石炭世 | | | |

# 第一节 中生界

区内中生界地层在左贡地层分区、多玛地层分区和木嘎岗日地层分区均有分布（图 2-1、表 2-1）。

左贡地层分区地层单元有上三叠统姜钟组、角木日茶卡组、扎那组、扎那组赛公药长石石英砂岩（表 2-1、表 2-2）。

多玛地层分区地层单元有上三叠统日干配错群，上三叠统—下侏罗统索布查组，下侏罗统曲色组，中侏罗统色哇组、莎巧木组、布曲组、夏里组，上侏罗统索瓦组，上白垩统阿布山组（表 2-1、表 2-2）。

木嘎岗日地层分区地层单元有下—中侏罗统木嘎岗日岩群，上侏罗统沙木罗组、吐卡日组，下白垩统塔仁本洋岛玄武岩、去申拉组（表 2-1、表 2-2）。

**表 2-2 晚三叠世—白垩纪地层划分沿革表**

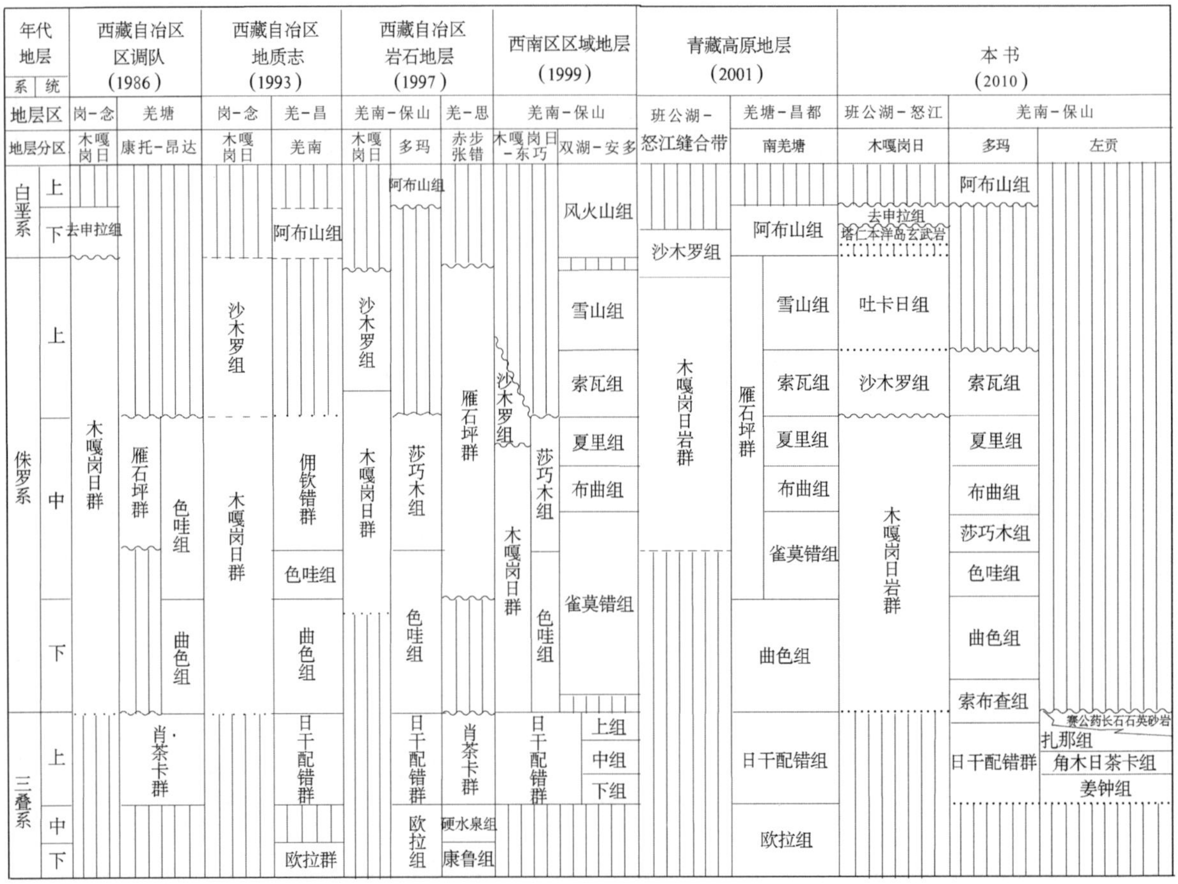


## 一、三叠系

区内的三叠系以晚三叠世地层为主，分布于左贡地层分区和多玛地层分区（图 2-1、表 2-1、表 2-2）。

左贡地层分区地层单元有上三叠统姜钟组、角木日茶卡组、扎那组、扎那组赛公药长石石英砂岩，主要出露于测区北部。

多玛地层分区地层单元为上三叠统日干配错群，另外，包括索布查组一部分。

该系出露面积约 781.89km$^2$。

### （一）左贡地层分区

左贡地层分区地层单元有上三叠统姜钟组、角木日茶卡组、扎那组、扎那组赛公药长石石英砂岩。该地层均由肖茶卡群解体而来（表2-2）。

#### 1. 上三叠统姜钟组（$T_3j\hat{z}$）

（1）岩石地层特征

姜钟组为本次工作在帕度错幅建立的岩石地层单位，建组剖面位于帕度错东北的姜钟，其岩性组合以岩屑石英砂岩、石英砂岩、岩屑砂岩、泥质细粒石英砂岩、石英杂砂岩为主，夹细砂质粉砂岩、泥质石英粉砂岩。下部产植物化石，上部产腕足类化石。与上覆角木日茶卡组呈整合接触，下未见底。地质时代为晚三叠世。该组与区内的其他岩石地层单元存在明显差异，出露连续，层位清楚，故建立新的岩石地层填图单元。

姜钟组仅见于仁玛一带。出露面积约37.88km²。其岩石组合特征和生物群面貌，与帕度错幅姜钟组相同。

帕度错幅双湖特别区蒋庄日东上三叠统姜钟组实测剖面（图2-2）：

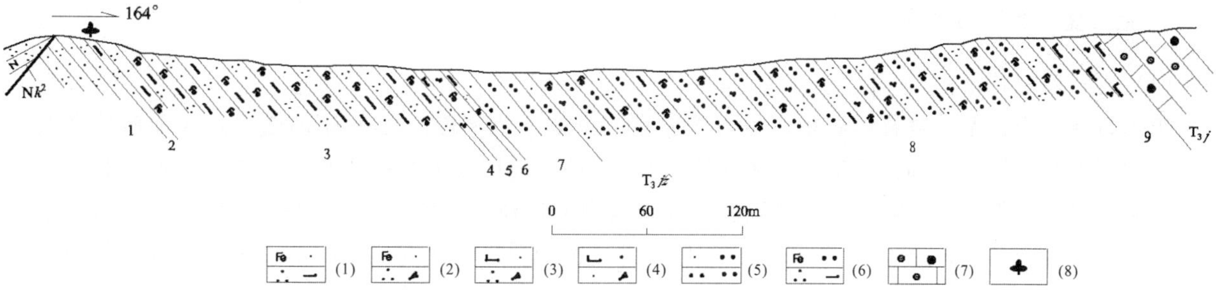


图2-2 帕度错幅双湖特别区蒋庄日东上三叠统姜钟组实测剖面图

（1）含铁泥质石英砂岩；（2）含铁岩屑石英砂岩；（3）含钙岩屑石英砂岩；（4）钙质岩屑砂岩；（5）细砂质粉砂岩；（6）含铁泥质石英粉砂岩；（7）含生物碎屑鲕粒灰岩；（8）植物化石；$T_3j\check{z}$. 姜钟组；$T_3j$. 角木日茶卡组；$Nk^2$. 康托组上段

上覆地层：上三叠统角木日茶卡组灰色中薄层状含生物碎屑鲕粒灰岩

——— 整 合 ———

**姜钟组（$T_3j\hat{z}$）：** **515.10m**

9. 灰色薄层状钙质中细粒岩屑砂岩 28.35m

 腕足类化石：*Pamirothyris xinxiongensis* Jin，Sun et. Ye

8. 灰色、灰褐色薄层状含铁质中细粒岩屑石英砂岩、灰色薄层状含铁泥质石英粉砂岩、浅灰绿色中薄层状细砂质粉砂岩韵律 242.89m

7. 浅灰绿色中薄层状细砂质粉砂岩，发育有槽模 32.16m

6. 灰色薄层状含铁泥质石英粉砂岩，见有植物碎片 5.72m

5. 灰色薄层状含铁质中细粒岩屑石英砂岩 10.36m

4. 灰褐色薄层状钙质中细粒岩屑石英砂岩 1.79m

3. 灰色薄层状含铁泥质细粒石英砂岩 134.62m

2. 灰绿色薄层状泥质细粒石英砂岩 3.88m

 植物化石：*Otozamites nalajingensis* Tsao et. Guo，

 *Otozamites* sp.

1. 灰绿色中薄层状中细粒石英砂岩，含炭质 55.33m

（未见底）（断层）

通过上述剖面我们可以看出姜钟组厚度大于 515.10m 。其岩性组合以灰色、灰褐色、灰紫色、灰黄色、灰绿色薄层状—中层状细粒岩屑石英砂岩、石英砂岩、岩屑砂岩、泥质细粒石英砂岩、石英杂砂岩为主，夹灰绿色中薄层状细砂质粉砂岩、灰色薄层状泥质石英粉砂岩，岩石发育有槽模及水平纹层，还可见少量定向排列的砾石或泥质团块。该组下部含一定数量的 *Otozamites nalajingensis* 植物化石，上部产少量腕足类化石。其中，*Otozamites nalajingensis* 代表了晚三叠世时期较为炎热-潮湿的热带-亚热带气候条件。故其可能为热带-亚热带气候条件下的滨海相沉积环境。此外，从岩性特征来看姜钟一带该组出露较全，下部以石英砂岩、泥质石英细砂岩为主，产植物化石，上部以岩屑石英砂岩、岩屑砂岩为主，产腕足类化石，而仁玛一带该组以岩屑石英砂岩、石英杂砂岩为主，其岩性可与姜钟一带的该组上部相当。

（2）生物地层及时代讨论

姜钟组在本次工作中在帕度错幅姜钟一带采集了一定数量的植物及腕足类化石。植物化石经吉林大学古生物与地层学研究中心孙革教授鉴定为 *Otozamites nalajingensis* Tsao et. Guo，*Otozamites* sp. 。其中，*Otozamites nalajingensis* 是我国晚三叠世“南方型”植物群的重要分子之一，故本区晚三叠世植物群应属我国南方型植物区。腕足类化石经中国科学院南京地质古生物研究所孙东立研究员鉴定为 *Pamirothyris xinxiongensis* Jin，Sun et. Ye ，其地质时代为晚三叠世。因此，综合上述植物及腕足类化石的地质时代，姜钟组应为晚三叠世沉积产物。

**2. 上三叠统角木日茶卡组（$T_3j$）**

（1）岩石地层特征

角木日茶卡由肖茶卡群解体而来，相当于原肖茶卡群上组下段。1986 年西藏自治区地质矿产局区域地质调查大队（以下简称：西藏自治区区调队）① 将该套地层划为雁石坪群；1993 年《西藏自治区区域地质志》亦将其划为雁石坪群，通过我队工作在其中采集到一定数量的晚三叠世化石，并结合其上下地层，将其定为晚三叠世（表 2-2），并与测区北部成都地质矿产研究所承担的江爱达日那幅共同将其命名为角木日茶卡组。其岩性组合主要为灰色灰岩、灰色含生物碎屑灰岩、灰色—灰黑色结晶灰岩，其下部层位岩性为灰色、灰黑色、浅灰紫色鲕粒灰岩，灰色结晶灰岩夹少量灰白色细晶白云岩，灰黄色—紫红色钙质细粒岩屑石英砂岩。产珊瑚、腹足类、双壳类、海参等化石。与其下伏姜钟组呈整合接触。其地质时代为晚三叠世。

角木日茶卡组主要分布于仁玛、鄂雅错西、切欠等地。呈近东西向展布。出露面积约 72.19km²。

Ⅰ. 双湖特别区仁玛上三叠统姜钟组—角木日茶卡组实测剖面（图 2-3）：

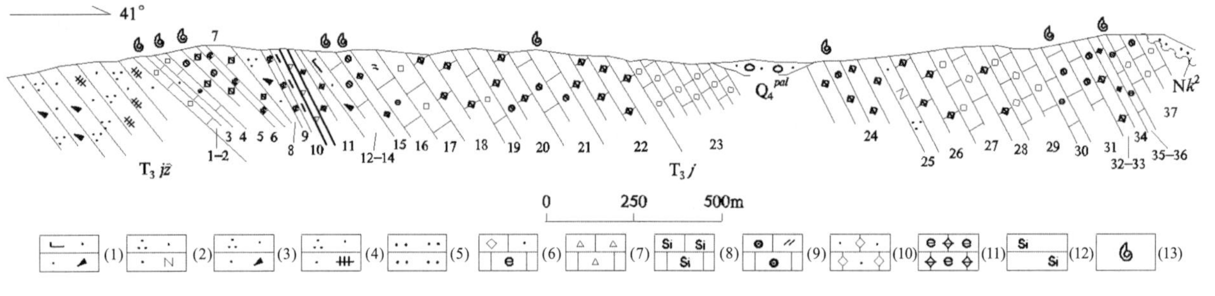


图 2-3　双湖特别区仁玛上三叠统姜钟组—角木日茶卡组实测剖面图

（1）钙质岩屑砂岩；（2）长石石英砂岩；（3）岩屑石英砂岩；（4）石英杂砂岩；（5）粉砂岩；（6）生物碎屑结晶砂屑灰岩；（7）角砾灰岩；（8）硅质灰岩；（9）白云石化鲕状灰岩；（10）砂屑微晶、结晶、粉晶灰岩；（11）生物碎屑泥晶灰岩；（12）硅质岩；（13）动物化石；$T_3j\check{z}$. 姜钟组；$T_3j$. 角木日茶卡组；$Nk^2$. 康托组上段；$Q_4^{pal}$. 第四系洪冲积相沉积物

---

① 西藏自治区地质矿产局区域地质调查大队 .1986，改则幅区域地质调查报告（1∶100 万）

上覆地层：新近系康托组上段紫红色中薄层状粗粉砂岩

～～～～～～角度不整合～～～～～～

**角木日茶卡组（$T_3j$）： 1 913.76m**

37. 深灰色薄层状生物碎屑细晶灰岩 89.36m
36. 灰色薄层状微晶灰岩 4.57m
35. 灰色中层状含生物碎屑鲕粒微晶灰岩 13.70m
34. 紫灰色中层状泥晶灰岩 34.71m
33. 黄色中薄层状细晶灰岩 10.96m
32. 灰色中层状含生物碎屑泥晶灰岩 27.40m
31. 灰色薄层状含生物碎屑微晶灰岩 83.63m
30. 灰色中薄层状鲕粒灰岩 36.30m
29. 灰白色中层状微晶灰岩 118.66m
28. 深灰色中薄层状泥晶灰岩 42.4m
27. 灰色中层状微晶灰岩 88.28m
26. 灰色薄层状泥晶灰岩 104.41m
25. 灰色薄层状细粒长石石英砂岩 25.76m
24. 灰黑色中薄层状含生物碎屑泥晶灰岩 152.08m

    双壳类化石：*Lycettia*? sp.

    *Modiolus*（*M.*）*imbricatus* J. Sowerby

    *Modiolus*（*M.*）sp.
23. 灰色薄层状微晶灰岩 93.77m
22. 灰黑色薄层状泥晶灰岩 144.77m
21. 灰色薄层状生物碎屑细晶灰岩 84.86m

    双壳类化石：*Gervillella*? sp.

    *Liostrea*? sp. cf. *P. beyrichi*（Eckform）

    腹足类化石：*Anoptychia supraplecta* Munster
20. 深灰色中层状含生物碎屑泥晶灰岩 88.33m
19. 灰色中薄层状砂屑灰岩 39.99m
18. 灰黑色中层状泥晶灰岩 105.66m
17. 灰色中层状微晶灰岩 48.74m
16. 灰色薄层状鲕粒灰岩 48.95m
15. 深灰色薄层状含生物碎屑泥晶灰岩 39.48m
14. 黄灰色含硅质角砾灰岩 8.13m
13. 灰色中薄层状含生物碎屑砂屑灰岩 31.78m
12. 黄色薄层状钙质细粒岩屑砂岩 8.31m
11. 深灰色中薄层状泥晶灰岩 30.10m
10. 灰色泥岩 24.05m
9. 深灰色中层状硅质岩 12.30m
8. 紫褐色薄层状细粒岩屑石英砂岩 69.29m
7. 灰黑色薄层状泥晶灰岩 43.68m
6. 灰白色薄层状硅质灰岩 19.09m
5. 灰黑色中层状含生物碎屑泥晶灰岩 68.73m
4. 灰黑色薄层状结晶鲕粒灰岩 23.80m

    腹足类化石：*Anoptychia supraplecta* Munster
3. 深灰色中层状砂屑灰岩 26.67m
2. 灰色中薄层状微晶灰岩 7.02m
1. 灰黑色中层状生物碎屑泥晶灰岩 14.04m

    双壳类化石：*Pteria*? sp.

———— 整 合 ————

下伏地层：上三叠统姜钟组灰黄色薄层状细粒石英杂砂岩

Ⅱ. 帕度错幅双湖特别区帕度错北东蒋庄日上三叠统角木日茶卡组实测剖面（图 2-4）：

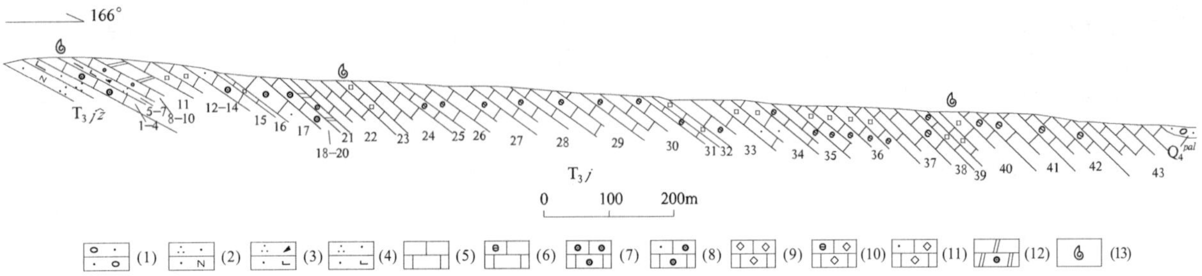


图 2-4　帕度错幅双湖特别区帕度错北东蒋庄日上三叠统角木日茶卡组实测剖面图

（1）砂砾岩；（2）长石石英砂岩；（3）钙质岩屑石英砂岩；（4）钙质石英砂岩；（5）灰岩；（6）含鲕粒灰岩；（7）鲕粒灰岩；（8）砂屑鲕粒灰岩；（9）微晶灰岩；（10）含鲕粒微晶灰岩；（11）砂屑微晶灰岩；（12）含鲕粒白云岩；（13）动物化石；$T_3jž$. 姜钟组；$T_3j$. 角木日茶卡组；$Q_4^{pal}$ 第四系洪冲积相沉积物

| | | |
|---|---|---|
| **角木日茶卡组（$T_3j$）：** | （未见顶）（第四系洪冲积相沉积物覆盖） | **984.28m** |
| 43. 灰色中厚层状砂屑灰岩 | | 101.91m |
| 42. 灰色中厚层状含生物碎屑灰岩 | | 55.39m |
| 41. 灰白色中厚层状含生物碎屑亮晶砂屑灰岩 | | 40.80m |
| 40. 灰白色中厚层状含生物碎屑砾屑砂屑质微晶灰岩 | | 48.17m |
| 珊瑚化石：*Pseudoretiophyllia* cf. *nazhacunensis* Deng et. Zhang | | |
| 39. 灰色中厚层状含生物碎屑微晶灰岩 | | 12.92m |
| 38. 灰白色中薄层状含生物碎屑亮晶砂屑灰岩 | | 18.40m |
| 37. 灰色中厚层状碳酸盐化碎裂泥晶灰岩 | | 27.41m |
| 36. 灰白色中厚层状含生物碎屑微晶灰岩 | | 67.94m |
| 35. 灰色中厚层状含生物碎屑灰岩 | | 29.17m |
| 34. 灰色中薄层状含砂屑微晶灰岩 | | 41.23m |
| 33. 灰色中厚层状含生物碎屑中细粒砂屑灰岩 | | 35.70m |
| 32. 灰色中薄层状含泥质团块含生物碎屑砂屑微晶灰岩 | | 10.20m |
| 31. 深灰色中薄层状含生物碎屑亮晶砾屑灰岩 | | 8.25m |
| 30. 灰白色中厚层状含生物碎屑砂屑灰岩 | | 46.69m |
| 29. 灰色中厚层状含生物碎屑砂屑灰岩 | | 36.53m |
| 28. 灰色中厚层状含生物碎屑亮晶砂屑灰岩 | | 46.19m |
| 27. 灰白色中薄层状含生物碎屑内碎屑泥晶灰岩 | | 37.56m |
| 26. 灰黑色中厚层状碳酸盐化碎裂含生物碎屑泥晶灰岩 | | 19.20m |
| 25. 灰白色中薄层状含生物碎屑亮晶砾屑灰岩 | | 8.23m |
| 24. 灰色中薄层状亮晶中细粒砂屑灰岩 | | 37.40m |
| 23. 灰黑色中厚层状含生物碎屑微晶灰岩 | | 12.12m |
| 牙形刺化石：*Ozarkodina* sp. | | |
| 　　*Neospathodus* sp. | | |
| 　　*Pachycladina* sp. | | |
| 　　*Cratognathodus* sp. | | |
| 　　*Enantiognathus* sp. | | |
| 22. 灰色中厚层状亮晶中细粒砂屑灰岩 | | 44.83m |
| 21. 浅灰色中薄层状含鲕粒细晶白云岩 | | 6.69m |
| 20. 浅灰紫色薄层状含生物碎屑砾屑亮晶鲕粒灰岩 | | 8.24m |
| 19. 灰色中薄层状含生物碎屑亮晶鲕粒灰岩 | | 6.69m |
| 18. 灰色中薄层状藻粒灰岩 | | 4.12m |
| 17. 灰色薄层状含石英砂屑鲕粒灰岩 | | 30.28m |
| 16. 灰黑色中薄层状含生物碎屑砂屑微晶灰岩 | | 6.70m |

| | |
|---|---|
| 15. 灰色薄层状含生物碎屑含石英砂屑鲕粒灰岩 | 24.01m |
| 14. 浅灰紫色中薄层状碎裂化微晶灰岩 | 5.28m |
| 13. 灰色中薄层状粉屑微晶灰岩 | 42.27m |
| 12. 灰白色薄层状含砾砂屑微晶灰岩 | 5.28m |
| 11. 灰白色中薄层状细晶白云岩 | 15.98m |
| 10. 灰色薄层状含泥质粉砂质粉屑灰岩 | 4.11m |
| 9. 浅紫灰色薄层状含生物碎屑灰岩 | 2.74m |
| 8. 灰黑色薄层状含生物碎屑亮晶鲕粒灰岩 | 11.42m |
| 7. 紫红色薄层状钙质细粒岩屑石英砂岩 | 0.91m |
| 6. 浅紫红色薄层状含生物碎屑钙质岩屑石英细砂岩 | 3.65m |
| 5. 灰黄色薄层状含生物砂屑灰岩 | 2.28m |
| 海参化石：*Theelia variabilis* Kozur et. Mock | |
| 4. 浅灰紫色薄层状鲕粒灰岩 | 4.57m |
| 3. 灰紫色中薄层状鲕粒灰岩 | 2.56m |
| 2. 深灰色中薄层状亮晶鲕粒灰岩 | 6.41m |
| 1. 灰紫色中层状含砾生物碎屑亮晶鲕粒砂屑灰岩 | 3.85m |

——— 整　合 ———

下伏地层：上三叠统姜钟组浅紫红色中薄层状钙质石英细砂岩

通过上述剖面研究，角木日茶卡组岩性主要由灰色、灰白色、深灰色含生物碎屑砂屑灰岩，泥晶、微晶灰岩，鲕粒灰岩组成，夹少量石英砂岩、泥岩及硅质岩，产珊瑚、腹足类、双壳类、海参等化石。控制最大厚度为1 913.76m。其中，双湖特别区仁玛剖面岩性灰色、灰白色、深灰色含生物碎屑泥晶、微晶、细晶灰岩为主，夹鲕粒灰岩、砂屑灰岩及少量石英砂岩、泥岩和硅质岩，产双壳类和腹足类化石，其沉积环境可能为开阔碳酸盐台地；帕度错幅帕度错北东蒋庄日剖面岩性以灰色、灰白色、深灰色含生物碎屑砂屑灰岩、泥晶、微晶灰岩、鲕粒灰岩为主，夹少量石英砂岩，产珊瑚、牙形刺、海参等化石，其沉积环境可能为开阔碳酸盐岩台地沉积。

根据上述岩石学特征，本幅认为角木日茶卡组形成时期从纵向上看其沉积环境应为滨浅海前滨—浅海临滨沉积，从横向上看仁玛一带水体较深，帕度错北东蒋庄日一带水体较浅，即东部水体可能较深，西部水体可能较浅。

（2）生物地层及时代讨论

本次工作中在帕度错幅帕度错北东蒋庄日剖面的角木日茶卡组中采集了一定数量的珊瑚、牙形刺、海参化石。珊瑚化石经中国科学院南京地质古生物研究所廖卫华研究员鉴定，属种有 *Pseudoretiophyllia* cf. *nazhacunensis* Deng et. Zhang，其地质时代为晚三叠世。牙形刺由中国科学院南京地质古生物研究所王成源研究员鉴定，属种有 *Ozarkodina* sp.，*Neospathodus* sp.，*Pachycladina* sp.，*Cratognathodus* sp.，*Enantiognathus* sp.，其地质时代为三叠纪。海参化石由中国科学院南京地质古生物研究所王成源研究员鉴定，属种有 *Theelia variabilis* Kozur et. Mock，其地质时代为晚三叠世。在帕度错北弄佰剖面的角木日茶卡组中采集到珊瑚 *Distichophyllia*? sp.（图版Ⅱ，6），经中国科学院南京地质古生物研究所廖卫华研究员鉴定，其地质时代为晚三叠世。

在帕度错幅朋彦错西（Hs L 2004－1）该组中采集的珊瑚化石，经中国科学院南京地质古生物研究所廖卫华研究员鉴定，属种有 *Retiphyllia* cf. *yalungensis*（Yoh），*Retiphyllia subdichotoma*（Muenster），*Karatchastraca karatchensis* Cuif，*Margarphyllia* sp.。其地质时代为晚三叠世诺利期（Norian）。

此外，上述仁玛剖面角木日茶卡组双壳类经中国科学院南京地质古生物研究所沙金庚研究员鉴定，属种有 *Lycettia*? sp.，*Modiolus*（*M.*）*imbricatus* J. Sowerby，*Modiolus*（*M.*）sp.，*Gervillella*? sp.，*Liostrea*? sp.，*Pteria*? sp.。腹足类经中国科学院南京地质古生物研究所朱祥根研究员鉴定，属种有 *Anoptychia supraplecta* Munster，其地质时代为三叠纪—侏罗纪。

因此，根据上述生物群特征，角木日茶卡组应为晚三叠世沉积（表 2-3）。

**表 2-3　昂达尔错幅左贡地层分区三叠纪生物地层划分表**

| 年代地层 | | | 岩石地层 | 主要化石类群组合序列 | | |
|---|---|---|---|---|---|---|
| 纪 | 世 | 阶 | | 双壳类 | 腹足类 | 植物 |
| 三叠纪 | 晚三叠世 | 瑞替阶 | 扎那组<br>$T_3\hat{z}$ | *Thracia prisca*<br>? *Palaeocardita mansuyi*<br>*Protocardia jianchuanensis*<br>*Pleuromya shuanghuensis*<br>*Pleuronectites* sp.<br>*Cardium* (*T.*) *xizangense*<br>*Cardium* (*T.*) *martini* | | *Anthrophyopsis* 组合 |
| | | 诺利阶 | 角木日茶卡组<br>$T_3j$ | *Lycettia* ? sp.<br>*Modiolus* (*M.*) *imbricatus*<br>*Modiolus* sp.<br>*Gervillella* ? sp.<br>*Liostrea* ? sp.<br>*Pteria*? sp. | *Anoptychia supraplecta* | |
| | | 卡尼阶 | 姜钟组<br>$T_3j\hat{z}$ | | | |
| | 中三叠世 | 拉丁阶 | | | | |
| | | 安尼阶 | | | | |
| | 早三叠世 | 奥伦尼克阶 | | | | |
| | | 印度阶 | | | | |

**3. 上三叠统扎那组（$T_3\hat{z}$）**

（1）岩石地层特征

扎那组由肖茶卡群解体而来，为本图幅新建立的岩石地层单元，相当于原肖茶卡群上组上段。1986 年西藏自治区区调队①将该套地层划为雁石坪群；1993 年《西藏自治区区域地质志》亦将其划为雁石坪群；依据本次工作在其中采集到一定数量的晚三叠世化石，并结合其上下地层，将其定为晚三叠世。建组剖面位于鄂纵错北的多普勒乃。其岩性组合主要由泥质粉砂岩、粉砂质泥岩、泥岩与含海绿石长石石英砂岩、石英砂岩韵律组成，其间夹有数层煤线。产双壳类、植物化石。其地质时代为晚三叠世。在剖面所在位置，未见扎那组的顶底。在填图过程中，在帕度错幅姜钟、蒋庄日等地，可见到扎那组整合覆盖于晚三叠世角木日茶卡组之上。

扎那组主要分布于毕洛错北东、日阿梗北、雅根错一带，呈近东西向展布。出露面积约 388.25km²。

① 西藏自治区地质矿产局区域地质调查大队.1986，改则幅区域地质调查报告（1∶100 万）

双湖特别区鄂纵错北多普勒乃上三叠统扎那组实测剖面（图 2－5）：

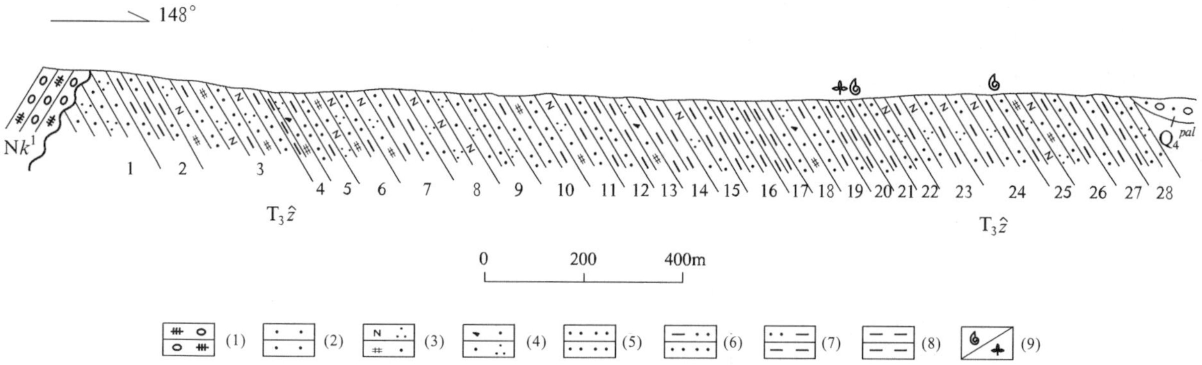


图 2－5 双湖特别区鄂纵错北多普勒乃晚三叠世扎那组实测剖面图

（1）复成分砾岩；（2）细砂岩；（3）海绿石长石石英砂岩；（4）岩屑石英砂岩；（5）粉砂岩；（6）泥质粉砂岩；（7）粉砂质泥岩；（8）泥岩；（9）动植物化石；$T_3\hat{z}$. 扎那组；$Nk^1$. 康托组下段；$Q_4^{pal}$. 第四系洪冲积相沉积物

**扎那组（$T_3\hat{z}$）：** （未见顶）（第四系洪冲积相沉积物覆盖） **1 352.21m**

28. 灰黑色极薄层状泥岩、灰色薄层状粉砂岩与灰褐色薄层状细粒石英砂岩韵律，泥岩层层面具重荷模构造，粉砂岩中含植物化石碎片 29.41m

27. 灰黑色极薄层状粉砂质泥岩 35.52m

26. 浅灰色中薄层变质细粒海绿石长石石英砂岩与土黄色薄层状泥质粉砂岩韵律，泥质粉砂岩中夹30cm 厚的煤线 41.16m

25. 下部为灰黑色薄层状粉砂质泥岩，产双壳类化石；上部为灰色中层状变质中粒海绿石长石石英砂岩，含少量植物化石碎片 30.23m

双壳类化石：*Thracia prisca* Healey（图版 XII，8，9，11，12）

? *Palaeocardita mansuyi* Reed（图版 XII，2，14，18a，18b）

*Protocardia jianchuanensis* Chen（图版 XII，19）

*Pleuromya shuanghuensis* sp. nov.（图版 XII，1）

*Pleuronectites* sp.

24. 褐灰色中层状变质中粒长石石英砂岩与灰色极薄层状泥质粉砂岩韵律，局部含炭化植物化石碎片，夹数层煤线 80.81m

23. 灰绿色极薄层状含粉砂质泥岩，夹 20cm 厚的煤线和灰色石英砂岩透镜体 66.66m

22. 灰绿色薄层状泥质粉砂岩、浅灰色薄层状粗粉砂岩及变质灰色中层状变质细粒海绿石岩屑石英砂岩、灰色中层状变质细粒长石石英砂岩。含植物化石碎片 30.62m

21. 灰黄色极薄层—薄层状含粉砂质泥岩 30.62m

双壳类化石：*Cardium*（*Tulongcardium*）*xizangense* Zhang，

*Cardium*（*Tulongcardium*）*martini* Bottger（图版 XII，6，17）

植物化石：*Anthrophyopsis* sp.（图版 XIII，3）

20. 灰绿色薄层状粉砂质泥岩 29.20m

19. 灰色极薄层状泥质粉砂岩与灰绿色泥质粉砂岩韵律，夹长石石英砂岩透镜体 30.69m

18. 灰绿、灰黄色薄层—极薄层状泥质粉砂岩，局部见有变质细粒海绿石岩屑石英砂岩透镜体。局部含植物化石碎片 71.61m

17. 灰黑色极薄层状泥岩 22.32m

16. 灰色极薄层状含粉砂质泥岩 41.23m

15. 褐灰、灰褐色中层状变质细粒长石石英砂岩与褐灰、灰绿色极薄—薄层状泥质粉砂岩韵律。长石石英砂岩中水平层理发育，局部见重荷模构造和硅质结核，并含植物化石碎片 39.78m

14. 灰黑色极薄层状泥岩 49.21m
13. 下部为灰黑色极薄层状泥岩，夹15cm厚的煤线，具不对称波；中部为灰色极薄层—薄层状泥质粉砂岩（夹煤线）与灰色中薄层状变质细粒海绿石石英砂岩韵律；上部为灰色中薄层状变质细粒岩屑石英砂岩，具雹痕和不对称波痕。泥岩、变质细粒海绿石石英砂岩中含大量的炭化严重的植物化石碎片和十分少的双壳类化石碎片 33.71m
12. 黄绿色极薄层状泥质粉砂岩，上部夹灰色细粒长石石英砂岩透镜体 42.13m
11. 灰黑色极薄层状泥岩、灰色薄层状含粉砂质泥岩、浅灰绿色极薄层状泥质粉砂岩与灰色中薄层状变质细粒海绿石石英杂砂岩、灰黄色中层状变质细粒海绿石长石石英砂岩韵律。在变质细粒海绿石石英杂砂岩中局部可见炭化严重的植物化石碎片 58.91m
10. 灰色极薄层状泥质粉砂岩与灰色、紫灰色中层状变质细粒海绿石石英砂岩韵律 73.13m
9. 灰色极薄层状粉砂岩与灰色薄层状细粒石英砂岩韵律 61.64m
8. 灰绿色中薄层状变质中细粒长石石英砂岩，局部发育雨痕 67.08m
7. 浅灰色极薄层粉砂质泥岩，底部见厚2.17m灰色中层状变质细粒海绿石长石石英砂岩 77.30m
6. 下部为灰白色中层状变质细粒海绿石长石石英砂岩，发育水平层理，含植物化石碎片；上部为灰色极薄层状泥质粉砂岩 54.34m
5. 灰色薄层状含泥质粉砂岩 33.36m
4. 下部为黑色极薄层状泥岩，上部为灰褐色中薄层状变质细粒海绿石岩屑石英砂岩 26.54m
3. 灰色极薄层—薄层状泥质粉砂岩与浅灰绿色薄层状变质细粒海绿石长石石英砂岩韵律，层面上发育龟裂 124.94m
2. 灰绿色极薄层状含粉砂质泥岩 43.37m
1. 灰色中层状细粒石英砂岩，含少量植物化石碎片，发育槽状交错层理和对称波痕 26.69m

（未见底）（新近系康托组下段覆盖）

通过上述剖面，我们控制扎那组厚1 352.21m。岩性组合主要由灰、灰褐色、灰黄色、灰绿色薄层—极薄层状泥质粉砂岩、粉砂质泥岩、泥岩与含海绿石长石石英砂岩、石英砂岩韵律组成，其间夹有数层煤线。产海相双壳类和植物化石，即 *Anthrophyopsis* sp.（图版XIII，3）植物化石与海相双壳类同层产出。故沉积环境应为温暖潮湿气候条件下的海陆交互相沉积。

扎那组在区域上比较稳定。但其上部层位在昂达尔错东北角岩性有所变粗，其中未见煤线及植物化石，我们将作为一个非正式单位，命名为赛公药长石石英砂岩。

（2）生物地层及时代讨论

本次工作中在多普勒乃的扎那组中采集了一定数量的双壳类和植物化石，双壳类化石经中国科学院南京地质古生物研究所沙金庚研究员鉴定，属种有 *Thracia prisca* Healey（图版XII，8，9，11，12），? *Palaeocardita mansuyi* Reed（图版XII，2，14，18a，18b），*Protocardia jianchuanensis* Chen（图版XII，19），*Pleuromya shuanghuensis* sp. nov.（图版XII，1），*Pleuronectites* sp.，*Cardium* (*Tulongcardium*) *xizangense* Zhang，*Cardium* (*Tulongcardium*) *martini* Bottger（图版XII，6，17），其地质时代为晚三叠世。植物化石由吉林大学古生物与地层学研究中心孙革教授鉴定为 *Anthrophyopsis* sp.（图版XIII，3），该属为双扇蕨科植物，是我国华南、东北晚三叠世瑞替阶（Rhaetian）*Ptilozamites*-*Anthrophyopsis* 组合化石之一。

因此，根据上述生物群特征，本幅认为扎那组为晚三叠世沉积产物。并建立 *Anthrophyopsis* 植物化石组合（表2-3）。

#### 4. 上三叠统扎那组赛公药长石石英砂岩（*saq*）

（1）岩石地层特征

赛公药长石石英砂岩主要分布于雅曲亚都、来竹松格等地，在幅内呈北西西—近东西向带状分布，向东延入滋格塘错幅。幅内出露面积约269.38km$^2$。其与扎那组主体岩性区别较大，岩性以灰绿色、土黄色、灰色、褐色中细粒—细粒长石石英砂岩（部分含海绿石），灰、灰白、黄、浅灰绿色中细粒—细粒石英砂岩，夹少量灰色、绿灰色泥质粉砂岩及灰黑色泥岩。其厚度较大，层位稳定。

双湖区赛邦集—那小祁优萨农根上三叠统扎那组赛公药长石石英砂岩实测剖面（图 2-6）：

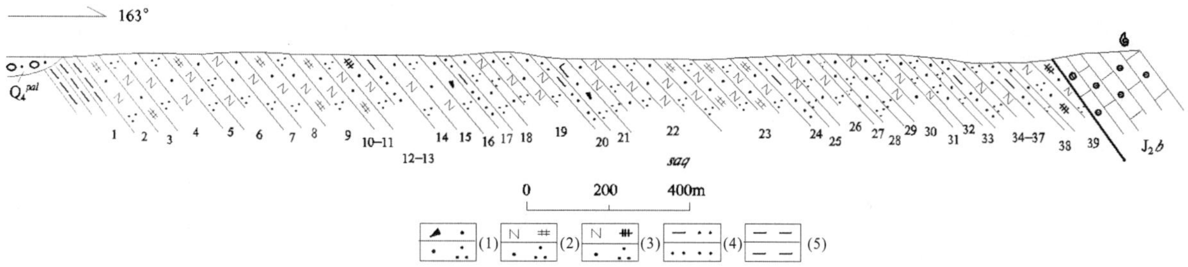


图 2-6 双湖特别区赛邦集—那小祁优萨农根上三叠统扎那组赛公药长石石英砂岩实测剖面图

（1）岩屑石英砂岩；（2）海绿石长石石英砂岩；（3）长石石英杂砂岩；（4）泥质粉砂岩；（5）泥岩；

*saq*. 赛公药长石石英砂岩；$J_2b$. 布曲组；$Q_4^{pal}$. 第四系洪冲积相沉积物

| | | |
|---|---|---|
| **赛公药长石石英砂岩（*saq*）：** | （未见顶）（断层） | **1 608.75m** |
| 39. 褐色薄层状细粒长石石英杂砂岩 | | 67.96m |
| 38. 灰白色薄层状细粒石英砂岩 | | 13.12m |
| 37. 灰色极薄层状泥质粉砂岩 | | 6.56m |
| 36. 灰绿色薄层状细粒长石石英砂岩 | | 83.53m |
| 35. 土黄色薄层状细粒长石石英砂岩 | | 18.81m |
| 34. 灰色极薄层状含泥质粉砂岩 | | 6.27m |
| 33. 浅灰绿色中层状细粒石英砂岩 | | 12.86m |
| 32. 灰黄色薄层状中细粒石英砂岩 | | 33.42m |
| 31. 褐色中—薄层状细粒长石石英砂岩 | | 18.00m |
| 30. 灰色薄层状中细粒长石石英砂岩 | | 56.64m |
| 29. 灰色薄层状中细粒长石石英砂岩 | | 21.72m |
| 28. 黄色薄层状中细粒石英砂岩 | | 41.78m |
| 27. 灰白色中薄层状细粒石英砂岩 | | 7.07m |
| 26. 灰色薄层状细粒长石石英砂岩与灰色薄层状粗粉砂岩韵律 | | 54.56m |
| 25. 灰白色薄层状中细粒长石石英砂岩 | | 20.77m |
| 24. 浅灰绿色薄层状泥质粉砂岩 | | 27.69m |
| 23. 灰绿色中薄层状细粒含海绿石长石石英砂岩与灰色薄层状细粒长石石英砂岩、灰绿色薄层状粗粉砂岩韵律 | | 153.36m |
| 22. 灰色薄层状中细粒长石石英砂岩 | | 142.78m |
| 21. 深灰色中层状细粒岩屑石英砂岩 | | 28.77m |
| 20. 灰色极薄层状泥质粉砂岩 | | 19.18m |
| 19. 灰绿色薄层状细粒长石石英砂岩 | | 101.51m |
| 18. 灰白色薄层状中粒石英砂岩 | | 27.28m |
| 17. 绿灰色极薄层状泥质粗粉砂岩 | | 20.39m |
| 16. 灰白色中薄层状细粒岩屑石英砂岩 | | 34.61m |
| 15. 灰色中层状细粒长石石英砂岩 | | 40.93m |
| 14. 灰白色薄层状细粒长石石英砂岩 | | 35.43m |
| 13. 灰色薄层状泥质粉砂岩 | | 6.95m |
| 12. 黄色中层状细粒长石石英杂砂岩 | | 56.95m |
| 11. 青灰色薄层状细粒含海绿石长石石英砂岩 | | 22.34m |
| 10. 灰色极薄层状泥质粉砂岩 | | 9.60m |
| 9. 灰绿色薄层状细粒含海绿石长石石英砂岩 | | 77.87m |
| 8. 灰褐色薄层状细粒含海绿石长石石英砂岩 | | 44.99m |
| 7. 黄褐色薄层状中细粒长石石英砂岩 | | 27.43m |
| 6. 黄灰色薄层状中粒长石石英砂岩 | | 60.83m |

5. 黄灰色中层状细粒含海绿石长石石英砂岩　34.78m
4. 灰黄色薄层状细粒长石石英砂岩　76.43m
3. 灰黄色中薄层状细粒含海绿石长石石英砂岩　48.74m
2. 黄色薄层状中细粒含海绿石长石石英砂岩　26.77m
1. 灰黑色极薄层状泥岩　20.07m

（未见底）（第四系洪冲积相沉积物覆盖）

赛公药长石石英砂岩厚 1 608.75m。岩性以灰色、灰绿色、黄灰、灰褐薄层状长石石英砂岩、石英砂岩、岩屑石英砂岩为主，夹少量泥质粉砂岩及泥岩。其厚度较大，层位较稳定。海绿石较发育，其沉积环境可能处于滨海地带。

（2）生物地层及时代讨论

赛公药长石石英砂岩中未见化石产出，其地层时代主要依据扎那组所产化石确定为晚三叠世。

## （二）多玛地层分区

### ——上三叠统日干配错群（$T_3R$）

（1）岩石地层特征

1986 年西藏自治区区调队①将日干配错群划入肖茶卡群，并确定其为三叠纪地层。1993 年《西藏自治区区域地质志》、1997 年《西藏自治区岩石地层》和 2001 年《青藏高原地层》亦将其称为日干配错群（表 2-2）。本幅对该套地层进行了详细的研究，并根据古生物化石和岩石地层学特征，将其划归上三叠统，并沿用日干配错群。其岩性以泥岩、粉砂岩和砂岩为主夹少量灰岩，与上三叠统—下侏罗统索布查组呈整合接触，下部未见底，与下伏地层关系不清。

日干配错群主要分布于其香错北索布查温泉、宰刚玛日南西、莎日嘎扎北等地。出露面积约 14.19km$^2$。

Ⅰ. 其香错北索布查温泉上三叠统日干配错群—下侏罗统曲色组实测剖面（图 2-7）：

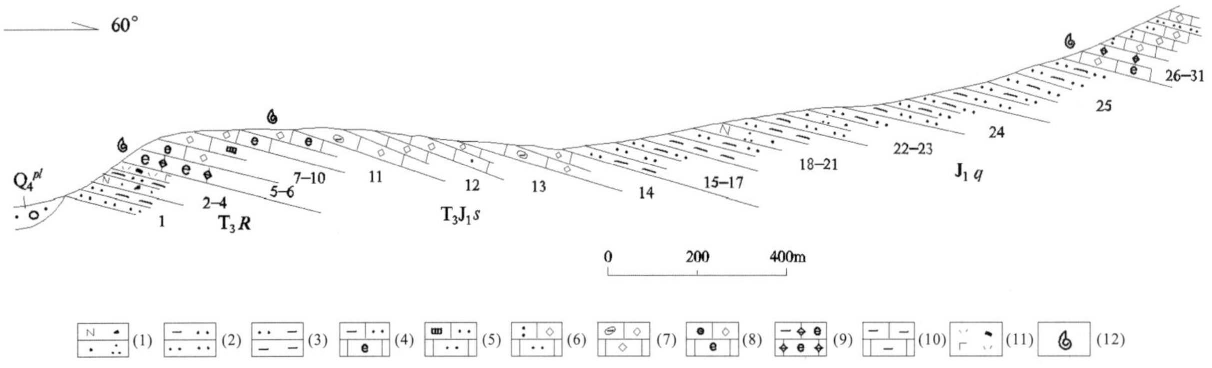


图 2-7　其香错北索布查温泉上三叠统日干配错群—下侏罗统曲色组实测剖面图

（1）岩屑长石石英砂岩；（2）泥质粉砂岩；（3）粉砂质泥岩；（4）含生物碎屑泥质粉屑灰岩；
（5）含黄铁矿粉屑灰岩；（6）含粉砂屑凝灰质微晶灰岩；（7）含泥质团块微晶灰岩；
（8）含生物碎屑亮晶鲕粒灰岩；（9）含生物碎屑泥质泥晶灰岩；
（10）泥质灰岩；（11）晶屑玄武质熔凝灰岩；（12）动物化石；
$T_3R$. 日干配错群；$T_3J_1s$. 索布查组；$J_1q$. 曲色组；$Q_4^{pl}$. 第四系洪积相沉积物

① 西藏自治区地质矿产局区域地质调查大队．1986，改则幅区域地质调查报告（1∶100 万）

上覆地层：上三叠统—下侏罗统索布查组灰色泥质灰岩和含生物碎屑灰岩

——— 整 合 ———

**日干配错群（$T_3R$）：** **75.01m**

4. 深灰色薄层状晶屑砾屑玄武质熔凝灰岩，夹灰色薄层状砂岩、深灰色薄层状含生物亮晶鲕粒灰岩 17.82m
3. 灰黄色薄层状泥质粉砂岩，夹紫红色薄层状中细粒长石砂岩、灰色薄层状含生物碎屑泥质泥屑灰岩。粉砂岩中水平纹层发育，灰岩中含双壳类化石 7.13m
2. 灰色薄层状细粒长石岩屑砂岩，水平层理发育 14.26m
1. 灰黄色薄层状粉砂质泥岩与灰色薄层状粗粉砂岩韵律层，局部可见水平层理 35.80m

（未见底）（第四系洪积相沉积物覆盖）

Ⅱ.1986 年西藏自治区区域地质调查大队在班戈县北部色哇区其香错北岸之北约 6km 的索布查温泉上三叠统日干配错群（原为肖茶卡群上部）—下侏罗统曲色组剖面：

上覆地层：上三叠统—下侏罗统索布查组黑色微晶灰岩和灰黑色含生物泥质灰岩

——— 整 合 ———

**日干配错群（$T_3R$）：** **165.24m**

2. 灰黄色浅变质泥钙质粉砂岩，夹黑色薄层微晶灰岩及钙质页岩。下部可见 3 层厚约 15～20cm 的鲕粒灰岩 119.34m

 腕足类化石：*Mentzeliopsis* sp.
 *Caucasorhynchia*? sp.
 *Pseudohatorella*? sp.
 *Cirpinae* sp.
 *Adygella* sp.

 双壳类：*Chlamys* sp.
 *Plagiostoma*? sp.
 *Meleagrinella*? sp.
 *Gervillella*? sp.
 *Thracia*? sp.
 *Ostrea*? sp.
 *Plicatula*? sp.

1. 浅绿灰色、灰黄色页岩夹薄层变质钙泥质长石岩屑粉砂岩 ＞45.90m

（未见底）

通过上述剖面我们可以看出日干配错群的厚度大于 165.24m，其岩性以灰黄色、灰色薄层状粉砂质泥岩、泥质粉砂岩、长石岩屑砂岩及火山碎屑岩为主，夹少量灰黑色、深灰色薄层状含生物亮晶鲕粒灰岩和泥屑灰岩，灰岩夹层中产腕足类和双壳类化石。其沉积环境以滨海相沉积为主。

（2）生物地层及时代讨论

本次工作中，在帕度错幅诺尔玛错东北 7591 地质点日干配错群中采集了一定数量的双壳类化石。经中国科学院南京地质古生物研究所文世宣、陈楚震研究员鉴定，属种为 *Trigonia*（*Kumatrigonia*）*huhxilensis* Lu，其地质时代为晚三叠世。

此外，西藏自治区区域地质调查大队（1986）在班戈县北部色哇区其香错北约 6km 的索布查温泉剖面采到腕足类：*Mentzeliopsis* sp.，*Caucasorhynchia*? sp.，*Pseudohatorella*? sp.，*Cirpinae* sp.，*Adygella* sp.；双壳类：*Chlamys* sp.，*Plagiostoma*? sp.，*Meleagrinella*? sp.，*Gervillella*? sp.，*Thracia*? sp.，*Ostrea*? sp.，*Plicatula*? sp. 等。其中 *Mentzeliopsis* sp.，*Caucasorhynchia*? sp. 的地质时代为晚三叠世，因此该套地层的地质时代应为晚三叠世（表 2-4）。

### （三）三叠纪地层综述

综上所述，左贡地层分区以晚三叠世地层为主，显示了沉积的多样性。晚三叠世早期，发生了小规模的海侵。在仁玛一带沉积了滨海相以中碎屑岩为主的姜钟组，而后发生了大规模的海侵。在仁玛一带沉积了以浅海相碳酸盐岩为主的角木日茶卡组；随后发生了一定范围的海退，在鄂纵错北多普勒乃一带沉积了一套海陆交互相以细碎屑岩为主的扎那组，并在赛邦集-那小祁优萨农根一带沉积了滨岸浅海相的扎那组赛公药长石石英砂岩；再后则出现了大规模海退。而多玛地层分区的晚三叠世地层分布面积较小，且只在索布查温泉、宰刚玛日南西、莎日嘎扎北一带出露了滨海相的日干配错群。从区内晚三叠世沉积环境来看南部水体可能较北部水体深。

此外，从本幅晚三叠世地层的岩石学特征来看左贡地层分区的晚三叠世地层与其北的吐错幅和其东的兹格塘错幅（西藏自治区地调院，2003）晚三叠世地层应同属一地层分区，同时与昌都、杂多、江达一带及玉树的晚三叠世地层（《青藏高原地层》，2001）也较为相似。

## 二、侏罗系

区内的侏罗系广泛分布于多玛地层分区和木嘎岗日地层分区（图 2-1、表 2-1、表 2-2）。

多玛地层分区地层单元有上三叠统—下侏罗统索布查组，下侏罗统曲色组，中侏罗统色哇组、莎巧木组、布曲组、夏里组，上侏罗统索瓦组。

木嘎岗日地层分区地层单元有下—中侏罗统木嘎岗日岩群，上侏罗统沙木罗组、吐卡日组。

该系出露面积约 5 378.32km²。

### （一）多玛地层分区

多玛地层分区地层单元有上三叠统—下侏罗统索布查组，下侏罗统曲色组，中侏罗统色哇组、莎巧木组、布曲组、夏里组，上侏罗统索瓦组。

#### 1. 上三叠统—下侏罗统索布查组（$T_3J_1s$）

（1）岩石地层特征

索布查组为本图幅新建立的岩石地层单元，相当于原肖茶卡群上组上段。1986 年西藏自治区区调队①将该套地层划为肖茶卡群；1993 年《西藏自治区区域地质志》将其划为日干配错群；1997 年《西藏自治区岩石地层》亦将其划为日干配错群；2001 年赵政璋等划为日干配错组。本幅在其中采集到一定数量的化石，并结合其上下地层，确定其地质时代为晚三叠世—早侏罗世。建组剖面位于其香错北索布查温泉。其岩性主要为灰色、深灰色含泥质团块微晶灰岩，深灰色含生物碎屑微晶灰岩，灰色、深灰色含生物碎屑灰岩及泥质灰岩，与下伏晚三叠世日干配错群呈整合接触，与上覆早侏罗世曲色组呈整合接触。其中产菊石类、腕足类、双壳类、珊瑚、海绵化石。其地质时代为晚三叠世—早侏罗世。

索布查组主要分布于其香错北索布查温泉、鲁雄错南切那、莎日嘎扎北、麻木卓约一带，呈明显的东西向展布。其出露面积约为 312.06km²。

Ⅰ. 其香错北索布查温泉上三叠统日干配错群—下侏罗统曲色组实测剖面（图 2-7）：

上覆地层：下侏罗统曲色组土黄色极薄层状细粉砂质泥岩

———— 整 合 ————

**索布查组（$T_3J_1s$）：** **275.94m**

14. 灰色中薄层状含泥质团块微晶灰岩 40.16m

① 西藏自治区地质矿产局区域地质调查大队.1986，改则幅区域地质调查报告（1∶100 万）

13. 灰色中薄层状含砂屑微晶灰岩　28.28m
12. 深灰色中薄层状含泥质团块微晶灰岩　39.07m
11. 深灰色中层状含生物碎屑微晶灰岩，产双壳类、菊石　53.11m
菊石化石：*Dumortieria* sp.（图版 XIV，3a－c，4，5，6）
10. 灰色中薄层状含黄铁矿粉屑灰岩　2.92m
9. 深灰色中层状含生物碎屑微晶灰岩，产双壳类化石碎片　32.24m
8. 深灰色厚层状含生物碎屑微晶灰岩　2.87m
7. 深灰色中薄层状含生物碎屑微晶灰岩　20.69m
6. 深灰色中薄层状含生物碎屑泥晶灰岩与灰色中薄层状含生物碎屑含泥质泥晶灰岩韵律层　35.59m
腕足类化石：*Crurirhynchia* cf. *baqenae* Ching Sun et. Ye（图版 VI，13－24）
*Eoseptaliphoria* cf. *prolongata* Ching Sun et. Ye（图版 VI，1－12）
*Cincta* sp.（图版 VI，25－30）
双壳类化石：*Lima* cf. *chinensis* Loczy（图版 XII，16）
*Enantiostreon* sp.
*Mysidiopteria* cf. *qinghaiensis* Chen et. Zhang（图版 XII，15a，15b）
珊瑚化石：*Tiaradendron*? sp.（图版 I，5）
*Aulastraea*? sp.（图版 I，6）
*Margarophyllia*? sp.（图版 I，1，2）
海绵化石：*Hodsia* cf. *caucasica* Moisseiev
5. 灰色极薄—薄层状泥质灰岩与灰色中薄层状含生物碎屑灰岩韵律层　21.01m

———— 整　合 ————

下伏地层：上三叠统日干配错群深灰色薄层状晶屑砾屑玄武质熔凝灰岩，夹灰色薄层状砂岩、深灰色薄层状含生物亮晶鲕粒灰岩

Ⅱ. 1986 年西藏自治区区域地质调查大队①在班戈县北部色哇区其香错北岸之北约 6km 的索布查温泉上三叠统日干配错群（原为肖茶卡群上部）—下侏罗统曲色组剖面：

上覆地层：下侏罗统曲色组黄灰色泥岩夹薄层粉砂岩及变质钙泥质粉砂岩透镜体

———— 整　合 ————

**索布查组（$T_3J_1s$）：　461.71m**
7. 灰色深灰色中厚层硅质灰岩夹黑色厚层微晶灰岩　118.75m
6. 灰黑色厚层状微晶灰岩　252.51m
5. 浅灰色、黄灰色厚层石英岩　13.53m
4. 黑色微晶灰岩、含生物碎屑微晶灰岩。近底部夹 3cm 厚的介壳层　50.28m
3. 黑色薄层微晶灰岩，夹灰黑色中厚层状含生物介壳泥质灰岩及薄层钙质页岩　26.64m
双壳类化石：*Plagiostoma*? sp.
*Tancredia* (*Palaeomya*)? sp.
腕足类化石：*Caucasorhynchia*? sp.
*Euxinella*? sp.
*Adygella* sp.

———— 整　合 ————

下伏地层：上三叠统日干配错群灰黄色浅变质泥钙质粉砂岩，夹黑色薄层微晶灰岩及钙质页岩

通过上述剖面我们可以看出索布查组的厚度约为 461.71m。其岩性以灰色、深灰色含泥质团块微晶

① 西藏自治区地质矿产局区域地质调查大队. 1986，改则幅区域地质调查报告（1∶100 万）

灰岩，深灰色含生物碎屑微晶灰岩，灰色、深灰色含生物碎屑灰岩为主。下部夹有少量的泥质灰岩，上部夹有少量的灰色含黄铁矿粉屑灰岩。产菊石、腕足类、双壳类、珊瑚、海绵等化石。其下与晚三叠世日干配错群呈整合接触，上与早侏罗世曲色组呈整合接触。其岩石组合特征和生物地层特征均显示了典型的浅海相沉积环境特征。

此外，从索布查组的岩石地层及区域分布来看也具有较强的可比性（图 2－18）。

（2）层序地层特征

索布查组层序地层学研究主要是根据双湖特别区巴岭乡贡巴日其香错北索布查温泉剖面建立，该剖面由 I 层序组成（图 2－10），且具较完整有序的层序，底界面下部地层是玄武质熔凝灰岩，界面之上为灰岩，两者之间发生的变化是下为火山碎屑岩，上为泥质灰岩与含生物碎屑灰岩韵律层。该剖面中，第 5 层的泥质灰岩与含生物碎屑灰岩韵律层属低水位楔（LWT）。第 6 层含大量的生物，底栖的有腕足类、双壳类、珊瑚，浮游的有海绵，是海侵体系域初始海泛面同时形成的产物，之上为海侵体系域（TST）代表。第 10 层为凝缩层（CS），具还原条件。第 11—12 层、第 13—14 层是两个进积型副层序构成副层序组，代表了高水位体系域 HST 沉积，顶界面可能由 SB2 型组成，其上是一套粉砂质泥岩。其层序地层显示为浅海相沉积环境（图 2－10）。

（3）生物地层及时代讨论

西藏自治区区域地质调查大队（1986）曾将本幅的索布查组划归上三叠统肖茶卡群，并在该套地层的下部采集到 *Mentzeliopsis* sp.，*Caucasorhynchia*? sp. 等晚三叠世的化石，并将该套地层划归上三叠统。本次工作中我们在该套地层的上部采集到了 4 块保存较好的菊石。这些菊石经中国地质大学阴家润教授鉴定，属种为 *Dumortieria* sp.（图版 XIV，3a－c，4，5，6），其地质时代为早侏罗世土阿辛期（Toarcian）。此外，在该套地层的下部又采集到了一定数量的腕足类、双壳类、珊瑚、海绵等化石。其中，腕足类化石经中国科学院南京地质古生物研究所孙东立研究员鉴定，属种有 *Crurirhynchia* cf. *baqenae* Ching，Sun et. Ye（图版 VI，13—24），*Eoseptaliphoria* cf. *prolongata* Ching，Sun et. Ye（图版 VI，1—12，*Cincta* sp.（图版 VI，25—30），其地质时代为晚三叠世。双壳类经中国科学院南京地质古生物研究所文世宣研究员鉴定，属种有 *Lima* cf. *chinensis* Loczy（图版 XII，16），*Enantiostreon* sp.，*Mysidiopteria* cf. *qinghaiensis* Chen et. Zhang（图版 XII，15a，15b）等，其地质时代为晚三叠世。珊瑚由中国科学院南京地质古生物研究所廖卫华研究员鉴定，属种有 *Tiaradendron*? sp.（图版 I，5），*Aulastraea*? sp.（图版 I，6），*Margarophyllia*? sp.（图版 I，1，2），其地质时代为晚三叠世。海绵由中国科学院南京地质古生物研究所邓占球研究员鉴定，属种有 *Hodsia* cf. *caucasica* Moisseiev，其地质时代为三叠纪—侏罗纪。因此，根据我们的研究认为该套地层的下部应属晚三叠世地层，上部应属早侏罗世地层，该套地层的地质时代应为晚三叠世—早侏罗世，并认为该套地层可能存在三叠系与侏罗系的界线，且该界线可能在上述其香错北索布查温泉剖面的第 7—10 层之间，也就是说从该套地层的岩石地层和生物地层特征来看该区的三叠系与侏罗系可能为整合接触。

1986 年西藏自治区区域地质调查大队在索布查组下部采集到了双壳类、腕足类化石。双壳类属种有 *Plagiostoma*? sp.，*Tancredia*（*Palaeomya*）? sp. 等；腕足类属种有 *Mentzeliopsis* sp.，*Caucasorhynchia*? sp.，*Euxinella*? sp.，*Adygella* sp. 等。其地质时代为晚三叠世，其结论与本次工作中认为索布查组下部的地质时代为晚三叠世是一致的（表 2－4）。

### 2. 下侏罗统曲色组（$J_1q$）

（1）岩石地层特征

曲色组由西藏自治区区调队 1986 年①创名，刘世坤 1988 年于《地层学杂志》正式发表。该组创名地点位于色哇区其香错北 6km 的索布查温泉。原义指 1979—1982 年，西藏自治区区调队在色哇附近原文世宣发现的色哇区莎巧木山北坡剖面东北 20km 的曲色、巴尔杂及索布查温泉等地，发现的一套深灰

① 西藏自治区地质矿产局区域地质调查大队．1986，改则幅区域地质调查报告（1∶100 万）

—黑色泥页岩为主夹灰岩的地层，产菊石、腕足类等化石，当时初步鉴定为下侏罗统，并将这套地层命名为下侏罗统曲色组。曲色组未见顶部，下与原上三叠统肖茶卡群（现为上三叠统—下侏罗统索布查组）黑色细晶灰岩为整合接触。1997 年《西藏自治区岩石地层》因色哇组与下伏地层原曲色组（或则松组）的岩性近似而难以划分，将色哇组含义扩大，包括下伏的曲色组（或则松组）。2001 年《青藏高原地层》采用曲色组（表 2-2）。2003 年伊海生等在毕洛错东发现了相当于曲色组的地层。本次工作我们仍采用西藏自治区区调队 1986 年曲色组原定义，其岩性为深灰—黑色泥页岩为主夹灰岩，产早侏罗世菊石、腕足类等化石的一套地层。其下和上分别与上三叠统—下侏罗统索布查组和色哇组均呈整合接触。此外，毕洛错一带的曲色组还夹有少量的玄武岩、油页岩和膏盐。

曲色组主要分布于色哇区其香错北索布查温泉、毕洛错南东、昂达尔错南、鲁雄错南东一带。分布面积约 800.63km$^2$。

Ⅰ.1986 年西藏自治区区域地质调查大队①在班戈县北部色哇区其香错北岸之北约 6km 的索布查温泉上三叠统日干配错群（原为肖茶卡群上部）—下侏罗统曲色组剖面：

**曲色组（$J_1q$）：** （未见顶） **836.74m**

16. 灰色千枚状泥灰岩间夹黑色泥页岩，泥页岩中含菱铁质结核 130.11m
    菊石化石：*Lytoceras* cf. *fimbriatum*，? *Pelyplectus* sp.
15. 灰色黄褐色浅变质含粉砂质泥灰岩，粉砂质泥岩，间夹灰色薄层粗砂岩 93.30m
14. 黑色灰黑色黄褐色钙泥质粉砂岩夹灰绿色石英砂岩 74.72m
13. 灰黑色中厚层状微晶灰岩 28.94m
12. 灰黑色厚层至块状微晶灰岩 28.28m
11. 上部灰黑色板状泥质灰岩；中部为黑色含粉砂质泥岩；下部为灰色黄灰色泥灰岩 226.12m
    菊石化石：*Ptycharietites* sp.
    Schlotheimiidae
    Arietitidae
    双壳类：*Inoceramus*（*Inoceramus*）sp.
10. 深灰色泥灰岩含灰色微晶灰岩透镜体 44.54m
9. 浅灰色泥岩，上部夹薄层泥灰岩，中下部夹钙质岩屑砂岩及黑色页岩 86.10m
8. 黄灰色泥岩夹薄层粉砂岩及变质钙泥质粉砂岩透镜体 124.63m

———— 整 合 ————

下伏地层：上三叠统—下侏罗统索布查组灰色深灰色中厚层硅质灰岩夹黑色厚层微晶灰岩

Ⅱ.1986 年西藏自治区区域地质调查大队①在班戈县北部色哇区曲色之巴尔杂—郭仓班马日下侏罗统曲色组剖面：

**曲色组（$J_1q$）：** （未见顶） **1 732.00m**

5. 灰黑色微晶灰岩 350.00m
4. 灰黑色含粉砂质、泥质灰岩夹灰黑色微晶灰岩，产菊石和腕足类化石 390.00m
   菊石化石：Psiloceratacae；
   腕足类：*Piarorhynchia* sp.
3. 灰黑色含菱铁矿泥质灰岩夹黑色页岩 330.00m
   菊石化石：Oxynoticeratidae
   Hildoceratacae；

① 西藏自治区地质矿产局区域地质调查大队.1986，改则幅区域地质调查报告（1∶100 万）

腕足类化石：*Cirpa* sp.

? *Homocorhynchia* sp.

2. 灰黑、黄灰色页岩与黄灰色砂岩，细粒石英砂岩互层，夹薄层菱铁矿及菱铁矿结核 362.00m
1. 黑色页岩夹薄层粉砂岩 300.00m

══════ 断　层 ══════

下伏地层：上三叠统肖茶卡群

Ⅲ. 其香错北索布查温泉上三叠统日干配错群—下侏罗统曲色组实测剖面（图 2－7）：

**曲色组（$J_1q$）：** （未见顶） **641.03m**

31. 深灰色中层状微晶灰岩 25.02m
30. 灰色中薄层状微晶灰岩与灰色极薄层状细粉砂岩韵律层 36.84m
29. 灰色极薄—薄层状含粉砂屑凝灰质粉晶灰岩 30.59m
28. 砖黄色厚层状凝灰质粉晶灰岩 3.19m
27. 灰绿色厚层状微晶灰岩。底部为浅肉红色花岗闪长斑岩质混染岩侵入 2.56m
26. 灰色中层状含生物碎屑微晶灰岩 74.03m

双壳类化石：*Nicaniella*? sp.

25. 灰色极薄层状泥质细粉砂岩 149.60m
24. 灰色极薄层状泥质细粉砂岩 71.04m
23. 土黄色极薄层状泥质细粉砂岩夹紫褐色极薄—薄层状石英细砂岩 23.19m
22. 土黄色极薄层状泥质细粉砂岩 6.98m
21. 土黄色极薄层状泥质细粉砂岩夹紫褐色极薄—薄层状细粒长石石英砂岩 40.49m
20. 黄灰色极薄层状粉砂质泥岩 37.01m
19. 土黄色极薄层状泥质细粉砂岩夹紫褐色薄—极薄层状细粒长石石英砂岩 37.89m
18. 土黄色极薄层状泥岩与灰紫色极薄层状泥质细粉砂岩韵律层 33.46m
17. 黄灰色极薄层状泥质细粉砂岩 10.26m
16. 土黄色—褐紫色极薄层状泥质细粉砂岩与紫褐色薄层状粗粉砂岩韵律 9.52m
15. 土黄色极薄层状细粉砂质泥岩 49.36m

———— 整　合 ————

下伏地层：上三叠统—下侏罗统索布查组灰色中薄层状含泥质团块微晶灰岩

Ⅳ. 帕度错幅帕度错北上三叠统—下侏罗统索布查组—中侏罗统色哇组实测剖面（图 2－8）：

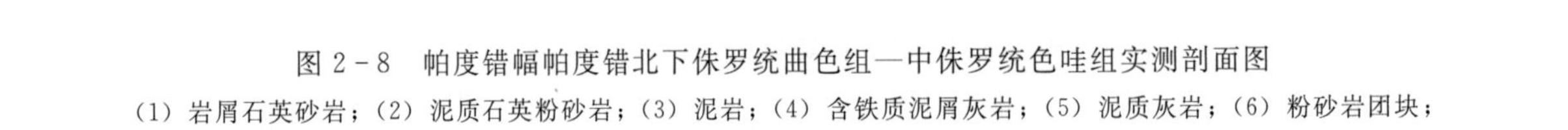


图 2－8　帕度错幅帕度错北下侏罗统曲色组—中侏罗统色哇组实测剖面图

（1）岩屑石英砂岩；（2）泥质石英粉砂岩；（3）泥岩；（4）含铁质泥屑灰岩；（5）泥质灰岩；（6）粉砂岩团块；（7）灰岩透镜体；（8）闪长玢岩（$\delta\mu$）；（9）动物化石；$T_3J_1s$. 索布查组；$J_1q$. 曲色组；$J_2s$. 色哇组

上覆地层：中侏罗统色哇组灰黑色薄层状泥岩

———— 整　合 ————

**曲色组（$J_1q$）：** **587.50m**

5. 灰黑色薄层状泥岩、灰黑色中薄层状粉屑灰岩韵律层 202.50m

4. 灰黑色中薄层状泥质灰岩　11.04m
3. 灰黑色薄层状泥岩夹泥质灰岩　162.79m

══════闪长玢岩侵入══════

2. 灰黑色薄层状泥岩　128.48m
1. 灰黑色薄层状泥岩、灰色中薄层状泥质灰岩韵律层　82.69m

———— 整　合 ————

下伏地层：上三叠统—下侏罗统索布查组灰黑色含铁质泥屑灰岩

**——曲色组（索日卡）膏岩（*gy*）**

曲色组膏岩主要分布在毕洛错东索日卡-巴欧那一带，其岩性以灰色、灰绿色泥页岩及灰色、白色石膏盐岩为主，夹少量深灰色灰岩、浅灰紫色鲕粒灰岩。其赋存地层相当于曲色组（砂岩段），其中产腕足类及鱼化石。出露面积约 3km$^2$。具有特殊的环境意义故作为特殊地质体予以单独标注。

毕洛错东索日卡下侏罗统曲色组石膏盐岩实测剖面（图 2－9）：

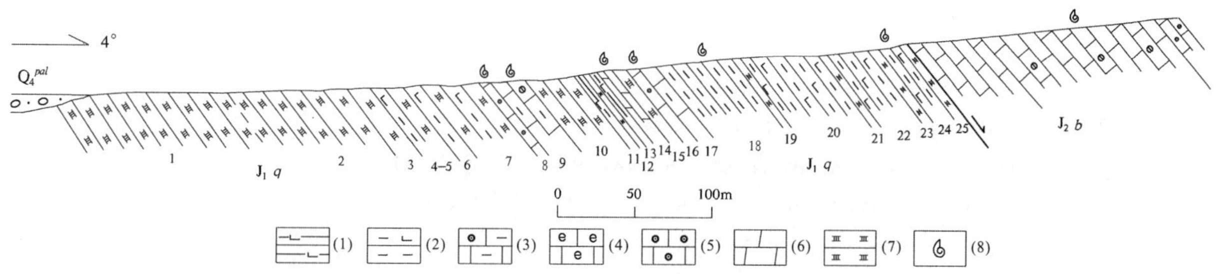


图 2－9　毕洛错东索日卡下侏罗统曲色组石膏盐岩实测剖面图

（1）钙质页岩；（2）钙质泥岩；（3）鲕粒泥屑灰岩；（4）生物碎屑灰岩；（5）鲕粒灰岩；（6）泥质灰岩；（7）石膏岩；（8）动物化石；$J_1q$. 曲色组；$J_2b$. 布曲组；$Q_4^{pal}$. 第四系洪冲积相沉积物

上覆地层：中侏罗统布曲组灰黄色薄层状泥屑灰岩

══════ 断　层 ══════

**曲色组（$J_1q$）：　394.55m**

25. 白色条纹条带状石膏岩　3.17m
24. 灰色薄—极薄层状钙质泥岩　10.16m
    双壳类化石：*Cuspidaria*? *ibbetsoni*（Morris）（图版 XI，2，4，5）
23. 白色条纹条带状石膏岩夹灰色极薄层状石膏岩　3.81m
22. 灰绿色极薄层状钙质泥岩夹灰色薄层状泥质灰岩　17.46m
21. 白色条纹条带状石膏岩　1.13m
20. 灰绿色极薄层状钙质泥岩夹灰色薄层状生物碎屑灰岩透镜体　32.28m
19. 灰色条纹条带状石膏岩　1.7m
18. 灰色薄层—极薄层状泥岩与灰紫色薄层—极薄层状泥岩韵律层
    双壳类化石：*Rollierella*? sp.　39.40m
17. 灰色中薄层状生物碎屑含泥质灰岩　9.01m
16. 灰紫色中薄层状含生物碎屑鲕粒泥屑灰岩
    双壳类化石：*Liostrea birmanica*（Reed）　7.37m
15. 白色（灰黄色）条纹条带状石膏岩　6.55m
14. 深灰色薄层状含生物碎屑灰岩与深灰色薄层状泥灰岩韵律层，产腕足类、双壳类化石
    双壳类化石：*Nicaniella* sp.
    *Grammatodon*（*Grammatodon*）sp.
    *Protocardia*（*Protocardia*）*stricklandi*（Morris et Lycett）（图版 XI，9，18）

*Protocardia* (*Protocardia*) sp. 9.82m

*Grammatodon* (*Grammatodon*) *minimus* (Lackenby) (图版 XI, 15)

*Cuspidaria*? *ibbetsoni* (Morris)

*Cuspidaria*? sp. nov.

*Corbula* (*Bicorbula*) *yanshipingensis* Wen (图版 XI, 1)

13. 灰色极薄层状钙质页岩 4.09m

鱼化石：Actinoptorygii (图版 XVI, 9)

12. 白色条纹条带状石膏岩 3.27m

11. 灰色极薄层状钙质页岩 2.46m

10. 白色块状中细粒石膏岩 24.77m

9. 深灰色中薄层状含生物碎屑含泥质灰岩，产腕足类、双壳类化石 17.67m

双壳类化石：*Protocardia* (*Protocardia*) *stricklandi* (Morris et. Lycett)

*Protocardia* (*Protocardia*) sp.

*Cuspidaria*? *ibbetsoni* (Morris)

*Cuspidaria*? sp.

*Corbula* sp.

*Thracia* sp.

*Bakevellia* sp.

*Gervillella* cf. *orientalis* (Douville)

*Rollierella tenuidentata* (Wellnhofer)

*Grammatodon* (*Grammatodon*) *minimus* (Lackenby) (图版 XI, 3, 13)

*Anisocardia* (*Anisocardia*?) *caudata* (Lycett) (图版 XI, 12)

*Tancredia*? sp.

*Lucina cardioides* d' Archiac (图版 XI, 8)

8. 浅灰紫色中薄层状含生物碎屑鲕粒灰岩 3.53m

双壳类化石：*Protocardia* (*Protocardia*) *stricklandi* (Morris et. Lycett) (图版 XI, 14)

*Protocardia* (*Protocardia*) *linkaensis* Wen

*Protocardia* (*Protocardia*) *lingulata* (Lycett) (图版 XI, 6, 10, 11a, 11b)

*Protocardia* (*Protocardia*) sp.

*Rollierella tenuidentata* (Wellnhofer)

*Anisocardia* (*Anisocardia*?) *caudata* (Lycett) (图版 XI, 7)

*Anisocardia* (*Anisocardia*?) *minima* (J. Sowerby) (图版 XI, 20)

*Anisocardia* sp.

*Camptonectes* sp. (图版 XI, 17)

*Tancredia* sp.

*Thracia* sp.

7. 灰色块状中粗粒石膏岩夹灰色极薄层状钙质泥岩 22.53m

6. 灰色极薄层状钙质泥岩夹白色纤维状薄层石膏 12.8m

5. 灰色块状中粗粒石膏岩 2.02m

4. 灰色极薄层状钙质泥岩夹白色纤维状薄层石膏 13.48m

3. 灰色条带状粗粒石膏岩夹灰色条纹条带状石膏岩 16.85m

2. 灰色条纹条带状石膏岩夹白色纤维状石膏纹层 62.08m

1. 灰色块状石膏岩 67.14m

（未见底）（第四系洪冲积相沉积物覆盖）

上述色哇区其香错北约 6km 的索布查温泉剖面和色哇区曲色之巴尔杂—郭仓班马日剖面是 1986 年西藏自治区区域地质调查大队所测，其曲色组岩性以深灰—黑色泥页岩为主夹灰岩及薄层菱铁矿和菱铁矿结核，产菊石和腕足类化石。其中，生物化石显示海相特征，菱铁矿层显示与陆源有机物的输入有关，可能属还原环境。故其沉积环境可能为滨浅海泻湖相或海湾沉积。

其香错北索布查温泉剖面该组厚641.03m。岩性以灰色、土黄色、黄灰色极薄层状粉砂质泥岩、泥质粉砂岩、中厚层状微晶灰岩、粉晶灰岩为主，下部夹少量长石石英砂岩、石英细砂岩，上部深灰色中厚层状微晶灰岩较多。其沉积环境早期可能属浅海陆棚，晚期可能为滨海。

帕度错幅帕度错北剖面该组厚587.50m。岩性以灰黑色中薄层状泥岩、泥质灰岩组成。其沉积环境可能与浅海陆棚有关。

毕洛错索日卡石膏盐岩剖面该组厚394.55m。岩性以灰色、白色石膏盐岩和灰色、灰绿色页岩、泥岩为主，夹少量灰色、深灰色含生物碎屑灰岩、泥质灰岩、鲕粒灰岩，产缺氧生物相的双壳化石。其沉积环境可能为闭塞的海盆膏盐、泥页岩沉积环境为主，当水体较深时出现滨浅海泥质灰岩、鲕粒灰岩沉积环境。此外，据中国地质大学（北京）阴家润教授及本幅的研究，认为该组膏盐层位于黑色页岩层之下。

综上所述，幅内曲色组厚1 732.00m（据1986年西藏自治区区域地质调查大队）。岩性以深灰—黑色泥页岩为主夹灰岩。其沉积环境以滨浅海泻湖相泥页岩沉积环境为主。但由于毕洛错一带该组下部有大套的石膏层的出现，表明沉积环境是一个闭塞的海盆。海平面降低的时候，沉积盆地内的水体和外界的交流被破环，随着该地干旱炎热气候，逐渐产生蒸发岩形成的条件。内生类型双壳类的出现和海侵造成的海平面上升有关，一些广适类型的浅内生的双壳类，如 *Protocardia*，*Cuspidaria* 等得以发育生存。中部厚层的油页岩可能表明当海平面升高时，海水侵入，形成泻湖沉积环境，海盆底部水流和外海交流仍然不畅，大量的陆源有机物的输入，形成沉积基底的缺氧环境，导致油页岩的产生。当海平面在该地区达到相对最大时，毕洛错一带和外海的交流达到比较通畅的程度，垂挂式的双壳类 *Bositra* 和菊石类 *Cleviceras* 得以繁衍。所以，根据曲色组沉积和生物相表明，用海平面变化控制下的闭塞泻湖沉积模式来解释可能更加贴切一些。

从该组的岩石地层及区域分布来看也具有较强的可比性（图 2－18）。

曲色组与色哇组的关系是一个重要的问题，以前因色哇组与曲色组未在同一个剖面出现，有人推测曲色组可能部分相当于色哇组下部，但未找到含化石的层位。1986年西藏自治区区调队在测制色哇则松剖面时也认为曲色组与色哇组呈连续沉积。经本幅的研究认为1988年刘世坤的分析是正确的，曲色组中多见黑色中—厚层块状微晶灰岩，而色哇组中没有。曲色组中多黑色粉砂岩、粗砂岩及灰绿色石英砂岩也与色哇组不同，曲色组与色哇组呈整合接触。此外，1986年西藏自治区区调队在测制色哇则松剖面时也认为曲色组与色哇组呈连续沉积。

（2）层序地层特征

曲色组层序地层学研究主要是根据双湖特别区巴岭乡贡巴日其香错北索布查温泉剖面建立。该剖面由II层序（图 2－10）组成，具有较完整有序的层序，底界面可能由SB2型组成，界面之下是含泥质团块微晶灰岩，界面之上为粉砂质泥岩。第15—25层为海侵体系域（TST）代表，由一系列极薄层的、不断向陆呈阶梯状后退的粉砂质泥岩和泥质粉砂岩准层序组成退积准层序组，具有水体向上加深的特征，其层序地层显示了浅海陆棚沉积特征。第26—31层为高位体系域（HST）代表，其底界面凝缩层不明显，但显示了海平面的突然下降，形成了准层序的边界，界面之下为极薄层状泥质粉砂岩，界面之上为具高位体系域特征的以中薄层状微晶灰岩为主的地层，其层序地层显示了滨海前滨沉积特征（图 2－10）。

（3）生物地层及时代讨论

本次工作在双湖特别区巴岭乡贡巴日其香错北索布查温泉剖面该组中采集到双壳类，经中国科学院南京地质古生物研究所文世宣研究员鉴定为 *Nicaniella*? sp.，其地质时代为中侏罗世（?）—古新世。在毕洛错索日卡石膏盐岩剖面采集到大量双壳类及鱼化石，双壳类经中国科学院南京地质古生物研究所文世宣研究员鉴定，属种有 *Anisocardia*（*Anisocardia*?）*caudata*（Lycett）（图版 XI，7，12）*Anisocardia*（*Anisocardia*?）*minima*（J. Sowerby）（图版 XI，20），*Anisocardia* sp.，*Bakevellia* sp.，*Camptonectes* sp.（图版 XI，17），*Corbula*（*Bicorbula*）*yanshipingensis* Wen（图版 XI，1），*Corbula*

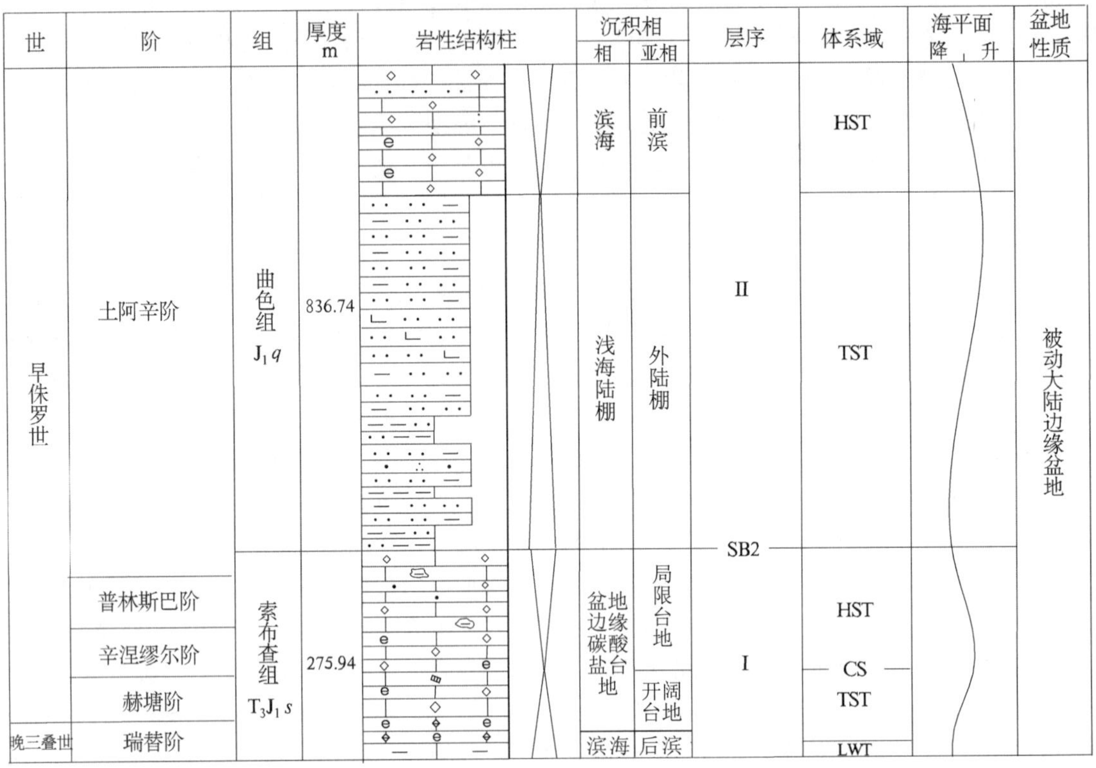


图 2-10　多玛地层分区早侏罗世地层沉积相、层序地层划分及海平面变化特征图

*sp.*，*Cuspidaria*? *ibbetsoni*（Morris）（图版 XI，2，4，5），*Cuspidaria*? sp. nov.，*Gervillella* cf. *orientalis*（Douville），*Grammatodon*（*Grammatodon*）*minimus*（Lackenby）（图版 XI，3，13，15），*Grammatodon*（*Grammatodon*）sp.，*Liostrea birmanica*（Reed），*Lucina cardioides* d' Archiac（图版 XI，8），*Nicaniella* sp.，*Protocardia*（*Protocardia*）*linkaensis* Wen，*Protocardia*（*Protocardia*）*lingulata*（Lycett）（图版 XI，6，10，11a，11b），*Protocardia*（*Protocardia*）*stricklandi*（Morris et. Lycett）（图版 XI，9，14，18），*Protocardia*（*Protocardia*）sp.，*Rollierella tenuidentata*（Wellnhofer），*Rollierella*? sp.，*Tancredia* sp.，*Thracia* sp.，其地质时代为中侏罗世。但中国地质大学（北京）阴家润教授认为上述 *Cuspidaria*，*Protocardia* 等的地质时代为早侏罗世，并认为曲色组膏盐位于早侏罗世黑色页岩层之下，故曲色组膏盐的时代置于早侏罗世。鱼化石经中国科学院北京古脊椎与古人类研究所张弥曼研究员鉴定为 Actinoptorygii（图版 XVI，9），该鱼化石为羌塘盆地中生代地层中首次发现。

本次工作在毕洛错东南 2557 地质点曲色组黑色页岩中的泥质结核中采集到大量菊石，经中国地质大学（北京）阴家润教授鉴定，属种有 *Cleviceras* sp.（图版 XV，1a-c），*Phylloceras* sp.，*Dactylioceras* sp.，Catacoeloceras sp.（图版 XIV，1a-c，2a-b），*Erycites* sp.（图版 XV，2a-b，3a-b，4a-b）。其中 *Cleviceras* 是下土阿辛阶（Toarcian）*Harpoceras falciferum* 菊石带的属，该属在早侏罗世晚期的 *Falciferum* 菊石带中部（即 *Exaratum* 菊石亚带的顶部）消亡（Haworth，1992）。*Dactylioceras* 属的地质历程为下土阿辛阶（Toarcian）的 *Tenuicostatum* 至 *Bifrons* 带。故曲色组黑色油页岩的地质时代为早侏罗世土阿辛期（Toarcian）。

此外，在其香错北 7148 地质点和毕洛错东曲色组采集到 *Bositra buchi*（Roemer）（图版 X，12；图版 XIII，4），经中国科学院南京地质古生物研究所文世宣研究员鉴定，认为其地质时代为中侏罗世。

1986 年西藏自治区区域地质调查大队在曲色组采集了菊石、双壳类和腕足类。菊石类有 *Lytoceras* cf. *fimbriatum*，? *Pelyplectus* sp.，*Ptycharietites* sp.，Schlotheimiidae，Arietitidea，Psiloceratacae，Oxynoticeratidae，Hildoceratacae。并认为曲色组中所含的菊石 Schlotheimiidae，Psiloceratacae，*Lyto-*

ceras cf. *fimbriatum* 等在藏南下侏罗统普普嘎组，日当组亦有丰富的产出。这些菊石在欧洲南部亦属于特提斯早侏罗世较典型的菊石动物分子，曲色组中含有相当多的 Hildoceratacae，Schlotheimiidae 科的分子，在欧洲南部地区，Hildoceratacae 科主要出现在土阿辛阶（Toarcian）和普林斯巴阶（Pliensbachian），Schlotheimiidae 科菊石主要出现在赫塘阶（Hettangian）和辛涅缪尔阶（Sinemurian），很少延到普林斯巴阶（Pliensbachian）。曲色组的菊石层位主要产在中部，其下 300m±的地层中未采到化石，故当时认为曲色组中上部含菊石的地层可能只相当于普林斯巴阶（Pliensbachian）—土阿辛阶（Toarcian）的沉积。而下部未发现化石的地层可能相当于赫塘阶（Hettangian）—辛涅缪尔阶（Sinemurian）的地层。曲色组中除上述菊石外当时还采到腕足类 *Piarorhynchia* sp.，*Cirpa* sp.，? *Homocorhynchia* sp.。并将 *Cirpa* sp. 与藏南吉隆县贡当区老虎嘴下侏罗统的 *Cirpa* sp. 相比较。此外双壳类有 *Inoceramus*（*Inoceramus*）sp.。

本幅曲色组的生物地层及时代讨论主要根据本次工作采集的菊石化石确定其地质时代为早侏罗世土阿辛期（Toarcian）。并建立 *Cleviceras*-*Dactylioceras* 菊石组合。*Homocorhynchia* 腕足组合（表 2-4）。

**3. 中侏罗统色哇组（$J_2s$）**

（1）岩石地层特征

色哇组由文世宣 1979 年命名，创名地点位于色哇区莎巧木山北坡及加玉马头一带。原义指“中区”线（玛尔盖茶卡一线于木嘎岗日北坡至其香错一线之间），岩性和化石都有别于雁石坪群的下部地层。其下部为钙质泥岩（未见底）；中部为灰色灰岩、泥灰岩；上部为灰黑、深灰及灰色泥页岩夹泥灰岩。其地质时代定为中侏罗世巴柔期（Bajocian）。色哇组自创名以来，多家沿用（表 2-2）。1979 年孙东立研究员等认为该组与其下早侏罗世格那龙巴群接触关系不清，其地质时代为中侏罗世巴柔期（Bajocian）。1986 年吴瑞忠等认为该组与其上的莎巧木组呈整合接触和其下的原则松组呈连续沉积，其地质时代为中侏罗世早期。1986 年西藏自治区区调队①认为该组与其下的早侏罗世曲色组连续沉积。其地质时代为中侏罗世。1993 年《西藏自治区地质志》将该组上覆地层莎巧木组更名为佣钦错群。1997 年《西藏自治区岩石地层》因该组与下伏地层曲色组（或则松组）的岩性近似而难以划分，将色哇组含义扩大，包括下伏地层曲色组（或则松组）。2001 年《青藏高原地层》将该地层划入中侏罗世雀莫错组（主要分布在羌北地层区），同时认为南北羌塘的雀莫错组在岩性组合上有一定差异，并认为该组与其下的早侏罗世曲色组为连续沉积。本幅沿用色哇组原定义，指岩性以深灰色、灰色泥页岩、粉砂质泥页岩、粉砂岩为主，夹灰岩的地层。下与曲色组连续沉积，上与莎巧木组呈整合接触。其地质时代为中侏罗世巴柔期（Bajocian）。

幅内色哇组主要分布于鲁雄错北、亏莫夏日玛、其香错北西、索布查等地。分布面积约 423.38km²。

Ⅰ. 双湖区巴岭乡多得巴地中侏罗统色哇组实测剖面（图 2-11）：

上覆地层：中侏罗统莎巧木组灰色中层状细粒石英砂岩

——— 整　合 ———

| | |
|---|---|
| **色哇组（$J_2s$）：** | **959.98m** |
| 29. 灰绿色薄层状泥岩 | 33.09m |
| 28. 灰色中薄层状含生物碎屑泥晶灰岩 | 1.93m |
| 　双壳类化石：*Actinostreon*? sp. | |
| 　腕足类化石：? *Holcothyris luchiangensis* Reed（图版 VII，9—12） | |
| 27. 土黄色中薄层状含砂屑微晶灰岩，产双壳类化石碎片 | 3.22m |

① 西藏自治区地质矿产局区域地质调查大队. 1986，改则幅区域地质调查报告（1∶100 万）

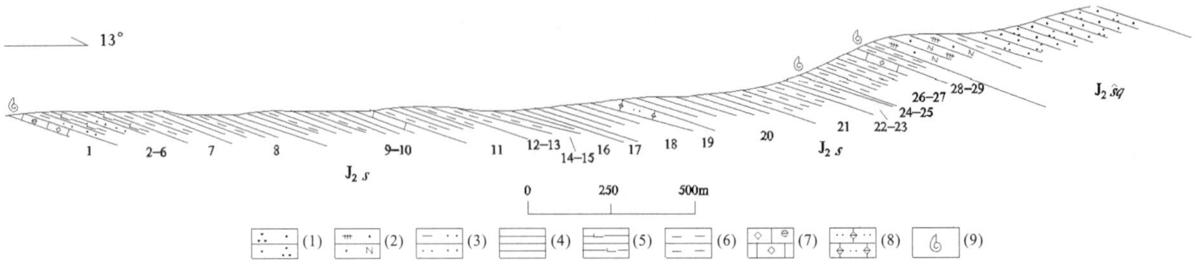


图 2－11　双湖特别区巴岭乡多得巴地中侏罗统色哇组实测剖面图

（1）石英砂岩；（2）长石杂砂岩；（3）泥质粉砂岩；（4）页岩；（5）钙质页岩；（6）泥岩；（7）生物碎屑微晶灰岩；（8）粉砂质泥晶灰岩；（9）动物化石；$J_2s$. 色哇组；$J_2\hat{s}q$. 莎巧木组

26. 灰色极薄层状泥岩　96.57m
25. 灰色中层状含生物碎屑泥晶灰岩，　2.52m

　　双壳类化石：*Actinostreon* sp.

　　　　*Pseudolimea* sp.

　　　　*Pseudolimea duplicate*（J. de C. Sowerby）

24. 灰黑色页岩　10.54m
23. 黄绿色极薄层状泥岩　7.90m
22. 灰黑色页岩　34.24m
21. 灰色极薄层状—薄层状泥岩　82.51m
20. 灰黑色页岩　104.28m
19. 灰色薄层—中层状含粉砂质泥晶灰岩　33.14m
18. 灰黑色页岩　76.59m
17. 深灰色极薄—薄层状泥岩　18.09m

　　菊石化石：*Sonninia* cf. *mesacantha* Waagen

　　　　*Callyphylloceras* cf. *disputabilis* (Zittel)

16. 灰色极薄层泥岩与灰色中薄层状微晶灰岩韵律　21.13m
15. 灰色中层状微晶灰岩　3.79m
14. 灰色极薄层状泥岩　17.92m
13. 灰黑色极薄层状泥岩　15.07m
12. 灰色薄—中层状微晶灰岩　11.62m
11. 深灰色极薄层状泥岩与深灰色页岩韵律层　117.61m
10. 紫红色页岩　9.70m
9. 黄绿色极薄层状泥岩与灰色页岩韵律　69.34m
8. 深灰色极薄层状泥岩与页岩韵律层　82.06m
7. 黄绿色极薄层状泥岩　26.95m
6. 灰—深灰色钙质页岩　43.56m
5. 黄绿色极薄层状含泥质粉砂岩　7.79m
4. 灰色钙质页岩　20.25m
3. 灰色中层状钙质中粒海绿石长石砂岩　1.17m
2. 黄绿色极薄层状泥质粉砂岩　7.40m
1. 灰色中厚层状生物碎屑微晶灰岩　25.70m

　　腕足类化石：*Rhynchonelloidea* cf. *pararuthenensis* Sun et. Zhang（图版 VII，1—4）

　　　　*Cererithyris richardsoni*（Muir－Wood）(图版 VII，25—28)

　　　　*Cererithyris lingularis*（Jin，Sun et. Ye）(图版 VII，17—20)

　　　　*Holcothyris concava* Buckman

　　床板珊瑚化石：*Chaetetes*（*Pseudoseptifer*）sp. （图版 III，8，9）

（未见底）

Ⅱ. 双湖特别区多玛乡曲瑞恰乃中侏罗统色哇组—布曲组实测剖面（图 2－12）：

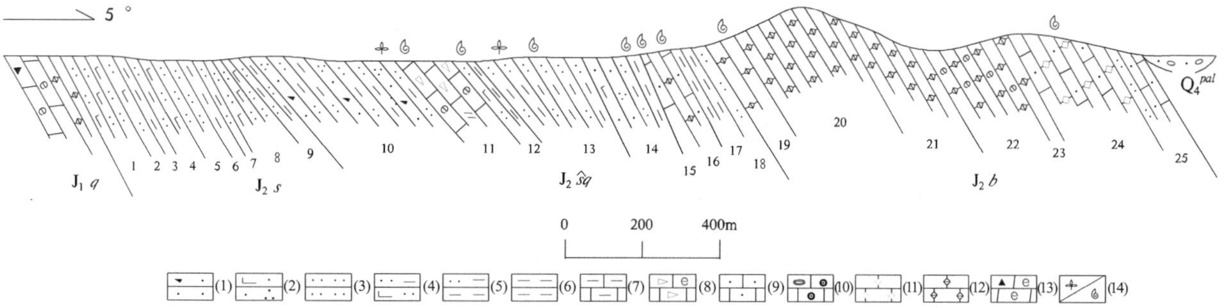


图 2－12　双湖特别区多玛乡曲瑞恰乃中侏罗统色哇组—布曲组实测剖面图

（1）岩屑砂岩、细砂岩；（2）长石石英砂岩；（3）粉砂岩；（4）泥质、钙质粉砂岩；（5）粉砂质泥岩；（6）泥岩；（7）泥质灰岩；（8）生物碎屑砾屑灰岩；（9）砂屑、粉屑灰岩；（10）鲕状灰岩；（11）微晶灰岩；（12）泥晶灰岩；（13）生物碎屑泥灰岩；（14）动植物化石；

$J_1q$. 曲色组；$J_2s$. 色哇组；$J_2\hat{s}q$. 莎巧木组；$J_2b$. 布曲组；$Q_4^{pal}$. 第四系洪冲积相沉积物

上覆地层：中侏罗统莎巧木组灰色薄层状细粒岩屑石英砂岩

———— 整　合 ————

**色哇组（$J_2s$）：** **442.53m**

9. 灰绿色薄层状泥质粉砂岩 41.50m
8. 灰色、深灰色极薄层—薄层状钙质粉砂岩，发育水平层理和交错层理 81.87m
7. 灰色薄层状细粒泥质粉砂岩，发育水平层理和交错层理 26.86m
6. 灰色极薄层状泥岩 34.19m
5. 灰色薄层细粒粉砂岩 61.28m
4. 灰色薄层状细粒钙质粉砂岩，发育水平层理和交错层理。底部见灰绿色薄层状泥质粉砂岩 56.43m
3. 灰色极薄层状泥岩 24.18m
2. 灰绿色薄层状钙质粉砂岩 32.86m
1. 灰色薄层状钙质粉砂岩 83.36m

———— 整　合 ————

下伏地层：下侏罗统曲色组紫灰色中薄层状泥晶灰岩

Ⅲ. 双湖特别区多玛乡哈尔托贡玛中侏罗统色哇组—布曲组实测剖面（图 2－13）：

上覆地层：中侏罗统莎巧木组灰绿色薄层状含海绿石细粒石英长石砂岩

———— 整　合 ————

**色哇组（$J_2s$）：** **56.31m**

1. 灰黑色极薄层状泥岩，上部夹 2.11m 厚的灰色中薄层状生物碎屑砂屑灰岩，其中砂屑灰岩产菊石、双壳类、腹足类化石 56.31m

菊石化石：*Sonninia* sp.

*Dosetensia* sp.

双壳类化石：*Anisocardia*（*A*）*rostrata*（Sowerby）

*Anisocardia* sp.

*Actinostreum gregareum*（J. Sowerby）（图版 VIII，14）

*Actinostreum* sp.（图版 VIII，7；图版 IX，7a，7b，）

*Astarte* cf. *elegans* Sowerby（图版 VIII，22）

*Ceratomya wimmisensis*（Gillieron）（图版 IX，6a，6b）

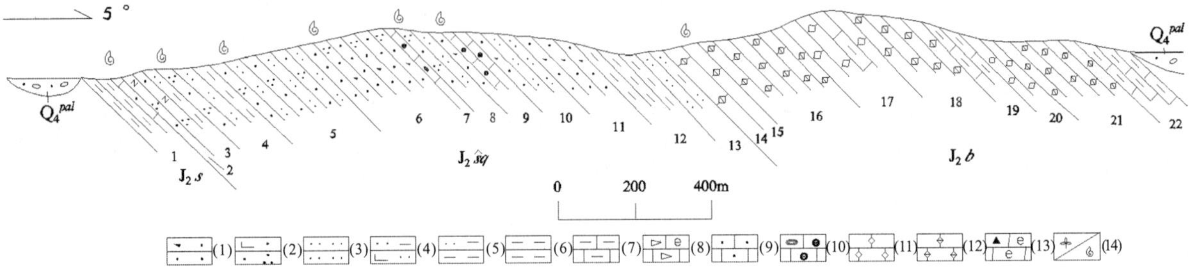


图 2-13　双湖特别区多玛乡哈尔托贡玛中侏罗统色哇组—布曲组实测剖面图

(1) 岩屑砂岩、细砂岩；(2) 长石石英砂岩；(3) 粉砂岩；(4) 泥质、钙质粉砂岩；(5) 粉砂质泥岩；(6) 泥岩；(7) 泥质灰岩；(8) 生物碎屑砾屑灰岩；(9) 砂屑、粉屑灰岩；(10) 鲕状灰岩；(11) 微晶灰岩；(12) 泥晶灰岩；(13) 生物碎屑泥灰岩；(14) 动植物化石；$J_1q$. 曲色组；$J_2s$. 色哇组；$J_2\hat{s}q$. 莎巧木组；$J_2b$. 布曲组；$Q_4^{pal}$. 第四系洪冲积相沉积物

*Corbula* sp. (图版 VIII, 3, 11)
*Liostrea* cf
*birmanica* (Reed)
*Meleagrinella braamburiensis* (Phillips) (图版 XIII, 2)
*Meleagrinella* sp.
*Myopholas multicostata* (Agassiz) (图版 VIII, 17, 18a, 18b, 18c)
*Pholadomya* (*Bucardioga*) *lirata* (J. Sowerby) (图版 VIII, 26a, 26b, 26c)
*Pholadomya* (*Bucardiomya*) sp.
*Pholadomya* sp. nov. (图版 VIII, 1a, 1b, 1c)
*Plagiostoma amdoense* Wen
*Pleuromya uniformis* (J. Sowerby) (图版 IX, 4a, 4b, 4c；图版 X, 16a, 16b)
*Pleuromya* sp.
*Pleuromya* sp. nov. (图版 X, 14a, 14b, 14c)
*Propeamusium* (*P.*) *heptacostatum* Wen
*Propeamussium* (*P.*) sp. nov. (图版 VIII, 5)
*Pseudotrapegium cardiforme* (Deshayes)
*Pseudopecten* (*Echinopecten*) *barbatus* (J. Sowerby) (图版 VIII, 20)
*Trigonia*? sp.

腹足类化石：*Cylindrobbullina kirlingtonnensis* (lycett)

（未见底）（第四系洪冲积相沉积物覆盖）

Ⅳ. 帕度错幅双湖特别区朋彦错南登琼多中侏罗统色哇组—布曲组实测剖面（图 2-14）：

上覆地层：中侏罗统莎巧木组灰色中薄层状中细粒长石砂岩

———— 整　合 ————

| | | |
|---|---|---|
| **色哇组（$J_2s$）：** | | **454.85m** |
| 12. | 深灰色极薄层状泥岩与灰色薄层状长石石英细砂岩。<br>下部厚 1.29m 为灰黄色中层状细粒长石石英砂岩 | 45.00m |
| 11. | 黄灰色薄层状泥质粗粉砂岩与灰色极薄层状泥岩韵律 | 45.69m |
| 10. | 灰绿色极薄层状钙质泥岩 | 40.92m |
| 9. | 灰色薄层状中细粒长石石英砂岩 | 6.60m |
| 8. | 灰色中薄层状含生物碎屑砂屑鲕粒灰岩 | 15.85m |
| 7. | 黄绿色薄层状含生物碎屑鲕粒灰岩 | 56.77m |

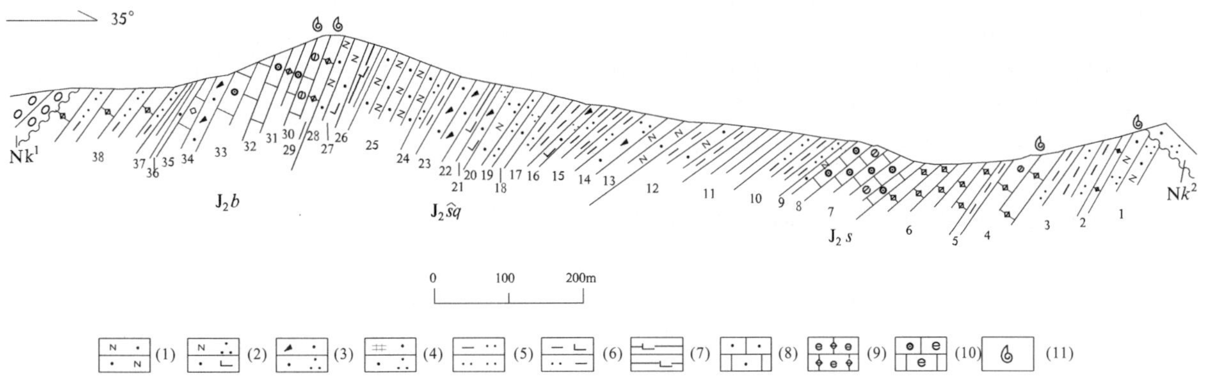


图 2-14 双湖特别区朋彦错南登琼多中侏罗统色哇组—布曲组实测剖面图

(1) 长石砂岩；(2) 钙质长石石英砂岩；(3) 岩屑石英砂岩；(4) 海绿石石英砂岩；
(5) 泥质粉砂岩；(6) 粉砂质、钙质泥岩；(7) 钙质页岩；(8) 砂屑灰岩；
(9) 生物碎屑泥晶灰岩；(10) 生物碎屑鲕粒灰岩；(11) 动物化石；
$J_2s$. 色哇组；$J_2\hat{s}q$. 莎巧木组；$J_2b$. 布曲组；$Nk^1$. 康托组下段；$Nk^2$. 康托组上段

6. 深灰色薄层状泥晶灰岩 95.00m
5. 灰色极薄层状含粉砂质泥岩 15.06m
4. 深灰色薄层状含黄铁矿生物碎屑泥晶灰岩 52.72m
   腕足类化石：*Moquella arcuata* Jin
   Sun et. Ye，*Zeilleria* sp.
   双壳类化石：*Eutolium*（*E.*）sp.
   *Propeamusium*（*P.*）*laeviradiatum*（Waagen）?（图版 XII，4，5，7）
3. 深灰色极薄层状粉砂质泥岩 62.18m
2. 灰黑色极薄层—薄层状泥晶灰岩。顶部厚 0.54m 为深灰色中层状含生物碎屑灰岩 5.44m
   腕足类化石：*Rhynchonelloidella platiloba*（Muir-Wood）（图版 VII，13—16）
   *Rhynchonelloidella trigonalis*（Muir-Wood）
   *Rhynchonelloidella wattonensis* Muir-Wood
   双壳类化石：*Enotolium*（*E.*）*coneolum*（Young and Bird）
   *Propeamusium*（*P.*）*laeviradiatum*（Waagen）?（图版 XII，13）
   *Propeamussium*（*P.*）. *pumilum*（Lamarck）
1. 浅灰紫色中薄层状细粒长石石英砂岩 13.62m

（未见底）（新近系康托组上段覆盖）

Ⅴ. 帕度错幅帕度错北上三叠统—下侏罗统索布查组—中侏罗统色哇组实测剖面（图 2-8）：

**色哇组（$J_2s$）：** （未见顶）（向斜另一翼） **280.41m**

11. 灰绿色、灰色薄层状粉砂岩、灰色中薄层状细粒长石石英砂岩、深灰色薄层状粉砂质泥岩韵律层 11.63m
10. 灰黑色薄层状粉砂岩 23.28m
   菊石化石：*Stephanoceras* cf. *boffmanni* Schmidtili
   *Callyphylloceras* cf. *disputabilis*（Zittel），
   *Fonntanesia* sp.
   *Sonninia* cf. *pseudotuberculata* Dorn
   *Sonninia* cf. *mesacantha* Waagen（图版 XIII，5）
   *Sonninia* cf. *adicra* Waagen（图版 XIII，7）
   *Lytoceras* sp.
   双壳类化石：*Propeamussium* cf. *pumilum*（Lamarck）

*Pseudolimea* sp., *Lopha* sp., *Corbula* sp.

9. 灰绿色薄层状细粒岩屑石英砂岩　6.59m

8. 灰绿色薄层状细粒岩屑石英砂岩、灰绿色薄层状粉砂岩韵律层　18.48m

7. 灰黑色极薄层状泥岩、灰黑色薄层状粉砂岩韵律层　46.13m

6. 灰黑色薄层状泥岩夹灰色粉砂岩团块或灰色薄层状灰岩透镜体　174.3m

———— 整　合 ————

下伏地层：下侏罗统曲色组灰黑色泥岩与粉屑灰岩韵律层

通过上述剖面，我们可以看出色哇组下与曲色组，上与莎巧木组均呈整合接触，是一套以灰—灰黑色页岩、泥岩为主，夹灰岩的地层。在幅内岩性较为稳定。但因其地理位置的不同，横向上略有以下变化（图 2-18）。

①在双湖特别区巴岭乡多得巴地剖面中，该组厚 959.98m。岩性为灰黑色、深灰色、灰绿色、黄绿色极薄层状、薄层状泥岩、页岩、泥晶、微晶灰岩及粉砂岩的地层体，产腕足类、双壳类、菊石及海绿石。其沉积环境以浅海陆棚较深水还原条件的泥岩相沉积环境为主，但有时水体较浅，形成滨浅海临滨较浅水灰岩相沉积环境。

②在双湖特别区多玛乡曲瑞恰乃剖面中该组厚 442.53m。岩性由极薄层状、薄层状泥质粉砂岩、钙质粉砂岩、泥岩组成，是一套浅海陆棚泥质沉积环境。

③在双湖特别区多玛乡哈尔托贡玛剖面中该组厚 56.31m 。岩性以灰黑色极薄层状泥岩为主夹少量砂屑灰岩，产菊石、双壳类及腹足类，是一套浅海陆棚泥质沉积环境。

④在帕度错幅双湖特别区朋彦错南登琼多剖面中该组厚 454.85m。岩性由极薄层状、薄层状粉砂质泥岩、泥岩粉砂岩、泥岩、鲕粒灰岩、泥晶灰岩及长石石英砂岩组成。泥晶灰岩中可有黄铁矿，其沉积环境可能与浅海陆棚较深水还原条件有关，但鲕粒灰岩的出现，说明有时为浅海较浅水沉积环境。

⑤在帕度错幅帕度错北剖面中该组厚 280.41m 。岩石为一套灰黑色泥岩，灰色、灰绿色粉砂岩，灰绿色细粒岩屑石英砂岩为主的地质体，其沉积相为浅海陆棚较深水沉积。

综上所述，色哇组剖面厚 959.98m。岩性以粉砂质泥页岩、泥页岩、泥质粉砂岩为主夹少量灰岩。其沉积环境以浅海陆棚较深水沉积为主，有时为浅海较浅水沉积环境。

（2）层序地层特征

色哇组层序地层学研究主要是根据双湖特别区巴岭乡多得巴地剖面建立。该剖面由 III 层序（图 2-17）组成，具较完整有序的层序。第 1—5 层为低位体系域（LST）代表，其中，第 1—3 层由微晶灰岩、泥质粉砂岩、海绿石长石砂岩组成准层序，第 4—5 层由页岩和泥质粉砂岩组成准层序。第 6—29 层为海侵体系域（HST）代表，其中，第 6—28 层由 5 个泥、页岩和灰岩准层序组成退积式准层序组。其特征为自下而上泥岩厚度加大，沉积水体向上变深。第 29 层可能为海泛面形成期产物。顶界面之上为中厚层状石英砂岩。界面之下为薄层状泥岩。综上色哇组层序地层主要反映了陆棚区沉积环境特征（图 2-17）。

（3）生物地层及时代讨论

本图幅在色哇组剖面中采集到了大量的菊石、腕足类、双壳类、珊瑚及腹足类等化石。其中菊石由中国地质大学（北京）阴家润教授鉴定，其属种有 *Sonninia* cf. *mesacantha* Waagen，*Sonninia* sp.，*Callyphylloceras* cf. *disputabilis* (Zittel)，*Dosetensia* sp.，其地质时代为中侏罗世早中巴柔期（Bajocian）。其中 *Dosetensia* 是欧、美、亚洲中侏罗世巴柔期（Bajocian）主要化石，相当于英国 *Sonninia sowerbyi* 带。*Sonninia* 为英国 *Sonninia sowerbyi* 带主要化石。腕足类由中国科学院南京地质古生物研究所孙东立研究员鉴定，其属种有 *Rhynchonelloidea* cf. *pararuthenensis* Sun et. Zhang（图版 VII，1—4），*Cererithyris richardsoni*（Muir - Wood）（图版 VII，25—28），*Cererithyris lingularis*（Jin，Sun et. Ye）（图版 VII，17—20），*Holcothyris concava* Buckman，? *Holcothyris luchiangensis* Reed（图版 VII，9—12）。其地质时代为中侏罗世巴柔期（Bajocian）。其中 *Rhynchonelloidea* cf. *pararuthenensis* Sun et. Zhang 与法国比利牛斯阿连阶下部带化石 *Rhynchonelloidea ruthensis* 十分相似。双壳类由中国

科学院南京地质古生物研究所沙金庚研究员鉴定，其属种有 *Actinostreon* sp.，*Anisocardia*（A.）*rostrata*（Sowerby），*Anisocardia* sp.，*Actinostreum gregareum*（J. Sowerby）（图版 VIII，14），*Actinostreum* sp.（图版 VIII，7；图版 IX，7a，7b,），*Astarte* cf. *elegans* Sowerby（图版 VIII，22），*Ceratomya wimmisensis*（Gillieron）（图版 IX，6a，6b），*Corbula* sp.（图版 VIII，3，11），*Liostrea* cf，*birmanica*（Reed），*Meleagrinella braamburiensis*（Phillips）（图版 XIII，2），*Meleagrinella* sp.，*Myopholas multicostata*（Agassiz）（图版 VIII，17，18a，18b，18c），*Pholadomya*（*Bucardioga*）*lirata*（J. Sowerby）（图版 VIII，26a，26b，26c），*Pholadomya*（*Bucardiomya*）sp.，*Pholadomya* sp. nov.（图版 VIII，1a，1b，1c），*Plagiostoma amdoense* Wen，*Pleuromya uniformis*（J. Sowerby）（图版 IX，4a，4b，4c；图版 X，16a，16b），*Pleuromya* sp.，*Pleuromya* sp. nov.（图版 X，14a，14b，14c），*Propeamusium*（*P.*）*heptacostatum* Wen，*Propeamussium*（*P.*）sp. nov.（图版 VIII，5），*Pseudolimea duplicata*（J. de C. Sowerby），*Pseudolimea* sp.，*Pseudotrapegium cardiforme*（Deshayes），*Pseudopecten*（*Echinopecten*）*barbatus*（J. Sowerby）（图版 VIII，20），*Trigonia*? sp.。其地质时代为中侏罗世。其中 *Trigonia* 为阿林期（Aalenian）—巴柔期（Bajocian）*Trigonia*（*T.*）*brevicosta*—*Camptonectes*（*C.*）*laminatus* 组合化石。床板珊瑚由中国科学院南京地质古生物研究所廖卫华研究员鉴定，其属种有 *Chaetetes*（*Pseudoseptifer*）sp.（图版 III，8，9）。其地质时代为侏罗纪。腹足类由中国科学院南京地质古生物研究所潘华璋研究员鉴定，其属种有 *Cylindrobbullina kirlingtonnensis*（lycett）。其地质时代为中侏罗世巴通期（Bathonian）。

除上述色哇组剖面中采集的化石外，本幅在其香错西面相北山、木苟日王东和面相茶周玛尔包 7017 地质点色哇组中还采集到一些珊瑚和菊石化石。其香错西面相北山珊瑚化石经中国科学院南京地质古生物研究所廖卫华研究员鉴定，其属种有 *Epistreptophyllum*? sp.（图版 I，7），*Stylosmilia michelini* Edwards et. Haime（图版 I，16，17），*Cladophyllia turbinata*（Giegory）（图版 I，19）。木苟日王东珊瑚化石经中国科学院南京地质古生物研究所廖卫华研究员鉴定，其属种有 *Epistreptophyllum diatritum* Wu（图版 I，10），*Epistreptophyllum*? sp.（图版 I，8，9，13，14）。其中 *Epistreptophyllum diatritum* Wu 的地质时代为中侏罗世，*Cladophyllia turbinata*（Giegory）的地质时代为中—晚侏罗世。面相茶周玛尔包 7017 地质点色哇组采集到菊石化石，经中国地质大学（北京）阴家润教授鉴定，其属种为 *Lytoceras* sp.（图版 XIII，8），其地质时代为巴柔期（Bajocian）。

此外，本次工作在帕度错幅帕度错北和登琼多剖面还采集了大量的菊石、腕足类和双壳类。帕度错北剖面菊石由中国地质大学（北京）阴家润教授鉴定，其属种有 *Stephanoceras* cf. *boffmanni* Schmidtili，*Callyphylloceras* cf. *disputabilis*（Zittel），*Fonntanesia* sp.，*Sonninia* cf. *pseudotuberculata* Dorn，*Sonninia* cf. *mesacantha* Waagen（图版 XIII，5），*Sonninia* cf. *adicra* Waagen（图版 XIII，7），*Lytoceras* sp.。其地质时代为中侏罗世早巴柔期（Bajocian）晚时—晚巴柔期（Bajocian）早时。双壳类由中国科学院南京地质古生物研究所沙金庚研究员鉴定，其属种有 *Propeamussium* cf. *pumilum*（Lamarck），*Pseudolimea* sp.，*Lopha* sp.，*Corbula* sp.。其地质时代为中侏罗世。登琼多剖面腕足类由中国科学院南京地质古生物研究所孙东立研究员鉴定，其属种有 *Moquella arcuata* Jin，Sun et. Ye，*Zeilleria* sp.，*Rhynchonelloidella platiloba*（Muir-Wood）（图版 VII，13-16），*Rhynchonelloidella trigonalis*（Muir-Wood），*Rhynchonelloidella wattonensis* Muir-Wood。其地质时代为中侏罗世阿林期（Aalenian）—巴柔期（Bajocian）。其中 *Rhynchonelloidella* 为阿林期（Aalenian）—巴柔期（Bajocian）*Rhynchonelloidella*-*Nyalamurhynchia*-*Monsardithyris*-*Cymatorhynchia* 腕足组合化石。双壳类由中国科学院南京地质古生物研究所沙金庚研究员鉴定，其属种有 *Eutolium*（*E.*）sp.，*Enotolium*（*E.*）*coneolum*（Young and Bird），*Propeamusium*（*P.*）*laeviradiatum*（Waagen）?（图版 XII，4，5，7，13），*Propeamussium*（*P.*）*pumilum*（Lamarck）。其地质时代为中侏罗世。

1976 年文世宣在加玉马头和莎巧木山剖面采集了限于中侏罗世早期的菊石 *Calliphylloceras* sp.，*Zetoceras* sp.，*Oppelia* sp.，*Dorsetensia* sp.，*Witchellia* sp. 和双壳类 *Lopha* sp.。

从上述生物群特征来看，色哇组以产中侏罗世阿林期（Aalenian）—巴柔期（Bajocian）化石为特征。故本幅认为色哇组地质时代为中侏罗世阿林期（Aalenian）—巴柔期（Bajocian）早时无疑。并根据上述化石建立 *Dosetensia* - *Sonninia* 菊石带。*Rhynchonelloidea* - *Rhynchonelloidella* 腕足组合。*Trigonia* - *Lopha* 双壳类组合（表 2 - 4）。

#### 4. 中侏罗统莎巧木组（$J_2\hat{s}q$）

（1）岩石地层特征

莎巧木组由吴瑞忠等人 1986 年创名，创名地点在色哇区莎巧木山。由黑色石英砂岩与灰黑色、黑色泥岩互层夹粉砂岩组成，下部是浅灰色岩屑石英砂岩与黑色泥岩互层；中部为灰色岩屑石英砂岩，灰黑色粉砂岩与泥岩互层；上部是灰绿、灰黑色岩屑石英砂岩与泥岩互层夹介壳灰岩，未见顶，底部灰色石英砂岩与黑色泥岩互层与下伏色哇组的灰黑色泥岩和灰岩呈整合接触。当时置于中侏罗世中晚期的沉积。1989 年徐钰林引用其名，时代仍置于中侏罗世。1993 年《西藏自治区区域地质志》将该套地层划为佣钦错群，1997 年《西藏自治区岩石地层》沿用莎巧木组，2001 年《青藏高原地层》将其划为雀莫错组（其主体为色哇组）（表 2 - 2）。本幅沿用 1997 年《西藏自治区岩石地层》的定义，并修订顶部接触关系，指整合于色哇组泥、页岩及泥灰岩之上的一套浅灰—灰黑色岩屑石英砂岩与灰黑色、黑色泥岩互层夹粉砂岩的地层体，产双壳类、珊瑚及腹足类化石。顶部与布曲组整合接触。时代为中侏罗世。

莎巧木组主要分布于鄂雅错北东、毕洛错东、昂达尔错四周、其香错西等地。出露面积约 700.00km²。

Ⅰ. 吴瑞忠等在色哇区莎巧木山中侏罗统莎巧木组层型剖面：

**莎巧木组（$J_2\hat{s}q$）：** （未见顶） **＞1 015.00m**

18. 灰绿、灰黑色岩屑石英砂岩与泥岩互层夹介壳灰岩 450.00m

双壳类化石：*Modiolus* sp.
*Mytilus* sp.
*Liostrea* cf. *dubiensis*
*Liostrea birmanica*
*Chlamys griesbachi*
*Chlamys laevis*

17. 灰色岩屑石英砂岩，灰黑色粉砂岩和泥岩互层，产双壳类、六射珊瑚和腕足类化石 135.00m

双壳类化石：*Lophaasella namtuensis*
*Chlamys gresbachi*
*Protocardia stricklandi*

16. 浅灰色岩屑石英砂岩与黑色泥岩互层 430.00m

———— 整　合 ————

下伏地层：中侏罗统色哇组灰黑色泥岩和微晶灰岩

Ⅱ. 据我队在双湖区多玛乡曲瑞恰乃中侏罗统色哇组—布曲组实测剖面（图 2 - 12），其层序如下：

上覆地层：中侏罗统布曲组灰黑色中薄层状泥晶灰岩

———— 整　合 ————

**莎巧木组（$J_2\hat{s}q$）：** **942.79m**

18. 灰绿色薄层状粉砂岩 37.74m
17. 紫红色极薄层—薄层状泥岩。上部见 9.43m 厚的灰黑色中薄层状泥晶灰岩，具缝合线构造 53.77m
16. 灰色中层状生物碎屑砂屑灰岩，产珊瑚、腕足类化石。顶部见 2.83m 厚的紫红色中薄层状砂屑灰岩 52.91m

珊瑚化石：*Stylosmilia*? sp.（图版 III，1，2，3）

腕足类化石：*Planirhynchia* cf. *tantilla* Sucic - Protic（图版 VII，5—8）

15. 下部为紫红色中层状生物碎屑砂屑灰岩及灰绿色薄层状泥晶灰岩
中部为灰绿色中层状生物碎屑砂屑灰岩，局部含鲕粒和双壳类化石碎片
上部为浅灰色薄层状泥晶灰岩 22.68m
珊瑚化石：*Epistreptophyllum*? sp.（图版 II，7）
双壳类化石：*Bositra* cf. *buchii* Oschmaun（图版 VIII，24）
*Bositra*? sp.
*Entolium* sp.（图版 VIII，9，16）
*Isocyprina* sp.
*Meleagrinella*? sp.
*Pleuromya*? sp.
*Protocardia stricklandi*（Mmorris and Lycest）
*Protocardia*? sp.
*Pseudocorbula* sp.（图版 VIII，12）
*Pteria*? sp.
14. 灰绿色薄层状泥岩与泥质粉砂岩及灰色薄层状细粒石英砂岩韵律层，产双壳类化石，水平层理发育，局部见斜层理底部具 8.73m 厚的灰色中薄层状细粒岩屑石英砂岩 125.43m
双壳类化石：*Anisocardia*（? *Anisocardia*）*minima*（J. Sowerby）
*Bositra*? sp. nov. cf. *B. ornati*（Quenstedt）
*Bositra buchii* Roemer（图版 VIII，19，23）
*Bositra buchii* sp. nov.（图版 VIII，25）
*Entolium* sp.（图版 VIII，2）
*Mactromya*? sp.（图版 VIII，8a，8b）
*Meleagrinella* sp.
*Pholadomya*（*Bucardiomya*）*lirata*（J. Sowerby）
*Pressasatarte*（*Pinguiastarte*）cf. *nummus*（Sauvage）（图版 VIII，6）
*Propeamusium*（*P.*）sp.
*Protocardia*（*P.*）*lycetti* Rollier（图版 X，10a，10b，10c）
*Protocardia*（*P.*）*kachchensis* Fürsich
Heize and Jaitly
*Protocardia*? sp.（图版 VIII，21）
*Protocardia*（*P.*）sp.
*Pseudolimea* sp.
*Pseudocorbula* sp.
*Pseudopecten*（*Echinopecten*）cf. *barbatus*（J. Sowerby）
*Spondylopecten*（*S.*.）cf. *palinurus*（d'Orbigny）（图版 VIII，10）
*Spondylopecten*（*S.*）sp.
13. 灰绿色薄层状泥质粉砂岩与粉砂质泥岩韵律，粉砂质泥岩中含双壳类及炭化严重的植物化石碎片，底部见灰色中薄层状细粒泥质粉砂岩，产双壳类化石，发育水平层理，局部为斜层理 233.70m
双壳类化石：*Corbula* sp.
*Nicaniella*（*N.*）cf. *extensa* Phillips
*Pseudocorbula* aff. *nuculiformis*（Zenker）
*Corbulomima wulanwulaensis* Sha
12. 下部为灰黑色中层状含生物碎屑钙质细砂岩，产双壳类化石；上部为灰绿色极薄层状泥岩
双壳类化石：*Pholadomya*（*Bucardiomya*）*lirata*（J. Sowerby）（图版 IX，5a，5b，5c） 40.47m
11. 灰色中薄层状白云石化生物碎屑砾屑灰岩 103.38m
双壳类化石：*Pholadomya*（*Bucardiomya*）*lirata*（J. Sowerby），*Nicaniella*（*N.*）sp.
10. 灰色薄层状细粒岩屑石英砂岩与灰绿色薄层状细粉砂岩及极薄层状粉砂质泥岩韵律层，其中粉砂质泥岩含炭化的植物化石 272.71m

———— 整　合 ————

下伏地层：中侏罗统色哇组灰绿色薄层状泥质粉砂岩

Ⅲ. 双湖区多玛乡哈尔托贡玛中侏罗统色哇组—布曲组实测剖面（图 2－13）：

上覆地层：中侏罗统布曲组灰色中薄层状泥晶灰岩

———— 整　合 ————

**莎巧木组（$J_2\hat{s}q$）：** **1 082.85m**

13. 黄绿色、灰色薄层状粉砂岩、泥质粉砂岩，夹青灰色中薄层状细粒含海绿石石英砂岩 78.39m

12. 灰黑色极薄层状泥岩 92.51m

11. 深灰色薄层状细粒岩屑砂岩 90.53m

10. 灰白色薄层状细粒岩屑砂岩与灰绿色薄层状粉砂岩韵律 83.65m

9. 灰色薄层状细粒岩屑砂岩，上部见 13.45m 厚的灰黑色薄层状生物碎屑鲕粒灰岩 66.25m

8. 下部为灰色薄层状细粒岩屑石英砂岩，上部为灰绿色薄层状粉砂岩，其中石英砂岩产双壳类化石 53.54m

双壳类化石：*Gervillella*? sp.（图版 X，1）

*Propeamussium*（P.）*heptacostatum* Wen，*Thracia* sp.（图版 X，8）

7. 灰色中薄层状鲕粒灰岩 23.44m

6. 灰色薄层状中细粒长石砂岩与灰绿色薄层状细粒含海绿石岩屑石英砂岩韵律层 185.70m

双壳类化石：*Camptonectes*（*C.*）*laminatus*（J. Sowerby）（图版 IX，3）

*Camptonectes* sp.

*Mactromya* cf. *gibossa*（Morris and Lyceff）（图版 X，17a，17b，17c）

*Mactromyopsis*（*M.*）cf. *hemirhytideus* Cossmann

*Pholadomya*（*Bucardiomya*）*lirata*（J. Sowerby）（图版 IX，1a，1b，1c，2a，2b，2c），

*Pleuromya* sp.（图版 X，11）

*Propeamusium*（*P.*）*donaiense*（Mansuy）（图版 X，2）

*Propeamusium*（*P.*）*heptacostatum* Wen

*Propeamusium*（*P.*）sp.

5. 青灰色中薄层状细粒含海绿石石英砂岩与灰绿色薄层状粉砂岩韵律 177.96m

双壳类化石：*Actinostreun* sp.

*Ceratomya*? sp.

*Corbulomima* cf. *attenuata*（Lycett）

*Isocyprina*（*I.*）*boonei* Cossmann（图版 X，9）

？*Meleagrinella braamburiensis*（Phillips）

*Myophorella* sp. nov.

*Propeamusium*（*P.*）cf. *heptacostatum* Wen

*Propeamusium* sp.

*Tancredia*（*T.*）*gibbosa* Lycet

*Protocardia*? sp.

*Myophorella* sp. nov.

*Myophorella* sp.

腹足类化石：*Coelostylina* sp.

4. 灰色中薄层状细粒石英砂岩与灰绿色中薄层状粉砂岩及灰黑色极薄层状泥岩韵律，其中石英砂岩产双壳类化石 105.18m

双壳类化石：*Actinostreum gregareum*（J. Sowerby）

*Actinostreum* sp.

*Isocyprina*（*I.*）*boonei* Cossmann（图版 X，6）

*Liostrea birmanica*（Reed）（图版 X，15）

*Pleuromya uniformis*（J. Sowerby）

*Trigonia*? sp.

3. 灰色、灰黄色极薄层状—薄层状细粒含海绿石长石石英砂岩，上部见7.07m厚的灰黑色极薄层状粉砂质泥岩　　46.23m

2. 灰绿色薄层状含海绿石细粒石英长石砂岩　　23.16m

——— 整　合 ———

下伏地层：中侏罗统色哇组灰黑色极薄层状泥岩

Ⅳ. 双湖特别区米改尔托巴中侏罗统莎巧木组—夏里组实测剖面（图2-15）：

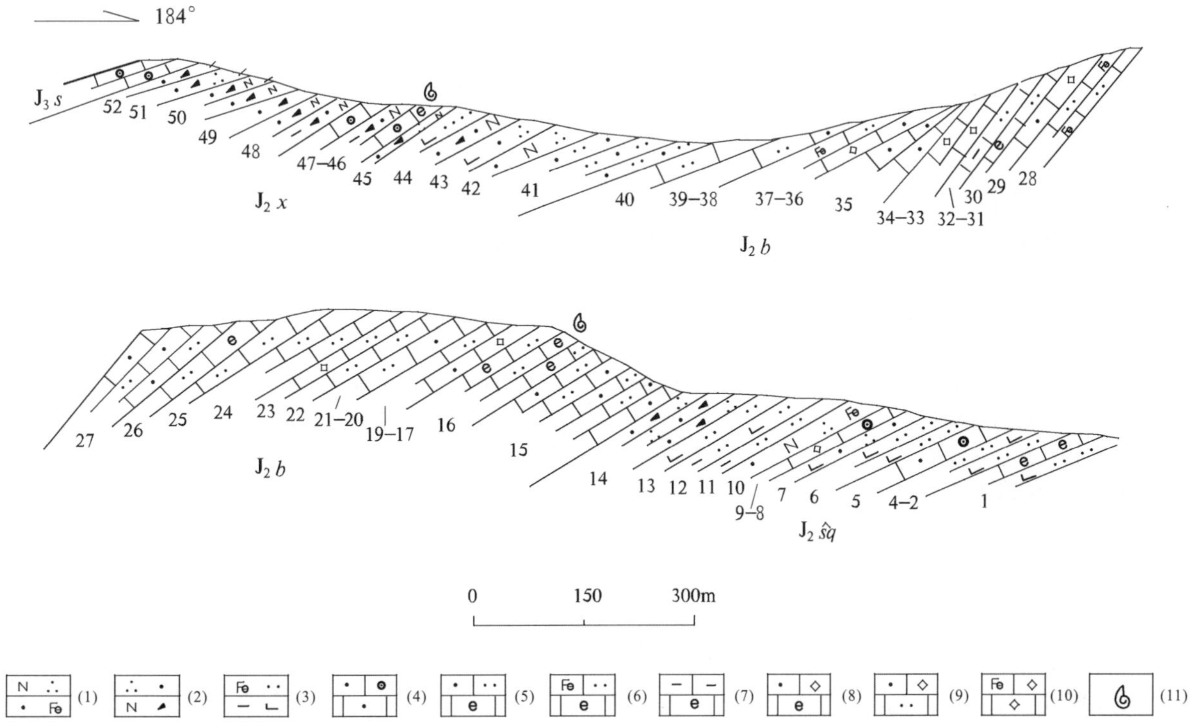


图2-15　双湖特别区米改尔托巴中侏罗统莎巧木组—夏里组实测剖面图

（1）铁质长石石英细砂岩；（2）岩屑石英长石砂岩；（3）含铁质钙质泥质粉砂岩；（4）鲕粒砂屑灰岩；（5）生物碎屑砂屑粉屑灰岩；（6）生物碎屑铁染粉屑灰岩；（7）生物碎屑泥质灰岩；（8）生物碎屑砂屑微晶灰岩；（9）砂屑粉屑微晶灰岩；（10）铁质微晶灰岩；（11）动物化石；

$J_2\hat{s}q$. 莎巧木组；$J_2b$. 布曲组；$J_2x$. 夏里组；$J_3s$. 索瓦组

上覆地层：中侏罗统布曲组灰色中薄层状含砂屑粉屑灰岩

——— 整　合 ———

**莎巧木组（$J_2\hat{s}q$）：　　307.99m**

14. 灰褐色薄层状细粒岩屑石英砂岩　　50.87m
13. 灰色薄层状钙质粉砂岩　　16.64m
12. 灰色薄层状泥钙质粉砂岩　　30.90m
11. 灰绿色薄层状泥质粉砂岩　　22.21m
10. 褐灰色薄层状含铁质长石石英细砂岩　　26.98m
9. 灰色薄层状亮晶鲕粒灰岩　　6.49m
8. 浅灰绿色薄层状钙质粉砂岩　　8.66m
7. 灰色薄层状钙质石英细砂岩　　16.16m
6. 灰褐色薄层状含铁质钙质粉砂岩　　38.66m
5. 灰色薄层状石英粉砂岩、黄色薄层状含鲕粒细砂屑灰岩、灰色薄层状含生物碎屑微晶灰岩韵律层　　29.57m

| | |
|---|---|
| 4. 灰褐色薄层状钙质粉砂岩 | 16.43m |
| 3. 灰色薄层状含生物碎屑中砂屑微晶灰岩 | 2.35m |
| 2. 灰褐色薄层状钙质粉砂岩 | 16.83m |
| 1. 灰色薄层状含生物碎屑灰岩、灰褐色薄层状钙质粉砂岩韵律层 | 25.24m |

（未见底）

Ⅴ. 帕度错幅双湖特别区朋彦错南登琼多中侏罗统色哇组—布曲组实测剖面（图 2-14）：

上覆地层：中侏罗统布曲组灰色中薄层状含生物碎屑泥晶灰岩

———— 整 合 ————

| | |
|---|---|
| **莎巧木组（$J_2\hat{s}q$）：** | **426.21m** |
| 28. 上部为灰绿色薄层状中粒长石砂岩，下部为灰黑色极薄层状粉砂质泥岩 | 13.99m |
| 27. 灰绿色薄层状钙质细粒长石砂岩与深灰色薄层状泥晶灰岩韵律，底部见厚 0.93m 深灰色薄层状含生物碎屑鲕粒灰岩 | 19.58m |
| 26. 灰黑色钙质页岩 | 24.03m |
| 25. 灰绿色中层状变质中细粒长石砂岩，顶部见厚 1.94m 灰色中层状中细粒含生物碎屑长石岩屑砂岩 | 79.74m |
| 24. 灰黑色极薄层状粉砂岩与灰黑色极薄层泥岩韵律 | 38.45m |
| 23. 灰色薄层状细粒钙质岩屑砂岩 | 27.88m |
| 22. 灰黑色钙质页岩 | 15.38m |
| 21. 深灰色薄层状钙质细粒岩屑石英砂岩。下部见厚 3.85m 深灰色极薄层状泥质粉砂岩 | 14.42m |
| 20. 灰绿色中层状细粒长石石英砂岩 | 23.34m |
| 19. 灰色极薄层状细粉砂岩 | 15.87m |
| 18. 灰色薄层状细粒含海绿石石英砂岩。底部见厚 1.43m 灰色薄层状细粒生物碎屑石英砂岩；上部见厚 2.80m 灰黑色中层状砂屑砾屑灰岩 | 10.68m |
| 17. 灰黑色极薄层状含粉砂质泥岩 | 38.01m |
| 16. 灰色中薄层状钙质细粒生物碎屑石英砂岩 | 7.89m |
| 15. 深灰色极薄层状含粉砂质泥岩 | 42.42m |
| 14. 灰色薄层状细粒岩屑石英砂岩 | 21.15m |
| 13. 灰色中薄层状中细粒长石砂岩 | 33.38m |

———— 整 合 ————

下伏地层：中侏罗统色哇组深灰色极薄层状泥岩与灰色薄层状长石石英细砂岩

通过上述剖面，我们可以看出莎巧木组下与色哇组，上与布曲组均呈整合接触，是一套海相碎屑岩夹少量浅海相碳酸盐岩地层。在区内岩性较为稳定。但因其地理位置的不同横向上略有以下变化（图 2-18）。

①色哇区莎巧木山剖面该组厚度大于 1 015m。岩性由黑色石英砂岩与泥岩互层夹粉砂岩，为浅海陆棚泥岩和石英砂岩沉积环境。

②多玛乡曲瑞恰乃剖面该组厚度为 942.79m。岩性以灰色、灰绿色岩屑石英砂岩、泥质粉砂岩、粉砂质泥岩、泥岩为主，其夹有少量灰岩，总体仍属浅海陆棚泥岩和石英砂岩沉积环境。但局部鲕粒灰岩的出现说明有时处于滨浅海前滨灰岩沉积环境。此外，下部的白云石化生物碎屑砂屑灰岩及少量炭化植物化石的出现，说明早期可能有半滞流的浅海泻湖沉积环境。

③多玛乡哈尔托贡玛剖面该组厚度为 1 082.85m。岩性由灰色、深灰色、灰绿色石英砂岩、岩屑石英砂岩、岩屑砂岩与粉砂岩、泥质粉砂岩、泥岩组成韵律层，中部夹少量鲕粒灰岩。其中，石英砂岩普遍含海绿石，属浅海陆棚泥岩和石英砂岩沉积环境。中部鲕粒灰岩的出现，说明中期可能处于滨浅海前滨灰岩沉积环境。

④双湖特别区米改尔托巴剖面该组厚度为 307.99m。岩性以灰色、灰褐色泥、钙质粉砂岩、岩屑石

英砂岩、石英细砂岩为主，夹少量灰岩。其沉积环境可能为浅海陆棚环境。中部鲕粒灰岩的出现，说明中期可能处于滨浅海前滨灰岩沉积环境。

⑤帕度错幅双湖特别区朋彦错南登琼多剖面该组厚度为426.21m。岩性由灰色、灰黑色、灰绿色岩屑石英砂岩、石英砂岩、长石砂岩、岩屑砂岩与粉砂质泥岩、粉砂岩、页岩为主夹少量鲕粒灰岩和泥晶灰岩及含海绿石石英砂岩，总体为浅海陆棚泥岩和石英砂岩沉积环境。但鲕粒灰岩的出现说明有时处于滨浅海前滨灰岩沉积环境。

综上所述，本幅莎巧木组厚度为1 082.85m。岩性主要以石英砂岩、泥岩、粉砂岩韵律层为主，夹少量灰岩为特征。其沉积环境各地略有不同，但以浅海陆棚泥岩和石英砂岩沉积环境为主。局部可见滨浅海前滨沉积环境及泻湖沉积环境。此外，从海水的深度来看，西部的水体较浅，东部的水体较深。

（2）层序地层特征

莎巧木组层序地层学研究主要是根据多玛乡曲瑞恰乃剖面建立。该剖面由III层序和IV层序（图2-17）组成，具较完整有序的层序。第10—14层为III层序（图2-17），为高位体系域（HST）代表，主要由薄层状石英砂岩、泥质粉砂岩、粉砂质泥岩及灰岩组成。下界面之上层厚增大，层面之下沉积环境突然变深。第15—18层为IV层序（图2-17）。第15—16层为海侵体系域（TST）代表，由中层状灰岩组成。第17—18层为高位体系域（HST）代表，由极薄层—薄层状泥岩与薄层状粉砂岩组成准层序。综上莎巧木组层序地层反映了浅海陆棚—滨海沉积环境特征（图2-17）。

（3）生物地层及时代讨论

本图幅在莎巧木组中采集到了大量的双壳类、腕足类、珊瑚及腹足类等化石。其中双壳类由中国科学院南京地质古生物研究所沙金庚研究员鉴定，属种有 *Anisocardia*（? *A.*）*minima*（J. Sowerby），*Actinostreum gregareum*（J. Sowerby），*Actinostreum* sp.，*Bositra buchii* Roemer，*Bositra*? sp.，*Camptonectes*（*C.*）*laminatus*（J. Sowerby）（图版IX，3），*Camptonectes* sp.，*Ceratomya*? sp.，*Corbulomima* cf. *attenuata*（Lycett），*Corbulomima wulanwulaensis* Sha，*Corbula* sp.，*Entolium* sp.，*Gervillella*? sp.（图版X，1），*Isocyprina*（*I.*）*boonei* Cossmann（图版X，6，9），*Isocyprina* sp.，*Liostrea birmanica*（Reed）（图版X，15），*Mactromya* cf. *gibossa*（Morris and Lyceff）（图版X，17a，17b，17c），*Mactromya*? sp.，*Mactromyopsis*（*M.*）cf. *hemirhytideus* Cossmann，? *Meleagrinella braamburiensis*（Phillips），*Meleagrinella* sp.，*Myophorella* sp.，*Pleuromya uniformis*（J. Sowerby），*Pleuromya* sp.（图版X，11），*Pholadomya*（*Bucardiomya*）*lirata*（J. Sowerby）（图版IX，1a，1b，1c，2a，2b，2c，5a，5b，5c），*Protocardia stricklandi*（Mmorris and Lycest），*Protocardia*（*P.*）*lycetti* Rollier（图版X，10a，10b，10c），*Protocardia*（*P.*）*kachchensis* Fürsich，Heize and Jaitly，*Protocardia* sp.，*Pressasatarte*（*Pinguiastarte*）cf. *nummus*（Sauvage），*Propeamusium*（*P.*）*donaiense*（Mansuy）（图版X，2），*Propeamusium*（*P.*）*heptacostatum* Wen，*Propeamusium* sp.，*Pseudocorbula* aff. *nuculiformis*（Zenker），*Pseudocorbula* sp.，*Pteria*? sp.，*Pseudolimea* sp.，*Pseudopecten*（*Echinopecten*）cf. barbatus（J. Sowerby），*Spondylopecten*（*S.*.）cf. *palinurus*（d'Orbigny），*Spondylopecten*（*S.*）sp.，*Thracia* sp.，（图版X，8）*Tancredia*（*T.*）*gibbosa* Lycet，*Trigonia*? sp.，*Nicaniella*（*N.*）cf. *extensa* Phillips，*Nicaniella*（*N.*）sp. 等。其大部分属种为特提斯区分子。其地质时代为中侏罗世。其中，*Camptonectes*（*C.*）*laminatus* 和 *Trigonia* 为2000年《中国地层研究二十年》中阿林期（Aalenian）—巴柔期（Bajocian）*Trigonia* - *Camptonectes*（*C.*）*laminatus* 双壳组合化石。*Anisocardia*，*Camptonectes* 为2001年《青藏高原地层》中羌塘分区巴柔期（Bajocian）*Anisocardia gibbosa* - *Camptonectes auritus* 双壳组合化石。腕足类化石由中国科学院南京地质古生物研究所孙东立研究员鉴定，其属种有 *Planirhynchia* cf. *tantilla* Sucic - Protic（图版VII，5—8）。其地质时代为晚三叠世—早侏罗世。珊瑚由中国科学院南京地质古生物研究所廖卫华研究员鉴定，属种有 *Stylosmilia*? sp.（图版III，1，2，3），*Epistreptophyllum*? sp.（图版II，7）。其地质时代为侏罗纪。腹足类由中国科学院南京地质古生物研究所潘华璋研究员鉴定，属种有 *Coelostylina* sp.。其地质时代为三叠世—侏罗世。

此外，吴瑞忠等人1986年在层型剖面采集到双壳类化石，其属种有 *Modiolus* sp.，*Mytilus* sp.，

*Liostrea* cf. *dubiensis*，*Liostrea birmanica*，*Chlamys griesbachi*，*Chlamys laevis*，*Lophaasella namtuensis*，*Protocardia stricklandi* 等。通过这些化石，当时确定莎巧木组为中侏罗世。

从上述生物群特征来看，莎巧木组以产巴柔期（Bajocian）双壳类为特征，故本幅认为莎巧木组的地质时代为中侏罗世巴柔期（Bajocian）无疑。并建立 *Anisocardia* - *Camptonectes* 双壳组合（表 2 - 4）。

**5. 中侏罗统布曲组（$J_2b$）**

（1）岩石地层特征

布曲组由白生海 1989 年命名，命名地点位于青海省雀莫错东山，原义为灰黑色巨厚层生物碎屑灰岩、灰色厚层结晶灰岩夹生物碎屑灰岩及深灰色厚层白云质泥晶灰岩、角砾状灰岩。底部以灰黑色巨厚层生物碎屑灰岩出现为标志与下伏沱沱河组分界。该组与下伏沱沱河组和上覆夏里组均为整合接触。1997 年《西藏自治区岩石地层》、1999 年《西南区区域地层》、2001 年《青藏高原地层》对羌南-保山地层区侏罗系进行了详细的划分及对比（表 2 - 2），并认为布曲组为中侏罗统巴通期（Bathonian）。我们沿用《西南区区域地层》的定义。指整合分布于莎巧木组之上的主要为灰岩的一套稳定型浅海相沉积。产双壳类、腕足类及菊石、珊瑚化石，与其上覆地层夏里组整合接触。

布曲组主要分布于鲁雄错北东、毕洛错东、鄂纵错南、昂达尔错东、哈日阿隆根等地，其出露面积约 730.25km$^2$。

Ⅰ. 双湖区多玛乡曲瑞恰乃中侏罗统色哇组—布曲组实测剖面（图 2 - 12）：

**布曲组（$J_2b$）：** （未见顶）（第四系洪冲积相沉积物覆盖） **928.86m**

25. 灰黑色、深灰色中薄层状粉屑灰岩，下部夹灰绿色薄层状粉砂岩 78.46m

24. 灰黑色中层状粉屑灰岩与灰色薄层状粉屑灰岩韵律层 202.60m

双壳类化石：*Corbulomima*? sp.

*Protocardia* sp. 或 cf. *striatula*（Sowerby）（图版 VIII，13）

*Spodylopecten*? sp.

*Tancredia*（*T.*）cf. *gibbosa* Lycett（图版 VIII，15）

23. 灰色中层状含生物碎屑泥晶灰岩，含少量双壳类化石碎片 56.68m

22. 灰黑色薄层状含生物碎屑泥晶灰岩 129.68m

21. 灰色、深灰色、灰黑色中薄层状泥晶灰岩，含少量双壳类化石碎片 128.53m

20. 灰黑色中层状泥晶灰岩，含少量双壳类化石碎片，具缝合线构造 258.75m

19. 灰黑色中厚层状泥晶灰岩 74.16m

上部见 9.85m 厚的浅紫红色薄层状泥晶灰岩。

双壳类化石：*Liastrea birmanica* Reed（图版 VIII，4）

菊石化石：? *Choffatia* sp.（图版 XIII，1）

——— 整 合 ———

下伏地层：中侏罗统莎巧木组灰绿色薄层状粉砂岩

Ⅱ. 双湖区多玛乡哈尔托贡玛中侏罗统色哇组—布曲组实测剖面（图 2 - 13）：

**布曲组（$J_2b$）：** （未见顶）（第四系洪冲积相沉积物覆盖） **808.19m**

22. 灰色中薄层状泥质灰岩 83.59m

21. 灰黑色中层状泥晶灰岩 139.42m

20. 灰色中薄层状微晶灰岩 37.81m

19. 黄灰色中薄层状泥质灰岩 35.45m

18. 灰黑色中薄层状砂屑灰岩，底部有 9.34m 厚的黄灰色中层状泥晶灰岩 111.86m

17. 灰黑色中层状微晶灰岩及黄绿色中薄层状泥质灰岩　　140.57m
16. 灰黑色中层状泥晶灰岩　　193.36m
15. 浅粉红色中层状泥晶灰岩，产双壳类碎片　　29.39m
14. 灰色中薄层状泥晶灰岩　　36.74m

———— 整　合 ————

下伏地层：中侏罗统莎巧木组黄绿色、灰色薄层状粉砂岩、泥质粉砂岩

Ⅲ. 双湖特别区米孜尔托巴中侏罗统莎巧木组—夏里组实测剖面（图 2－15）：

上覆地层：中侏罗统夏里组黄绿色薄层状细砂质粉砂岩

———— 整　合 ————

**布曲组（$J_2b$）：　　616.47m**

40. 深灰色中薄层状粉屑灰岩　　27.56m
39. 深灰色中薄层状粉屑灰岩　　20.69m
38. 灰色中薄层状碳酸盐化砂屑粉屑灰岩　　5.17m
37. 深灰色中薄层状粉屑灰岩、深灰色薄层状褐铁染粉屑灰岩韵律层　　21.57m
36. 深灰色薄层状含粉屑微晶灰岩　　0.67m
35. 灰色薄层状砂屑灰岩　　3.57m
34. 深灰色薄层状微晶灰岩　　2.76m
33. 灰色薄层状含粉屑微晶灰岩　　3.05m
32. 灰色中薄层状粉屑灰岩　　11.75m
31. 灰色极薄层状含泥质灰岩　　2.18m
30. 灰色中薄层状含生物碎屑粉屑灰岩　　18.06m
29. 灰色中薄层状含砂屑微晶灰岩　　21.76m
28. 灰黄色薄层状褐铁染粉屑灰岩　　34.37m
27. 灰色中薄层状砂屑粉屑灰岩　　47.45m
26. 深灰色中薄层状含生物化石砂屑粉屑灰岩　　27.09m
25. 灰色中薄层状粉屑灰岩　　28.00m
24. 深灰色中层状粉屑灰岩　　58.33m
23. 灰黄色薄层状含粉屑微晶灰岩　　18.42m
22. 灰色中薄层状粉屑灰岩　　24.27m
21. 深灰色中薄层状粉屑灰岩　　10.36m
20. 灰色中薄层状含砂屑粉屑灰岩　　16.39m
19. 灰色中薄层状含生物碎屑砂屑粉屑灰岩　　36.05m
18. 灰色中薄层状含生物碎屑微晶灰岩　　4.11m
17. 灰黄色薄层状含铁质微晶灰岩　　2.08m
16. 深灰色中薄层状含生物碎屑粉屑灰岩　　64.17m

腕足类化石：*Burmirhynchia gutta* Buckman

*Burmirhynchia hyalaiensis* Buckman

*Burmirhynchia costata* Buckman

*Moquella arcuata* Jin，Sun et. Ye

？*Holcothyris orbicularis* Buckman

15. 灰色中薄层状含砂屑粉屑灰岩　　106.59m

———— 整　合 ————

下伏地层：中侏罗世莎巧木组灰褐色薄层状细粒岩屑石英砂岩

Ⅳ. 帕度错幅双湖特别区朋彦错南登琼多中侏罗统色哇组—布曲组实测剖面（图 2－14）：

上覆地层：新近系康托组下段紫红色厚—巨厚层状石灰岩质粗砾岩

~~~~~~角度不整合~~~~~~

**布曲组（$J_2b$）：** **240.66m**

38. 灰色中层状泥晶灰岩与深灰色极薄层状泥质粉砂岩韵律，下部厚3.37m为灰色中层状含生物碎屑砂屑灰岩 11.11m
37. 灰绿色、灰黑色极薄层状页岩、钙质页岩夹灰紫色中层状豆粒灰岩 8.08m
36. 灰色薄层状钙质细粒岩屑砂岩 6.06m
35. 灰色中薄层状含生物碎屑结晶灰岩（上部厚3.37m为深灰色中层状砂屑微晶灰岩） 14.14m

　双壳类化石：*Propeamussium* sp.

34. 灰色薄层状细粒岩屑砂岩 13.81m
33. 深灰色中层状含鲕砂屑灰岩 35.76m
32. 灰色薄层状含鲕砂屑灰岩 14.90m
31. 灰色中厚层状含生物碎屑泥晶灰岩及鲕粒灰岩 20.86m
30. 深灰色中层状生物碎屑砂屑灰岩 13.06m

　腕足类化石：? *Holcothyris subovalis* Buckman
　*Holcothyris concava* Buckman
　*Holcothyris delta* Buckman
　*Holcothyris trigonalis* Buckman
　*Holcothyris rostrata* Buckman
　*Holcothyris dubia* Buckman
　*Cererithyris lingularis* (Jin, Sun et. Ye)
　*Cererithyris richardsoni* (Muir - Wood),
　? *Sphaeroidothyris* sp.
　*Wattonithyris moquensis* (Jin, Sun et. Ye),
　双壳类化石：*Plagiostoma cardiiformis* J. Sowerby
　*Pholadomya* (*Bucardiomya*) *lirata* (J. Sowerby)（图版X，4a，4b，4c）
　珊瑚化石：*Pamiroseris*? sp.（图版II，1；图版III，5）
　*Thamnasteria*? sp.（图版II，2）

29. 灰色中薄层状含生物碎屑泥晶灰岩（上部见厚2.88m灰黄色薄层状细粒岩屑砂岩） 13.68m

　双壳类化石：*Plagiostoma cardiiformis* J. Sowerby

———— 整　合 ————

下伏地层：中侏罗世莎巧木组灰绿色薄层状中粒砂岩

### ——布曲组颗粒白云岩（*gdl*）和礁灰岩（*bls*）

布曲组颗粒白云岩和礁灰岩主要出露于姜日玛日足、冬浪啪、扎仁、孔日热跃、纳尼阿德木北、昂罢存咚等地的布曲组中部，分布面积约131.63km²。岩性以细晶白云岩为主，夹礁灰岩，且常呈层状、透镜状。其沉积环境较为特殊，故本幅将该套岩石地层建立非正式填图单位加以标注。

双湖特别区赛邦集—那小祁优萨农根中侏罗统布曲组—上侏罗统索瓦组实测剖面（图2-16）：

上覆地层：中侏罗统夏里组灰黑色极薄层泥岩

———— 整　合 ————

**布曲组（$J_2b$）：** **593.37m**

15. 灰色薄层状泥晶灰岩 62.10m
14. 灰色中层状泥晶灰岩 37.29m
13. 灰色中层状细晶白云岩（*gdl*） 28.10m
12. 灰色薄层状细晶白云岩（*gdl*） 15.13m
11. 灰白色中薄层状生物碎屑白云石化中粗晶灰岩 43.86m
~~~~~~

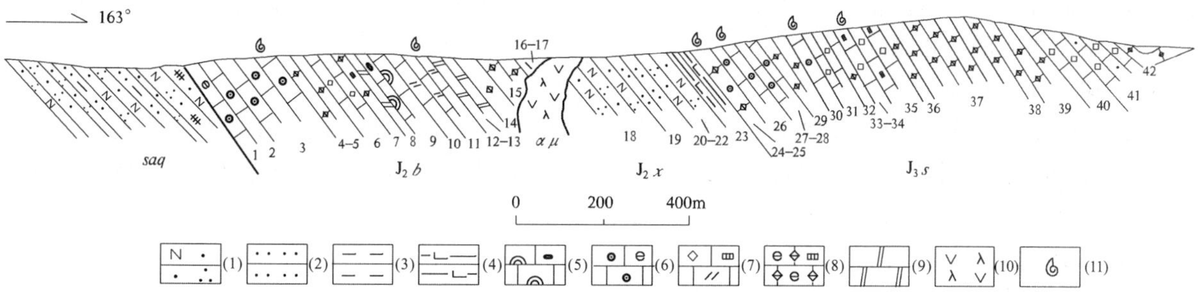


图 2-16　双湖区赛邦集—那小祁优萨农根中侏罗统布曲组—上侏罗统索瓦组实测剖面图

(1) 长石石英砂岩；(2) 粉砂岩；(3) 泥岩；(4) 钙质页岩；(5) 藻礁灰岩；(6) 含生物碎屑鲕粒灰岩；(7) 白云石化、含黄铁矿微晶、细晶、粗晶灰岩；(8) 含生物碎屑、黄铁矿泥晶灰岩；(9) 白云岩；(10) 闪长岩 (αμ)．安山玢岩；(11) 动物化石；*saq*. 赛公药石石英砂岩；$J_2b$. 布曲组；$J_2x$. 夏里组；$J_3s$. 索瓦组

10. 灰紫色中薄层状白云石化细晶灰岩　29.24m
9. 灰色中层状中晶藻礁灰岩 (*bls*)　49.05m
8. 浅灰色中层状细晶白云岩 (*gdl*)　15.87m
7. 灰紫色中薄层状含黄铁矿泥晶灰岩　29.18m
6. 紫色中层状微晶灰岩　51.26m
5. 灰色中层状泥晶灰岩　7.57m
4. 灰色中薄层状含生物碎屑泥晶灰岩　41.63m
3. 紫色中层状含生物碎屑鲕粒灰岩　109.96m
　双壳类化石：*Spondylopecten* (*S.*) *subpunctatus* (Monster) (图版 X，3)
2. 灰色中层状鲕粒灰岩　43.88m
1. 灰紫色中层状生物碎屑鲕粒灰岩　29.25m

(未见底) (断层)

通过上述剖面，我们可以看出布曲组与其下的莎巧木组碎屑岩和其上的夏里组碎屑岩均呈整合接触，是一套夹于两套碎屑岩之间的浅海相碳酸盐岩地层，岩性界线较为明显。

布曲组在区内岩性较为稳定，但因其地理位置的不同略有以下变化 (图 2-18)：

曲瑞恰乃剖面该组厚度为 928.86m。岩石由灰色、灰黑色组成。岩性下部为泥晶灰岩，产菊石化石；上部为粉屑灰岩夹少量灰绿色粉砂岩，可能属浅海临滨较深水-滨海前滨沉积环境。

哈尔托贡玛剖面该组厚度为 808.19m。岩色以灰色、灰黑色为主。岩性以泥晶灰岩、微晶灰岩为主，上部夹砂屑灰岩和泥质灰岩，可能属浅海临滨较深水-滨海前滨沉积环境。

米改尔托巴剖面该组厚度为 616.47m。岩色由灰色、灰黑色组成。岩性以粉屑灰岩、砂屑粉屑灰岩为主，夹少量灰色、灰黑色粉屑微晶灰岩、微晶灰岩及泥质灰岩。其沉积环境可能属滨海前滨水沉积环境。

帕度错幅双湖特别区登琼多剖面厚度为 240.66m。岩色以灰色、灰黑色为主，有少量灰紫色。岩性以泥晶灰岩、微晶灰岩、砂屑灰岩为主，下部夹少量鲕粒灰岩，上部夹少量页岩、粉砂岩。其沉积环境可能属滨浅海前滨—临滨沉积环境。

赛邦集剖面中，该组厚度为 593.37m。岩色以灰色、灰紫色、紫色为主。下部主要为鲕粒灰岩、泥晶灰岩，上部为细晶白云岩、礁灰岩和泥晶灰岩。下部鲕粒灰岩发育说明其沉积环境可能属波基面之上浅水沉积环境。上部白云岩、礁灰岩及黄铁矿的出现说明其沉积环境可能处于停滞的具还原特征的咸化泻湖相静水环境或较深水环境。

综上所述，布曲组最大厚度为 928.86m。其沉积环境均属浅海临滨较深水—滨海前滨沉积环境，但由于处于不同沉积位置，受潮汐作用影响不同，及海进、海退的影响，岩性组合在区内各地的略微变化是正常的。此外，布曲组白云岩、礁灰岩的特别标注，实际上圈定了当时泻湖范围，及岸外浅滩的位置。对于恢复当时的岩相古地理是有意义的。

（2）层序地层特征

布曲组层序地层学研究主要是根据赛邦集—那小祁优萨农根剖面建立。该剖面由Ⅴ层序组成（图2-17）。剖面显示海侵体系域（TST）特征，第1—3层为并进型碳酸盐岩沉积，由鲕粒灰岩组成加积式颗粒碳酸盐岩准层序。第4—15层为追补型碳酸盐岩沉积，以泥晶灰岩为主夹有藻礁灰岩、白云岩，且总体上显示了分布较广的泥晶碳酸盐岩沉积特征。故布曲组层序地层反映了浅海沉积环境特征（图2-17）。

（3）生物地层及时代讨论

本图幅在上述布曲组剖面中采集到大量的腕足类、双壳类、菊石等化石。其中腕足类化石由中国科学院南京地质古生物研究所孙东立研究员鉴定，其属种有 *Burmirhynchia gutta* Buckman，*Burmirhynchia hyalaiensis* Buckman，*Burmirhynchia costata* Buckman，*Moquella arcuata* Jin，Sun et. Ye，? *Holcothyris orbicularis* Buckman。其地质时代定为中侏罗世巴通期（Bathonian）。其中，*Burmirhynchia*，*Holcothyris* 为巴通期（Bathonian）著名的 *Burmirhynchia*-*Holcothyris* 腕足类组合化石。双壳类由中国科学院南京地质古生物研究所沙金庚研究员鉴定，其属种有 *Spondylopecten*（*S.*）*subpunctatus*（Monster）（图版Ⅹ，3），*Spodylopecten*? sp.，*Corbulomima*? sp.，*Protocardia* sp. 或 cf. *striatula*（Sowerby）（图版Ⅷ，13），*Tancredia*（*T.*）cf. *gibbosa* Lycett（图版Ⅷ，15），*Liastrea birmanica* Reed（图版Ⅷ，4）。其地质时代定为中晚侏罗世。其中，*Protocardia*，*Liastrea* 为巴通期（Bathonian）*Camptonectes laminatus*-*Radulopecten vagansxeg* 双壳类组合的主要分子。菊石由中国科学院南京地质古生物研究所陈挺恩研究员鉴定，其属种有？*Choffatia* sp.（图版ⅩⅢ，1）。其地质时代定为中侏罗世。

本幅在毕洛错东索日卡的布曲组中还采集到腕足类和双壳类化石。腕足类经中国科学院南京地质古生物研究所孙东立研究员鉴定，其属种有 *Burmirhynchia obessa* Buckman，*Burmirhynchia hyalaiensis* Buckman。其地质时代定为中侏罗世巴通期（Bathonian）。其中，*Burmirhynchia* 为巴通期（Bathonian）著名的 *Burmirhynchia*-*Holcothyris* 腕足类组合化石。双壳类经中国科学院南京地质古生物研究所文世宣研究员鉴定，其属种有 *Ceratomya* sp.（图版Ⅺ，19），*Camptonectes* sp.（图版Ⅺ，16），*Gryphaea* sp.。其地质时代定为侏罗纪。其属种均为巴通期（Bathonian）*Camptonectes laminatus*-*Radulopecten vagansxeg* 双壳组合的主要分子。

本幅在鄂纵错附近多涌一带的3055地质点布曲组中采集到腕足类 *Burmirhynchia ovalis* Buckman（图版Ⅶ，21—24），*Holcothyris angulata* Buckman（图版Ⅶ，29—32）。经中国科学院南京地质古生物研究所孙东立研究员确认其地质时代定为中侏罗世巴通期（Bathonian）。

本幅在面相茶周玛尔包7019地质点布曲组中采集到菊石。经中国地质大学（北京）阴家润教授鉴定，其属种为 *Homoeoplanulites* sp.（图版ⅩⅢ，6），其地质时代为巴通期（Bathonian）—卡洛夫期（Callovian）。

此外，本幅在帕度错幅登琼多剖面还采集到大量的腕足类、双壳类及珊瑚化石。腕足类经中国科学院南京地质古生物研究所孙东立研究员鉴定，其属种有？*Holcothyris subovalis* Buckman，*Holcothyris concava* Buckman，*Holcothyris delta* Buckman，*Holcothyris trigonalis* Buckman，*Holcothyris dubia* Buckman，*Cererithyris lingularis*（Jin，Sun et. Ye），*Cererithyris richardsoni*（Muir-Wood），? *Sphaeroidothyris* sp.，*Wattonithyris moquensis*（Jin，Sun et. Ye）。其地质时代定为中侏罗世巴通期（Bathonian）。其中，*Holcothyris* 为巴通期（Bathonian）著名的 *Burmirhynchia*-*Holcothyris* 腕足类组合化石。双壳类经中国科学院南京地质古生物研究所沙金庚研究员鉴定，其属种有 *Propeamussium* sp.，*Plagiostoma cardiiformis* J. Sowerby，*Pholadomya*（*Bucardiomya*）*lirata*（J. Sowerby）（图版Ⅹ，4a，4b，4c）。其地质时代定为中侏罗世。其中，*Plagiostoma* 为巴通期（Bathonian）*Camptonectes laminatus*-*Radulopecten vagansxeg* 双壳类组合的主要分子。珊瑚类由中国科学院南京地质古生物研

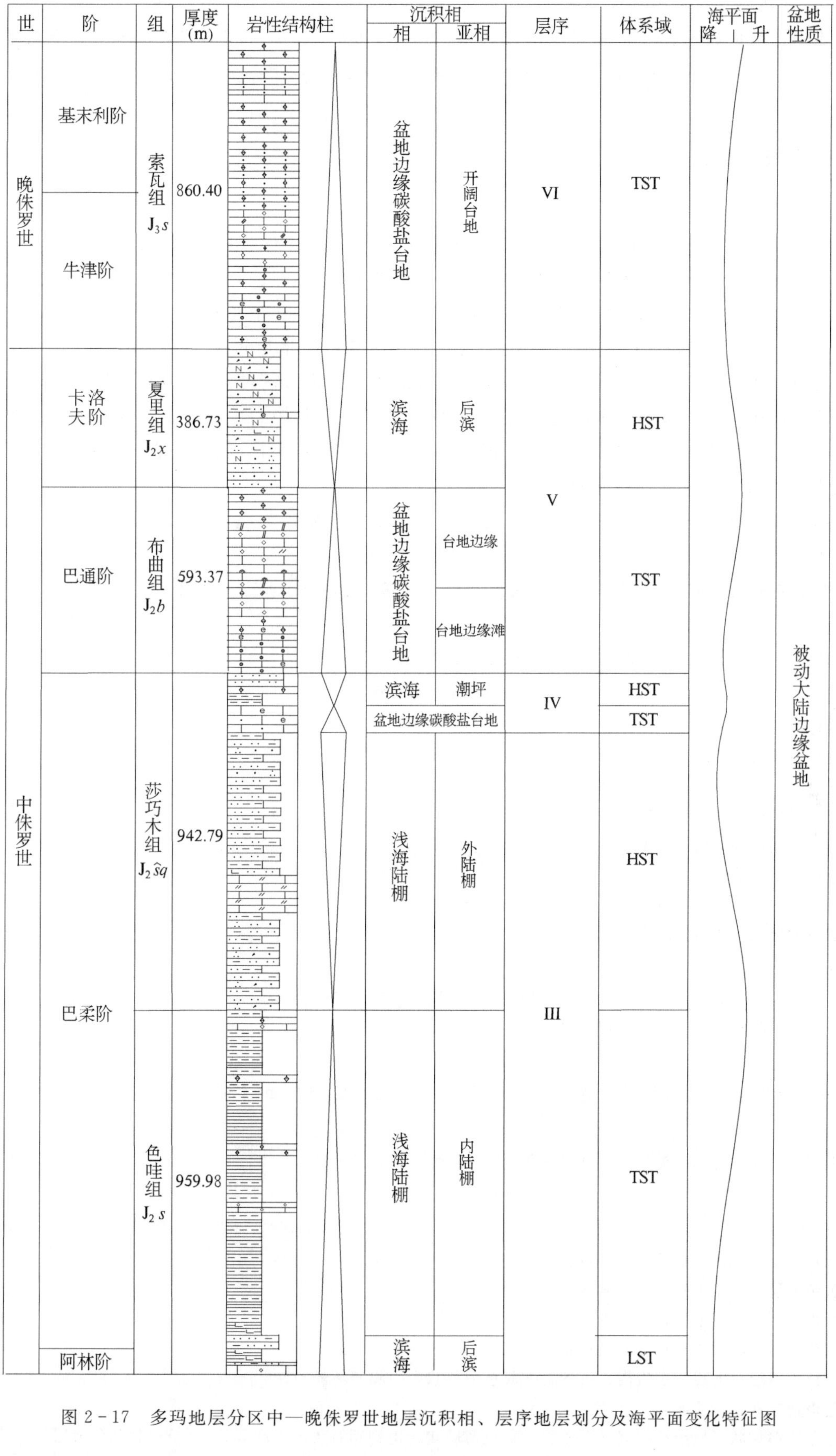


图 2-17　多玛地层分区中—晚侏罗世地层沉积相、层序地层划分及海平面变化特征图

究所廖卫华研究员鉴定，其属种有 *Pamiroseris*? sp.（图版 II，1；图版 III，5），*Thamnasteria*? sp.（图版 II，2）。其地质时代定为侏罗纪。

从上述生物群面貌来看，布曲组以产巴通期（Bathonian）腕足类和双壳类为特征，故本幅认为布曲组的地质时代为中侏罗世巴通期（Bathonian）无疑。并建立 *Burmirhynchia* - *Holcothyris* 腕足类组合（表 2 - 4）。

### 6. 中侏罗统夏里组（$J_2x$）

（1）岩石地层特征

夏里组由白海生 1989 年命名，命名地点位于青海省雀莫错东山。原义为灰、灰绿、紫色砂岩，粉砂岩及钙质、泥质粉砂岩，夹数层鲕状灰岩和泥岩，局部夹细砾岩及石膏层，常见交错层理、波痕。底部以灰、紫色砂岩，粉砂岩与下伏布曲组整合接触。1997 年《西藏自治区岩石地层》、1999 年《西南区区域地层》、2001 年《青藏高原地层》对羌南-保山地层区侏罗纪地层进行了详细的划分及对比（表 2 - 2），并认为夏里组地质年代为中侏罗世卡洛期。本幅沿用《西南区区域地层》的定义。指整合于上覆索瓦组、下伏布曲组，夹于该两套碳酸盐岩层之间的一套灰色、灰黑色、猪肝色、灰绿色、黄绿色粉砂岩，泥质粉砂岩，泥岩，砂岩组成的韵律沉积，夹少量生物碎屑灰岩、鲕粒灰岩。产双壳类、腹足类化石。其地质时代为中侏罗世卡洛夫期。

夏里组主要分布于毕洛错、塞穷南、昂达尔错北、桑嘎尔塘布等地，其出露面积约 232.00km$^2$。

Ⅰ. 双湖特别区赛邦集—那小祁优萨农根中侏罗统夏里组实测剖面（图 2 - 16）：

上覆地层：上侏罗统索瓦组黄白色中层状鲕粒泥晶灰岩

——— 整 合 ———

| | |
|---|---|
| **夏里组（$J_2x$）：** | **261.38m** |
| 23. 深灰色极薄层状钙质页岩 | 23.26m |
| 22. 灰绿色薄层状细粒长石石英砂岩 | 64.09m |
| 21. 灰绿色极薄层状钙质粗粉砂岩 | 5.28m |
| 20. 猪肝色薄层状细粒长石石英砂岩 | 7.55m |
| 19. 灰色极薄层状细粉砂岩 | 46.80m |
| 18. 灰绿色薄层状细粒长石石英砂岩（底部见安山玢岩侵入） | 34.83m |
| 17. 深灰色薄层状钙质粗粉砂岩 | 55.70m |
| 16. 灰黑色极薄层泥岩 | 23.87m |

——— 整 合 ———

下伏地层：中侏罗统布曲组灰色薄层状泥晶灰岩

Ⅱ. 双湖特别区米改尔托巴中侏罗统莎巧木组—夏里组实测剖面（图 2 - 15）：

上覆地层：上侏罗统索瓦组灰色中薄层状含生物碎屑亮晶鲕粒灰岩

——— 整 合 ———

| | |
|---|---|
| **夏里组（$J_2x$）：** | **386.73m** |
| 52. 灰绿色薄层状泥质细粒长石岩屑砂岩 | 8.38m |
| 51. 灰黄色薄层状泥质中粒长石岩屑砂岩 | 30.71m |
| 50. 灰绿色薄层状泥质细粒长石岩屑砂岩 | 45.18m |
| 49. 灰绿色中薄层状泥质细粒岩屑长石砂岩 | 28.43m |
| 48. 黄绿色中薄层状泥质细粒岩屑长石砂岩夹灰色薄层状含生物碎屑鲕粒灰岩 | 45.09m |
| 47. 灰色极薄层状粉砂质泥岩 | 6.01m |
| 46. 黄绿色中薄层状泥质细粒岩屑长石砂岩、灰色薄层状含生物碎屑灰岩（产双壳类化石）、灰色薄层 | 38.89m |

状鲕粒灰岩韵律层

双壳类化石：*Propeamussium*（*P.*）*heptacostatum* Wen（图版 XII，3，10）

*Meleagrinella* sp.

*Camptonectes*（*C.*）*auritus*（Schlotheim）

*Camptonectes*（*C.*）sp.（图版 X，5，7）

45. 黄绿色薄层状泥质细粒长石石英砂岩、灰色中厚层状含生物碎屑钙质细粒长石岩屑砂岩韵律层　13.17m

44. 黄绿色薄层状—极薄层状含生物碎屑钙质粉砂岩、灰色中薄层状含生物碎屑钙质中细粒岩屑长石砂岩韵律层　45.92m

43. 灰色薄层状钙质石英细砂岩　26.49m

42. 黄绿色中薄层状细粒长石石英砂岩　29.92m

41. 黄绿色薄层状细砂质粉砂岩　68.54m

———— 整　合 ————

下伏地层：中侏罗统布曲组深灰色中薄层状粉屑灰岩

通过上述剖面，我们可以看出夏里组与其下的布曲组灰岩和其上的索瓦组灰岩均呈整合接触，是一套夹于两套碳酸盐岩之间的滨浅海相碎屑岩地层。其岩性界线十分明显。该组与布曲组构成完整的海进→海退沉积旋回。

该组在区内岩性组合特征因其地理位置的不同略有以下变化（图 2-18）：

东部的赛邦集一带岩性主要由灰绿色、深灰、猪肝色薄层状长石石英砂岩与粉砂岩形成互层沉积，底部见灰黑色极薄层泥岩，顶部见深灰色极薄层状钙质页岩。出露厚度较小，厚度为 261.38m。

西部的米改尔托巴一带岩性主要由灰绿色、灰黄色、黄绿色中薄层状长石石英砂岩、粉砂岩、长石岩屑砂岩、岩屑长石砂岩形成韵律沉积，下部以黄绿色长石石英砂岩与粉砂岩韵律为主夹少量长石岩屑砂岩，上部以长石岩屑砂岩、岩屑长石砂岩韵律为主，夹少量含生物碎屑灰岩和鲕粒灰岩。厚度为 386.73m。

综上所述，夏里组岩性组合由东向西略有变化，其沉积环境均为滨浅海相沉积，但由于离物源区的距离及其所处沉积区域的不同而略有不同，西部受波浪作用较明显，东部以静水环境为主，说明东部水体较深，且离陆源补给区可能较远，而西部水体较浅，可能离陆源补给区较近。

（2）层序地层特征

夏里组层序地层学研究主要是根据双湖特别区米改尔托巴剖面建立。该剖面由 V 层序（图 2-17）组成。剖面显示高位体系域特征。第 41—45 层由粉砂岩和长石石英砂岩组成。第 46—52 层由长石岩屑砂岩、岩屑长石砂岩组成。其总体特征显示向上粒度变粗、沉积水体向上变浅的特征。故夏里组层序地层反映了滨浅海沉积环境特征（图 2-17）。

（3）生物地层及时代讨论

本次工作中，在上述双湖特别区米改尔托巴剖面夏里组采集到双壳类化石。双壳类由中国科学院南京地质古生物研究所沙金庚研究员鉴定，其属种有 *Propeamussium*（*P.*）*heptacostatum* Wen（图版 XII，3，10），*Meleagrinella* sp.，*Camptonectes*（*C.*）*auritus*（Schlotheim），*Camptonectes*（*C.*）sp.（图版 X，5，7）。其中 *Meleagrinella* 为羌塘-昌都地层区卡洛阶（Callovian）*Meleagrinella bramburiensis*-*Pronoella triangularis* 双壳类组合化石之一。故本幅将夏里组的地质时代置于中侏罗世卡洛夫期（Callovian）（表 2-4）。此外，在上述双湖特别区米改尔托巴剖面的向斜另一翼也采集到双壳类化石 *Camptonectes*（*C.*）sp.（图版 X，13）。

**7. 上侏罗统索瓦组（$J_3s$）**

（1）岩石地层特征

索瓦组由白海生 1989 年命名，命名地点位于青海省格尔木市唐古拉乡雀莫错东南 7km。原义指底部与夏里组连续沉积的，相当于原雁石坪群上部的一组地层，即“三砂夹两灰”之第二“灰”。其总体

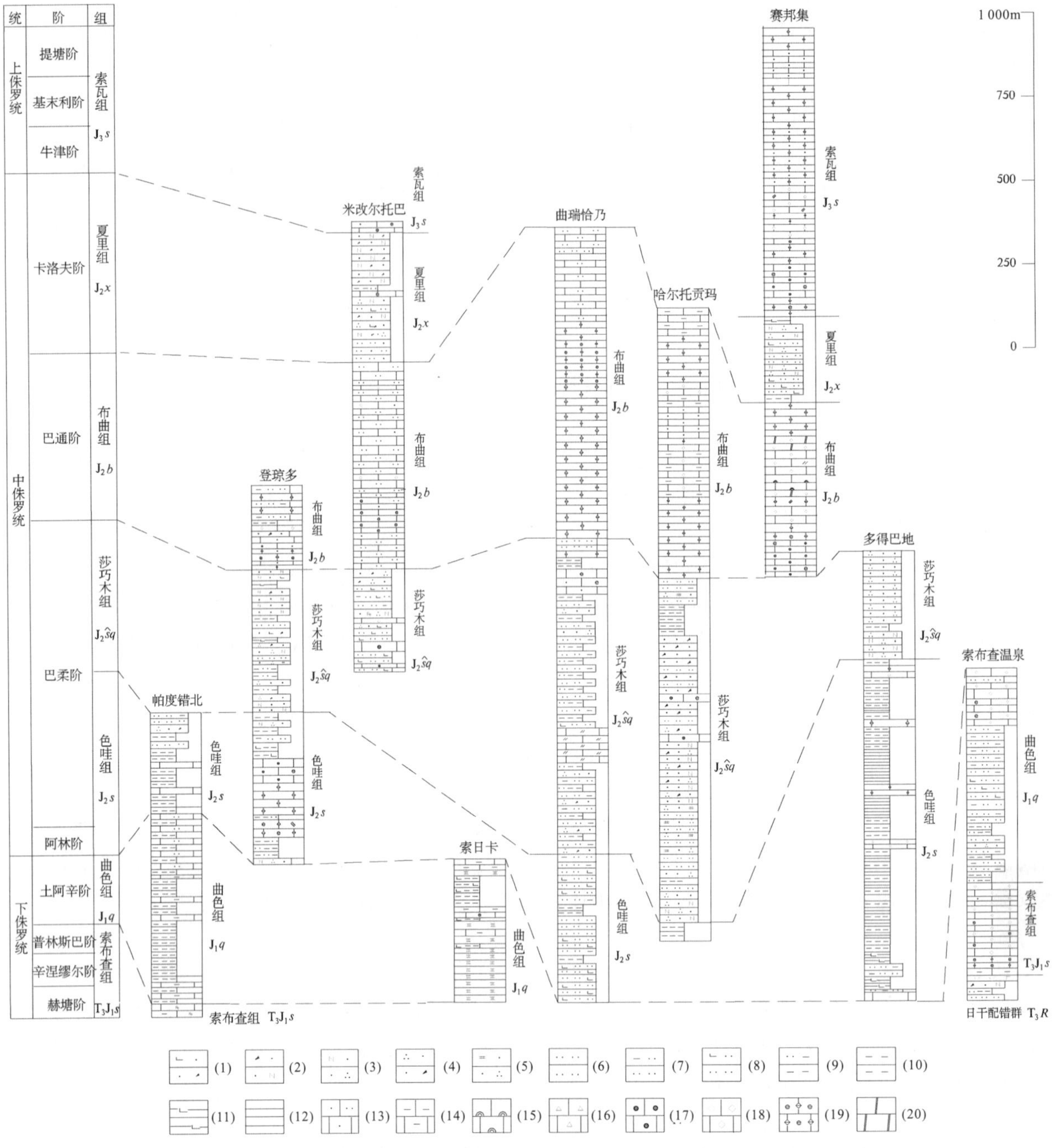


图 2－18　多玛地层分区侏罗纪地层柱状对比图

(1) 钙质岩屑砂岩；(2) 岩屑长石砂岩；(3) 长石石英砂岩；(4) 岩屑石英砂岩；(5) 海绿石石英砂岩；(6) 粉砂岩；(7) 泥质粉砂岩；(8) 钙质粉砂岩；(9) 粉砂质泥岩；(10) 泥岩；(11) 钙质页岩；(12) 页岩；(13) 粉屑、砂屑灰岩；(14) 泥质灰岩；(15) 藻礁灰岩；(16) 角砾状灰岩；(17) 鲕粒灰岩；(18) 结晶、微晶灰岩；(19) 生物碎屑泥晶灰岩；(20) 白云岩

上岩性是以碳酸盐岩为主。1997 年《西藏自治区岩石地层》、1999 年《西南区区域地层》、2001 年《青藏高原地层》对羌南-保山地层区侏罗纪地层进行了详细的划分和对比（表 2－2）。我们沿用《西南区区域地层》的定义。索瓦组指整合于中侏罗世夏里组之上的晚侏罗世地质体，其岩性组合为一套灰色、灰黄色、灰紫色、灰黑色含生物碎屑灰岩，结晶灰岩，泥质灰岩，泥晶灰岩，鲕粒灰岩构成的碳酸盐岩。其中产珊瑚、双壳类化石。其地质时代为晚侏罗世。

晚侏罗世索瓦组主要分布于扎日阿巴、塞穷、鲁日、鲁雄错北东、桑嘎尔塘布一带，其出露面积约

157.31km²。

双湖特别区赛邦集—那小祁优萨农根上侏罗统索瓦组实测剖面（图 2-16）：

| | |
|---|---|
| **索瓦组（$J_3s$）：** （未见顶） | **860.40m** |
| 42. 灰色薄层状泥晶灰岩 | 61.50m |
| 41. 灰黄色薄层状结晶砂屑灰岩 | 86.69m |
| 40. 紫灰色中薄层状微晶灰岩 | 59.05m |
| 39. 灰色中层状泥晶灰岩 | 50.03m |
| 38. 灰紫色中层状泥晶灰岩 | 22.55m |
| 37. 紫色中薄层状砂屑泥晶灰岩 | 167.32m |
| 36. 灰紫色中层状砂屑砾屑泥晶灰岩 | 22.87m |
| 35. 灰黄色中层状含黄铁矿细晶灰岩 | 61.82m |
| 34. 灰色中层状细晶灰岩 | 12.66m |
| 珊瑚化石：*Axosmilia* sp. | |
| 33. 灰紫色中层状含黄铁矿细晶灰岩 | 15.37m |
| 32. 灰黄色中层状泥晶灰岩 | 25.32m |
| 31. 灰色中层状细晶灰岩 | 42.50m |
| 30. 黄灰色中层状含生物碎屑鲕粒灰岩 | 31.35m |
| 珊瑚化石：*Thamnateria*? sp. | |
| 29. 浅紫色中薄层状泥晶灰岩 | 58.22m |
| 28. 灰色中层状含生物碎屑鲕粒灰岩 | 42.45m |
| 27. 灰黄色薄层状泥晶灰岩 | 4.52m |
| 26. 黄灰色中层状含生物碎屑鲕粒灰岩 | 39.53m |
| 25. 浅紫色中薄层状含生物碎屑鲕粒泥晶灰岩 | 21.79m |
| 24. 黄白色中层状鲕粒泥晶灰岩 | 34.86m |

———— 整 合 ————

下伏地层：中侏罗统夏里组深灰色极薄层状钙质页岩

上述索瓦组厚 860.40m。其岩性组合为一套陆源物质极度贫乏情况下的滨浅海碳酸盐沉积。下部鲕粒结构发育，岩性以黄灰色、浅紫色、灰色中层状含生物碎屑鲕粒灰岩，鲕粒泥晶灰岩为主，属浅水动荡环境产物；上部结晶结构发育，岩性以紫色、紫灰色、灰黄色泥晶灰岩，细晶灰岩为主，可能水体较深。该组在区域上岩性组合变化不大，比较稳定（图 2-18），即由卡洛夫期海退形成夏里组的滨浅海碎屑岩沉积之后又发生了规模有限的海侵，进而形成索瓦组的滨浅海碳酸盐沉积。由于海水相对较浅，因而受海浪作用影响明显。在索瓦组下部见有鲕粒灰岩，并产出珊瑚等适宜浅海环境的生物，索瓦组上部仍处于近陆缘浅海环境、因而形成了紫色、灰紫色泥晶灰岩或细晶灰岩。同时也由于海侵规模有限，因而导致所有剖面均未见到顶部层位及其上可能有的更新地层时代的地质体。

（2）层序地层特征

索瓦组层序地层学研究主要是根据双湖特别区赛邦集—那小祁优萨农根剖面建立。该剖面由 Ⅵ 层序（图 2-17）组成。剖面显示海侵体系域（TST）特征，其中第 24—30 层为并进型碳酸盐岩沉积，由 3 个泥晶灰岩和鲕粒灰岩准层序组成退积准层序。第 31—42 层为追补型碳酸盐岩沉积，由细晶灰岩和泥晶灰岩准层序组成退积准层序组，该体系下部水体较浅，上部水体较深。综上，索瓦组层序地层反映了浅海沉积环境特征（图 2-17）。

（3）生物地层及时代讨论

本幅在索瓦组采集到了珊瑚化石。经中国科学院南京地质古生物研究所廖卫华研究员鉴定，其属种有 *Axosmilia* sp.，*Thamnateria*? sp.。其地质时代为中侏罗世—早白垩世。且该组整合覆盖于中侏罗世夏里组之上。此外，综合各地索瓦组所得化石，均代表晚侏罗世生物群特征。故本幅认为索瓦组的地

**表 2-4　昂达尔错幅多玛地层分区晚三叠世—侏罗纪生物地层划分表**

| 年代地层 | | | 岩石地层 | 主要化石类群组合序列 | | |
|---|---|---|---|---|---|---|
| 纪 | 世 | 阶 | | 菊石、珊瑚 | 腕足类 | 双壳类 |
| 侏罗纪 | 晚侏罗世 | 提塘阶 | | | | |
| | | 基末利阶 | 索瓦组<br>$J_3s$ | 珊瑚：<br>*Thamnateria*? sp. | | |
| | | 牛津阶 | | | | |
| | 中侏罗世 | 卡洛夫阶 | 夏里组<br>$J_2x$ | | | *Propeamussium*(*P.*)*heptacostatum*<br>*Camptonectes*(*C.*)*auritus*<br>*Camptonectes* (*C.*) sp. |
| | | 巴通期 | 布曲组<br>$J_2b$ | 菊石：<br>? *Choffatia* sp. | *Burmirhynchia* - *Holcothyris* 组合<br>*Burmirhynchia hyalaiensis*<br>*Burmirhynchia costata*<br>*Moquella arcuata*<br>? *Holcothyris orbicularis* | *Spondylopecten* (*S.*) *subpunctatus*<br>*Protocardia* sp.<br>*Tancredia* (*T.*) cf. *gibbosa*<br>*Liastrea birmanica*<br>*Corbulomima*? sp. |
| | | 巴柔阶 | 莎巧木组<br>$J_2\hat{s}q$ | 珊瑚：<br>*Stylosmilia* sp. | *Planirhynchia* cf. *tantilla* | *Anisocardia* - *Camptonectes* 组合<br>*Propeamusium* (*P.*) *donaiense*<br>*Protocardia stricklandi*<br>*Pseudocorbula* aff. *nuculiformis*<br>*Corbulomima wulanwulaensis*<br>*Isocyprina* (*I.*) *boonei*<br>*Meleagrinella braamburiensis* |
| | | | 色哇组<br>$J_2s$ | 菊石：<br>*Dosetensia* - *Sonninia* 带<br>*Callyphylloceras* cf. *disputabilis*<br>*Sonninia* cf. *mesacantha*<br>*Sonninia* sp.<br>*Dosetensia* sp.<br>珊瑚：<br>*Chaetetes* (*P.*) sp. | *Rhynchonelloidea* -<br>*Rhynchonelloidella* 组合<br>*Rhynchonelloidella platiloba*<br>*Rhynchonelloidella trigonalis*<br>*Cererithyris lingularis*<br>*Cererithyris richardsoni*<br>*Holcothyris concava*<br>*Aulacothyris* cf. *blakei* | *Trigonia* - *Lopha* 组合<br>*Anisocardia* (*A*) *rostrata*<br>*Actinostreum gregareum*<br>*Protocardia* (*P.*) *kachchensis*<br>*Propeamusium* (*P.*) *heptacostatum*<br>*Ceratomya wimmisensis*<br>*Myopholas multicostata*<br>*Pholadomya* (*B.*) *lirata* |
| | | 阿林阶 | | | | *Plagiostoma amdoense* |
| | 早侏罗世 | 土阿辛阶 | 曲色组<br>$J_1q$ | 菊石：*Cleviceras* - *Dactylioceras* 组合<br>*Lytoceras* cf. *fimbriatum*<br>*Cleviceras* sp.<br>*Dactylioceras* sp. | *Homocorhynchia* 组合<br>*Piarorhynchia* sp.<br>*Cirpa* sp.<br>鱼：<br>*Actinoptorygii* | *Inoceramus* (*I.*) sp.<br>*Cuspidaria*? *ibbetsoni*<br>*Protocardia* (*P.*) *linkaensis*<br>*Anisocardia* (*A.*) *caudata*<br>*Grammatodon* (*G.*) *minimus* |
| | | 普林斯巴阶 | 索布查组<br>$T_3J_1s$ | 菊石：*Dumortieria* sp. | | |
| | | 辛涅缪尔阶 | | | | |
| | | 赫塘阶 | | 珊瑚： | | |
| 三叠纪 | 晚三叠世 | 瑞替阶 | | *Tiaradendron*? sp.<br>*Aulastraea*? sp.<br>*Margarophyllia*? sp. | *Crurirhynchia* cf. *haqenae*<br>*Eoseptaliphoria* cf. *prolongata*<br>*Cincta* sp. | *Lima* cf. *chinensis*<br>*Enantiostreon* sp.<br>*Mysidiopteria* cf. *qinghaiensis* |
| | | 诺利阶 | 日干配错群<br>$T_3R$ | | *Mentzeliopsis* sp. | |
| | | 卡尼阶 | | | *Caucasorhynchia*? sp. | |

质时代可能为晚侏罗世（表 2－4）。

## （二）木嘎岗日地层分区

木嘎岗日地层分区地层单元有下—中侏罗统木嘎岗日岩群、上侏罗统沙木罗组、吐卡日组。

### 1. 下—中侏罗系木嘎岗日岩群（$J_{1-2}M$）

（1）岩石地层特征

1979 年，文世宣命名木嘎岗日岩群时，仅发表了命名地点尼玛西北、达则错北木嘎岗日主峰木嘎各波日东南坡，而未发表命名剖面地理坐标，且帕度错幅野外地质调查时很难找到命名剖面，故本次工作在双湖特别区多玛乡日阿另测木嘎岗日岩群剖面。

木嘎岗日岩群原指王文彬称为三叠系的“班戈湖岩系”及西藏地质图中改称为二叠系的部分，因在其中发现中侏罗世的珊瑚化石，而归中侏罗统。原义指不整合伏于新近纪棕红色碎屑岩之下代表中侏罗统的一套深灰色、灰黑色灰绿色砂岩，泥岩夹硅质灰岩，灰岩凸透镜的地层，下未见底。木嘎岗日岩群自创名以来，1986 年西藏区调队将木嘎岗日-扎加藏布一带典型的复理石建造，亦称木嘎岗日岩群，其地质时代置于侏罗纪。1993 年《西藏自治区地质志》、1997 年《西藏自治区岩石地层》、1999 年《西南区区域地层》等均继续沿用此名（表 2－2），但其所代表的年代地层各异，依次分别为下—中侏罗统、侏罗系、下—中侏罗统。我们沿用《西藏自治区岩石地层》的定义，系指沿班公错-怒江构造带分布的一套深灰色、暗绿色、灰黑色泥质板岩与变质砂岩，粉砂岩夹灰岩，硅质灰岩为主的地层体。化石稀少，有少量双壳类、腕足类化石，其下未见底，上未见顶，其中常夹有灰岩岩块（中二叠统）、枕状玄武岩岩块、放射虫硅质岩岩块（三叠纪?）。其地质时代可能为早—中侏罗世。

此外，《西藏自治区岩石地层》中木嘎岗日岩群正层型标注的地理坐标 E87°32′、N32°20′和《中国地层典（侏罗系）》中木嘎岗日岩群命名剖面标注的地理坐标 E87°30′、N32°20′，经本次野外地质调查，其地理坐标点均落入花岗岩区，故地理坐标应加以纠正。

木嘎岗日岩群在幅内主要分布于朵阿错南、赞宗错南西、扎加藏布两侧等地，其出露面积约 556.25km$^2$。

双湖特别区多玛乡日阿下—中侏罗统木嘎岗日岩群实测剖面（图 2－19）：

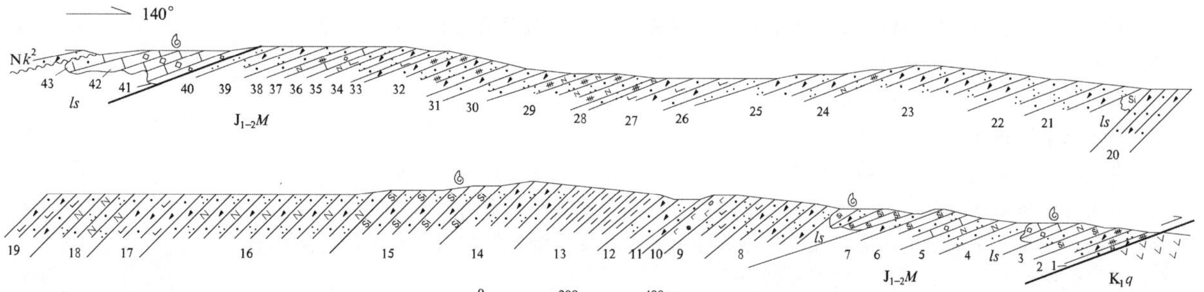


图 2－19　双湖特别区多玛乡日阿下—中侏罗统木嘎岗日岩群实测剖面图

（1）凝灰质细砂岩；（2）岩屑石英砂岩；（3）钙质岩屑砂岩；（4）钙质长石石英砂岩；（5）长石石英杂砂岩；（6）岩屑石英杂砂岩；（7）粉砂岩；（8）泥质岩；（9）砂屑灰岩；（10）结晶、亮晶灰岩；（11）微晶灰岩；（12）硅质岩；（13）杏仁状球颗玄武岩；（14）安山岩；（15）动物化石；

$J_{1-2}M$. 木嘎岗日岩群；$K_1q$. 去申拉组；$Nk^2$. 康托组上段；*ls*. 外来岩块

上覆地层：新近系康托组紫红色钙质中细粒岩屑石英砂岩

～～～～～角度不整合～～～～～

**外来灰岩岩块（*ls*）：** **97.15m**

43. 深灰色中层状亮晶砂屑灰岩　29.07m

42. 灰白色中层状结晶灰岩　51.51m

鎚化石：*Yangchienia iniqua* Lee（图版 XVI，5）

*Chusenella tieni* Chen（图版 XVI，8）

*Neoschwagerina craticulifera* Schwager（图版 XVI，2，3，4）

*Neoschwagerina* cf. *craticulifera* Schwager（图版 XVI，7）

*Kahlerina nanlingensis* Wang Y. H.（图版 XVI，1，6）

41. 深黑色薄层状微晶灰岩　16.57m

═══ 断　层 ═══

**木嘎岗日岩群（$J_{1-2}M$）：** **2 163.84m**

40. 灰绿色薄层状变质粉砂岩　9.47m
39. 灰色中薄层状变质中细粒岩屑石英砂岩　26.24m
38. 灰绿色中薄层状凝灰质细砂岩　12.03m
37. 灰色薄层状变质细粒长石杂砂岩　13.63m
36. 灰黑色中层状砾屑砂屑亮晶灰岩　14.99m
35. 深灰色薄层状钙质长石石英砂岩　16.44m
34. 灰色薄层状细粒岩屑石英砂岩　45.21m
33. 深灰色薄层状细粒钙质岩屑砂岩　16.57m
32. 灰绿色薄层状细粒岩屑石英杂砂岩　62.17m
31. 灰色薄层状细粒岩屑砂岩　16.58m
30. 灰白色中层状钙质中细粒岩屑石英砂岩　36.30m
29. 灰色中薄层状变质细粒长石石英杂砂岩　61.43m
28. 黄灰色薄层状变质细粒长石石英杂砂岩　11.00m
27. 深灰色薄层状细粒钙质岩屑砂岩　62.78m
26. 黄绿色薄层状变质细粉砂岩　21.15m
25. 黄绿色中薄层状变质细粒岩屑石英砂岩，下部见厚 19.06m 深灰色薄层状变质细粒长石石英砂岩　76.12m
24. 黄绿色中薄层状变质中细粒长石石英杂砂岩，下部见厚 2.21m 灰绿色薄层状变质细粒长石岩屑杂砂岩　15.49m
23. 黄绿色中层状变质中细粒岩屑石英砂岩，上部见厚 7.75m 深灰色薄层状变质细粒岩屑石英砂岩　117.09m
22. 浅褐色薄层状变质中细粒长石石英砂岩　53.33m
21. 黄绿色中薄层状变质细粒岩屑石英砂岩，下部见厚 5.31m 灰色薄层状硅质岩岩块　60.72m
20. 黄绿色薄层状变质中粒岩屑砂岩　86.87m
19. 黄灰色中薄层状变质中粒钙质岩屑砂岩　74.44m
18. 黄绿色薄层状细粒长石石英砂岩　86.52m
17. 浅黄色薄层状变质细粒钙质岩屑砂岩　70.45m
16. 深灰色中薄层状细粒岩屑石英砂岩与黄绿色薄层状变质细粒长石石英砂岩韵律　220.09m
15. 浅灰、绿灰、深灰绿色薄层状硅质岩与黄绿色中层状变质细粒钙质岩屑石英砂岩韵律层　85.55m
14. 灰绿色中层状变质中细粒岩屑石英砂岩　76.35m
13. 灰色薄层状含生物碎屑粗粉砂岩　136.96m
12. 深灰色中薄层状变质细粒岩屑石英砂岩　59.49m
11. 黄绿色薄层状变质中细粒岩屑砂岩　17.98m
10. 暗灰色枕状杏仁状球颗玄武岩　29.97m
9. 灰绿色薄层状变质细粒钙质石英砂岩　69.76m
8. 灰色中薄层状变质中细粒岩屑石英砂岩，下部 61.51m 为深灰色、暗绿色中薄层状硅质岩岩块，其中暗绿色硅质岩岩块产放射虫　167.20m

放射虫化石：? *Xiphosphaera* sp.

7. 下部为深绿灰色薄层状放射虫硅质岩，上部为灰绿色薄层状变质细粒岩屑石英砂岩　15.96m

6. 灰色中薄层状硅质岩、变质细粒岩屑石英砂岩 47.29m
5. 灰黄色薄层状变质细粒长石石英砂岩 33.18m
4. 灰色薄层状粗粉砂岩，下部见厚29.35m灰白色厚层状结晶灰岩岩块，产苔藓虫化石 43.20m
苔藓虫化石：*Fistuliramus* sp.
3. 下部为深绿色薄层状硅质岩，上部为深灰色中薄层状变质细粒长石石英砂岩 51.03m
2. 灰绿色中层状变质中粒岩屑石英杂砂岩 24.15m
1. 灰色薄层状变质细粒长石岩屑杂砂岩 9.66m

（未见底）（断层）

上述剖面厚2 163.84m。岩石由浅变质的灰色、深灰色、灰绿色、黄绿色岩屑石英砂岩，长石石英砂岩，钙质岩屑砂岩，岩屑石英杂砂岩，长石石英杂砂岩，长石岩屑杂砂岩组成韵律层系。其中，中下部见少量枕状玄武岩及三叠纪（?）硅质岩和中二叠世灰岩岩块，上部夹少量灰绿色凝灰质细砂岩。该套岩石层系厚度较大，岩石中岩屑石英砂岩、岩屑砂岩、岩屑杂砂岩及外来岩块较发育。显而易见上述岩石有一定分选，但结构成熟度较低，并夹杂有灰岩等外来岩块，反映具有高能快速搬运沉积的浊流沉积特点。在天扎勒见有灰绿色粉砂岩与灰褐色岩屑石英砂岩组成“二元结构”明显的复理石（图版XXVI，3）沉积。且岩屑石英砂岩中保存有包卷层理（图版XXVI，2）构造，亦为高能水动力作用之产物。另外木嘎岗日岩群中化石罕见，亦说明沉积环境剧烈动荡，不适宜生物的生长和繁殖，其沉积环境可能为浅海陆棚斜坡之下的沉积环境。从上述岩石地层特征及沉积环境分析，说明该套地层形成于构造活动剧烈的洋盆边缘，即该套地层可能属复理石沉积岩系。

（2）生物地层及时代讨论

本幅在木嘎岗日岩群中未见到化石，因此其地质时代应沿用《西藏自治区岩石地层》厘定的地质时代，暂归侏罗纪，并根据本幅对晚侏罗世吐卡日组和沙木罗组生物地层时代的确定，将木嘎岗日岩群暂置于早中侏罗世。

此外，本幅在硅质岩和灰岩外来岩块中采集到放射虫和苔藓。放射虫经中国科学院南京地质古生物研究所王玉净研究员鉴定为? *Xiphosphaera* sp.，其地质时代为三叠纪（?）；苔藓虫经中国科学院南京地质古生物研究所胡兆珣研究员鉴定为 *Fistuliramus* sp.，其地质时代为中二叠世。在上述剖面之上的外来灰岩岩块中采集到䗴科，䗴科经中国科学院南京地质古生物研究所张遴信研究员鉴定，其属种有 *Yangchienia iniqua* Lee（图版XVI，5），*Chusenella tieni* Chen（图版XVI，8），*Neoschwagerina craticulifera* Schwager（图版XVI，2，3，4），*Neoschwagerina* cf. *craticulifera* Schwager（图版XVI，7），*Kahlerina nanlingensis* Wang Y. H.（图版XVI，1，6），其地质时代为中二叠世。

### 2. 上侏罗统沙木罗组（$J_3\hat{s}$）

（1）岩石地层特征

沙木罗组由西藏自治区区调队1987年命名，创名地点位于革吉县盐湖区南沙木罗。原义指出露于阿翁错-盐湖一带岩性为富含化石的未变质的浅海相碳酸盐岩和碎屑岩的上侏罗统。该组自创名以来，1993年《西藏自治区地质志》、1997年《西藏自治区岩石地层》、1999年《西南区区域地层》、2001年《青藏高原地层》等沿用此名（表2-2）。现定义指一套浅灰、深灰色粉砂岩，灰黑色粉砂质泥岩，深灰色、浅灰色细砂岩夹生物碎屑灰岩的地层。上未见顶，下未见底。其地质时代为晚侏罗世。

沙木罗组主要分布于瀑赛尔错北、纳江错、果根错、宁日北等地，其出露面积约142.31km$^2$。

帕度错幅尼玛县南错乡康们垌勒纤上侏罗统沙木罗组实测剖面（图2-20）：

**沙木罗组（$J_3\hat{s}$）：** （未见顶）（向斜另一翼） **324.55m**
13. 浅灰黑色中层状钙质粗粉砂岩 1.28m

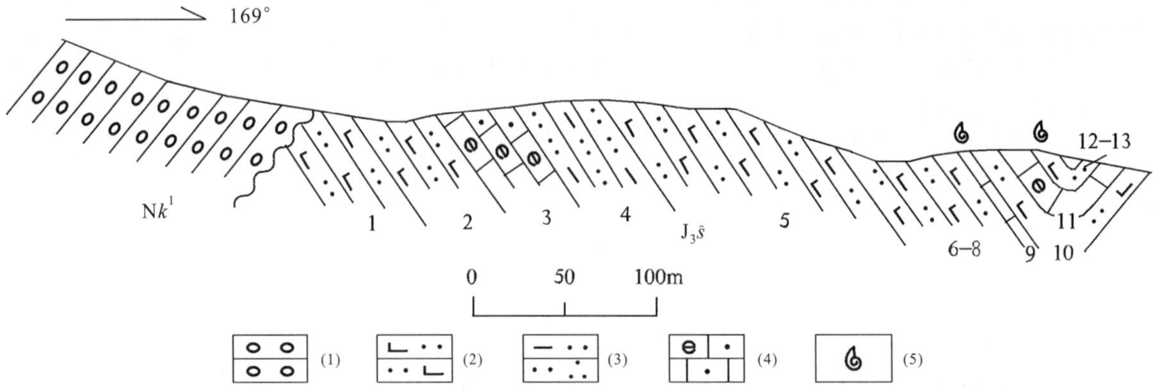


图 2-20　尼玛县南错乡康们垌勒纤上侏罗统沙木罗组实测剖面图

（1）砾岩；（2）钙质粉砂岩；（3）泥质粉砂岩；（4）生物碎屑砂屑灰岩；
（5）动物化石；$J_3\hat{s}$. 沙木罗组；$Nk^1$. 康托组下段

| | | |
|---|---|---|
| 12. | 浅灰色薄层状钙质细粉砂岩 | 5.66m |
| 11. | 灰黑色中层状生物礁粉晶灰岩 | 3.96m |

珊瑚化石：*Stylosmilia tanggulaensis* Liao et. Li
*Stylosmilia crassitheca* Liao et. Li
*Stylosmilia bangoinensis* Liao et. Li
*Allocoenia trochiformis* Etallon
*Thamnasteria cotteaui* de Fromentel

刺毛虫化石：*Chaetetes* (*Pseudoseptifer*) *gambaensis* Yang et. Wu
*Ptychochaetetes* (*varioparietes*) *amdoensis* Deng

| | | |
|---|---|---|
| 10. | 浅灰色薄层状钙质细砂质粉砂岩 | 41.45m |
| 9. | 黑色中层状生物礁粉晶灰岩 | 5.55m |

腕足类化石：*Monticlarella* cf. *triloboides* (Quenstedt)
珊瑚化石：*Microsolena variolata* Gregory
刺毛虫化石：*Chaetetes* (*Pseudoseptifer*) *gambaensis* Yang et. Wu

| | | |
|---|---|---|
| 8. | 灰黑色极薄层状泥质粉砂岩 | 3.96m |
| 7. | 浅灰色薄层状钙质细砂岩 | 19.82m |
| 6. | 深灰色薄层状含生物碎屑钙质粗粉砂岩 | 24.24m |
| 5. | 深灰色薄层状含岩屑钙质细砂岩 | 94.46m |
| 4. | 灰黑色极薄层状泥质细粉砂岩 | 38.73m |
| 3. | 灰黑色中层状含生物碎屑砂屑灰岩 | 34.87m |
| 2. | 灰色极薄层状钙质泥质细粉砂岩 | 33.76m |
| 1. | 褐黄色薄层状钙质粗粉砂岩夹浅灰黑色薄层状钙质细砂岩 | 16.81m |

未见底（新近系康托组下段覆盖）

根据上述剖面沙木罗组厚为324.55m。其岩性以深灰色、浅灰色钙质细砂岩，钙质、泥质粉砂岩为主，下部夹灰黑色砂屑灰岩，上部夹灰黑色生物礁粉晶灰岩。其中的礁灰岩呈断续分布，形成点礁。故沙木罗组的沉积环境应位于浅海。

沙木罗组主要分布于班公湖-怒江构造带的北缘，属纳江错-其香错晚侏罗世残留盆地。强烈的挤压碰撞作用使其褶皱变形。因此，上述剖面所测地层厚度不能反映其真实厚度。路线调查发现沙木罗组、吐卡日组出露面积较大，内部褶皱构造发育，岩石由粉砂岩、砂岩、灰岩组成韵律沉积。从岩石组合、岩石结构以及生物特征看，其沉积环境应为浅海相，但从其普遍褶皱、地表出露面积较大看，其沉积厚度可能较大。因此，分析其当时应为沉积速度与地壳沉降速度基本相当的同构造沉积盆地，表现为浅海相的沉积组合，巨厚的沉积厚度。相邻的兹格塘错幅和班戈幅发现沙木罗组是角度不整合于木嘎岗日岩群之上。

（2）生物地层及时代讨论

本次工作在上述帕度错幅尼玛县南错乡康们垌勒纤剖面中采集到了大量的珊瑚、刺毛虫、腕足类等化石。其中，珊瑚由中国科学院南京地质古生物研究所廖卫华研究员鉴定，其属种有 *Stylosmilia tanggulaensis* Liao et. Li，*Stylosmilia crassitheca* Liao et. Li，*Stylosmilia bangoinensis* Liao et. Li，*Allocoenia trochiformis* Etallon，*Thamnasteria cotteaui* de Fromentel，其地质时代为晚侏罗世，其中 *Thamnasteria* 是羌塘-昌都地层区珊瑚组合化石，*Stylosmilia* 是冈底斯-察隅地层区珊瑚组合化石，其时限均为牛津期（Oxfordian）—基莫利期（Kimmeridgian）。刺毛虫亦由中国科学院南京地质古生物研究所廖卫华研究员鉴定，其属种有 *Chaetetes*（*Pseudoseptifer*）*gambaensis* Yang et. Wu，*Ptychochaetetes*（*varioparietes*）*amdoensis* Deng，其地质时代为晚侏罗世。腕足类由中国科学院南京地质古生物研究所孙东立研究员鉴定，其属种有 *Monticlarella* cf. *triloboides*（Quenstedt），其地质时代为晚侏罗世。*Monticlarella* 一属在波兰南部见于牛津期（Oxfordian）。此外，*Monticlarella* 还是新疆-西藏交界的界山达板组和羌塘西部索瓦组的腕足类组合化石之一，其时限相当于牛津期（Oxfordian）。

在上述剖面的向斜另一翼，本幅还采集到双壳类和植物化石。双壳类由中国科学院南京地质古生物研究所文世宣研究员鉴定为 *Pseudolimea*? sp.（图版 XII，20），其地质时代为三叠纪—晚白垩世。

本次工作在果根错西南的 7051、7047 地质点，以及赞宗错东加塞见 2016 地质点、木苟日王纳江错东 2052 地质点、陇阿鄂冒西北角 7050 地质点还采集了大量的珊瑚化石（表 2－5）。经中国科学院南京地质古生物研究所廖卫华研究员鉴定，7051 地质点产 *Thecosmilia*? sp.（图版 I，12）；7047 地质点产 *Fungiastraea arachnoides*（Parkinson）（图版 I，4，11，18），*Thecosmilia*? sp.（图版 I，3）；2016 地质点产 *Montlivaltis*? sp.，*Epistreptophyllum cylindratum* Milaschevitsch（图版 II，4，8，9）；2052 地质点产 *Calamophyllia*? sp.（图版 III，6），*Pachythecopora*? sp.（图版 III，12）；7050 地质点产 *Pachythecopora*? sp.（图版 III，11）。其中，*Thecosmilia*，*Epistreptophyllum* 是羌塘-昌都地层区珊瑚组合化石，其时限均为牛津期（Oxfordian）—基莫利期（Kimmeridgian）；*Montlivaltis* 则可以与喜马拉雅地层区的 *Actinastrea*，*Isatrea*，*Dungulia*，*Thecosmilia*，*Montlivaltis* 珊瑚动物群相对比，且时限可能相当。

此外，在帕度错幅诺尔玛错西和甲日阿普错西 3086 地质点采集了珊瑚化石。诺尔玛错西的珊瑚化石经中国科学院南京地质古生物研究所廖卫华研究员鉴定，其属种为 *Thecosmilia*? sp.。*Thecosmilia* 是羌塘-昌都地层区珊瑚组合化石，其时限为牛津期（Oxfordian）—基莫利期（Kimmeridgian）。甲日阿普错西 3086 地质点的珊瑚化石为 *Epistreptophyllum*? sp.（图版 II，5）*Pachythecopora*? sp.（图版 III，7，10），其地质时代为侏罗纪。

因此，综合上述生物化石组合，我们可以确定沙木罗组的地质时代为晚侏罗世。并建立 *Thecosmilia*－*Epistreptophyllum*－*Stylosmilia* 珊瑚组合和 *Monticlarella* 腕足类组合，其时限应为牛津期（Oxfordian）—基莫利期（Kimmeridgian）（表 2－5）。

### 3. 上侏罗统吐卡日组（$J_3t$）

（1）岩石地层特征

本次工作在昂达尔错进行路线地质填图和实测木嘎岗日群剖面时，在靠近班公错-怒江构造带北缘边界附近，发现了一套以碳酸盐岩为主，夹少量碎屑岩、基性火山岩的岩石地层组合。该套地层与木嘎岗日群及沙木罗组有明显的差异，且在区域上分布较广，其地质时代为晚侏罗世。故新建吐卡日组。吐卡日组未见顶底，但根据区域展布和岩石学、生物学特征暂置于沙木罗组之上。

吐卡日组主要分布于纳江错、崩则错北西、果根错、赞宗错、洋纳朋错北等地，出露面积约 1 324.13km²。

**表 2-5　昂达尔错幅木嘎岗日地层分区侏罗纪生物地层划分表**

| 年代地层 | | | 岩石地层 | 主要化石类群组合序列 | | |
|---|---|---|---|---|---|---|
| 纪 | 世 | 阶 | | 腕足类 | 珊瑚 | 刺毛虫 |
| 侏罗纪 | 晚侏罗世 | 提塘阶 | | | *Epismilia*? sp.<br>*Dermosmilia dobrogearia*<br>*Kobyastraea tenuis* | *Chaetetes* (*P.*)? sp. |
| | | 基末利阶 | 吐卡日组 $J_3t$ | | | |
| | | 基末利阶<br>牛津阶 | 沙木罗组 $J_3\hat{s}$ | *Monticlarella* 组合 | *Thamnasteria*-<br>*Epistreptophyllum*-<br>*Stylosmilia* 组合<br>*Thecosmilia*? sp.<br>*Fungiastraea arachnoides*<br>*Montlivaltis*? sp.<br>*Epistreptophyllum cylindratum*<br>*Calamophyllia*? sp.<br>*Pachythecopora*? sp. | |
| | 中侏罗世 | 卡洛夫阶 | 木嘎岗日岩群 $J_{1-2}M$ | | | |
| | | 巴柔阶 | | | | |
| | | 阿林阶 | | | | |
| | 早侏罗世 | 土阿辛阶 | | | | |
| | | 普林斯巴阶 | | | | |
| | | 辛涅缪尔阶 | | | | |
| | | 赫塘阶 | | | | |

Ⅰ. 双湖特别区多玛乡尕勒保勒琼上侏罗统吐卡日组实测剖面（图 2-21）：

**吐卡日组（$J_3t$）：**　　（未见顶）（向斜另一翼）　　**701.27m**

11. 灰黑色中层状含生物碎屑粉屑灰岩　　31.77m
10. 灰黑色中薄层状含生物碎屑砂屑灰岩　　142.17m
9. 灰白色中薄层状豆粒灰岩　　9.21m
8. 灰白色中薄层鲕粒灰岩　　22.86m
7. 黑灰色中薄层状泥晶灰岩　　198.00m

════ 断　层 ════

6. 灰黑色中薄层状鲕粒灰岩　　50.19m

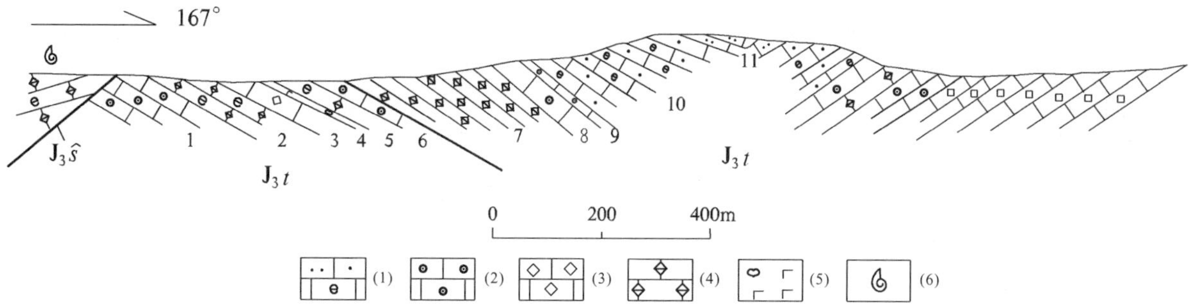


图 2-21 双湖特别区多玛乡尕勒保勒琼上侏罗统吐卡日组实测剖面图

(1) 含生物碎屑砂屑、粉屑灰岩；(2) 鲕粒灰岩；(3) 微晶灰岩；(4) 泥晶灰岩；

(5) 杏仁状玄武岩；(6) 动物化石；$J_3\hat{s}$. 沙木罗组；$J_3t$. 吐卡日组

5. 灰色中薄层含生物碎屑泥晶灰岩 40.85m
4. 深灰绿色杏仁状玄武岩 12.57m
3. 深灰色中层状微晶灰岩 70.71m
2. 灰白色中薄层状含生物碎屑泥晶灰岩 86.30m
1. 灰白色中薄层状鲕粒灰岩 36.64m

═══ 断 层 ═══

下伏地层：上侏罗统沙木罗组灰岩

II. 双湖特别区多玛乡陇阿鄂冒上侏罗统吐卡日组实测剖面（图 2-22）：

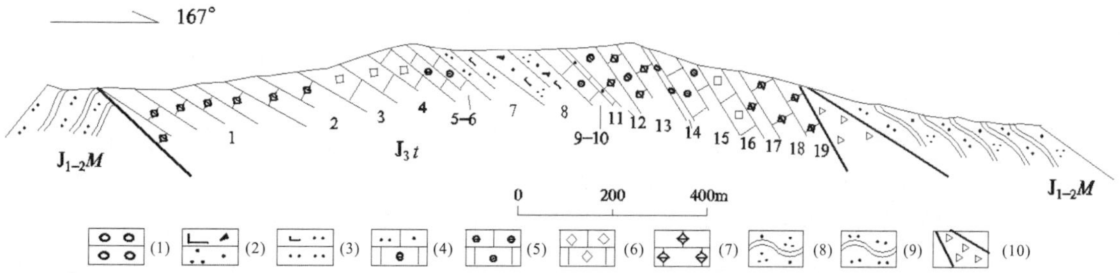


图 2-22 双湖特别区多玛乡陇阿鄂冒上侏罗统吐卡日组实测剖面图

(1) 砾岩；(2) 钙质岩屑石英砂岩；(3) 钙质粉砂岩；(4) 含生物碎屑砂屑、粉屑灰岩；

(5) 鲕粒灰岩；(6) 微晶灰岩；(7) 泥晶灰岩；(8) 变质石英砂岩；(9) 变质粉砂岩；(10) 构造角砾岩；

$J_{1-2}M$. 木嘎岗日岩群；$J_3t$. 吐卡日组

**吐卡日组 ($J_3t$)：** （未见顶）（断层） **1 007.79m**

19. 灰黑色中厚层状泥晶灰岩 44.24m
18. 深灰色中厚层状含生物碎屑泥晶灰岩 48.09m
17. 灰色中层状含生物碎屑大理岩化泥晶灰岩 29.45m
16. 深灰色中厚层状微晶灰岩 38.73m
15. 灰白色中层状鲕粒灰岩 85.20m
14. 浅灰褐色中层状中粗砾岩 6.43m
13. 灰黄色薄层状含生物碎屑泥晶灰岩 77.10m
12. 灰色薄层状含生物碎屑泥晶灰岩 45.80m
11. 浅灰色薄层状砂屑灰岩 15.27m
10. 灰色薄层状鲕状灰岩 13.68m

| | |
|---|---|
| 9. 灰色中层状鲕粒灰岩 | 20.52m |
| 8. 浅灰黄色薄层状钙质细粒岩屑石英砂岩 | 88.91m |
| 7. 灰黄色薄层钙质粗粉砂岩 | 59.84m |
| 6. 灰色中厚层状鲕粒灰岩 | 44.52m |
| 5. 灰色薄层状鲕粒灰岩 | 8.08m |
| 4. 灰色中厚层状微晶灰岩 | 88.88m |
| 3. 灰黑色中层状微晶灰岩 | 57.06m |
| 2. 灰白色中厚层状泥晶灰岩 | 89.71m |
| 1. 灰色中层状泥晶灰岩 | 146.28m |

（未见底）（断层）

该组厚 1 007.79m 。其岩性组合以灰白色—浅灰色—灰色—深灰色—灰黑色泥晶灰岩、微晶灰岩、结晶灰岩、鲕粒灰岩、砂屑灰岩为主，夹少量的粉砂岩、石英砂岩、玄武岩及砾岩，其中尕勒保勒琼剖面夹少量杏仁状玄武岩，陇阿鄂冒剖面夹少量粉砂岩、石英砂岩及砾岩。剖面中局部可见大理岩化现象，这可能与重结晶作用有关。剖面中碳酸盐岩厚度较大，仅有少量的碎屑岩，说明当时陆源物质较为贫乏，是一套典型的浅海碳酸盐相沉积产物。鲕粒灰岩与泥晶灰岩、微晶灰岩的交替出现说明当时的潮汐运动有时较为强烈，有时较为平静。但其沉积环境可能仍属浅海。此外，杏仁状玄武岩的出现说明当时构造相对活动，有基性火山喷发活动。

（2）生物地层及时代讨论

本幅在测制吐卡日组剖面时，采集到少量珊瑚及双壳类化石，但由于保存较差，不能详细鉴定。但在地质填图过程中，在该套地层的6070地质点和GII 9地质点中找到了珊瑚和刺毛虫化石。经中国科学院南京地质古生物研究所廖卫华研究员鉴定，6070地质点刺毛虫化石属种有 *Chaetetes*（*Pseudoseptifer*）? sp.（图版 III，13）；GII 9 地质点珊瑚化石属种有 *Epismilia*? sp.，*Dermosmilia dobrogearia* Roniewicz，*Kobyastraea tenuis* Roniewicz，刺毛虫化石属种有 *Chaetetes*（*Pseudoseptifer*）? sp.。其地质时代为晚侏罗世（表 2－5）。此外，本幅在上述剖面南侧木嘎岗日群外来岩块中还采集到二叠纪腕足类和苔藓虫。腕足类由中国科学院南京地质古生物研究所孙东立研究员鉴定为 *Notothyris triplicata* Dienner，其地质时代为中晚二叠世；苔藓虫由中国科学院南京地质古生物研究所胡兆珣研究员鉴定为 *Fistuliramus* sp.，*Cystiramus* sp.，其地质时代为中二叠世。

此外，在帕度错幅诺尔玛错东若竹夏勒根一带的5020地质点采集到大量吐卡日组珊瑚化石，经中国科学院南京地质古生物研究所廖卫华研究员鉴定，其属种有 *Thecosmilia*? sp.，*Epistreptophyllum*? sp.，*Montlivaltis*? sp.，*Axosmilia*? sp.，*Cladophyllia*? sp. 等。其中，*Thecosmilia*，*Epistreptophyllum* 是羌塘-昌都地层区珊瑚组合化石，其时限均为牛津期（Oxfordian）—基莫利期（Kimmeridgian）；*Montlivaltis* 则可以与喜马拉雅地层区的 *Actinastrea*，*Isatrea*，*Dungulia*，*Thecosmilia*，*Montlivaltis* 珊瑚动物群相对比，且时限可能相当。

吐卡日组主要分布于本幅的南部，并与沙木罗组和木嘎岗日岩群相伴，其南见木嘎岗日岩群，其北见沙木罗组，其与沙木罗组和木嘎岗日岩群接触关系均为断层接触。但该组的地质时代为晚侏罗世是无疑的（表 2－5），并且根据相邻兹格塘错幅沙木罗组不整合覆盖于木嘎岗日岩群之上，故本幅将其暂置于晚侏罗世沙木罗组之上。其时限可能为牛津期（Oxfordian）—基莫利期（Kimmeridgian）。

### （三）侏罗纪地层综述

区内侏罗纪总体沉积环境较为复杂，同时存在着东西差异和南北差异，多玛地层分区总的环境演化为：碳酸盐台地→浅海陆棚→滨海→浅海陆棚→碳酸盐台地→滨海→碳酸盐台地→滨海→碳酸盐台地。在晚侏罗世中期，海水退出，区内处于暴露环境。木嘎岗日地层分区早中侏罗世属构造变动强烈时期，该期沉积了一套复理石沉积岩系。晚侏罗世以盆地边缘碳酸盐台地沉积为主。

此外，从区内侏罗纪海平面变化来看，与全球海平面变化极为相似，说明其演化过程受区域构造作用的影响不大。从沉积动力学分析来看，海平面变化一般受控于区域构造作用，受全球海平面变化的影响较弱，但本区海平面变化主要受控于全球海平面变化的影响，故本区侏罗纪时期具有被动大陆边缘盆地特征。

## 三、白垩系

测区内白垩系地层出露较少，分布范围不大，且较分散（图 2-1、表 2-1、表 2-2）。木嘎岗日地层分区地层单元有塔仁本洋岛型玄武岩、下白垩统去申拉组。

多玛地层分区地层单元有上白垩统阿布山组（表 2-1、表 2-2）。

该系出露面积约 297.06km²。

### （一）木嘎岗日地层分区

#### 1. 塔仁本洋岛型玄武岩（$t\beta$）

（1）岩石地层特征

塔仁本洋岛型玄武岩为本幅在 2003 年野外踏勘工作中的新发现，并新建的非正式岩石地层单元。塔仁本洋岛型玄武岩主要分布于双湖区赞宗错东南塔仁本、面低帕朵日、色哇南、其浪董格日阿日阿塞日 4 处，出露面积约 24.19km²，厚度大于 1 121.30m。其岩性由枕状、杏仁状玄武岩、灰岩质及玄武岩质砾岩、紫红色放射虫硅质岩、灰色—灰白色砂屑灰岩、粉晶灰岩组成。未见底，与其上覆地层去申拉组火山岩呈角度不整合接触。其地质时代为早白垩世。

Ⅰ. 双湖区赞宗错东南塔仁本所测塔仁本洋岛型玄武岩实测剖面（图 2-23）：

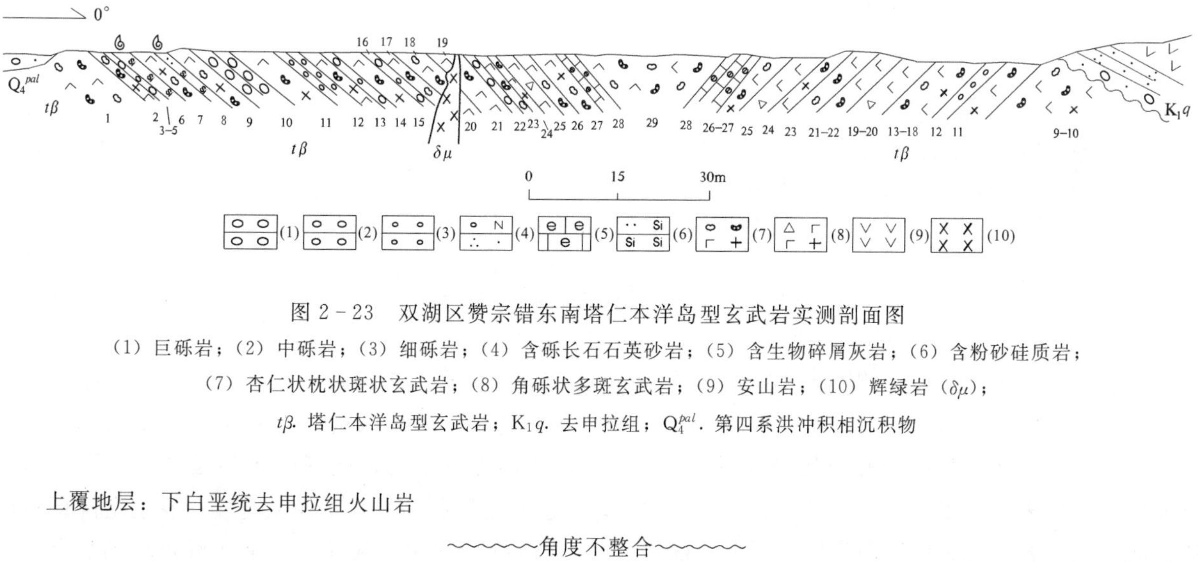


图 2-23　双湖区赞宗错东南塔仁本洋岛型玄武岩实测剖面图

（1）巨砾岩；（2）中砾岩；（3）细砾岩；（4）含砾长石石英砂岩；（5）含生物碎屑灰岩；（6）含粉砂硅质岩；（7）杏仁状枕状斑状玄武岩；（8）角砾状多斑玄武岩；（9）安山岩；（10）辉绿岩（$\delta\mu$）；

$t\beta$. 塔仁本洋岛型玄武岩；$K_1q$. 去申拉组；$Q_4^{pal}$. 第四系洪冲积相沉积物

上覆地层：下白垩统去申拉组火山岩

～～～～～～角度不整合～～～～～～

| | |
|---|---|
| **塔仁本洋岛型玄武岩（$t\beta$）（岩片）：** | **1 121.30m** |
| 29. 下部厚 18.45m 为黑色杏仁状、枕状多斑玄武岩；上部为灰黑色杏仁状、枕状玄武岩 | 131.37m |
| 28. 灰色、灰白色、粉色生物碎屑灰岩 | 27.71m |
| 27. 黑色杏仁状、枕状、斑状玄武岩 | 52.77m |
| 26. 黑绿色杏仁状、枕状玄武岩 | 28.38m |
| 25. 黑灰色角砾状玄武岩 | 34.22m |
| 24. 黑灰色枕状多斑玄武岩 | 14.16m |
| 23. 黑灰色杏仁状、枕状玄武岩 | 13.49m |

| | |
|---|---|
| 22. 灰色厚层状玄武质、灰岩质中砾岩 | 2.70m |
| 21. 灰黑色枕状玄武岩 | 28.03m |
| 20. 灰黑色枕状、斑状玄武岩 | 7.48m |
| 19. 黑灰色角砾状、多斑玄武岩 | 27.46m |
| 18. 灰黑色杏仁状、枕状玄武岩 | 75.67m |
| 17. 灰黑色杏仁状玄武岩 | 49.04m |
| 16. 灰绿色厚层状灰岩质、玄武岩质中细砾 | 10.46m |
| 15. 黑色枕状、斑状玄武岩 | 53.38m |
| 14. 灰色厚层状灰岩质、玄武岩质中细砾岩，灰岩质砾石中产珊瑚化石 | 2.25m |
| 珊瑚化石：*Pachythecopora*? sp. | |
| *Distichophyllia*? sp. | |
| 13. 黑色枕状、斑状玄武岩 | 35.98m |
| 12. 灰绿色厚层状灰岩质、玄武岩质细砾岩 | 44.09m |
| 11. 灰黑色枕状、斑状玄武岩夹灰白色生物碎屑灰岩，灰岩中产珊瑚化石 | 88.34m |
| 珊瑚化石：*Montlivaltia*? sp. | |
| 10. 深灰色巨厚层状灰岩质、玄武岩质巨砾岩 | 75.73m |
| 9. 黑绿色杏仁状、枕状斑状玄武岩 | 61.38m |
| 8. 紫红色薄层状放射虫硅质岩 | 8.39m |
| 放射虫化石：*Archaeodictyomitra* sp. | |
| ? *Sethocapsa* sp. | |
| 7. 黑色杏仁状、枕状玄武岩 | 83.76m |
| 6. 紫红色极薄层状放射虫硅质岩 | 5.67m |
| 放射虫化石：*Thanarla* sp. | |
| *Archaeodictyomitra* sp. | |
| *Dictyomitra* sp. | |
| ? *Parvicingula* sp. | |
| *Pseudodictyomitra* sp. | |
| *Sethocapsa* (?) sp. | |
| 5. 灰白色厚层状灰岩质、玄武岩质中砾岩 | 5.67m |
| 4. 深灰色厚层状砂质泥晶灰岩 | 2.83m |
| 3. 灰绿色厚层状灰岩质、玄武岩质中细岩 | 5.67m |
| 2. 黑色杏仁状、枕状斑状玄武岩 | 48.20m |
| 1. 灰黑色杏仁状、枕状玄武岩 | 97.02m |

（未见底）（第四系洪冲积相沉积物覆盖）

上述剖面厚 1 121.3m。岩性以枕状、杏仁状玄武岩与灰岩质、玄武质砾岩呈韵律出现为特征，在下部夹有一层砂质泥晶灰岩（厚 2.83m）和二层紫红色极薄层—薄层状放射虫硅质岩（厚 5.67m，厚 8.39m），在上部夹一层生物碎屑灰岩（厚 27.71m）。从横向变化来看，该剖面南部相当于本组上部灰岩夹层明显增多，且很大一部分礁灰岩产珊瑚化石；在色哇南日阿塞日一带还见有具包卷层理沉积构造的玄武质凝灰岩，为火山激浪作用的结果，枕状玄武岩的层间及枕间空隙中沉积有粉红色粉晶灰岩和紫红色硅质岩夹层。从枕状、杏仁状玄武岩的大量出现来看该套地层与海底基性火山喷发有关，从放射虫硅质岩在下部的出现和上部灰岩的明显增多证明该套地层形成早期海水较深，晚期海水较浅。

（2）生物地层及时代讨论

我们对该套地层中的枕状玄武岩进行了 K－Ar 法和锆石 SHRIMP 测年。K－Ar（全岩）年龄为 120.1Ma，其地质时代相当于早白垩世阿普特期（Aptian）。SHRIMP 年龄有两组数据。一组为 107Ma（5 个点）可能代表成岩年龄，其地质时代相当于早白垩世阿尔布期（Albian）；另一组为 191Ma（2 个点，在同一粒锆石面上），可能为捕虏洋脊玄武岩中锆石，代表班怒洋扩张的年龄，其地质时代相当于早侏罗世普林斯巴期（Pliensbachian）。综上所述，塔仁本洋岛型玄武岩形成年龄应为 107～120.1Ma，其地质时代相当于早白垩世阿普特期（Aptian）—阿尔布期（Albian）。

在上述剖面的第 6 层和第 8 层的紫红色极薄—薄层状放射虫硅质岩中我们采集了大量的放射虫样品，经中国科学院南京地质古生物研究所王玉净研究员鉴定，其属种有 *Thanarla* sp.，*Archaeodictyomitra* sp.，*Dictyomitra* sp.，? *Parvicingula* sp.，*Pseudodictyomitra* sp.，? *Sethocapsa* sp.，其地质时代为晚侏罗世—早白垩世。

此外，我们在 6083 、6016 地质点的该套地层中也采集了放射虫样品，经中国地质科学院北京地质研究所王乃文研究员鉴定，6083 地质点属种有 *Tricolocapsa* cf. *rusti* Tan（图版 IV，1），其原种产于印尼 Rotti 岛，其地层上限为上白垩统赛诺曼阶（Cenomanian），下限可能为下白垩统阿普特阶（Aptian）—阿尔布阶（Albian），当前标本的近似类型亦见于日本，因此，6083 地质点的地质时代范围定在早白垩世阿普特期（Aptian）—晚白垩世赛诺曼期（Cenomanian）。6016 地质点属种有 *Holocryptocanium barbui* Dumetrica（图版 V，4），*Tricolocapsa plicarum* Yao（图版 IV，5，6，7），*Rikivatella*（*Praeconocaryomma*）*zandaensis* Wang（图版 V，5，6），*Tricolocapsa* cf. *rusti* Tan（图版 IV，2，3，4；图版 V，8），*Pseudodictyomitra carpatica*（Lozyniak）（图版 IV，8；图版 V，7），*Stichocapsa convexa* Yao（图版 V，1，2），*Stichocapsa convexa / japonica* Yao（图版 V，3）。其中 *Holocryptocanium barbui* Dumetrica 据不同文献记载，该种最大分布范围为下白垩统巴雷姆阶（Barremian）—上白垩统赛诺曼阶（Cenomanian），但一般认为该种为下白垩统阿普特阶（Aptian）—阿尔布阶（Albian）的带化石。*Tricolocapsa* cf. *rusti* Tan 的地质时代范围给定在早白垩世阿普特期（Aptian）—晚白垩世赛诺曼期（Cenomanian）。*Pseudodictyomitra carpatica*（Lozyniak）的地质时代为早白垩世巴雷姆期（Barremian）—晚白垩世赛诺曼期（Cenomanian）。*Rikivatella*（*Praeconocaryomma*）*zandaensis* Wang 原种见于札达地区“兰成曲群上组”，曾作为上三叠统，鉴定者据组合性质已改为下白垩统巴雷姆阶（Barremian）—阿普特阶（Aptian）。*Tricolocapsa plicarum* Yao，*Stichocapsa convexa* Yao 和 *Stichocapsa convexa / japonica* Yao 原种见于日本 Mino 带混杂堆积中，该层曾发现晚三叠世卡尼期（Carnian）菊石和晚白垩世赛诺曼期（Cenomanian）化石，当前 3 个标本与原种特征极为一致，但据该 3 种不能确定准确的地质时代。因此，6016 地质点地质时代给定在早白垩世巴雷姆期（Barremian）—阿普特期（Aptian）（表 2-6）。

另外，在上述剖面的第 11 层采集到珊瑚化石 *Montlivaltia*? sp.，第 14 层采集到珊瑚化石 *Pachythecopora*? sp.，*Distichophyllia*? sp.；在上述剖面南部相当于本组上部灰岩中采集到珊瑚化石 *Isastraea helianthoides*（Goldfuss）（图版 II，3），*Ovalastraea caryophylloides*（Goldfuss）（图版 III，4），*Thecosmilia*? sp.，*Dermosmilia*? sp.（经南京地质古生物研究所廖卫华研究员鉴定），其地质时代定为晚侏罗世—早白垩世。

因此，综合上述生物群特征和测年结果我们将塔仁本洋岛型玄武岩的地质时代定为早白垩世，并确定 *Holocryptocanium barbui* Dumetrica 为该期放射虫带化石；*Montlivaltia - Thecosmilia - Dermosmilia* 为该期珊瑚组合化石（表 2-6）。

#### 2. 下白垩统去申拉组（$K_1q$）

（1）岩石地层特征

去申拉组由西藏自治区区调队 1986 年创名（表 2-2），1993 年《西藏自治区地质志》、1997 年《西藏自治区岩石地层》曾认为该组与其南的多巴区幅冈底斯-腾冲地层区申扎小区的则弄群相当。但本幅及 2003 年多巴区幅和班戈幅认为在班公错-怒江结合带内，即木嘎岗日地层分区内下白垩统继续使用去申拉组更为合适。该组岩性是一套中基性火山岩夹碎屑岩的沉积地层，即安山岩、角闪安山岩、杏仁状角闪安山岩夹安山质砾岩、岩屑砂岩、石英砂岩的沉积地层。其下与木嘎岗日岩群、塔仁本洋岛型玄武岩呈角度不整合接触，上为第四系所覆盖。

去申拉组在测区内出露较少，且主要分布于图幅南部的达浦南、赞宗错、崩则错及扎加藏布两侧。出露面积约 228.31km$^2$。

**表 2-6　木嘎岗日地层分区白垩纪生物地层划分表**

<table>
<tr><th colspan="3">年代地层</th><th rowspan="2">岩石地层</th><th colspan="3">主要化石类群组合序列</th></tr>
<tr><th>纪</th><th>世</th><th>阶</th><th>放射虫</th><th>珊瑚</th><th>植物、孢粉、藻类、双壳</th></tr>
<tr><td rowspan="12">白垩纪</td><td rowspan="6">晚白垩世</td><td>马斯特里赫特阶</td><td rowspan="6">阿布山组<br>$K_2a$</td><td rowspan="7"></td><td rowspan="7"></td><td rowspan="6">植物：Cupressinocladus sp.<br>孢粉：Classopollis annulatus<br>Ginkgoretectina sp.<br>Taxodiaceaepollenites sp.<br>Lycopodiumsporites sp.<br>藻类：Concentricystis sp.<br>淡水双壳：Viviparus sp.</td></tr>
<tr><td>坎潘阶</td></tr>
<tr><td>桑顿阶</td></tr>
<tr><td>康尼亚克阶</td></tr>
<tr><td>士伦阶</td></tr>
<tr><td>赛诺曼阶</td></tr>
<tr><td rowspan="6">早白垩世</td><td>阿尔布阶</td><td>去申拉组<br>$K_1q$</td><td rowspan="6"></td></tr>
<tr><td>阿普特阶</td><td rowspan="2">塔仁本洋岛型玄武岩<br>$t\beta$</td><td rowspan="2">Holocryptocanium barbui 带<br>Thanarla sp.<br>Archaeodictyomitra sp.<br>Dictyomitra sp.<br>? Parvicingula sp.<br>? Sethocapsa sp.<br>Tricolocapsa cf. rusti<br>Tricolocapsa plicarum<br>Rikivatella (P.) zandaensis<br>Pseudodictyomitra carpatica<br>Stichocapsa convexa</td><td rowspan="2">Montlivaltia -<br>Thecosmilia -<br>Dermosmilia 组合<br>Pachythecopora? sp.<br>Distichophyllia? sp.<br>Isastraea helianthoides<br>Ovalastraea caryophylloides</td></tr>
<tr><td>巴雷姆阶</td></tr>
<tr><td>欧特里夫阶</td><td rowspan="3"></td><td rowspan="3"></td><td rowspan="3"></td></tr>
<tr><td>凡兰吟阶</td></tr>
<tr><td>贝利阿斯阶</td></tr>
</table>

双湖特别区陇阿鄂冒下白垩统去申拉组实测剖面（图 2-24）：

| | | |
|---|---|---|
| **去申拉组（$K_1q$）：** | （未见顶）（第四系洪冲积相沉积物覆盖） | **1 026.82m** |
| 8. 紫红色安山岩 | | 771.97m |
| 7. 紫色中—厚层状粘土质粉砂岩 | | 10.63m |
| 6. 紫色巨厚层状安山质巨砾岩 | | 7.09m |
| 5. 灰绿色角闪安山岩 | | 21.26m |
| 4. 紫色中层状含砾铁质岩屑砂岩 | | 56.73m |
| 3. 灰色杏仁状角闪安山岩 | | 101.61m |
| 2. 紫色中—薄层状细粒粉砂质石英砂岩 | | 21.13m |

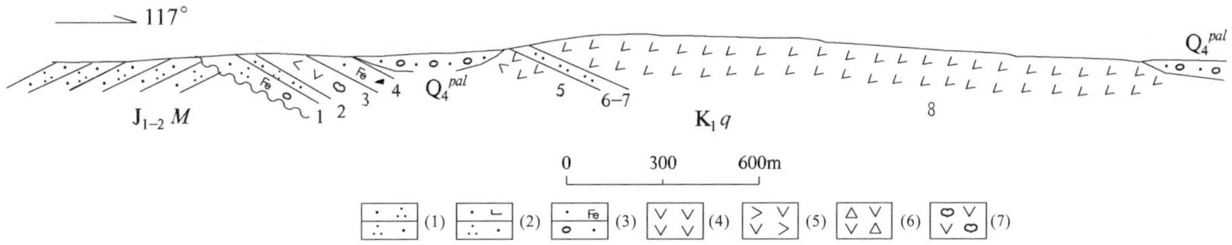


图 2－24　双湖特别区陇阿鄂冒下白垩统去申拉组实测剖面图
（1）石英砂岩；（2）钙质石英砂岩；（3）铁质含砾砂岩；（4）安山岩；
（5）角闪安山岩；（6）角砾状安山岩；（7）杏仁状安山岩；
$J_{1-2}M$. 木嘎岗日岩群；$K_1q$. 去申拉组；$Q_4^{pal}$. 第四系洪冲积相沉积物

1. 紫红色中层状含砾细粒铁质石英砂岩　　36.40m

~~~~~~角度不整合~~~~~~

下伏地层：下—中侏罗统木嘎岗日岩群青灰色薄层状细粒石英砂岩

去申拉组在本幅厚度为 1 026.82m，其厚度大于其南的多巴区幅和东南的班戈幅。其岩性是一套中基性火山岩夹碎屑岩，以紫色、紫红色安山岩、灰绿色角闪安山岩、灰色杏仁状角闪安山岩为主夹紫红色石英砂岩、岩屑砂岩及少量安山质巨砾岩。

本幅去申拉组为陆相裂隙式喷发的火山岩夹碎屑岩。而多巴区幅和班戈幅的去申拉组则为安山岩、安山质晶屑-岩屑凝灰岩夹凝灰质砂岩，灰褐色安山质晶屑-岩屑凝灰岩。显然本幅的去申拉组的熔岩成分大于多巴区幅和班戈幅的去申拉组，且本幅的去申拉组沉积时期可能距离火山口较近。本幅的去申拉组的碎屑岩以紫色、紫红色为主，其古气候条件可能为较干旱的亚热带-热带气候。

（2）生物地层及时代讨论

我们对该套地层进行了测年，K－Ar 年龄为 103.65Ma，其地质时代相当于早白垩世阿尔布期（Albian）。故本幅确定去申拉组的地质时代为早白垩世。

此外，2003 年西藏自治区地质调查院对班戈幅去申拉组也进行了测年，Rb－Sr 同位素年龄值为 126±2Ma，其地质时代相当于早白垩世巴雷姆期（Barremian）。

### （二）多玛地层分区

#### ——上白垩统阿布山组（$K_2a$）

（1）岩石地层特征

阿布山组由西藏区调队吴瑞忠等 1986 年在双湖区阿布山东坡所创的阿布山群演变而来。是指一套红色砂岩、砾岩夹砂砾岩及泥灰岩的地层。

1993 年《西藏自治区地质志》沿用阿布山组（表 2－2），并将其地质时代置于早白垩世。1997 年《西藏自治区岩石地层》仍沿用其名和原始定义，且将地质时代置于晚白垩世，并定义阿布山组为山间磨拉石杂色碎屑岩建造，由红色砂岩、砾岩、砂砾岩夹泥灰岩、粉砂岩、泥质粉砂岩组成，产植物、淡水软体动物和介形类化石。其下不整合于日干配错群灰岩之上，其上被牛堡组灰紫色巨砾岩夹砂砾岩不整合覆盖。

2001 年《青藏高原地层》采用阿布山组，但地质时代仍置于早白垩世。岩性定义为紫红色—土红色—灰褐色砾岩、砂砾岩、含砾砂岩、砂岩、粉砂岩、泥岩夹泥灰岩，产孢粉、藻类及淡水软体动物等化石。

2003 年西藏自治区地质调查院二分院在本幅以东的兹格塘错幅 1∶25 万区域地质调查时，将阿布山组定义为紫灰—灰色砾岩、灰绿色细砂岩、含砾砂岩、砂岩、粘土岩夹泥灰岩及火山熔岩。

本幅沿用阿布山组，并采用 2003 年西藏自治区地质调查院二分院的定义，将发现于蒂保加木的火
~~~~~~

山岩及达日岗尼的紫红粗碎屑岩及紫色中酸性火山岩划归于阿布山组，其地质时代置于晚白垩世。

阿布山组在本幅出露较少，仅见于宰木南东、果根错北一带，出露面积约 44.56km²。

Ⅰ. 双湖特别区蒂保加木上白垩统阿布山组实测剖面（图 2-25）：

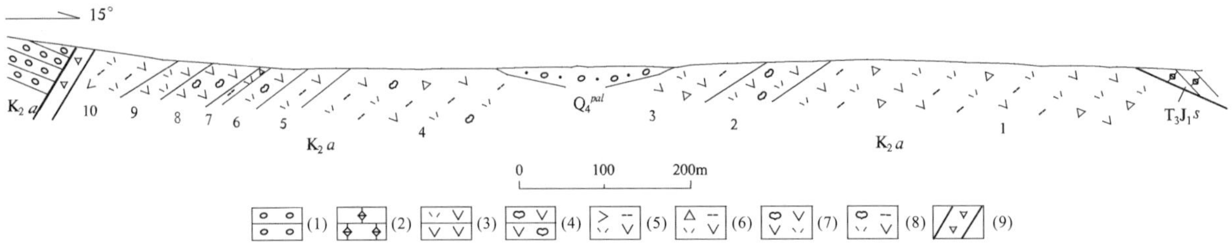


图 2-25　双湖特别区蒂保加木上白垩统阿布山组实测剖面图

（1）砾岩；（2）泥晶灰岩；（3）英安岩；（4）杏仁状安山岩；（5）角闪黑云母英安岩；（6）含角砾黑云母英安岩；（7）杏仁状英安岩；（8）杏仁状黑云母英安岩；（9）构造角砾岩；$T_3J_1s$. 索布查组；$K_2a$. 阿布山组；$Q_4^{pal}$. 第四系洪冲积相沉积物

| | |
|---|---|
| **阿布山组（$K_2a$）：**　　（未见顶）（断层） | **726.35m** |
| 10. 紫红色角闪黑云母英安岩 | 66.43m |
| 9. 深紫色英安岩 | 23.10m |
| 8. 紫红色杏仁状安山岩 | 43.68m |
| 7. 紫红色含角砾黑云母英安岩 | 6.92m |
| 6. 紫红色杏仁状英安岩 | 27.44m |
| 5. 灰紫色杏仁状黑云母英安岩 | 32.03m |
| 4. 紫红色含角砾杏仁状黑云母英安岩 | 139.42m |
| 3. 灰紫色含角砾黑云母英安岩 | 80.41m |
| 2. 紫红色杏仁状黑云母英安岩 | 57.81m |
| 1. 灰紫色含角砾黑云母英安岩 | 249.11m |

（未见底）（断层）

Ⅱ. 双湖特别区达日岗尼上白垩统阿布山组路线剖面（图 2-26）：

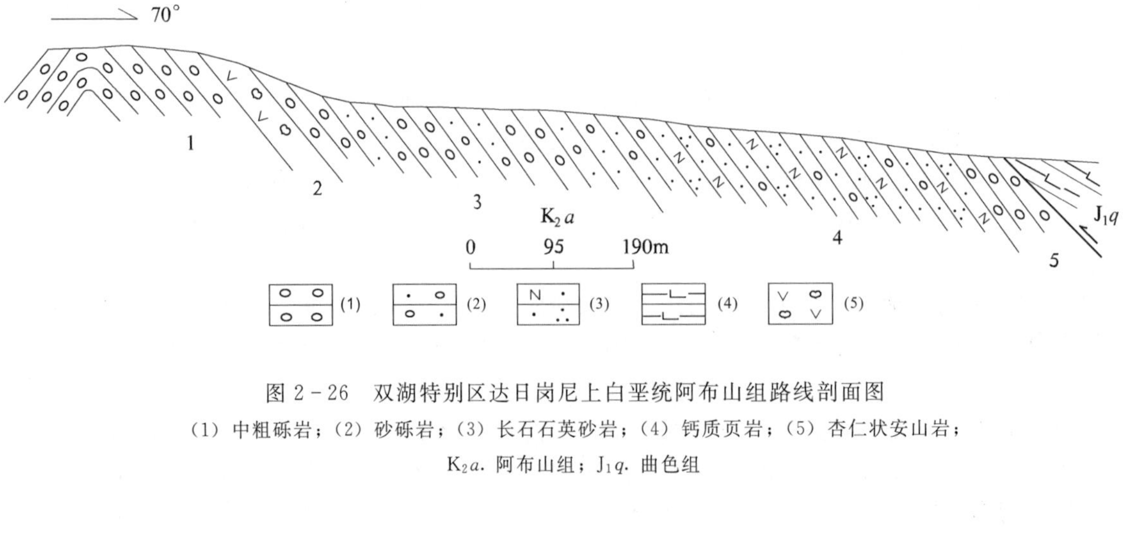


图 2-26　双湖特别区达日岗尼上白垩统阿布山组路线剖面图

（1）中粗砾岩；（2）砂砾岩；（3）长石石英砂岩；（4）钙质页岩；（5）杏仁状安山岩；$K_2a$. 阿布山组；$J_1q$. 曲色组

| | | |
|---|---|---|
| **阿布山组（$K_2a$）：** | （未见顶）（断层） | **757.50m** |
| 5. 紫红色厚层状中粗砾岩 | | 49.50m |
| 4. 紫红色含砾砂岩与紫红色中薄层状长石石英砂岩韵律层 | | 285.00m |
| 3. 紫红色厚层状中粗砾岩与紫红色中层状砂砾岩韵律层 | | 270.00m |
| 2. 灰紫色、紫红色杏仁状安山岩 | | 38.00m |
| 1. 紫红色厚层状中粗砾岩 | | 115.00m |
| | （未见底）（背斜另一翼） | |

本幅阿布山组分布较少，其岩性与兹格塘错幅相似，而与区域上该组有不同。该组除具典型的紫红色碎屑岩外还出现了陆相裂隙式喷发的中酸性火山岩。其中蒂保加木一带的中酸性火山熔岩，厚726.35m。其岩性由紫红色黑云母英安岩、英安岩、杏仁状安山岩组成。达日岗尼该组岩性由紫红色中粗砾岩、砂砾岩、含砾砂岩及长石石英砂岩为主夹少量安山岩。其岩性除少量火山岩外，区域上与该组相似，属河湖相紫红色碎屑岩沉积。此外，从区域上看该组主要分布于双湖区阿布山美日切错、改则县友谊沟和享共拉、唐古拉山的温尔等地。在双湖区阿布山地区该组由紫—紫灰—土红色砂岩、砂砾岩、含砾砂岩、粗砂岩、细砂岩、粉砂岩夹泥灰岩组成，厚950m。产植物孢粉、藻类、淡水双壳类等化石。在改则县的友谊沟该组由紫色—灰色含砾砂岩、石英砂岩和泥岩组成韵律层，厚度大于2 249.00m，产硅化木化石。在唐古拉山的温泉该组由紫红色—杂色泥岩、粉砂岩、细砂岩组成，厚560m。在兹格塘错幅该组为紫灰—灰色砾岩、灰绿色细砾岩、含砾砂岩、砂岩、粘土岩夹泥灰岩及火山熔岩，厚度大于586m。因此，本幅认为该组在不同地域的岩性和厚度上是有一定的差异的。

（2）生物地层及时代讨论

2003年西藏自治区地质调查院二分院对兹格塘幅阿布山组安山岩进行了测年，K－Ar同位素年龄样值为95.3Ma。其地质时代相当于晚白垩世土仑期（Turonian）。

本幅在该组未采集到化石。1986年，西藏自治区区调队在测制阿布山组层型剖面时，曾采集到植物化石 *Cupressinocladus* sp.；孢粉 *Classopollis annulatus*，*Ginkgoretectina* sp.，*Taxodiaceaepollenites* sp.，*Lycopodiumsporites* sp.；藻类 *Concentricystis* sp.；淡水双壳类 *Viviparus* sp. 等。其地质时代定为白垩纪—第三纪。此外，从上述的孢粉化石特征来看，其多数为适合白垩纪的干旱环境的属种。因此，本幅根据上述测年结果及前人的工作将阿布山组暂置于晚白垩世（表2－6）。

### （三）白垩纪地层综述

木嘎岗日地层分区仅沉积了早白垩世地层。早期以海底基性火山喷发岩为主，沉积了枕状、杏仁状玄武岩与灰岩质、玄武质砾岩和呈韵律的塔仁本洋岛型玄武岩。从枕状、杏仁状玄武岩的大量出现来看海底基性火山喷发活动较为强烈，从放射虫硅质岩在下部的出现和上部灰岩的明显增多说明早白垩世早期海水较深，晚期海水较浅。随后出现了大规模的构造运动海水退却，晚期沉积了紫色、紫红色为主的去申拉组，该组以陆相裂隙式火山喷发为主夹碎屑岩。

多玛地层分区仅沉积了晚白垩世阿布山组，该组以陆相紫红色碎屑岩沉积为主夹陆相裂隙式喷发的中酸性火山岩。

综上，区内早白垩世早期海洋水体较深，火山喷发活动较为强烈，但晚期海水迅速退出，并沉积了紫红色碎屑岩为主夹陆相裂隙式喷发的中酸性火山岩。此外，区内早白垩世晚期—晚白垩世陆相沉积物均以紫红色碎屑岩为主，表明当时的古气候条件可能为较干旱的亚热带—热带气候。

## 第二节　新生界

区内的新生界包括古近系、新近系、第四系（表2－1）。

古近系地层单元有古—始新统牛堡组和渐新统丁青湖组、纳丁错组。

新近系地层单元为康托组。

第四系下更新统为盐水湖相，中更新统为盐水湖相，上更新统为盐水湖相、洪冲积相、山麓相、硅华、钙华，全新统为盐水湖相、冲积相、洪冲积相、洪积相、钙华、沼泽相堆积物。

## 一、古近系

区内的古近系主要分布于木嘎岗日地层分区和多玛地层分区（图 2-1、表 2-1）。

木嘎岗日地层分区地层单元可划分为古—始新统牛堡组和渐新统丁青湖组。

多玛地层分区地层单元可划分为始—渐新统纳丁错组。

该系出露面积约 607.63km$^2$。

### （一）木嘎岗日地层分区

#### 1. 古—始新统牛堡组（$E_{1-2}n$）

（1）岩石地层特征

牛堡组由青海省石油普查大队王文彬等人 1957 年创名为“牛堡层”，1978 年西藏自治区第四地质队据钻孔资料整理，并改称牛堡组。1993 年《西藏自治区地质志》引用牛堡组，1997 年《西藏自治区岩石地层》亦沿用此名，并定义该组为不整合覆于竟柱山组红色碎屑岩之上，平行不整合于丁青湖组泥岩、砂砾岩及凝灰岩之下的一套深水湖相泥岩、页岩、细—粗碎屑岩、碳酸盐岩含油气的地层体。产介形类、孢粉等。

幅内该组主要分布于崩则错、扎加藏布车布里、梁扎伊纳等地。呈东西向断续分布。此外，在其香错南查纳山亦有部分出露。区内该组出露面积约 430.00km$^2$。

班戈县雄梅乡碌岗塘卡古近系古—始新统牛堡组实测剖面（图 2-27）：

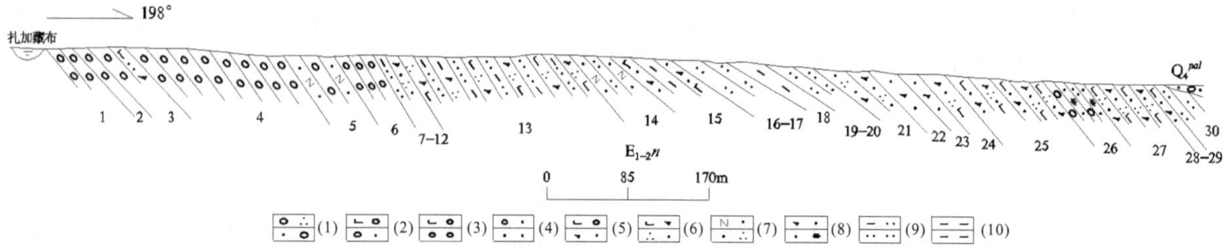


图 2-27　班戈县雄梅乡碌岗塘卡古近系古—始新统牛堡组实测剖面图

（1）石英砂岩质中粗砾岩；（2）钙质含粗砂中细砾岩；（3）钙质细砾岩；（4）含细砾粗砂岩；（5）钙质含细砾岩屑砂岩；（6）钙质岩屑石英砂岩；（7）长石石英砂岩；（8）岩屑杂砂岩；（9）泥质粉砂岩；（10）泥岩；$E_{1-2}n$. 牛堡组；$Q_4^{pal}$. 第四系洪冲积相沉积物

| | | |
|---|---|---|
| **牛堡组（$E_{1-2}n$）：** | （未见顶）（第四系洪冲积相沉积物覆盖） | **653.54m** |
| 30. 灰白色极薄层状细粉砂岩 | | 10.61m |
| 29. 灰黄色薄层状钙质含细砾中粗粒岩屑砂岩 | | 2.65m |
| 28. 姜黄色薄层状钙质中细粒岩屑砂岩 | | 2.65m |
| 27. 灰紫色极薄—薄层状钙质细粒岩屑石英砂岩 | | 36.42m |
| 26. 灰白色薄层状砂岩质细砾岩与姜黄色薄层状中细粒岩屑杂砂岩韵律 | | 25.10m |
| 25. 紫色薄层状钙质细粒岩屑砂岩与姜黄色极薄层状钙质细粒岩屑砂岩韵律 | | 61.38m |
| 24. 浅姜黄色中薄层状钙质细粒岩屑石英砂岩 | | 18.14m |
| 23. 浅黄灰色薄层状细粒岩屑砂岩 | | 12.10m |
| 22. 灰紫色薄层状细粒岩屑砂岩 | | 14.73m |

| | | |
|---|---|---|
| 21. | 土黄色薄层状细粒岩屑石英砂岩 | 27.49m |
| 20. | 浅灰褐色极薄层状泥质细粉砂岩 | 1.96m |
| 19. | 黄褐色极薄—薄层状粗粉砂岩 | 21.6m |
| 18. | 灰白色极薄—薄层状泥岩 | 10.81m |
| 17. | 土黄色薄层状含细砾细粒岩屑砂岩 | 1.76m |
| 16. | 黄绿色极薄—薄层状粗粉砂岩与浅灰褐色极薄层状泥质细粉砂岩韵律 | 12.57m |
| 15. | 黄褐色极薄层状钙质细粒岩屑砂岩与褐灰色极薄层状泥岩韵律 | 30.95m |
| 14. | 蓝绿色薄层状细粒长石砂岩与灰白色极薄层状细粉砂岩韵律 | 20.63m |
| 13. | 灰褐色薄层状钙质细粒岩屑石英砂岩与灰褐色极薄层状泥质粉砂岩韵律 | 100.67m |
| 12. | 紫褐色极薄—薄层状细粒岩屑石英砂岩 | 2.74m |
| 11. | 蓝灰色薄层状砾质中粒长石砂岩 | 1.37m |
| 10. | 灰白色极薄层状细粉砂质泥岩 | 5.48m |
| 9. | 灰黄色薄层状细粒岩屑砂岩 | 1.37m |
| 8. | 蓝灰色极薄—薄层状含泥质粗粉砂岩 | 1.37m |
| 7. | 紫色极薄—薄层状泥质粗粉砂岩与蓝灰色薄层状细粒长石石英砂岩韵律 | 3.43m |
| 6. | 姜黄色厚—巨厚层状砂岩质中粗砾岩 | 28.62m |
| 5. | 紫色厚层状细粒长石砂岩与紫色厚层状砂岩质中细砾岩韵律 | 35.77m |
| 4. | 姜黄色厚层状石英砂岩质中粗砾岩 | 110.18m |
| 3. | 紫色厚层状砂岩质中细砾岩与紫色中层状钙质中细粒岩屑砂岩韵律 | 23.58m |
| 2. | 紫色厚层状砂岩质粗砾岩 | 9.56m |
| 1. | 姜黄色厚层状砂岩质中细砾岩 | 17.85m |

（未见底）（第四纪河流）

本幅牛堡组位于伦坡拉盆地的西北缘，该组厚度为653.54m，其厚度小于中心区。

上述剖面下部以姜黄色、紫色厚层状砂岩质砾岩为主，夹少量长石砂岩和岩屑砂岩。中上部以杂色极薄—薄层状岩屑石英砂岩、岩屑砂岩、粉砂岩韵律层为主，夹少量泥岩、长石砂岩、杂砂岩及细砾岩。其组合岩性特征与伦坡拉盆地中心区相似，并具湖相沉积特征，但其厚度明显变薄，沉积物粒度也明显变粗。

（2）生物地层及时代讨论

伦坡拉盆地中心区牛堡组化石较丰富，产介形类、孢粉及轮藻类化石。据多巴区幅研究资料，牛堡组第1段以 *Limnocythere*-*Eucyprisy* 介形虫组合为特征；第2段以 *Limnocythere*-*Cypris*-*Cyprinotus* 为特征；第3段以 *Limnocythere*，*Cypris*-*Eucypris*-*Candona* 介形虫组合为特征；第4段以 *Cypinotus*-*Candona* 介形虫组合特征。从总体面貌看第1段、第2段、第3段大致相当于古近纪始新世伊普里斯阶（Ypresian）—巴尔通阶（Bartonian）；第4段大致相当于古近纪始新世普利亚本阶(Priabonian)。第2段以 *Quercoidites*（栎粉）-*Ulmipollenites*（榆粉）孢粉组合为特征，形成以被子花粉为主，裸子花粉为次，蕨类孢粉最少的孢粉生物群面貌。其生物群面貌与江西清江盆地早始新世的“清二段”、湖北江汉盆地早始新世新沟嘴组二段之孢粉组合相当。第3段 *Ephedripites*（麻黄粉）-*Quercoidites*（栎粉）孢粉组合与江西清江盆地中—晚始新世临江组相似。第4段为 *Abietineaepollenites*（单束松粉）-*Pinuspollenites*（双束松粉）-*Piceaepollenites*（云杉粉）-*Cedripites*（雪松粉）孢粉组合，该组合的出现说明本区的古气候已开始从炎热-温暖转向温暖-温冷。但该组合中依然有大量的属于炎热-温暖气候条件下生存的植物 *Ulmipollenites*，*Quercoidites*，*Ephedripites* 等，因此，我队认为第4段的古气候仍以炎热-温暖气候为主。其地质时代置于始新世晚期较为合适。综合上述生物地层资料我队认为牛堡组含生物化石的中上部地层的时代应为古近纪始新世，而下部不含化石的杂色砂岩、砂砾岩、砾岩的沉积时代应早于古近纪始新世。即牛堡组可能是古近纪古新世—始新世沉积产物。

本幅该组沉积时期位于伦坡拉盆地的边缘，其沉积环境和生存条件不利于生物的生存，故本次工作未采集到生物化石。因此，本幅据我队在伦坡拉盆地中心区牛堡组的地质时代确定其为古近纪古新—始新世沉积产物。

**2. 渐新统丁青湖错组（$E_3d$）**

（1）岩石地层特征

丁青湖组由王文彬等人1957年创名，早期称其为“丁青层”。1978年西藏自治区第四地质队改称丁青湖组。1997年《西藏自治区岩石地层》定义该组为平行不整合覆于牛堡组杂色泥岩之上的一套深湖相及河流相紫红色、灰绿色碎屑岩类（泥页岩、凝灰岩），局部夹油页岩、泥灰岩的地质体。产介形类、轮藻等化石。其上未见顶。

该组在幅内分布于东南缘扎加藏布车布里一带，近东西向展布，出露面积约173.19km²。

双湖特别区多玛乡鄂加卒古近系渐新统丁青湖组实测剖面（图2-28）：

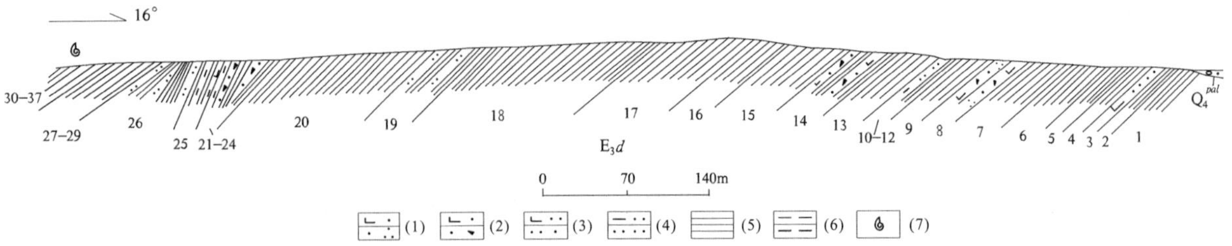


图2-28　双湖特别区多玛乡鄂加卒古近系渐新统丁青湖组实测剖面图

（1）钙质石英砂岩；（2）钙质岩屑砂岩；（3）钙质含细砂粉砂岩；（4）泥质粉砂岩；（5）页岩；（6）泥岩；（7）动物化石；$E_3d$. 丁青湖组；$Q_4^{pal}$. 第四系洪冲积相沉积物

| | | |
|---|---|---|
| **丁青湖组（$E_3d$）：** | （未见顶） | **564.52m** |
| 37. 黄绿色钙质页岩 | | 2.72m |
| 36. 灰绿色钙质页岩 | | 3.86m |
| 35. 灰色薄层状钙质细砂岩 | | 0.23m |
| 34. 灰白色钙质页岩 | | 1.36m |
| 33. 黄绿色极薄层状泥岩与灰白色极薄层状钙质粗粉砂岩韵律 | | 2.72m |
| 32. 浅紫色页岩与灰色极薄层状钙质粗粉砂岩韵律，页岩中产介形虫化石 | | 4.99m |
| 介形虫化石：*Heterocypris* “*lectus*” Mandelstam | | |
| 31. 浅灰色页岩 | | 0.91m |
| 30. 绿灰色极薄—薄层状钙质细粒岩屑砂岩 | | 3.63m |
| 29. 紫色页岩与灰白色页岩韵律 | | 18.48m |
| 28. 灰黑色页岩 | | 3.78m |
| 27. 浅黄绿色薄层状细粉砂岩与灰色页岩韵律 | | 2.70m |
| 26. 灰绿色薄层状细粉砂岩与紫色页岩韵律 | | 23.62m |
| 25. 黄绿色极薄层状泥岩与灰色页岩韵律 | | 13.29m |
| 24. 灰白色极薄—薄层状钙质细粒岩屑砂岩与灰色极薄层状泥岩韵律 | | 2.21m |
| 23. 灰白色极薄层状泥岩 | | 0.74m |
| 22. 灰色极薄—薄层状钙质细粒岩屑砂岩与紫色页岩韵律 | | 15.10m |
| 21. 灰色极薄—薄层状金云母、萤石化钙质砂岩 | | 0.61m |
| 20. 紫色页岩、灰白色页岩及灰绿色页岩韵律 | | 63.89m |
| 19. 紫色页岩与灰色极薄层状粗粉砂岩韵律 | | 13.02m |
| 18. 紫色页岩与灰绿色页岩韵律 | | 83.32m |
| 17. 灰色页岩与黄绿色页岩韵律 | | 44.61m |
| 16. 灰色页岩 | | 19.90m |
| 15. 黄绿色页岩 | | 33.16m |
| 14. 紫色页岩与浅灰色薄层状钙质细粒岩屑砂岩韵律 | | 28.82m |

| | |
|---|---|
| 13. 浅灰白色页岩 | 25.22m |
| 12. 灰绿色极薄层状泥质细粉砂岩 | 5.76m |
| 11. 黄绿色页岩 | 7.21m |
| 10. 灰褐色极薄层状钙质细粒岩屑石英砂岩 | 2.16m |
| 9. 灰色页岩与紫色页岩韵律 | 17.05m |
| 8. 灰黄色薄层状钙质细粒岩屑石英砂岩 | 21.26m |
| 7. 土黄色页岩与浅灰色页岩韵律 | 24.80m |
| 6. 紫色页岩 | 24.80m |
| 5. 灰白色页岩 | 12.75m |
| 4. 紫色页岩 | 10.75m |
| 3. 灰色极薄—薄层状钙质粗粉砂岩 | 8.60m |
| 2. 灰绿色页岩 | 9.32m |
| 1. 土黄色页岩与浅灰色页岩韵律 | 7.17m |

（未见底）（第四系洪冲积相沉积物覆盖）

上述丁青湖组厚度为564.52m，岩性以杂色页岩、泥岩为主，夹少量粉砂岩、岩屑砂岩、岩屑石英砂岩及钙质砂岩。其岩石组合属于深水湖相碎屑岩沉积。本区该组位于伦坡拉盆地的西北缘，其岩性特征与伦坡拉盆地中心区相似，但其厚度明显变薄，沉积物中碎屑成分明显增多。此外，我队在路线地质调查时还发现图幅东南缘的油页岩夹于钙质粉砂岩中，并与伦坡拉盆地一带的油页岩断续相连。

关于丁青湖组与牛堡组的接触关系问题，目前尚有争议。1997年《西藏自治区岩石地层》认为该组与牛堡组呈平行不整合接触关系，2001年《青藏高原地层》认为该组与牛堡组呈整合接触关系。本幅牛堡组和丁青湖组均未见顶底，故暂采用1997年《西藏自治区岩石地层》中提出的丁青湖组与牛堡组为平行不整合的接触关系。

（2）生物地层及时代讨论

本幅在上述剖面中采集到介形虫化石。经中国科学院南京古生物研究所彭金兰研究员鉴定为*Heterocypris* "*lectus*" Mandelstam，其地质时代为古近纪渐新世早期。此外，2003年吉林地质调查院在伦坡拉盆地中心区采集到大量的孢粉、腹足类、介形类化石，并确定该组的地质时代为古近纪渐新世。故本幅仍将丁青湖组的时代置于渐新世。

## （二）多玛地层分区

### ——渐新统纳丁错组（$E_3n$）

（1）岩石地层特征

纳丁错组由西藏区调队1986年①创名，原义指改则县日玛东北纳丁错一带的中性偏碱性的火山岩，夹紫红色砂砾岩，未见顶底，其地质时代为古近纪渐新世的一套地层。1993年《西藏自治区地质志》引用此名，其含义未变。1997年《西藏自治区岩石地层》将纳丁错组归入早白垩世美日切错组。2001年《青藏高原地层》仍采用此名，其含义与前人相同。本幅亦沿用此名，其定义和地质时代与创名者相同。其岩性以偏碱性中性火山岩为主。地质时代为古近纪渐新世。

本幅纳丁错组分布面积较少，仅出露于昂达尔错北西的钖导巴格底、毕洛错东北一带，出露面积约4.44km²。

昂达尔错北西的钖导巴格底渐新统纳丁错组实测剖面（图2-29）：

① 西藏自治区地质矿产局区域地质调查大队.1986，改则幅区域地质调查报告（1∶100万）

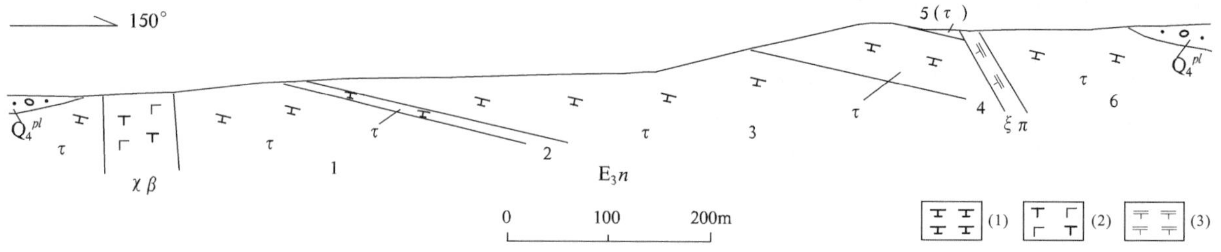


图 2-29 昂达尔错北西锡导巴格底渐新统纳丁错组实测剖面图

(1)(τ). 粗面岩;(2)($\chi\beta$). 碱性玄武岩;(3)($\xi\pi$). 正长斑岩;$E_3n$. 纳丁错组;$Q_4^{pl}$. 第四系洪积相沉积物

| | | |
|---|---|---|
| **纳丁错组($E_3n$):** | (未见顶)(第四系洪积相沉积物覆盖) | **290.87m** |
| 6. 深灰色粗面岩 | | 37.58m |
| 5. 灰色粗面岩 | | 14.27m |
| 4. 深灰色粗面岩 | | 69.30m |
| 3. 灰色粗面岩 | | 132.46m |
| 2. 深灰色粗面岩 | | 6.37m |
| 1. 灰色粗面岩 | | 30.89m |
| | (未见底)(第四系洪积相沉积物覆盖) | |

上述纳丁错组剖面厚 290.87m。岩性以深灰色、灰色粗面岩为主，未见顶底。且具陆相中心式火山喷发特征。在毕洛错东北部路线地质剖面中该组与下伏中侏罗统夏里组及上覆新近系康托组下段呈角度不整合接触。

(2) 时代讨论

本幅对昂达尔错北西的锡导巴格底纳丁错组进行了测年，K-Ar 同位素年龄样值为 32.60Ma。其地质时代相当于古近纪渐新世鲁培尔阶（Rupelian）。1986 年西藏区调队对纳丁错组也进行了测年，K-Ar 同位素年龄样值为 31.10Ma，其地质时代相当于古近纪渐新世鲁培尔阶（Rupelian）。1997 年《西藏自治区岩石地层》中认为纳丁错组与美日切错组相当，但我们认为二者的同位素年龄相差很大，故其看法值得商榷。因此，本幅主要根据我队和西藏区调队纳丁错组测年结果，确定其地质时代为古近纪渐新世。

## （三）古近纪地层综述

### 1. 区域地层对比

牛堡组在区域上主要分布于班公错-怒江断裂带原始板块缝合带遗留下来的串珠状断陷盆地及其两侧。以伦坡拉、班戈盆地最具代表性。牛堡组底部为姜黄色、紫色砾岩，化石稀少。中上部由盆地中心至盆地边部，其岩性和厚度横向变化较大。在盆地中心部位，岩石粒度细，含油气；向四周均变薄，粒度变粗，少见油、气，局部含油页岩；其颜色也由灰、灰绿色变为杂色。厚度以伦坡拉、班戈盆地中心部位最厚，可达 3 000m 以上。幅内牛堡组下部以姜黄色、紫色厚层状砂岩质砾岩为主，夹少量长石砂岩和岩屑砂岩。中上部以杂色极薄—薄层状岩屑石英砂岩、岩屑砂岩、粉砂岩韵律层为主，夹少量泥岩、长石砂岩、杂砂岩及细砾岩。其岩性特征与伦坡拉盆地中心区相似，但其厚度明显变薄，沉积物粒度也明显变粗，可能属湖盆边部沉积。

丁青湖组在区域上断续分布于班公错、改则、班戈、东巧一带，为断陷湖盆沉积。其厚度在伦坡拉盆地中部可达 1 186.00m，向四周变薄，主要为一套深湖相碎屑岩。以灰色泥岩、页岩为主，夹粉砂岩、细砂岩、油页岩及少许凝灰岩等，部分地区为杂色。产介形类、轮藻及孢粉化石。幅内丁青湖组岩性以杂色页岩、泥岩为主，夹少量粉砂岩、岩屑砂岩、岩屑石英砂岩及钙质砂岩。其岩石组合属于深水湖相碎屑岩沉积。本区该组位于伦坡拉盆地的西北缘，其岩性特征与伦坡拉盆地中心区相似，但其厚度明显变薄，沉积物中碎屑成分明显增多。此外，我队在路线地质调查时发现图幅东南缘的油页岩夹于钙质粉砂岩中，并与伦坡拉盆地一带的油页岩断续相连。

纳丁错组在区域上分布较少，仅零星分布于康托、雀岗和纳丁错等地，其岩性特征基本相同，主要为中性火山岩，局部夹砂砾岩。本幅内纳丁错组仅出露于玛迁扎纳勒、索懂则、索木日一带，岩性以深灰色、灰色粗面岩为主。本队对纳丁错组进行了测年，K－Ar 同位素年龄样值为 32.60Ma。其地质时代与区域上纳丁错组相当，为古近纪渐新世。

#### 2. 沉积环境及演化

进入古近纪，继晚白垩世的广泛海退使本区大部分地区隆起处于剥蚀状态，造山后山体崩塌，发生陆内伸展裂陷，仅沿班公湖-怒江缝合带形成零星的小型断陷盆地。沉积物均以河湖相碎屑岩为主。如伦坡拉盆地，古一始新世早期沉积砂砾岩、砾岩，中晚期为细—粗碎屑岩、泥页岩及油页岩等。颜色由杂色变为灰、灰绿色。至渐新世以灰色泥岩、页岩为主，夹油页岩。说明自古近纪早期盆地形成以来，不断下沉，沉积范围不断扩大。由沉积物的颜色、粒度变化，特别是从孢粉分析中可以看出，至古近纪晚期气候已由干湿交替变到温暖湿润，其生物也日趋繁盛。其中以介形类最丰富，并有螺、鱼等温水游泳生物，反映了热带和亚热带的气候环境。本幅内古近纪位于伦坡拉盆地边部，古一始新世早期以姜黄色、紫色厚层状砂岩质砾岩为主，夹少量长石砂岩和岩屑砂岩。中晚期以杂色极薄—薄层状岩屑石英砂岩、岩屑砂岩、粉砂岩韵律层为主，夹少量泥岩、长石砂岩、杂砂岩及细砾岩。其气候环境与伦坡拉盆地中心区相似，为热带和亚热带沉积环境。渐新世以杂色页岩、泥岩为主，夹少量粉砂岩、岩屑砂岩、岩屑石英砂岩及钙质砂岩。其岩石组合属于深水湖相碎屑岩沉积，其沉积环境与伦坡拉盆地中心区相似。

在班公湖-怒江断裂带以北的广大地区，进入古近纪后期继续抬升，处于剥蚀状态，由于其上升速度的差异，局部内陆挤压的加强，使深熔物质在陆壳的局部薄弱地段上升并喷发、喷溢出来，从而形成了纳丁错组的火山岩沉积。

## 二、新近系

新近系为区内分布较广的地层之一，大部分地区可见。其地层单元为康托组（表 2－1）。该系出露面积约 2 308.00km²。

#### 1. 新近系康托组（N*k*）

（1）岩石地层特征

康托组由西藏自治区区调队 1986 年[①]创名。原义指紫红色砾岩夹砂岩、含砾砂岩、粉砂岩及少量泥岩夹基性喷出岩和凝灰质砂岩的地层。1993 年《西藏自治区地质志》沿用其名。1997 年《西藏自治区岩石地层》修订并扩大其含义，定义为一套紫红色砂砾岩为主，次为杂色泥岩、粉砂岩沉积，底部夹基性火山岩的地质体。其不整合于日贡拉组之上，未见顶。2001 年《青藏高原地层》仍采用此名，其含义为紫红色为主间夹杂色砂岩、砾岩、粉砂岩和泥岩组合，局部夹中基性熔岩和碳酸盐岩。

幅内康托组岩性与建组剖面基本相同，但底部未见火山岩。自下而上分为两个岩性段，下段以砾岩为主，上段以岩屑砂岩为主。其不整合覆盖于中生代各地层单元之上。

康托组在幅内主要分布于鄂雅错、嘎木改、久乃、米多查隆北、育尔居、洋纳朋错、瀑赛尔错北、果根错西、索巴查、纳江错、赛尔错南等地，其出露面积约 2 308.00km²。

① 西藏自治区地质矿产局区域地质调查大队.1986，改则幅区域地质调查报告（1∶100 万）

Ⅰ. 双湖特别区多玛乡闭让哀日玛新近系康托组实测剖面（图 2－30）：

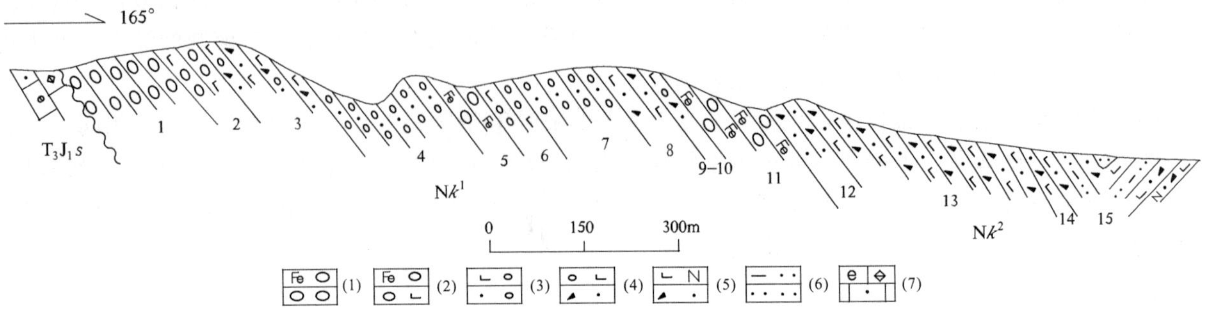


图 2－30　双湖特别区多玛乡闭让哀日玛新近系康托组实测剖面图

（1）铁质粗—巨砾岩；（2）铁质、钙质中砾岩；（3）钙质、砂质细砾岩；（4）钙质含砾岩屑砂岩；（5）钙质长石岩屑砂岩；（6）泥质粉砂岩；（7）生物碎屑泥晶砂屑灰岩；

$T_3J_1s$. 索布查组；$Nk^1$. 康托组下段；$Nk^2$. 康托组上段

**康托组（N*k*）：**　　（未见顶）（向斜另一翼）　　**1 199.47m**

上段：　　377.58m

15. 紫红色中薄层状钙质细粒岩屑砂岩与浅紫红色极薄层状泥质粉砂岩韵律　　86.92m
14. 灰黄色中薄层状钙质细粒岩屑砂岩　　13.84m
13. 紫红色薄层状钙质细粒岩屑砂岩　　238.77m
12. 紫红色中层状中细岩屑砂岩　　38.05m

———— 整　合 ————

下段：　　821.89m

11. 紫红色厚层状铁质灰岩质粗—巨砾岩　　106.18m
10. 紫红色中层状铁质灰岩质中砾岩　　14.68m
9. 紫红色中层状钙质含砾粗粒岩屑砂岩　　24.10m
8. 紫红色中层状钙质中粒岩屑砂岩　　51.04m
7. 紫红色中层状粗砂质细砾岩　　115.28m
6. 紫红色中层状钙质灰岩质细砾岩　　53.29m
5. 紫红色厚层状铁质灰岩质巨砾岩　　68.59m
4. 紫红色厚层状粗砂质细砾岩　　121.75m
3. 紫红色中层状钙质粗粒岩屑砂岩与紫红色薄层状钙质含砾粗粒岩屑砂岩韵律　　88.56m
2. 紫红色厚层状钙质中砾岩　　54.23m
1. 紫红色厚层状灰岩质巨砾岩　　124.19m

~~~~~~角度不整合~~~~~~

下伏地层：上三叠统—下侏罗统索布查组灰色中薄层状含生物碎屑泥晶砂屑灰岩

Ⅱ. 帕度错幅双湖区宰琼鄂木山新近系康托组实测剖面（图 2－31）：

**康托组（N*k*）：**　　（未见顶）（第四系洪冲积相沉积物覆盖）　　**241.53m**

上段：　　148.39m

11. 紫红色中层状细砾岩与紫红色中厚层状细粒岩屑石英砂岩韵律　　38.63m
10. 紫红色巨厚层状中砾岩　　12.44m
9. 紫红色厚层状含砾中细粒岩屑石英砂岩　　22.10m
8. 紫红色厚层状细粒长石砂岩　　3.16m
7. 紫红色厚层状含砾中细粒岩屑砂岩　　3.16m
6. 紫红色中厚层状中细粒岩屑石英砂岩　　8.21m
5. 紫红色厚层状含砾中细粒岩屑石英砂岩　　6.25m
~~~~~~

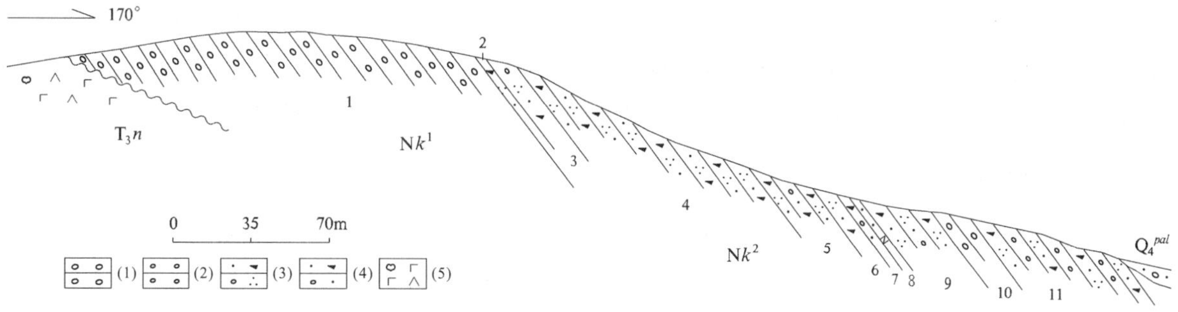


图 2－31 双湖区宰琼鄂木山新近系康托组实测剖面图

(1) 中砾岩；(2) 细砾岩；(3) 含砾岩屑石英砂岩；(4) 含砾岩屑砂岩；(5) 杏仁状橄榄玄武岩；
$T_3n$. 弄佰组；$Nk^1$. 康托组下段；$Nk^2$. 康托组上段；$Q_4^{pal}$. 第四系洪冲积相沉积物

4. 紫色中厚层状中细粒岩屑石英砂岩 40.36m
3. 紫红色中厚层状含砾中细粒岩屑石英砂岩 10.56m
2. 紫红色厚层状中细粒岩屑石英砂岩 3.52m

下段： 93.14m

1. 紫红色厚层状中砾岩，下部见厚 7.05m 紫红色巨厚层状粗砾岩及厚 6.35m 紫红色中厚层状钙质中细粒岩屑石英砂岩 93.14m

~~~~~~角度不整合~~~~~~

下伏地层：上三叠统弄佰组灰绿色杏仁状橄榄玄武岩

上述康托组剖面厚 1 199.47m。岩性由紫红色粗—中碎屑岩组成。下段以中厚层状巨砾岩、中砾岩、细砾岩为主，夹少量钙质含砾岩屑砂岩；上段以中薄层状钙质岩屑砂岩为主夹少量泥质粉砂岩。其岩性与区域上该组基本相同，且两段特征明显，分布稳定，但底部未见火山岩。幅内康托组多以紫红色为主，粒度也较粗，上段的砂岩段也多以中碎屑岩为主，细碎屑少见。从纵向上看岩性组合反映出由河流相向干旱湖泊相转化的沉积序列特征，从横向上看反映了较干旱炎热的氧化环境下近源快速堆积的断续分布的小型山间盆地沉积特征。

（2）生物地层及时代讨论

1986 年西藏自治区区调队认为该组地质时代为新近纪中新世早期。1997 年《西藏自治区岩石地层》将该组置于新近纪上新世。2001 年《青藏高原地层》认为其地质时代可能为中新世早期。

本幅在上述剖面中未采集到化石。但在赞宗错南勤保玛尔呆一带的康托组中采集到孢粉化石（表 2－7），经中国科学院东北地理与农业生态研究所测试部张淑芹研究员鉴定，草本植物花粉属种有 *Euonymus* sp.，Chenopodiaceae，Comsitae，*Artemisia* sp.，Cyperaceae，*Euphorbia* sp.，Gramineae，Labiatae，Liliaceae，Ranunculaceae，*Potentilla* sp.，Umbelliferae，Urtica sp.，*Viola* sp. 等；乔、灌木植物花粉属种有 *Pinus* sp.，*Betula* sp.，*Corylus* sp.，*Rosa* sp.，*Ulmus* sp. 等；蕨类植物孢子属种有 Polypodiaceae 等。其中草本植物花粉占绝对优势，乔、灌木花粉少，蕨类植物孢子零星出现。表明当时沉积环境非常恶劣、非常干旱，基本属于不毛之地，样品中的乔木花粉含量很少，可能是风搬运来的。其地质时代推测为上新世—第四纪。

本次工作在帕度错幅甲热布错东左根勒一带采集到孢粉化石，经中国科学院东北地理与农业生态研究所测试部张淑芹研究员鉴定，草本植物花粉属种有 *Amaranthus* sp.，Caryophyllaceae，*Euonymus* sp.，Chenopodiaceae，Comsitae，*Artemisia* sp.，Cruciferae，Cyperaceae，*Euphorbia* sp.，*Gentiana* sp.，Gramineae，Leguminosae，*Polygonum* sp.，Ranunculaceae，*Thalictrum* sp.，*Potentilla* sp.，*Urtica* sp.，Saxifragaceae，*Osmunda* sp. 等；乔、灌木植物花粉属种有 *Ephedra* sp.，Cupressaceae，*Pinus* sp.，*Alnus* sp.，*Betula* sp.，*Corylus* sp.，*Castanopsis* sp.，*Quercus* sp.，*Salix* sp.，*Spiraea*
~~~~~~

sp.，*Ulmus* sp. 等；蕨类植物孢子属种有 Polypodiaceae 等。其中以喜冷湿的莎草科（Caryophyllaceae）花粉出现最多为特征，乔、灌木花粉少，蕨类植物孢子零星出现。说明其沉积环境湿润，属草原植被特征。其地质时代为上新世晚期—更新世早期。

根据上述孢粉化石鉴定及前人有关地层时代的讨论，本幅将康托组置于新近纪。

### 2. 新近纪地层综述

据区域资料，本幅南部的多巴区幅上新世中期，平均海拔约 1 000m±，山势低缓，气候温暖湿润，湖泊星罗棋布，河流发育，雨量充沛，森林密布，属热带亚热带森林气候。这时色林错、班戈错是连成一体的大型湖盆，即班戈盆地。盆地沉积了一套杂色泥岩和灰黄色页岩等，含有 *Cyprinotus*-*Cypria*-*Encypris* 介形虫组合，表明其气候仍较温暖湿润。但本幅位于班戈盆地北缘其沉积环境与其南部的多巴区幅不同，而与其北部较为相似，仅沉积了康托组。康托组由砾岩和砂岩组成，其岩性与区域内的康托组基本相同。是一套具有磨拉石建造特征的小型断续山间盆地近源快速堆积岩石。其气候可能与较干旱炎热有关。

此外，关于康托组时代的确定各家有较大的分歧，其分歧主要集中于康托组是置于中新世，还是上新世。本幅认为化石采集不足、鉴定的分歧，以及门类之间的认识不同，可能是造成分歧的主要原因。因此，康托组的详细时代有待进一步确定。

## 三、第四系

区内第四系分布广泛，沉积类型多样。沉积物有湖相沉积物、盐水湖相沉积物、冲积相沉积物、洪冲积相沉积物、洪积相沉积物、山麓堆积、硅华沉积、钙华沉积、沼泽堆积等，是一套与高原抬升、河流切割、阶地的形成有关的地层。其地层系统包括下更新统、中更新统、上更新统、全新统（表 2-1）。地质时代为更新世—全新世。该系分布面积约 5 822.44km$^2$。

### （一）更新统（Qp）

### 1. 下更新统（$Q_1$）

——湖相沉积物（$Q_1^l$）

下更新统湖相沉积物仅分布于崩则错东南多玛区凳琼日南达贡保日贡一带，其分布面积约 1.50km$^2$。沉积物主要由紫色、土黄色粉砂岩和粘土组成。产孢粉化石。

多玛区崩则错东南达贡保日贡下更新统湖相沉积物路线剖面（图 2-32）：

| | | |
|---|---|---|
| **下更新统湖相沉积物（$Q_1^l$）：** | （未见顶） | **7.20m** |
| 10. 紫色粘土 | | 5.00m |
| 9. 土黄色极薄层状粗粉砂岩 | | 0.10m |
| 8. 紫色极薄层状粗粉砂岩 | | 0.20m |
| 7. 土黄色极薄层状细粉砂岩 | | 0.05m |
| 6. 紫色粘土夹紫色极薄层状细粉砂岩，产孢粉化石。草本植物花粉占绝对优势（90.88%） | | 0.01m |

草本植物花粉：*Amaranthus* sp.
Chenopodiaceae
Comsitae，
*Artemisia* sp.
Cruciferae
Cyperaceae

Gramineae

Leguminosae

Ranunculaceae

*Thalictrum* sp.

Thymelaeaceae

Saxifragaceae 等；

乔、灌木植物花粉：*Ephedra* sp.

*Picea* sp.

*Pinus* sp.

*Alnus* sp.

*Betula* sp.

*Quercus* sp. 等。

5. 紫色极薄层状细粉砂岩　0.04m

4. 土黄色极薄层状细粉砂岩　0.05m

3. 紫色粘土　0.13m

2. 紫色极薄层状细粉砂岩与土黄色极薄层状细粉砂岩韵律层（图 2－33），紫色极薄层状细粉砂岩具小型交错层理（图 2－34）　0.72m

1. 土黄色薄—极薄层状中细粒石英长石砂岩　0.90m

～～～～～～角度不整合～～～～～～

下伏地层：牛堡组灰褐色中薄层状杂砾岩

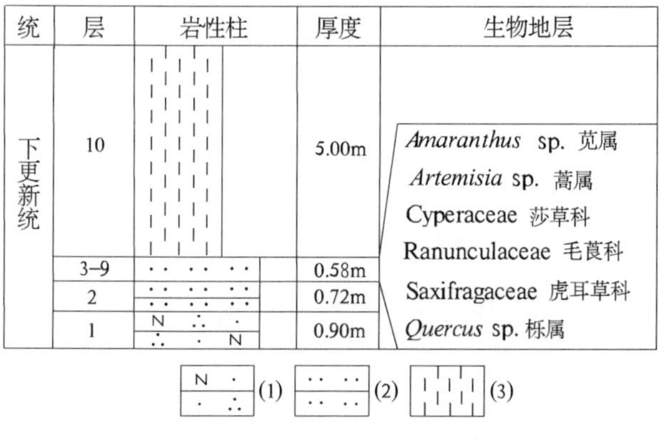


图 2－32　崩则错东南达贡保日贡下更新统湖相沉积物柱状图

（1）石英长石砂岩；（2）粉砂岩；（3）粘土

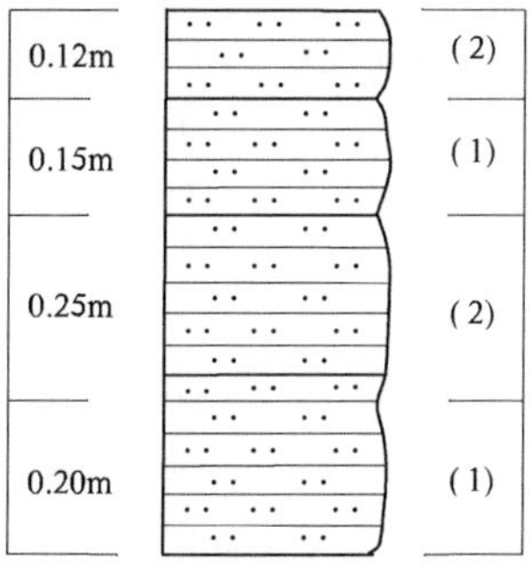


图 2－33　紫色细粉砂岩与土黄色细粉砂岩韵律沉积柱状图

（1）紫色细粉砂岩；

（2）土黄色细粉砂岩

本次工作在上述剖面中采集到了孢粉化石（表 2－7）。经中国科学院东北地理与农业生态研究所测试部张淑芹研究员鉴定，草本植物花粉属种有 *Amaranthus* sp.，Chenopodiaceae，Comsitae，*Artemisia* sp.，Cruciferae，Gramineae，Cyperaceae，Leguminosae，Ranunculaceae，*Thalictrum* sp.，Thymelaeaceae，Saxifragaceae 等；乔、灌木植物花粉属种有 *Ephedra* sp.，*Picea* sp.，*Pinus* sp.，*Alnus* sp.，*Betula* sp.，*Quercus* sp. 等。孢粉以草本植物花粉占绝对优势，木本植物花粉含量很少，其中耐干旱的蒿属含量高，喜湿的莎草科也有一定含量。说明沉积环境比较湿润，气候仍然较冷。显示以杂类草组成的草甸草原植被景观。

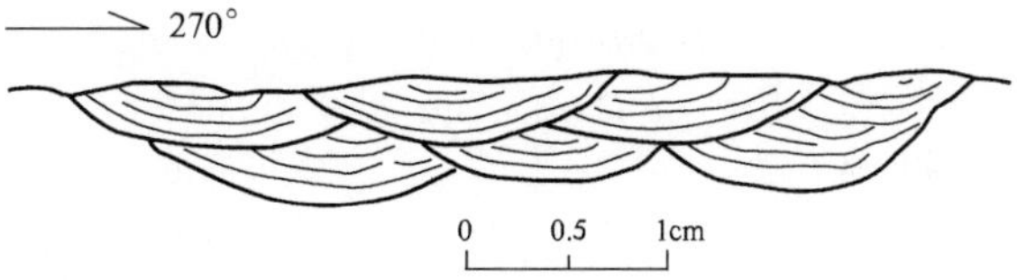


图 2－34　紫色细粉砂岩中小型交错层理素描图

该剖面第 1 层中热释光年龄样的测试结果为 1 021±95ka，其地质时代属早更新世。故上述湖相沉积物的地质时代为早更新世。

### 2. 中更新统（$Q_2$）

——湖相沉积物（$Q_2^l$）

幅内中更新统湖相沉积物主要分布于多玛区加卡伦塘卡、尼日埃日南、宋傲矛、格果随竹一带，其分布面积约 120.20km²。沉积物主要由土黄色—黄绿色粘土、亚粘土、砂土、砾石组成。产孢粉化石。

Ⅰ. 多玛区格果随竹中更新统湖相沉积物—上更新统山麓相堆积物路线剖面（图 2－35）：

上覆地层：上更新统灰色、土灰色杂砾石层

———— 整　合 ————

**中更新统湖相沉积物（$Q_2^l$）：　　23.92m**

13. 土黄色粘土，产孢粉化石。草本植物花粉占优势（92.16%）。　　3.52m

草本植物花粉：*Amaranthus* sp.
Caryophyllaceae
Chenopodiaceae
Comsitae
*Artemisia* sp.
Cyperaceae
Gramineae
Labiatae
Leguminosae
Ranunculaceae
*Halictrum* sp.
*Potentilla* sp.
*Typha* sp.
Umbelliferaceae
Saxifragaceae

乔、灌木植物花粉：*Ephedra* sp.
*Picea* sp.
*Pinus* sp.
*Alnus* sp.
*Betula* sp.
*Quercus* sp.

12. 土灰色砾石层　　0.96m
11. 土黄色粘土　　1.47m
10. 土灰色砾石层　　0.10m
9. 黄紫色砂土　　0.77m
8. 土灰色砾石层　　0.13m
7. 土黄色粘土—砂土　　0.64m

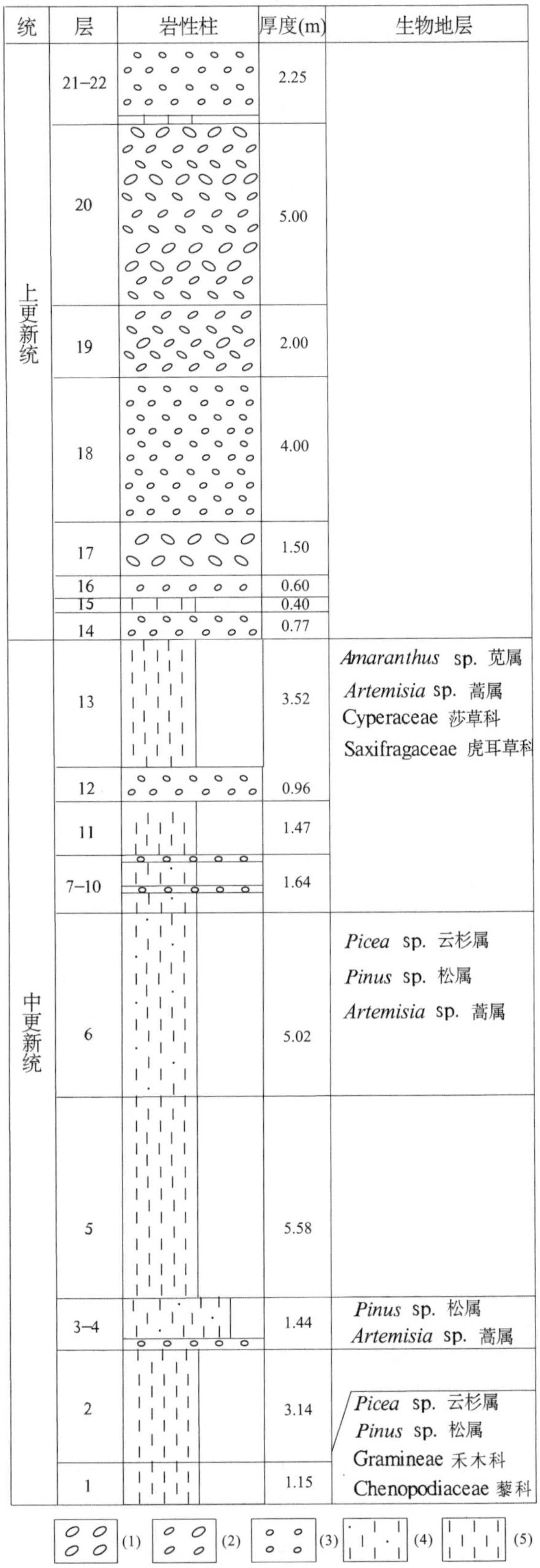


图 2－35　格果随竹中更新统湖相沉积物—上更新统山麓相堆积物柱状图

（1）巨砾石层；（2）中粗砾石层；（3）砾石层、杂砾石层；（4）砂土；（5）粘土、亚粘土

6. 土黄色砂土，产孢粉。木本植物花粉占优势（82.67%）　5.02m

乔、灌木植物花粉：*Picea* sp.
*Pinus* sp.
*Betula* sp.
*Quercus* sp.
*Ulmus* sp.

草本植物花粉：*Amaranthus* sp.
Chenopodiaceae
Comsitae
*Artemisia* sp.
Cyperaceae
Gramineae
Saxifragaceae

5. 土黄色粘土　5.58m

4. 土黄色中细粒砂土，产孢粉。草本植物花粉含量较高（65.24%）　1.15m

草本植物花粉：*Amaranthus* sp.
Caryophyllaceae
Chenopodiaceae
Comsitae
*Artemisia* sp.
Cyperaceae
Gramineae
Labiatae
Leguminosae
Ranunculaceae
*Thalictrum* sp.
*Potentilla* sp.
Thymelaeaceae
*Typha* sp.
Saxifragaceae

乔、灌木植物花粉：*Ephedra* sp.
*Picea* sp.
*Pinus* sp.
*Alnus* sp.
*Betula* sp.
*Quercus* sp.

3. 土黄色砾石层　0.29m

2. 姜黄色亚粘土　3.14m

1. 黄绿色粘土，产孢粉。草本植物花粉含量较高（75.82%）　1.15m

草本植物花粉：*Amaranthus* sp.
Chenopodiaceae
Comsitae
*Artemisia* sp.
Cyperaceae
*Gentiana* sp.
Gramineae
Labiatae
Leguminosae

Liliaceae
Ranunculaceae
*Typha* sp.
Saxifragaceae

乔、灌木植物花粉：*Ephedra* sp.
*Picea* sp.，
*Pinus* sp.
*Alnus* sp.
*Betula* sp.
*Corylus* sp.
*Rosa* sp.

～～～～～～角度不整合～～～～～～

下伏地层：牛堡组姜黄色厚层状砂岩质中粗砾岩

该剖面第 1 层和第 13 层中热释光年龄样的测试结果分别为 155.64±13.23ka 和 240.00±22ka。其地质时代属中更新世。

Ⅱ. 多玛区宋傲矛中更新统湖相沉积物路线剖面（图 2-36）：

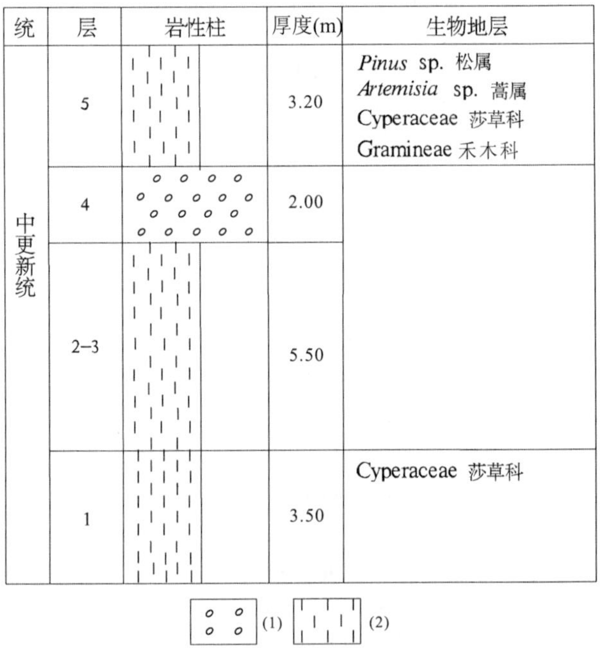


图 2-36　多玛区宋傲矛中更新统盐水湖相沉积物柱状图
（1）砾石层；（2）粘土

上覆地层：上更新统灰—土灰色砾石层

——— 整　合 ———

**中更新统湖相沉积物（$Q_2^l$）：　　14.20m**

5. 黄红色粘土，产孢粉。草本植物花粉含量较高（77.42%）。　　3.20m

草本植物花粉：*Amaranthus* sp.
Caryophyllaceae，
Chenopodiaceae，
*Artemisia* sp.
Cruciferae
Cyperaceae
Gramineae
Leguminosae
Ranunculaceae
Saxifragaceae

乔、灌木植物花粉：*Picea* sp.
*Pinus* sp.
*Alnus* sp.
*Betula* sp.
*Quercus* sp.
*Salix* sp.
*Rosa* sp.

4. 土灰色砾石层　　2.00m
3. 姜黄色亚粘土　　5.20m
2. 黄白色钙质亚粘土　　0.30m
1. 姜黄色亚粘土，产孢粉。孢粉很少，以草本植物花粉为主　　3.50m

草本植物花粉：*Amaranthus* sp.
Comsitae
*Artemisia* sp.
Cyperaceae
Gramineae
Labiatae
Ranunculaceae，
*Thalictrum* sp.
Saxifragaceae
乔、灌木植物花粉：*Picea* sp.
*Pinus* sp.
*Alnus* sp.
*Betula* sp.
*Salix* sp.

本幅在上述剖面中采集了大量的孢粉化石（表 2－7）。经中国科学院东北地理与农业生态研究所测试部张淑芹研究员鉴定，草本植物花粉属种有 *Amaranthus* sp.，Caryophyllaceae，Comsitae，Chenopodiaceae，*Artemisia* sp.，Cruciferae，Cyperaceae，*Gentiana* sp.，Gramineae，Labiatae，Leguminosae，Liliaceae，*Typha* sp.，Ranunculaceae，*Thalictrum* sp.，*Potentilla* sp.，Umbelliferaeae，Thymelaeaceae，Saxifragaceae；乔、灌木植物花粉属种有 *Ephedra* sp.，*Picea* sp.，*Pinus* sp.，*Alnus* sp.，*Betula* sp.，*Corylus* sp.，*Quercus* sp.，*Salix* sp.，*Rosa* sp.，*Ulmus* sp.。其中，草本植物花粉占绝对优势，其孢粉面貌代表沉积环境比较干冷，并显示针叶林草甸草原植被景观。

本幅在上述剖面中采集了热释光年龄样品。经中国地震局地质研究所测试，其结果为 260.38±22.13ka、155.64±13.23ka 和 240.00±22ka。其值属中更新世。故本幅将上述湖相沉积物的时代定为中更新世。

### 3. 上更新统（$Q_3$）

上更新统沉积物有盐水湖相沉积物、洪冲积相沉积物、山麓相堆积物、硅华及钙华等。

（1）盐水湖相沉积物（$Q_3^{ls}$）

上更新统盐水湖相沉积物主要分布于袍卡伦给、塘卡一带，其分布面积约 85.8km²。

沉积物为灰黄、土灰色砂砾石，含少量粘土。砾石以砂岩、灰岩砾石为主，有少量硅质岩砾石。砾径 0.2～4cm，磨圆度以棱角—次圆为主，分选差。厚度在 2～3m 之间。

（2）洪冲积相沉积物（$Q_3^{pal}$）

上更新统洪冲积相沉积物主要分布于河流、湖泊与山麓之间地形平缓，且面积较大的过渡地带。

该沉积物在幅内主要分布于吉日吐卡日以东及日阿娄尼尼阿以南一带，分布面积约 80.00km²。沉积物以固结半成岩极薄层状含砾砂质泥岩与厚层状中粗砾岩为主，具明显的粒度粗细相间为特点。沉积物中的砾石主要为砂岩砾石，次为灰岩、硅质岩砾石。砾径 0.2～15cm，一般以 0.5～2cm 为主，磨圆度以次棱角状为主，分选差。

帕度错幅双湖特别区玛日包上更新统洪冲积沉积物路线地层剖面（图 2－37）：

上覆地层：全新统深灰色砾石层

～～～～～～不整合～～～～～～

**上更新统洪冲积沉积物（$Q_3^{pal}$）：　　20.40m**

14. 粉黄色极薄层状泥质粉砂岩，固结半成岩　　1.00m

13. 粉红色极薄层状含砾砂质泥岩与粉黄色极薄层状泥岩韵律，固结半成岩　2.50m
12. 粉红色极薄层状含砾砂质泥岩，固结半成岩　2.00m
11. 粉黄色极薄—薄层状泥质粉砂岩，固结半成岩　0.25m
10. 粉红色极薄层状含砾砂质泥岩与粉红色极薄层状泥岩韵律，固结半成岩　3.50m
9. 粉红色极薄层状含砾粉砂质泥岩，固结半成岩　0.80m
8. 粉红色极薄层状粉砂质泥岩，固结半成岩　2.00m
7. 粉黄色厚层状泥质中砾岩，固结半成岩　1.20m
6. 粉黄色极薄层状含砂泥岩与粉黄色薄层状细粒砂岩韵律，固结半成岩　1.00m
5. 粉黄色极薄层状含砂砾泥岩，固结半成岩　2.00m
4. 粉黄色薄层状细粒长石砂岩，固结半成岩　0.15m
3. 紫黄色厚层状中粗砾岩，固结半成岩　1.50m
2. 粉红色极薄层状泥岩，产孢粉。草本植物花粉最多，约占孢粉总数的84.35%，乔、灌木植物花粉较少，约占14.78%，蕨类植物孢子零星出现，约占0.87%　0.50m

草本植物花粉：*Artemisia* sp.
*Urtica* sp.
*Typha* sp.
*Potentilla* sp.
*Euonymus* sp.
*Androsace* sp.
*Thalictrum* sp.
Comsitae
Saxifragaceae
Cyperaceae
Gramineae
Labiatae
Primulaceae
Ranunculaceae
Caryophyllaceae
Boraginaceae
Chenopodiaceae

乔、灌木植物花粉：*Sibiraea* sp.
*Pinus* sp.
Cupressaceae.
*Alnus* sp.
*Corylus* sp.
*Quercus* sp.

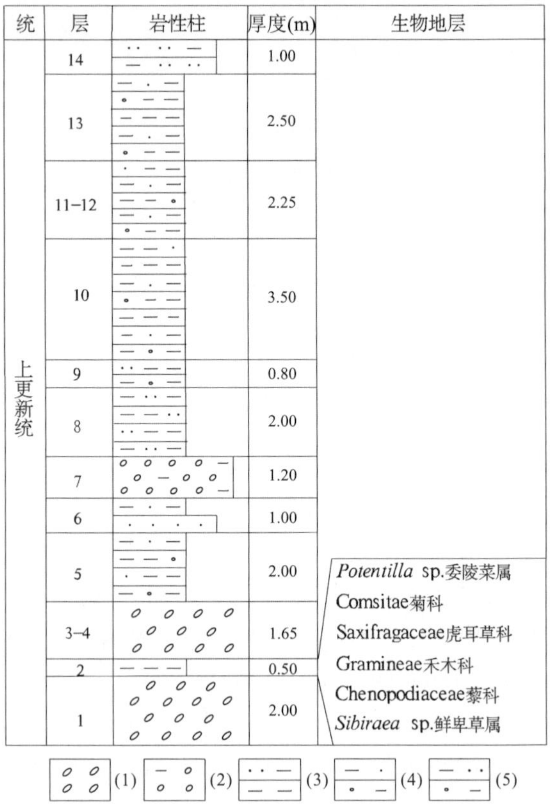


图 2-37　双湖特别区玛日包上更新统洪冲积沉积物柱状图
（1）中粗砾岩；（2）泥质中砾岩；（3）泥质粉砂岩；
（4）含砾砂质泥岩、含砂砾泥岩；（5）含砾粉砂质泥岩

*Rosa* sp.，

*Spiraea* sp.

*Myricaria* sp.

*Pteroceltis* sp.

*Acorus* sp.

蕨类植物孢子：Polypodiaceae

1. 紫黄色厚—巨厚层状中粗砾岩，固结半成岩　　2.00m

（未见底）

本次工作在上述剖面中采集到了孢粉化石，经中国科学院东北地理与农业生态研究所测试部张淑芹研究员鉴定，其草本植物花粉属种有 *Artemisia* sp.，*Urtica* sp.，*Typha* sp.，*Potentilla* sp.，*Euonymus* sp.，*Androsace* sp.，*Thalictrum* sp.，Comsitae，Saxifragaceae，Cyperaceae，Gramineae，Labiatae，Primulaceae，Ranunculaceae，Caryophyllaceae，Boraginaceae，Chenopodiaceae 等；乔、灌木植物花粉属种有 *Sibiraea* sp.，*Pinus* sp.，Cupressaceae.，*Alnus* sp.，*Corylus* sp.，*Quercus* sp.，*Rosa* sp.，*Spiraea* sp.，*Myricaria* sp.，*Pteroceltis* sp.，*Acorus* sp.，等；蕨类植物孢子属种有 Polypodiaceae 等。其中草本植物花粉占绝对优势，乔灌木花粉少，蕨类植物孢子零星出现。表明当时植物生长条件较差，植物稀少，且以草原性植被为主，无高大乔木，小灌木零星分布。属比较干旱寒冷的荒漠或半荒漠草原植被特征。其地质时代属第四纪。

此外，上述孢粉组合中还出现了一粒栽培禾本科花粉 Cultivated Gramineae，鉴定者认为该沉积时期上游或附近可能有人类活动的迹象，时代可能性较新。故本幅将沉积物暂置于晚更新世。

（3）山麓相堆积物（$Q_3^{pm}$）

上更新统山麓相堆积物主要分布于多玛区登琼勒-尼日埃一带。分布面积约 29.00km$^2$。沉积物主要由灰色—土灰色粗砾石、巨砾石、杂砾石及粘土、亚粘土组成。

多玛区格果随竹中更新统盐水湖相沉积物—上更新统山麓相堆积物路线剖面（图 2-35）：

上覆地层：全新统

———— 整　合 ————

**上更新统山麓相堆积物（$Q_3^{pm}$）：　　16.52m**

22. 土灰色杂砾石　　2.00m
21. 灰紫色含细砾亚粘土　　0.25m
20. 灰色、土灰色粗砾石与巨砾石韵律层（图 2-38）　　5.00m
19. 灰色、土灰色含巨砾中粗砾石层　　2.00m
18. 灰色、土灰色杂砾石层　　4.00m
17. 灰色、土灰色巨砾石　　1.50m
16. 灰色、土灰色砾石层　　0.60m
15. 土黄色粘土　　0.40m
14. 灰色、土灰色杂砾石层　　0.77m

———— 整　合 ————

下伏地层；中更新统湖相沉积物

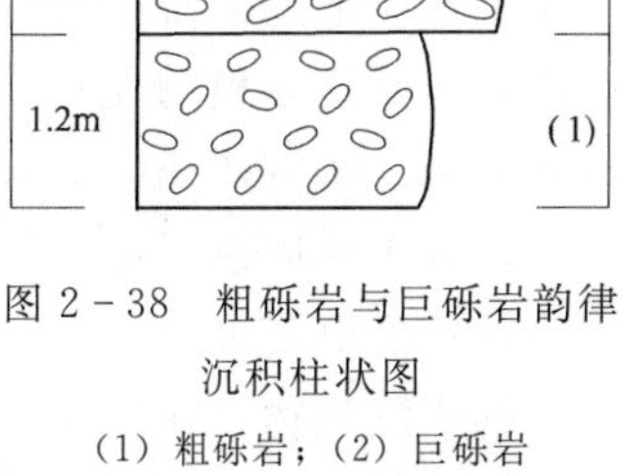


图 2-38　粗砾岩与巨砾岩韵律沉积柱状图

（1）粗砾岩；（2）巨砾岩

登琼勒-尼日埃一带山麓相堆积由上下两部分组成。下部为紫红色亚粘土—亚砂土层，厚 0.1～0.3m。上部为砾石层，厚 0.2～1m，砾石成分以灰岩为主，砂岩很少，灰岩砾石大小不一，大者近 10cm，小者 1cm±，大砾石磨圆较好，次棱角—次圆状，基本上为灰岩砾石，小砾石磨圆稍差，棱角—次棱角状，砾石呈松散混杂堆积。其底部含少量砂、砂土。

除上述研究外，本队在宋傲矛一带的 3606 地质点的山麓相堆积物中的亚粘土中采集了热释光年龄样品。该样品经中国地震局地质研究所测试，其结果为37.86±3.22ka。其值属上更新世。故本幅将该沉积物时代置于上更新世。

(4) 硅华沉积物（$Q_3^{Si}$）

区内上更新世硅华沉积不发育，仅分布于巴尔杂一带，硅华体规模不大，面积约2.69km²。

硅华体形态为硅华锥或硅华小台地。硅华体已停止发育。硅华体呈层状产出，向四周倾斜远离泉口产状越缓。硅华由浅灰色、深灰色中薄层状硅华组成，具隐晶—微晶结构、块状构造。

帕度错幅双湖特别区朵日艾麦日空山上更新统钙华、硅华实测地层剖面（图2-39）：

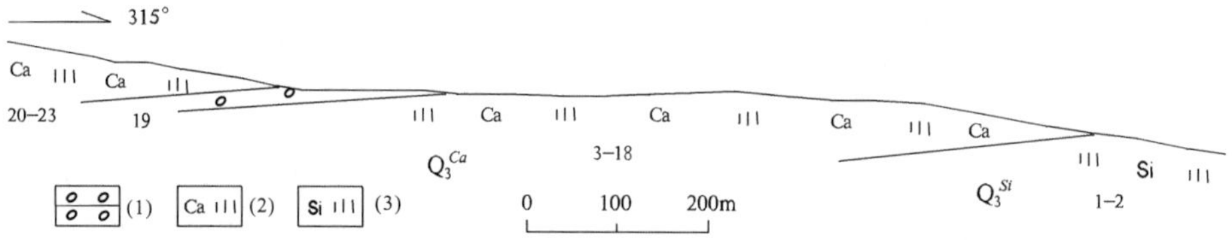


图2-39　双湖特别区朵日艾麦日空山上更新统钙华、硅华实测剖面图

(1) 中粗砾岩；(2) 钙华；(3) 硅华；$Q_3^{Ca}$. 上更新统钙华沉积物；$Q_3^{Si}$. 上更新统硅华沉积物

上覆地层：上更新统浅土灰色中薄层状含硅质团块微晶石灰华

———— 整　合 ————

**上更新统硅华沉积物（$Q_3^{Si}$）：　62.55m**

2. 浅灰色中薄层状硅华，产孢粉。草本植物花粉占绝对优势，占孢粉总数的93.45%，乔、灌木植物花粉很少，仅占6.55%，未见蕨类植物孢子

草本植物花粉：*Artemisia* sp.

*Urtica* sp.

Comsitae

Gramineae

Cyperaceae

Thymelaeaceae

Caryophyllaceae

Chenopodiaceae　37.44m

1. 深灰色中薄层状硅华　25.11m

（未见底）

本次工作在上述剖面中采集到了孢粉化石。经中国科学院东北地理与农业生态研究所测试部张淑芹研究员鉴定，其草本植物花粉属种有*Artemisia* sp.，*Urtica* sp.，Comsitae，Gramineae，Cyperaceae，Thymelaeaceae，Caryophyllaceae，Chenopodiaceae等。其中草本植物花粉占93.45%，其沉积环境比较冷而干旱，属于草原或半荒漠植被特征。其地质时代属第四纪。但本队根据上述孢粉组合及地层特征将该沉积物暂置晚更新世。

(5) 钙华沉积物（$Q_3^{Ca}$）

区内上更新统钙华沉积物主要分布于挝布藏、夏那木日、曲瑞、加于玛鲁北东、果根错、纳江错南、崩则错西一带。其分布面积约45.63km²。

钙华体规模大小不一，其形态以钙华锥、钙华冢或钙华小台地为主，次为钙华阶地。所有的钙华体均已停止发育。钙华体呈中薄层状产出，单层厚度10cm±，自古泉口向四周倾斜，越远离泉口，产状越平缓。钙华体以灰白色为主，还有灰褐色、灰紫色及黄绿色。钙华具泥晶、微晶结构，层状、疏状构造。

帕度错幅双湖特别区朵日艾麦日空山上更新统钙华、硅华实测剖面（图 2－39）：

**上更新统钙华沉积物（$Q_3^{Ca}$）：**　（未见顶）　**198.40m**

23. 灰褐色薄层状微晶石灰华岩，产孢粉。草本植物花粉居首位，占孢粉总数的 91％，乔、灌木植物花粉很少，仅占 9％，蕨类植物孢子基本没有　20.00m

草本植物花粉：*Artemisia* sp.

*Urtica* sp.

Comsitae，

Saxifragaceae

Cyperaceae

Gramineae

Ranunculaceae

Caryophyllaceae

Boraginaceae

Chenopodiaceae

乔、灌木植物花粉：*Myricaria* sp.

22. 浅灰白色中薄层状微晶石灰华　11.12m
21. 灰褐色中薄层状细晶石灰华　14.46m
20. 浅灰白色中薄层状微晶石灰华　20.53m
19. 深灰色厚—巨厚层状钙质胶结灰岩质中粗砾岩　12.49m
18. 粉红色薄层状微晶石灰华　5.37m
17. 灰白色薄层状微晶石灰华　6.82m
16. 灰白色中薄层状微晶石灰华　17.93m
15. 灰紫色中层状粉晶石灰华，产孢粉。以草本植物花粉为主，占孢粉总数的 84.7％，乔、灌木植物花粉较少，占 14.21％，蕨类植物孢子零星出现，仅占 1.09％　10.02m

草本植物花粉：*Artemisia* sp.

*Urtica* sp.

Comsitae

Chenopodiaceae

Gramineae

乔、灌木植物花粉：*Myricaria* sp.

14. 浅灰白色中层状微晶石灰华，产腹足化石 *Planorbarius subdiscus* Yu et. Pan　9.17m
13. 紫灰色薄层状微晶石灰华　3.51m
12. 灰白色中层状微晶石灰华　2.02m
11. 灰绿、黄绿色中薄层状微晶石灰华　1.01m
10. 浅灰、白色中薄层状微晶石灰华　5.04m
9. 灰白色中薄层状微晶石灰华　19.79m
8. 黄绿、灰紫色薄层状微晶石灰华　5.23m
7. 灰紫色薄层状泥晶石灰华　2.63m
6. 紫灰色薄层状微晶石灰华　4.99m
5. 灰白色薄层状微晶石灰华　1.97m
4. 灰白色中薄层状微晶石灰华，产孢粉。以草本植物花粉为主，占孢粉总数的 82.35％，乔、灌木植物花粉较少，占 16.17％，蕨类植物孢子零星出现，仅占 1.47％　10.81m

草本植物花粉：*Artemisia* sp.

*Urtica* sp.

Comsitae

Cyperaceae

Chenopodiaceae

Gramineae

Ranunculaceae

乔、灌木植物花粉：*Pinus* sp.

3. 浅土灰色中薄层状含硅质团块微晶石灰华 13.49m

———— 整　合 ————

下伏地层：上更新统浅灰色中薄层状硅华

本次工作在上述剖面中采集到了孢粉化石。经中国科学院东北地理与农业生态研究所测试部张淑芹研究员鉴定，草本植物花粉属种有 *Artemisia* sp.，*Urtica* sp.，Comsitae，Saxifragaceae，Cyperaceae，Gramineae，Ranunculaceae，Caryophyllaceae，Boraginaceae，Chenopodiaceae 等；乔、灌木植物花粉属种有 *Pinus* sp.，*Myricaria* sp. 等；蕨类植物孢子仅零星出现。其中以耐冷、耐干、耐旱的蒿属（*Artemisia*）含量最高为特征，同时伴生较多的菊科（Comsitae）、荨麻属（*Urtica*）、毛茛科（Ranunculaceae）、禾本科（Gramineae）、藜科（Chenopodiaceae）、虎耳草科（Saxifragaceae）、石竹科等草本植物。显示沉积环境比较冷而干旱，属于草原或半荒漠草原植被特征。其地质时代属第四纪。此外，本队在上述剖面中还采集到一块腹足类化石，经中国科学院南京地质古生物研究所潘华璋研究员鉴定，其属种为 *Planorbarius subdiscus* Yu et. Pan，其地质时代为始新世。但本队根据上述孢粉组合及地层特征将该沉积物暂置晚更新世。

### （二）全新统（$Q_4$）

区内全新统在第四系中分布最广，面积量大，成因类型最多。分布高度从全区最低点湖滨岸至较高的山间沟谷，其沉积物无处不在。

沉积物类型有盐水湖相沉积物、冲积相沉积物、洪冲积相沉积物、洪积相沉积物、钙华沉积物、沼泽堆积。

（1）盐水湖相沉积物（$Q_4^{ls}$）

盐水湖相沉积物发育于鄂雅错、洋纳朋错、果根错、赞宗错、朵阿错、崩则错、塘尔伦错等现代湖泊的周围，形成I—III级阶地，其分布面积约 1 154.19$km^2$。沉积特征是以含砂细粒沉积物为主，形成湖滨相含砂粘土、钙质粘土、亚粘土、亚砂土及砂砾石。厚度1～10m。

此外，1986年西藏自治区区调队研究了诺尔玛错盆地附近的全新统湖相沉积物。认为该沉积物为土黄色砂质或钙质粘土。

西藏自治区北部地质队1978年在诺尔玛错湖东CK3钻孔剖面：

**全新统盐水湖相沉积物（$Q_4^{ls}$）：** （未见顶） **2.03m**

8. 土黄色砂质粘土。含砂量35%±，底部夹有小于10cm的含粘土水草层 0.78m

7. 灰黄色钙质粘土，呈块状。上部夹三个含水草钙质薄层，中上部呈冰（土）状 0.05m

6. 灰黑色含淤泥钙质粘土。已成冰土，冰粒分布均匀，坚硬。
含大量钙质，淤泥量为25% 1.20m

———— 整　合 ————

下伏地层：上更新统湖相沉积物灰黑色含冰淤泥

（2）冲积相沉积物（$Q_4^{al}$）

冲积相沉积物分布于鄂雅错、雅根错、昂达尔错北东、果根错北、纳江错、森格鄂牛北东、塘卡等河流两侧，分布较广，其面积约323.31$km^2$。沉积物以砂砾石堆积为主，局部为含砾砂土。砾石成分以灰岩为主，部分为砂岩。砾径0.2～30cm，多为2～8cm，磨圆较好，分选差，厚度1～5m。

（3）洪冲积相沉积物（$Q_4^{pal}$）

洪冲积相沉积物分布于河流、湖泊与山麓之间的过渡地带，分布较广，一般地形较平缓，常形成洪冲积扇。其分布面积约 3 798.00km²。该沉积物在幅内主要分布于毕洛错、雅根错、昂达尔错、鲁雄错、其香错、瀑赛尔错、扎加藏布、果根错、纳江错等地，其分布面积约 3 798.00km²。沉积物以分选、磨圆均较差，粒度粗细相间为特点，一般由砂砾石层、亚砂土、含砾粘土等层组成。厚度变化较大，一至几十米不等。

(4) 洪积相沉积物（$Q_4^{pl}$）

洪积相沉积物分布于果根错东南的羔坡措冬一带，分布面积约 4.31km²。为土灰色含砂土砾石层。砾石多为棱角一次棱角状，砾径 3～5cm，大者 10cm 以上，厚度约 5～10m。

(5) 钙华沉积物（$Q_4^{Ca}$）

区内全新统钙华沉积物主要见于色哇、索布查、果根错水热区及叉曲格勒等地的目前仍在活动着的泉华体。钙华体以钙华锥、钙华丘台地、钙华垅等形式出现，面积由几十平方米至几十平方千米不等。呈层状产出，自泉口向四周倾斜，倾角上陡下缓，远离泉口处近水平，单层厚 10cm±。颜色为灰白、黄褐、红褐色等，厚度约 1～15m。

(6) 沼泽堆积（$Q_4^f$）

沼泽堆积主要分布于现代湖泊、山间洼地、宽缓河床两侧的低洼潮湿的平缓地带，面积相对较大，如雅根错、鄂尔克西、纳江错、扎加藏布、崩则错等周围，其分布面积约 177.81km²。堆积物多为淤泥、腐植泥、粘土、泥炭及砂砾石等沉积物。其上苔草等植被较发育，常形成湿地，构成藏北的优质牧场。

### （三）第四纪沉积环境讨论

第四系沉积环境与目前仍在发生着的沉积作用有关。故本幅试图通过湖泊的演化变迁解析第四纪沉积环境的发展趋势。

#### 1. 早更新世

据区域资料，早更新世初期新构造运动剧烈，西藏高原整体强烈抬升，藏北高原冰川河流发育，出现了冰期、间冰期，高原隆升引起湖区自然环境的很大变化，特别是气候条件的变化，对第四纪气候有很大影响，亦影响了湖泊的发育。早更新世后期，气候逐渐趋暖，冰川消融退缩，水源开始增加，湖泊面积较大，这种现象一直延续到中更新世早期。

幅内下更新统仅见于多玛区崩则错东南达贡保日贡一带，沉积物以湖相的紫色、土黄色粉砂岩和粘土为主，产孢粉化石。孢粉以草本植物花粉占绝对优势，木本植物花粉含量很少，其中耐干旱的蒿属含量高，喜湿的莎草科也有一定含量，说明沉积环境比较湿润，气候仍然较冷。显示以杂类草组成的草甸草原植被景观。

#### 2. 中更新世

据区域资料，中更新世晚期高原曾发生两次强烈隆升作用，但隆升的高度还不足以阻挡西南季风，高原内部仍有较丰实的降水，而中更新世晚期的间冰期，是中更新世期间历时最长和最温暖的间冰期，也是高原湖泊的扩展期，当时的湖水位较高，湖面较大，这一时期可能延续到晚更新世早期，称之为西藏的“大湖水期”。

幅内中更新统主要分布于多玛区加卡伦塘卡、尼日埃日南、宋傲矛、格果随竹一带。沉积物以湖相的土黄色—黄绿色粘土、亚粘土、砂土、砾石为主，产孢粉化石。孢粉以草本植物花粉占绝对优势，其孢粉面貌代表沉积环境比较干冷，并显示针叶林草甸草原植被景观。

#### 3. 晚更新世

据区域资料，晚更新世随着高原和喜马拉雅山的强烈抬升，前者已变成阻挡潮湿气团进入高原的屏

**表 2-7　新生代孢粉原始数据统计表**

| 地质年代 | | 中—上新世 | 早更新世 | 中更新世 | | | | | |
|---|---|---|---|---|---|---|---|---|---|
| 地层单元 | | 康托组 | 湖相沉积物 | 湖相沉积物 | | | | | |
| 孢粉名称 | 样品号 | SXIV BF1 | 3503 BF1 | 3501 BF1 | 3501 BF2 | 3501 BF3 | 3501 BF4 | 3502 BF1 | 3502 BF2 |
| *Ephedra* 麻黄属 | 粒数 | | 4 | 16 | 1 | | 1 | | |
| *Pinus* 松属 | | 1 | 7 | 49 | 55 | 105 | 16 | 3 | 24 |
| *Picea* 云杉属 | | | 1 | 32 | 14 | 77 | 7 | 1 | 5 |
| *Alnus* 桤木属 | | | 1 | 3 | 1 | | 2 | 1 | 1 |
| *Betula* 桦属 | | 1 | 3 | 1 | 1 | 2 | 1 | 1 | 2 |
| *Corylus* 榛属 | | 2 | | 1 | | | | | |
| *Quercus* 栎属 | | | 13 | | 1 | 1 | 1 | | 1 |
| *Salix* 柳属 | | | | | | | | 1 | 1 |
| *Rosa* 蔷薇属 | | 3 | | 1 | | | | 1 | |
| *Ulmus* 榆属 | | 1 | | | | 1 | | | |
| *Amaranthus* 苋属 | | | 11 | 31 | 14 | 2 | 71 | 1 | 5 |
| Caryophyllaceae 石竹科 | | | | | 1 | | 1 | | 1 |
| *Euonymus* 卫矛属 | | 1 | | | | | | | |
| Chenopodiaceae 藜科 | | 2 | 4 | 109 | 7 | 1 | 15 | | 1 |
| Comsitae 菊科 | | 26 | 4 | 2 | 3 | 6 | 2 | 3 | |
| *Artemisia* 蒿属 | | 33 | 80 | 16 | 47 | 19 | 165 | 5 | 70 |
| Cruciferae 十字花科 | | | 2 | | | | | | 1 |
| Cyperaceae 莎草科 | | 1 | 57 | 7 | 16 | 3 | 27 | 17 | 11 |
| *Euphorbia* 大戟属 | | 1 | | | | | | | |
| *Gentiana* 龙胆属 | | | | 2 | | | | | |
| Gramineae 禾本科 | | 2 | 8 | 135 | 14 | 2 | 6 | 2 | 17 |
| Labiatae 唇形科 | | 7 | | 5 | 1 | | 2 | 1 | |
| Leguminosae 豆科 | | | 1 | 2 | 2 | | 3 | | 2 |
| Ranunculaceae 毛茛科 | | 2 | 75 | 3 | 12 | 1 | 9 | 1 | 4 |
| *Thalictrum* 唐松草属 | | | 2 | | 4 | | 2 | 3 | |
| *Potentilla* 委陵菜属 | | 4 | | | 1 | | 2 | | |
| Thymelaeaceae 瑞香科 | | | 1 | | 2 | | | | |
| *Typha* 香蒲属 | | | | 6 | 6 | | 1 | | |
| *Urtica* 荨麻属 | | 6 | | | | | | | |
| Saxifrsgaceae 虎耳草科 | | | 44 | 2 | 7 | 5 | 22 | 3 | 8 |
| Polypodiaceae 水龙骨科 | | 1 | | | | | | | |
| Umbelliferae 伞形科 | | 3 | | | | | | | |
| Liliaceae 百合科 | | 1 | | | | | | | |
| Viola 堇科 | | 2 | | | | | | | |

障，藏北广大地区日趋干旱，加上巨大的海拔高度，晚更新世气候以比较干冷为特点，气候的变干变冷直接影响到湖泊的发育，湖水因强烈蒸发而水面大幅下降，使湖水大大浓缩，湖泊进入微咸水阶段。

幅内上更新统盐水湖相沉积物主要分布于袍卡伦给、塘卡一带。沉积物为灰黄、土灰色砂砾石为主，含少量粘土。洪冲积相沉积物主要分布于吉日吐卡日以东及日阿娄尼阿以南一带。沉积物以固结半成岩极薄层状含砾砂质泥岩与厚层状中粗砾岩为主，具明显的粒度粗细相间为特点。山麓相堆积物主要分布于多玛区、登琼勒-尼日埃一带。沉积物主要由灰色—土灰色粗砾石、巨砾石、杂砾石及粘土、亚粘土组成。硅华沉积仅分布于巴尔杂一带，硅华体规模不大。硅华体形态为硅华锥或硅华小台地。硅华体已停止发育。钙华沉积物主要分布于挝布藏、夏那木日、曲瑞、加于玛鲁北东、果根错、纳江错南、崩则错西一带。钙华体规模大小不一，其形态以钙华锥、钙华冢或钙华小台地为主，次为钙华阶地。所有的钙华体均已停止发育。

据本次工作中在帕度错幅洪冲积相沉积物中采集的孢粉化石显示，草本植物花粉占绝对优势，乔、灌木花粉少，蕨类植物孢子零星出现。也表明当时植物生长条件较差，植物稀少，且以草原性植被为主，无高大乔木，小灌木零星分布。属比较干旱寒冷的荒漠或半荒漠草原植被特征。

此外，本次工作中在帕度错幅硅华、钙华沉积中采集的孢粉化石也显示了草本植物花粉占优势，其沉积环境比较冷而干旱，属于草原或半荒漠植被特征。

#### 4. 全新世

据区域资料，全新世由于整个高原不断继续抬升，气候变得更为干冷，水补给量更少，湖泊快速退缩，水面不断下降，湖滨阶地进一步抬起，形成多级阶地。随着地壳的继续抬升和上升过程中的差异，使得原来的大湖逐渐分离成了星罗棋布的小湖，又由于干旱造成和蒸发量大于补给量，使湖水的含盐度不断浓缩，结晶出许多盐类。

幅内全新统盐水湖相沉积物发育于鄂雅错、洋纳朋错、果根错、赞宗错、朵阿错、崩则错、塘尔伦错等现代湖泊的周围，形成Ⅰ—Ⅲ级阶地。沉积物以湖滨相含砂粘土、钙质粘土、亚粘土、亚砂土及砂砾石为主。冲积相沉积物分布于鄂雅错、雅根错、昂达尔错北东、果根错北、纳江错、森格鄂牛北东、塘卡等河流两侧，分布较广。沉积物以砂砾石堆积为主。洪冲积相沉积物分布于河流、湖泊与山麓之间的过渡地带，分布较广，一般地形较平缓，常形成洪冲积扇。该沉积物在幅内主要分布于毕洛错、雅根错、昂达尔错、鲁雄错、其香错、瀑赛尔错、扎加藏布、果根错、纳江错等地。沉积物由砂砾石层、亚砂土、含砾粘土等层组成。洪积相沉积物分布于果根错东南的恙坡措冬一带。沉积物以土灰色含砂土砾石层为主。钙华沉积物主要见于色哇、索布查、果根错水热区及叉曲格勒等地的目前仍在活动着的泉华体。钙华体以钙华锥、钙华丘台地、钙华垅等形式出现。沼泽堆积主要分布于现代湖泊、山间洼地、宽缓河床两侧的低洼潮湿的平缓地带，面积相对较大，如雅根错、鄂尔克西、纳江错、扎加藏布、崩则错等地。堆积物多为淤泥、腐殖泥、粘土、泥炭及砂砾石等沉积物。其上苔草等植被较发育，常形成湿地，构成藏北的优质牧场。

综上，本区第四纪气候环境演化的总趋势是地势不断升高，气候日益干冷，湖泊不断退缩，自晚更新世进入盐湖阶段。但目前的气候变化仍影响当前的沉积环境，故本幅认为保护当前生态环境的平衡极其重要。

## 第三节 构造岩石地层

测区内的构造岩石地层单元均以构造混杂岩的形式产于班公湖-怒江结合带内，它们记录了班公湖-怒江洋发生→发展→闭合→碰撞造山的全过程，主要包括木嘎岗日岩群、蛇绿岩岩片（包括超镁铁质岩岩片、枕状玄武岩岩片、放射虫硅质岩岩片）、洋岛型玄武岩岩片、二叠纪灰岩岩片（块）、残留海盆岩片、造山期火山岩岩片等，其边部一般以断层所围限。根据基质和岩片成分的不同，将班怒构造混杂岩带分为两个亚带，第一亚带分布于班公湖-怒江结合带的中带（即崩则错-赞宗错构造混杂岩带），以木嘎岗日岩群为基质，各类构造岩片多呈规模不等的岩片或岩块产于其中，该带内构造变形较强，构造混杂特征明显；第二亚带实际为一个残留海盆性质的大型构造岩片，分布于第一亚带的北部（即纳江错-瀑赛尔错晚侏罗世残留海盆地），以晚侏罗世沙木罗组、吐卡日组为基质，木嘎岗日岩群、超镁铁质岩、洋岛型玄武岩、造山期火山岩（去申拉组）呈构造岩片的形式产于其中，该带内构造变形相对较弱，构造混杂特征亦不甚明显。

**1. 木嘎岗日岩群**

木嘎岗日岩群为形成于洋盆边部斜坡相—坡根相的（构造）沉积产物，主体为一套由砂岩、粉砂岩组成的复理石建造，其中沉积混杂或构造混杂有大量的蛇绿岩和二叠纪灰岩岩片，反映了强烈活动的构造沉积环境，在其北部边缘出现较多的晚侏罗世沙木罗组、吐卡日组和早白垩世去申拉组构造岩片，是班-怒洋最终闭合乃至造山阶段构造混杂于其中的。碰撞造山作用使木嘎岗日岩群发生变质变形，表现为绿片岩相的低级变质，强烈的面理置换、平卧褶皱、紧闭褶皱、塑性流变褶皱等，一系列近东西走向的逆冲叠瓦式断裂分布于其中。

**2. 蛇绿岩岩片**

蛇绿岩岩片包括超镁铁质岩岩片、枕状玄武岩岩片、放射虫硅质岩岩片，呈大小不等的构造岩片产于木嘎岗日岩群中，一般为近东西向展布，与木嘎岗日岩群多为断层接触，部分为沉积接触。主要岩性为蛇纹石化辉石橄榄岩、枕状玄武岩、球颗玄武岩、放射虫硅质岩等。

**3. 洋岛型玄武岩岩片**

洋岛型玄武岩岩片呈构造岩片产于班公湖-怒江结合带的中带（即崩则错-赞宗错构造混杂岩带）的北部边缘，主要分布于塔仁本、其浪董格、色哇南、日阿赛日等地，其中塔仁本一带出露面积最大，面积达 $30km^2$，岩片内部结构完整，岩石组合为枕状玄武岩、角砾状玄武岩、玄武质火山角砾岩、简单成分砾岩（玄武质砾岩、灰岩质砾岩）、放射虫硅质岩、灰岩与硅质岩韵律层、生物礁灰岩等，与木嘎岗日岩群、吐卡日组呈断层接触，被去申拉组角度不整合覆盖。

**4. 二叠纪灰岩岩片**

二叠纪灰岩岩片多为规模不大的构造岩块，岩块多呈透镜状或布丁状，一般长百余米，宽十几米至几十米，岩性为结晶灰岩、微晶大理岩等，均产于木嘎岗日岩群中，多为断层接触，其中产二叠纪䗴类化石，故确定其时代为二叠纪。

**5. 残留海盆岩片**

残留海盆岩片由晚侏罗世沙木罗组、吐卡日组组成，构成了班公湖-怒江结合带的北带——纳江错-瀑赛尔错晚侏罗世残留海盆地的主体，其中产出有木嘎岗日岩群、超镁铁质岩、洋岛型玄武岩构造岩片，接触关系为断层接触。沙木罗组主要岩性为砂岩、粉砂岩、灰岩组成的韵律层，部分粉砂岩中可见毫米级的韵律层，为相对活动环境下沉积的一套具类复理石沉积特点的沉积建造。由于其中褶皱构造较为发育，无法测到该套地层的真正厚度，但从其出露宽度较大这一点看，应为一套巨厚沉积。从其灰岩中产有丰富的珊瑚、腕足类化石看，其沉积环境应为浅海相，故判断当时的沉降速率与沉积速率基本相当。吐卡日组为一套滨岸相的碳酸盐沉积，主要岩性为鲕状灰岩、砾屑灰岩、生物碎屑灰岩等，与沙木罗组相伴产出，多为断层接触。

**6. 造山期火山岩岩片**

造山期火山岩岩片由早白垩世去申拉组构成，为一套陆相安山质火山岩-碎屑岩建造，代表了同造山期的构造岩浆作用的产物，与木嘎岗日岩群、沙木罗组、吐卡日组、洋岛型玄武岩等主要呈断层接触，局部与洋岛型玄武岩呈角度不整合接触，主要岩性有安山岩、安山质晶屑玻屑凝灰岩、安山质火山角砾岩、局部夹流纹岩，火山岩中夹紫色砾岩、砂岩，属同造山期磨拉石建造。

# 第三章 岩浆岩

测区出露的岩浆岩面积较小，约 206.54km²，仅占图幅总面积的 1.32%，主要包括蛇绿岩、与蛇绿岩有关的铁镁质岩、中酸性侵入岩、基性-酸性火山岩。蛇绿岩：位于班公湖-怒江结合带内，赋存于木嘎岗日岩群中，出露面积约 54.51km²，占岩浆岩的 26.39%。呈岩块、岩片产出。区内蛇绿岩不发育，仅见超镁铁质岩、枕状玄武岩及放射虫硅质岩 3 个岩石单元，时代为早—中侏罗世。与蛇绿岩有关的铁镁质岩：分布于测区南东，其香错、桌布卡布吉、塔仁本等地，出露面积约 50.12km²，占岩浆岩的 24.27%。主要包括塔仁本洋岛型玄武岩和基性岩墙（脉），时代为早白垩世。中酸性侵入岩：出露面积约 5.1km²，占岩浆岩的 2.47%，主要分布于测区南东，为燕山晚期—喜山晚期中酸性侵入岩，属班公湖-怒江构造岩浆带，岩石类型简单，仅见花岗闪长斑岩和花岗斑岩两种基本类型。划分为晚白垩世和新近纪上新世两期。基性—酸性火山岩：出露面积约 96.81km²，占岩浆岩的 46.87%。受班公湖-怒江构造岩浆带及羌塘陆块内的深大断裂控制，呈近东西向带状分布。火山活动从侏罗纪—新近纪多次喷发，成分由中基性—中酸性—基性逐渐演化，喷发环境由海相到陆相。

## 第一节 蛇绿岩

测区内的蛇绿岩不甚发育，出露面积很小，仅为 54.51km²，只有超镁铁质岩单元，枕状玄武岩单元，放射虫硅质岩 3 个岩石单元（表 3-1），均产于班公湖-怒江结合带内，赋存于具混杂岩特征的木嘎岗日岩群中。呈岩块、岩片产出，一般出露面积较小，与木嘎岗日岩群多呈断层接触，局部沉积接触。

**表 3-1 蛇绿岩填图单元一览表**

| 时代 | 单元名称 | 代号 | 岩石组合 | 接触关系 | 同位素年龄（Ma） |
|---|---|---|---|---|---|
| 早—中侏罗世 | 放射虫硅质岩 | $\gamma s$ | 放射虫硅质岩 | 呈构造透镜体状夹于木嘎岗日岩群中 | |
| | 枕状玄武岩 | $\beta b$ | 块状玄武岩<br>枕状玄武岩 | 与木嘎岗日岩群为断层接触或沉积接触 | 167.50Ma<br>K-Ar（黑云母） |
| | 超镁铁质岩 | $\Sigma$ | 蛇纹石化橄榄岩<br>石英菱镁岩 | 与木嘎岗日岩群、吐卡日组为断层接触关系 | |

### 一、超镁铁质岩（岩片）

**1. 地质特征**

主要分布于森梗怕保、其浪董格、桌布卡布吉亥、日琼山一带。呈近东西向展布，最大长度 2.5km，宽度 0.5km，一般长几十米至几百米，宽几米至几十米，呈构造透镜体状产出，与木嘎岗日岩群、吐卡日组、沙木罗组、去申拉组呈断层接触（图 3-1），出

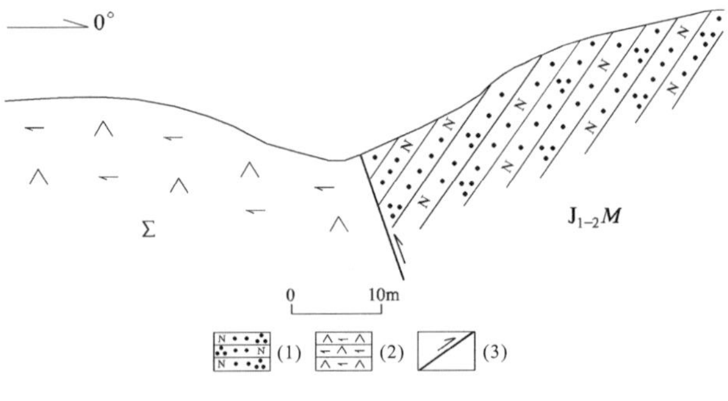


图 3-1 双湖区名卒窝加日埃路线剖面图

（1）细粒长石石英砂岩；（2）辉石橄榄岩；（3）断层；$\Sigma$. 超镁铁质岩；$J_{1-2}M$. 木嘎岗日岩群

露面积为 1.31$km^2$。

**2. 岩石学特征**

其岩石组合为蛇纹石化橄榄岩、石英菱镁岩、变质辉石橄榄岩。

（1）蛇纹石化橄榄岩

由蛇纹石与残余橄榄石组成，橄榄石：无色，粒状，粒径 0.1～1mm。蛇纹石：浅黄绿色片状，粒径 0.03mm±。局部地段蚀变较强，全部由蛇纹石组成，构成蛇纹岩（图版 XIX，1）。

（2）变质辉石橄榄岩

黑绿色，变余粒状结构、鳞片状变晶结构，网格状构造。主要由蛇纹石和绢石组成，蛇纹石：呈鳞片状，占 85%～90%。绢石：保留辉石晶体轮廓，含量占 10%～15%。

（3）石英菱镁岩

浅粉—浅绿色，细粒变晶结构，块状构造。石英：无色透明，他形粒状，粒径 0.5～1mm。菱镁矿：浅灰—粉红色，粒径 1～2.5mm。橄榄石呈液滴状残留体分布于菱镁矿中，粒径 2～3mm±。

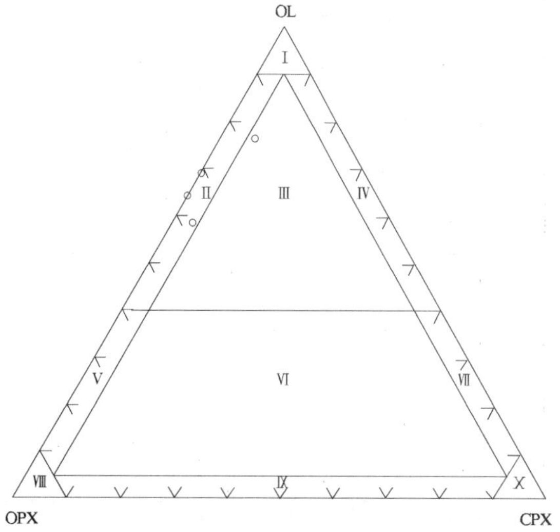


图 3-2　超镁铁质岩分类命名

（Streckeisen，1973）

Ⅰ. 纯橄榄岩；Ⅱ. 斜辉橄榄岩；Ⅲ. 二辉橄榄岩；Ⅳ. 异剥橄榄岩；Ⅴ. 橄榄斜辉岩；Ⅵ. 橄榄二辉岩；Ⅶ. 橄榄异剥岩；Ⅷ. 斜辉岩；Ⅸ. 二辉岩；Ⅹ. 异剥岩；○. 本区超铁镁

**3. 岩石化学特征**

岩石化学分析结果及成因指数见表 3-3。

（1）岩石化学分类命名

采用国际地科联推荐的超镁铁质岩分类命名方案，只有 1 个样品投到二辉橄榄岩区，其他样品均投到斜辉橄榄岩区（图 3-2）。

（2）与雅江带同类岩石对比

与雅江带同类岩石对比，$SiO_2$、FeO、MgO 略低，MnO 相等，其他氧化物均略高于雅江带同类岩石。

（3）与纯地幔岩对比

与纯地幔岩对比，$SiO_2$、$Al_2O_3$、FeO、MgO、CaO 低于纯地幔岩（表 3-2）。

**表 3-2　昂达尔错幅蛇绿岩中超镁铁质岩与纯地幔岩、雅江带同类岩石化学对比表**

| 样号 \ 氧化物 | $SiO_2$ | $TiO_2$ | $Al_2O_3$ | $Fe_2O_3$ | FeO | MnO | MgO | CaO | $Na_2O$ | $K_2O$ | $P_2O_5$ |
|---|---|---|---|---|---|---|---|---|---|---|---|
| 1 | 42.54 | 0.02 | 0.89 | 1.44 | 7.47 | 0.10 | 46.62 | 0.20 | 0.04 | 0.00 | 0.10 |
| 2 | 45.00 | | 4.40 | (8.00) | | | 38.80 | 3.40 | | | |
| 3 | 39.35 | 0.10 | 1.81 | 6.71 | 1.08 | 0.10 | 35.65 | 0.93 | 0.15 | 0.20 | 0.03 |

1. 雅江带大竹区 4 个样品平均值；2. 纯地幔岩，根据 Green（1979）；3. 测区超镁铁质岩 4 个样品平均值

**4. 地球化学特征**

（1）微量元素特征

微量元素丰度见表 3-4。

与维氏值超基性岩比较，Sc、V、Rb、Sr、Nb、Hf、Ta、Th、U 偏高，Cr、Co、Ni、Zr 偏低，反映大离子亲石元素或强不相容元素相对富集，过渡性元素或幔源元素相对贫化的特征，$Rb_N/Yb_N$ 比

表 3-3　蛇绿岩类岩石化学及特征指数表

| 顺序号 | 样品号 | 单元名称 | 代号 | 氧化物($W_t$)% | | | | | | | | | | | | | 主要成因指数 | | |
|---|---|---|---|---|---|---|---|---|---|---|---|---|---|---|---|---|---|---|---|
| | | | | $SiO_2$ | $TiO_2$ | $Al_2O_3$ | $Fe_2O_3$ | FeO | MnO | MgO | CaO | $Na_2O$ | $K_2O$ | $P_2O_5$ | Los | 总量 | DI | SI | M/F |
| 1 | PIV-Gs1 | 放射虫硅质岩 | $\gamma s$ | 91.55 | 0.09 | 2.13 | 0.12 | 3.22 | 0.11 | 0.46 | 0.52 | 0.19 | 0.58 | 0.04 | 0.37 | 99.38 | 89.78 | 10.10 | 0.24 |
| 2 | Gs5032-1 | | | 72.72 | 0.14 | 3.13 | 1.37 | 2.11 | 0.50 | 1.18 | 8.81 | 0.45 | 0.75 | 0.11 | 8.37 | 99.64 | 71.32 | 20.10 | 0.55 |
| 3 | Gs-27 | 枕状玄武岩 | $\beta b$ | 49.58 | 1.19 | 14.38 | 5.99 | 6.71 | 0.18 | 2.88 | 13.80 | 0.35 | 0.28 | 0.15 | 4.37 | 99.81 | 17.90 | 17.80 | 0.42 |
| 4 | Gs-GII8 | 超镁铁质岩 | $\Sigma$ | 38.65 | 0.13 | 4.61 | 6.92 | 1.02 | 0.11 | 34.30 | 0.88 | 0.15 | 0.28 | 0.04 | 13.41 | 100.53 | 3.38 | 80.40 | 8.32 |
| 5 | Gs-7022 | | | 39.96 | 0.07 | 0.43 | 6.83 | 0.66 | 0.08 | 37.80 | 0.04 | 0.05 | 0.10 | 0.02 | 13.38 | 99.38 | 1.18 | 83.20 | 9.77 |
| 6 | SIII-Gs2 | | | 38.15 | 0.11 | 1.07 | 6.06 | 1.20 | 0.07 | 36.10 | 1.56 | 0.24 | 0.27 | 0.01 | 15.83 | 100.66 | 4.30 | 82.30 | 9.57 |
| 7 | SIII-Gs4 | | | 40.64 | 0.07 | 1.12 | 7.03 | 1.45 | 0.10 | 34.26 | 1.26 | 1.12 | 0.15 | 0.02 | 14.52 | 100.74 | 2.21 | 79.70 | 7.75 |

**表 3-4 蛇绿岩类微量元素表**

| 顺序号 | 样品号 | 单元名称 | 代号 | 微量元素含量($\times 10^{-6}$) | | | | | | | | | | | | | |
|---|---|---|---|---|---|---|---|---|---|---|---|---|---|---|---|---|---|
| | | | | Sc | V | Cr | Co | Ni | Rb | Sr | Zr | Nb | Ba | Hf | Ta | Th | U |
| 1 | PIV-WL1 | 放射虫硅质岩 | $\gamma s$ | 5.12 | 15.72 | 396.26 | 8.86 | 25.85 | 48.60 | 111.73 | 20.79 | 2.37 | 177.73 | 0.74 | 0.32 | 3.06 | 0.87 |
| 2 | WL-5032-1 | | | 8.18 | 24.77 | 119.70 | 10.89 | 40.76 | 76.04 | 626.88 | 34.79 | 4.04 | 400.62 | 1.07 | 0.75 | 7.11 | 2.33 |
| 3 | WL-27 | 枕状玄武岩 | $\beta b$ | 25.2 | 248.10 | 138.00 | 29.50 | 8.10 | 18.40 | 88.00 | 109.00 | 4.50 | 60.00 | 3.00 | 0.39 | 3.24 | 0.54 |
| 4 | WL-GII8 | 超镁铁质岩 | $\Sigma$ | 6.80 | 34.50 | 3 864.00 | 90.30 | 1 561.20 | 32.90 | 84.00 | 12.60 | 3.06 | 68.00 | 0.28 | 0.29 | 3.30 | 2.11 |
| 5 | WL-7022 | | | 11.44 | 25.43 | 523.64 | 105.40 | 2 067.20 | 0.90 | 15.76 | 0.00 | 0.39 | 15.72 | 0.13 | 0.21 | 0.28 | 0.43 |
| 6 | SIII-WL2 | | | 15.77 | 40.98 | 479.38 | 72.78 | 1 447.00 | 12.57 | 309.01 | 16.14 | 1.50 | 80.60 | 0.32 | 0.28 | 1.95 | 0.55 |
| 7 | SIII-WL4 | | | 18.51 | 52.52 | 473.08 | 78.54 | 1 331.83 | 0.64 | 126.75 | 4.60 | 0.19 | 51.08 | 0.04 | 0.05 | 0.52 | 0.20 |

值介于 2.95～58.32 之间，均大于 1，Zr/Y 比值在 0～6.35 之间，均小于 18（原始地幔），说明该岩石来源于富集型地幔源区。

（2）稀土元素特征

稀土元素丰度及特征参数见表 3－5。

该岩石稀土总量偏低，ΣREE 介于 $3.41\times10^{-6}$～$56.7\times10^{-6}$之间变化，δEu 在 0.06～0.47 之间变化，显负异常。δCe 介于 0.38～1.18 之间，平均为 0.74，显负异常。LREE 相对富集，稀土曲线为右倾型（图 3－3），$La_N/Yb_N$ 比值介于 3.87～21.91 之间。$La_N/Sm_N$ 比值介于 0.98～7.27 之间，$Gd_N/Yb_N$ 比值介于 0.92～6.05 之间，说明 LREE、HREE 分馏均比较好。

上述稀土元素特征明显区别于典型蛇绿岩中的超镁铁质岩，其轻稀土富集以及轻、重稀土分馏较好等特征可能反映来源于富集型的地幔源区。

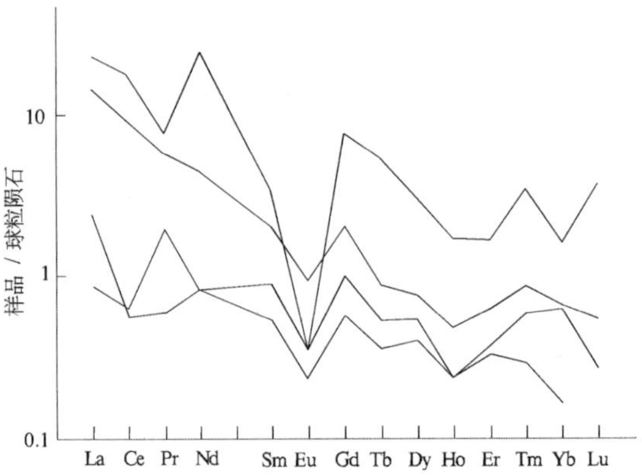


图 3－3　超镁铁质岩稀土元素配分模式图

（after Coryell，1963）

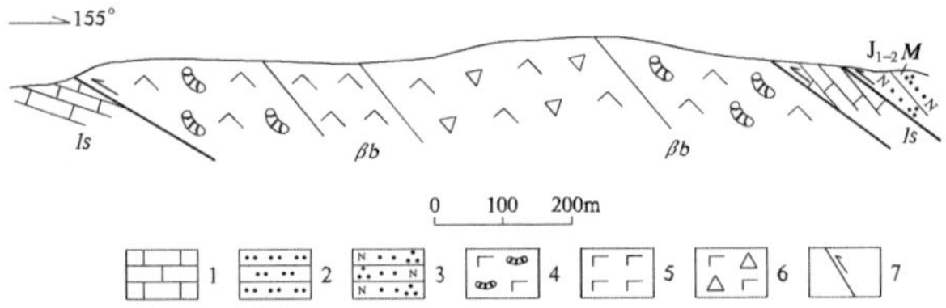


图 3－4　昂达尔错幅俄则—俄则勒枕状玄武岩（βb）路线剖面图

1. 灰岩；2. 粉砂岩；3. 长石石英砂岩；4. 枕状玄武岩；5. 斑状玄武岩；6. 角砾状玄武岩；7. 断层；*ls*. 外来岩块；$J_{1-2}M$. 木嘎岗日岩群；βb. 蛇绿岩之枕状玄武岩

## 二、枕状玄武岩（岩片）

### 1. 地质特征

分布在俄则勒、日阿塞日等地，出露面积为 3.20km²。呈岩片状产出，为透镜状、扁豆状，在俄则勒枕状玄武岩长 3 200m±，宽 1 000m±，岩石组合以枕状玄武岩为主，次为块状、角砾状玄武岩（图 3－4）。

### 2. 岩石学特征

（1）枕状玄武岩

岩石呈深灰色，具间粒结构，气孔状构造，枕状构造。岩枕大小不等，大者 1.2m×0.40m，小者 0.4m×0.2m。矿物成分主要由斜长石与少量辉石组成，含量占 90%±，气孔呈椭圆状，不规则状，大小 1～3mm，被碳酸盐矿物所充填，含量占 10%±。

（2）块状玄武岩

岩石呈灰黑色，间隐结构，块状构造。含少量长石斑晶，呈条状，大小 0.2～1.0mm，含量占 5%～10%，基质为隐晶质，含量占 90%±。

（3）角砾状玄武岩

灰绿色，间隐结构、角砾状构造。角砾为自碎角砾，周边见有绿泥石化，角砾大小 2～5cm，含量占 30%～40%，基质为玄武质熔浆，占 50%～60%，绿泥石占 1%以下。

### 3. 岩石化学特征

分析结果及成因指数见表 3－3。

从 $SiO_2$ 含量为 49.58%，CaO 含量为 13.80%，$Al_2O_3$ 含量为 14.38%。$Na_2O$ 含量为 0.35%，$K_2O$ 含量为 0.28%，可以看出，本区枕状玄武岩具比较标准的拉斑玄武岩特征。在 TAS 图上投点落在 S 区，为亚碱质系列玄武岩区（图 3－5），在 $FeO_t$－($Na_2O$＋$K_2O$)－MgO 三角图上投到 T 区，也说明为

表 3-5 蛇绿岩类稀土元素及特征参数表

| 顺序号 | 样品号 | 单元名称 | 代号 | 稀土元素丰度($\times10^{-6}$) | | | | | | | | | | | | | | |
|---|---|---|---|---|---|---|---|---|---|---|---|---|---|---|---|---|---|---|
| | | | | La | Ce | Pr | Nd | Sm | Eu | Gd | Tb | Dy | Ho | Er | Tm | Yb | Lu | Y |
| 1 | PIV-XT1 | 放射虫硅质岩 | $\gamma s$ | 16.22 | 25.49 | 3.79 | 15.26 | 2.79 | 0.65 | 2.90 | 0.43 | 2.24 | 0.45 | 1.13 | 0.13 | 0.91 | 0.12 | 12.09 |
| 2 | XT-5032-1 | | | 30.85 | 35.23 | 6.66 | 28.20 | 6.27 | 1.20 | 6.49 | 0.84 | 4.68 | 0.98 | 2.50 | 0.31 | 1.78 | 0.30 | 28.06 |
| 3 | XT-27 | 枕状玄武岩 | $\beta b$ | 11.34 | 26.10 | 2.89 | 20.87 | 4.41 | 1.38 | 4.42 | 0.89 | 6.12 | 1.41 | 4.00 | 0.61 | 4.19 | 0.56 | 33.48 |
| 4 | XT-GII8 | 超镁铁质岩 | $\Sigma$ | 8.21 | 16.67 | 1.03 | 17.08 | 0.76 | 0.03 | 2.31 | 0.30 | 1.12 | 0.14 | 0.40 | 0.12 | 0.39 | 0.14 | 8.00 |
| 5 | XT-7022 | | | 0.31 | 0.59 | 0.26 | 0.57 | 0.20 | 0.03 | 0.30 | 0.03 | 0.20 | 0.02 | 0.08 | 0.01 | 0.04 | 0.00 | 0.77 |
| 6 | SIII-XT2 | | | 5.20 | 8.64 | 0.78 | 3.09 | 0.45 | 0.08 | 0.60 | 0.05 | 0.28 | 0.04 | 0.15 | 0.03 | 0.16 | 0.02 | 2.54 |
| 7 | SIII-XT4 | | | 0.86 | 0.52 | 0.08 | 0.57 | 0.12 | 0.02 | 0.17 | 0.02 | 0.15 | 0.02 | 0.09 | 0.02 | 0.15 | 0.01 | 1.69 |

| 顺序号 | 样品号 | 单元名称 | 代号 | 特征参数 | | | | | | | | | |
|---|---|---|---|---|---|---|---|---|---|---|---|---|---|
| | | | | ΣREE | ΣCe | ΣY | ΣCe/ΣY | δEu | δCe | La/Yb | Ce/Yb | La/Sm | Gd/Yb |
| 1 | PIV-XT1 | 放射虫硅质岩 | $\gamma s$ | 84.60 | 64.20 | 20.40 | 3.15 | 0.69 | 0.76 | 12.02 | 7.25 | 3.66 | 2.57 |
| 2 | XT-5032-1 | | | 154.35 | 108.41 | 45.94 | 2.36 | 0.57 | 0.57 | 11.68 | 5.12 | 3.09 | 2.94 |
| 3 | XT-27 | 枕状玄武岩 | $\beta b$ | 122.67 | 66.99 | 55.68 | 1.20 | 0.95 | 1.07 | 1.82 | 1.61 | 1.62 | 0.85 |
| 4 | XT-GII8 | 超镁铁质岩 | $\Sigma$ | 56.70 | 43.78 | 12.92 | 3.39 | 0.06 | 1.18 | 14.19 | 11.10 | 6.80 | 4.78 |
| 5 | XT-7022 | | | 3.41 | 1.96 | 1.45 | 1.35 | 0.37 | 0.47 | 5.23 | 3.82 | 0.98 | 6.05 |
| 6 | SIII-XT2 | | | 22.11 | 18.24 | 3.87 | 4.71 | 0.47 | 0.92 | 21.91 | 14.00 | 7.27 | 3.03 |
| 7 | SIII-XT4 | | | 4.49 | 2.17 | 2.32 | 0.94 | 0.43 | 0.38 | 3.87 | 0.90 | 4.51 | 0.91 |

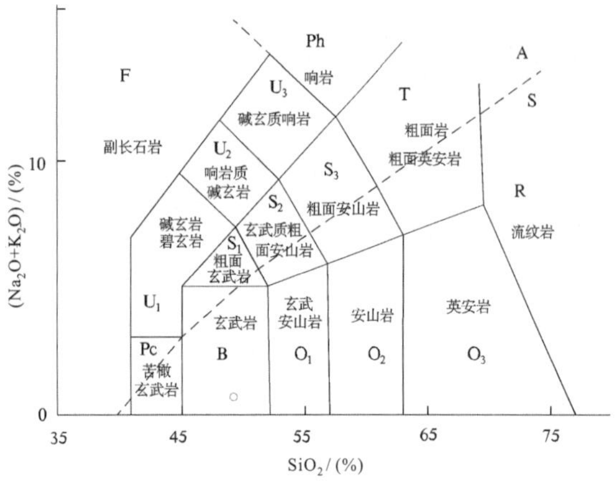


图 3-5　蛇绿岩之枕状玄武岩 TAS 图
（M. J. Le Bas 等，1986；IUGS，1989）
O. $SiO_2$ 过饱和；S. $SiO_2$ 饱和；U. $SiO_2$ 不饱合

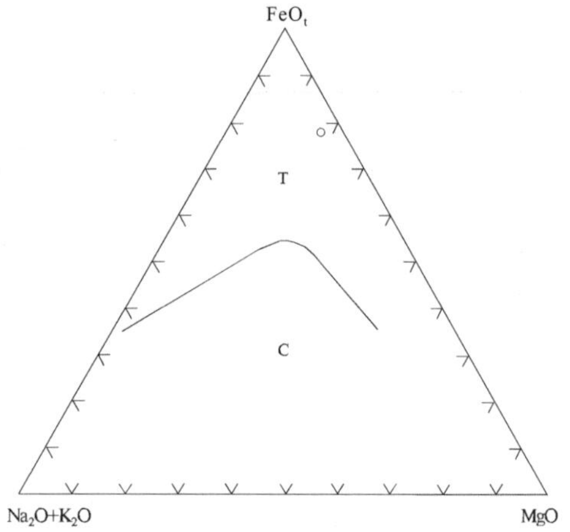


图 3-6　蛇绿岩之枕状玄武岩
$FeO_t$ -($Na_2O+K_2O$)- MgO 图
（Irvine，1971）
T. 拉斑玄武岩系列；C. 钙碱性系列

拉斑玄武岩系列岩石（图 3-6）。

**4. 地球化学特征**

（1）微量元素特征

微量元素丰度见表 3-4。

该套岩石与标准洋中脊玄武岩对比，$K_2O$、Rb、Ba 相对富集，其他元素比较接近洋中脊的含量。说明亲石元素或强不相容元素比较富集。从蛛网图上看，曲线形态介于拉斑玄武岩与过渡类型玄武岩之间（图 3-7），反映是来源于一个相对富集的地幔源区，Rb/Yb 比值为 3.04 大于 1 和 Zr/Y 比值为 3.25 小于 18（标准地幔）也证明了这一点。

（2）稀土元素特征

稀土元素及其特征参数见表 3-5。

该套玄武岩稀土总量 $\sum$REE 为 $122.67\times10^{-6}$，属偏低型，$\delta$Eu 为 0.946，小于 1，略显负异常，$\delta$Ce 为 1.072，略显正异常。$Ce_N/Yb_N$ 比值为 1.61，大于 1，稀土配分曲线形态为平坦型，与洋中脊玄武岩特征基本一致（图 3-8）。$La_N/Yb_N$ 比值为 1.82，介于 1.7～4.3（T-MORB）之间，属过渡类型洋中脊玄武岩。

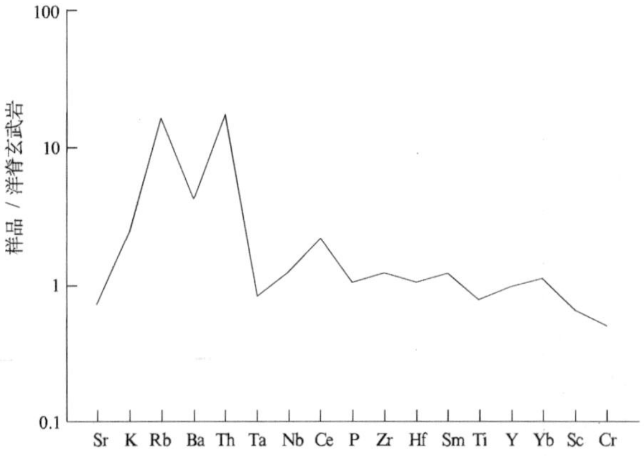


图 3-7　蛇绿岩之枕状玄武岩微量元素比值蛛网图
（Pearce，1982）

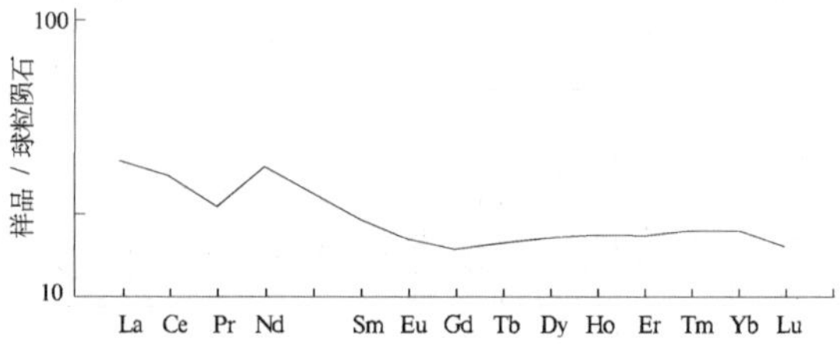


图 3-8　蛇绿岩之枕状玄武岩稀土元素配分模式图
（after Coryell，1963）

## 三、放射虫硅质岩（岩片）

### 1. 地质特征

多呈夹层状或构造透镜体状产于木嘎岗日岩群中，岩石变形强烈，多呈蛇曲状、石香肠状、布丁状。出露规模一般较小，最长几百米，一般几十米，最短的只有几十厘米。宽度在几十米至几十厘米不等。多呈浅灰色，少数紫红色。在镜下见有边毛状放射虫。大小0.1～0.5mm，含量2%～3%，硅质占96%～97%。

### 2. 岩石化学特征

化学分析结果及成因指数见表3-3。

与加里曼丹放射虫硅质岩对比，$SiO_2$ 含量变化在72.72%～91.55%之间，$Al_2O_3$ 含量介于2.13%～3.13%之间，属硅质岩范畴。$SiO_2/Al_2O_3$ 比值介于23.23～42.98之间，接近生物化学沉积成因类型；$SiO_2/MgO$ 比值介于61.62～199.02之间，介于火山沉积成因与生物化学沉积之间；$SiO_2/(Na_2O+K_2O)$ 比值介于60.60～119.12之间。该套硅质岩成因类型为火山沉积成因与生物化学沉积成因的过渡类型（表3-6）。

**表3-6　昂达尔错幅蛇绿岩中放射虫硅质岩成因类型表**

| 成因类型 | $Fe_2O_3/FeO$ | $SiO_2/Al_2O_3$ | $SiO_2/MgO$ | $SiO_2/(Na_2O+K_2O)$ |
|---|---|---|---|---|
| 本区 | 0.04～0.65<br>(0.34) | 23.23～42.98<br>(32.98) | 61.62～199.02<br>(130.32) | 60.60～119.12<br>(89.39) |
| 生物化学沉积 | 4.4 | 107 | 346 | 235 |
| 火山沉积 | 0.46 | 13.7 | 69.5 | 36 |
| 热水沉积 | 0.51 | 7.79 | 52.2 | 17.4 |

在Al-Fe-Mn（Wt%）三角比率图（图3-9）上，投到非热水区，在Fe/Mn-100＊Al/Al+Fe+Mn变异图（图3-10）上，投到玄武岩区，反映本区放射虫硅质岩与洋底玄武质岩浆活动关系密切。

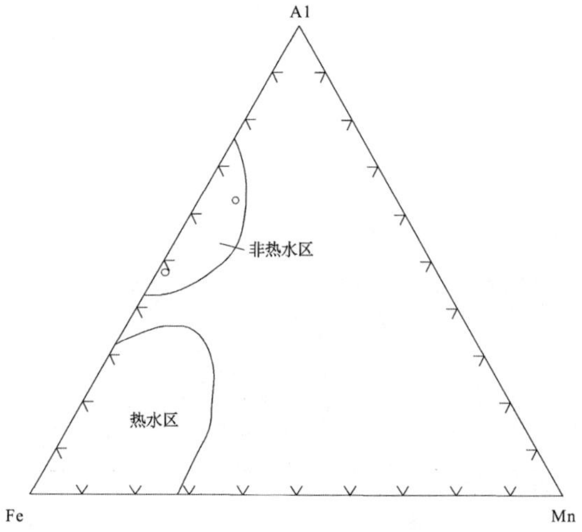


图3-9　蛇绿岩之放射虫硅质岩
Al-Fe-Mn三角比率图（Adachi，1986）

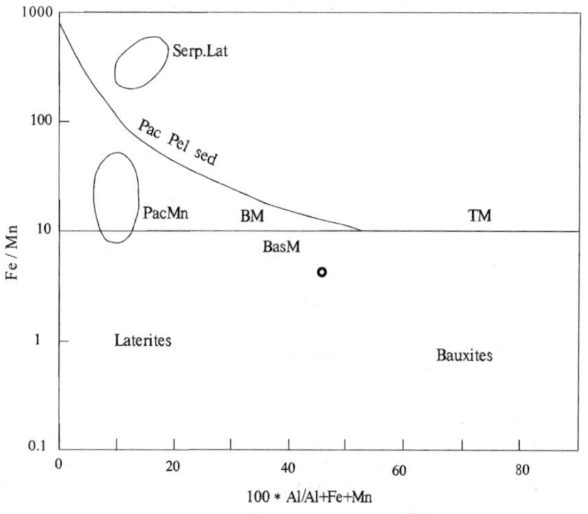


图3-10　蛇绿岩之放射虫硅质岩Fe/Mn-100＊Al/Al+Fe+Mn变异图（Bosrtom，1983）
BasM. 玄武质；TM. 陆源物质；BM. 生物物质；
Serp. Lat. 蛇绿岩上的红土；PacMn. 太平洋锰结核

### 3. 地球化学特征

（1）微量元素特征

微量元素丰度见表 3－4。

本区放射虫硅质岩与沉积岩（粘土岩、页岩）的维氏克拉克值相对比，Sc、V、Co、Ni、Rb、Zr、Nb、Ba、Hf、Ta、Th、U 均偏低，只有 Cr 偏高，反映其与玄武岩关系密切。

（2）稀土元素特征

稀土元素丰度及特征参数见表 3－5。

该套硅质岩 $\sum$REE 介于 $84.60\times10^{-6}\sim154.35\times10^{-6}$ 之间，属 $\sum$REE 偏低型。$\delta$Eu 介于 0.57～0.69 之间，$\delta$Ce 介于 0.57～0.76 之间，均显负异常特征。$La_N/Yb_N$ 比值介于 11.68～12.02 之间，稀土配分曲线为右倾型特征（图 3－11）。$\sum Ce/\sum Y$ 比值介于 2.36～3.15 之间，大于 1，反映为轻稀土富集的特征。$Ce_N/Yb_N$ 比值介于 5.12～7.25 之间，$La_N/Sm_N$ 比值介于 3.09～3.66 之间，$Gd_N/Yb_N$ 比值介于 2.57～2.94 之间，说明轻重稀土分馏较好。

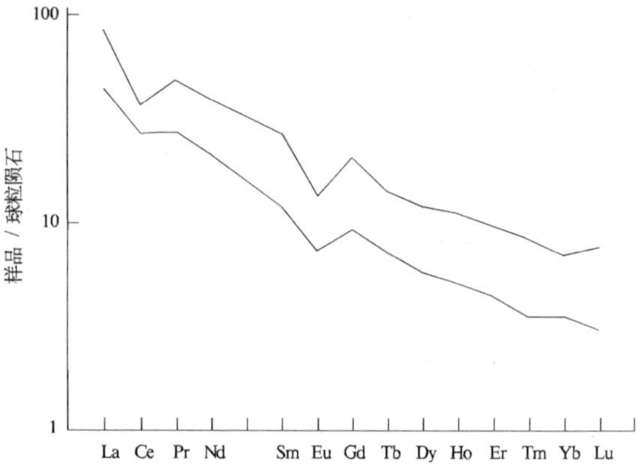


图 3－11　蛇绿岩之放射虫硅质岩稀土元素配分模式图

(after Coryell, 1963)

### 4. 时代及构造环境讨论

（1）时代讨论

根据 1∶100 万改则幅区调报告，日阿色一带枕状玄武岩的 K－Ar 测年法年龄为 167.5Ma，在去申拉一带放射虫硅质岩的地质时代为侏罗纪，再结合区域上晚侏罗世沙木罗组呈角度不整合覆盖于木嘎岗日岩群之上，确定蛇绿岩的时代为早—中侏罗世。

（2）构造环境讨论

该套蛇绿岩中的枕状玄武岩岩石化学系列为拉斑玄武岩系列。稀土配分曲线为平坦型。微量元素蛛网图显示是过渡型洋脊玄武岩特征。在 $TiO_2$－Zr 图解上投到洋中脊玄武岩区（图 3－12）。在 Ti/100－Zr－Sr/2 图解上投到洋底玄武岩区（图 3－13）。以微量元素蛛网图中 Nb、Ta 偏低等特点看，又具有一些岛弧玄武岩的特征，这可能是班公湖-怒江多岛弧盆体系构造环境的反映。

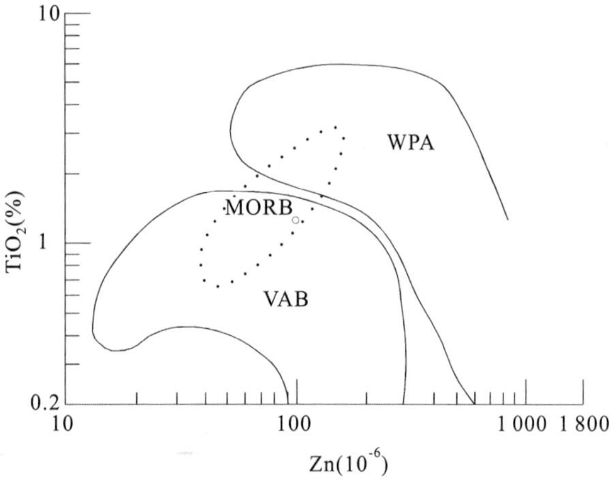


图 3－12　蛇绿岩之枕状玄武岩 $TiO_2$－Zr 图

(Pearce, 1980)

MORB. 标准洋中脊玄武岩；VAB. 火山弧玄武岩；WPA. 板内玄武岩

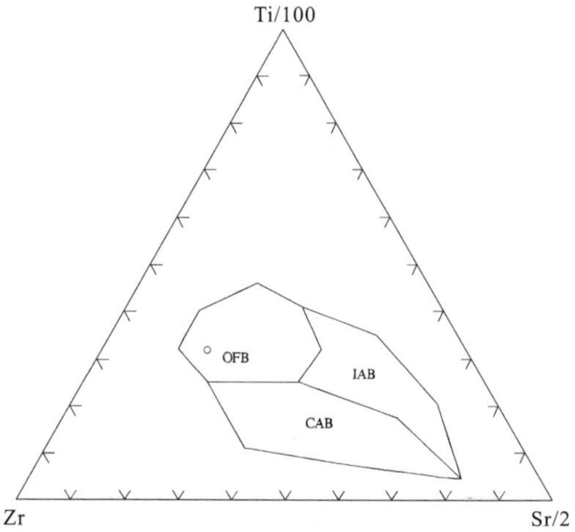


图 3－13　蛇绿岩之枕状玄武岩岩浆判别图

(Pearce & Cann, 1973)

OFB. 洋底玄武岩；IAB. 低钾拉斑玄武岩；CAB. 钙碱性玄武岩

# 第二节 与蛇绿岩有关的镁铁质岩

与蛇绿岩有关的镁铁质岩产于班公湖-怒江构造混杂岩带内，由洋岛型玄武岩和基性岩墙组成（表3－7）。

表3－7 与蛇绿岩有关的镁铁质岩填图单元一览表

| 时代 | 单元名称 | 代号 | 岩石组合 | 接触关系 | 同位素年龄（Ma） |
|---|---|---|---|---|---|
| 早白垩世 | 塔仁本洋岛型玄武岩 | $t\beta$ | 以枕状玄武岩为主，夹角砾状玄武岩、简单成分砾岩、放射虫硅质岩、礁灰岩、硅质粉砂岩、砂岩 | 下部与吐卡日组、木嘎岗日岩群为断层接触，上部与去申拉组呈角度不整合或与康托组呈断层接触 | 107±8.1～191±8（锆石 SHRIMP）120.1（全岩 K－Ar） |
| | 基性岩墙 | $\beta\mu$ | 辉长玢岩、闪长玢岩、细粒辉绿岩、细粒辉长岩 | 与超镁铁质岩为断层接触关系与木嘎岗日岩群为侵入接触关系 | |

## 一、塔仁本洋岛型玄武岩

### 1. 地质特征

塔仁本洋岛型玄武岩分布于赞宗错东南塔仁本、其浪董格、日阿塞日以及色哇等地，出露面积近50km²，厚度大于1 315.41m。下部与侏罗纪木嘎岗日岩群（$J_{1-2}M$）、晚侏罗世吐卡日组（$J_3t$）均为断层接触，上部与早白垩世去申拉组（$K_1q$）呈角度不整合接触关系或与新近纪康托组（$Nk$）呈断层接触关系。在剖面上，枕状玄武岩与灰岩质玄武质简单砾岩呈韵律出现。在下部的枕状玄武岩中局部有玄武质火山角砾岩出现，在色哇南部的洋岛玄武岩中，还见有具包卷层理沉积构造的玄武质凝灰岩，为火山热浪作用的结果。枕状玄武岩的层间及枕间空隙中沉积有粉红色粉晶灰岩和紫红色硅质岩夹层。该套地层的中上部层位还见有大量生物礁灰岩分布，生物组合为珊瑚、苔藓虫等。呈点状礁产出，产状与枕状玄武岩整合接触，图3－14是塔仁本洋岛型玄武岩剖面，该套火山岩地层层序详见第二章第一节。

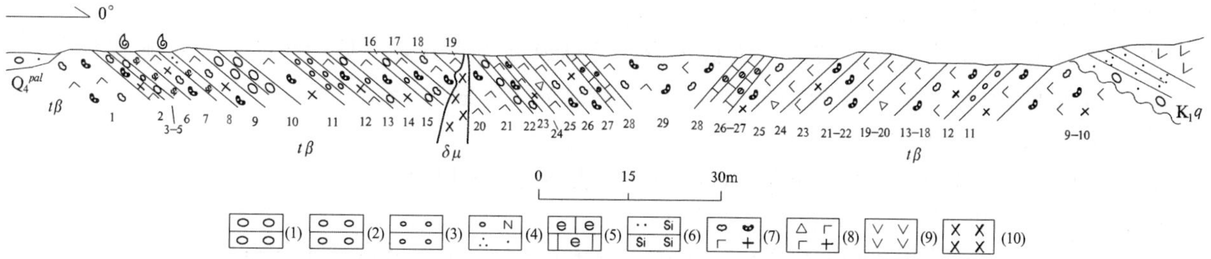


图3－14 双湖特别区赞宗错东南塔仁本洋岛型玄武岩实测剖面图

（1）巨砾岩；（2）中砾岩；（3）细砾岩；（4）含砾长石石英砂岩；（5）含生物碎屑灰岩；（6）含粉砂硅质岩；（7）杏仁状枕状斑状玄武岩；（8）角砾状多斑玄武岩；（9）安山岩；（10）辉绿岩（$\delta\mu$）；$\delta\mu$. 辉绿岩；$t\beta$. 塔仁本洋岛型玄武岩；$K_1q$. 去申拉组；$Q_4^{pal}$. 第四系洪冲积相沉积物

### 2. 岩石学及岩相特征

岩相组合为火山爆发相、火山溢流相、远岸近源沉积相、生物礁灰岩相、远洋沉积相（图3－15）。

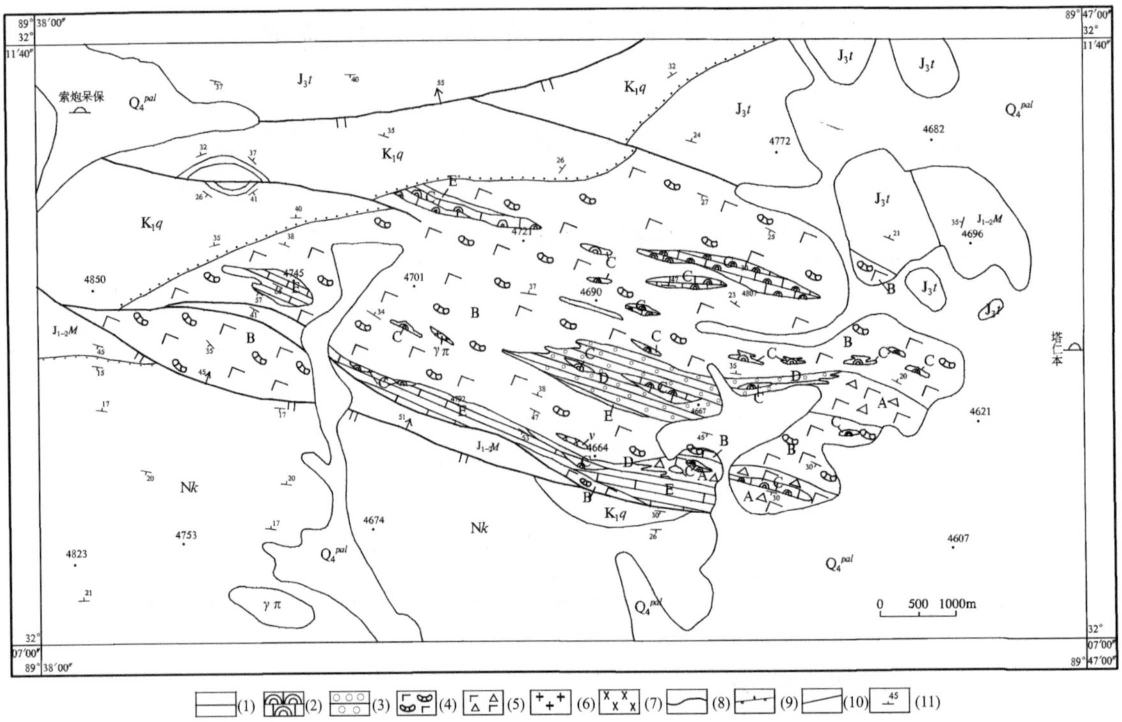


图 3-15　塔仁本洋岛型玄武岩岩相图

（1）硅质岩；（2）藻灰岩；（3）单成分砾岩；（4）枕状玄武岩；（5）玄武质火山角砾岩；（6）花岗斑岩（$\gamma\pi$）；

（7）辉长岩（$\upsilon$）；（8）岩性界线；（9）逆断层；（10）性质不明断层；（11）地质体产状；

A. 火山爆发相；B. 火山溢流相；C. 藻灰岩相；D. 近源远岸沉积相；E. 远岸沉积相；

$J_{1-2}M$. 木嘎岗日岩群变质砂岩、粉砂岩夹硅质岩及外来岩块；

$J_3t$. 吐卡日组灰色生物碎屑灰岩、粒屑灰岩、藻粒灰岩；$K_1q$. 去申拉组安山岩、安山质火山碎屑岩；

Nk. 康托组紫色砂岩、砾岩；$Q_4^{pal}$. 洪冲积砂砾石层

（1）火山爆发相

主要产于该套火山岩的中下部层位，与枕状玄武岩、简单成分砾岩相伴产出，岩石类型主要为玄武质火山角砾岩和玄武质凝灰岩。

① 黑绿色玄武质火山角砾岩

岩石呈黑绿色，火山角砾状结构，块状构造。角砾成分为玄武岩，呈尖棱角状，角砾直径在 2～150mm，含量占 90%～95%，填隙物由火山灰和钙质组成，含量占 5%±。

② 灰绿色玄武质凝灰岩

该岩石仅见于色哇南，岩石呈灰绿色，细粒凝灰质结构，薄层状构造。

（2）火山溢流相

火山溢流相为该套火山岩的主体岩性，主要为枕状玄武岩，角砾状玄武岩（图版 XX，1，2）。

① 黑色枕状杏仁状斑状玄武岩

岩石呈黑色，斑状结构，杏仁状、枕状构造。岩枕呈椭圆状，大小为 20～50cm，岩枕从中心至枕壳斑晶逐渐减少，杏仁体则逐渐增加增大。岩枕之间常被灰质沉积充填。斑晶成分为斜长石，灰白色，半自形板状，大小为 0.2～0.5mm，含量占 15%。基质为间粒结构，成分为斜长石、辉石组成。斜长石灰白色，半自形，长条状，杂乱分布，粒度为 0.15mm±，含量 70%。辉石无色，它形粒状，粒径 0.05～0.1mm，含量 10%。杏仁体呈圆状，扁圆状，大小在 0.5～1mm，含量占 5%±。

② 黑灰色角砾状玄武岩

岩石呈黑灰色，角砾状结构，块状构造，局部具枕状构造。角砾成分为玄武岩，呈棱角状、次棱角

状，角砾直径为2～5mm，含量占30%～40%。胶结物为玄武质熔浆，占55%～60%。

(3) 远洋沉积相

远洋沉积相呈夹层状产于枕状玄武岩中，岩性为紫红色薄层粉砂质硅质岩、紫红色放射虫硅质岩。

① 紫红色薄层粉砂质硅质岩

紫红色，粉砂质、硅质结构，薄层状构造，单层厚度为0.05～0.1mm。粉砂质粒径为0.005mm±，含量占5%～10%。胶结物为隐晶质的玉髓，含量占85%～90%，其中含有放射虫。

② 紫红色放射虫硅质岩

岩石呈紫红色，生物结构，隐晶质结构，细纹层状构造。主要由蛋白质、玉髓质的硅质成分组成，含有少量碳酸盐岩、石英碎屑，放射虫呈椭圆形放射状，被玉髓、鲕绿泥石充填，直径0.1～0.2mm，含量85%，交结物为呈黄褐色的隐晶质粘土矿物，分布于放射虫周边，呈孔隙-基底式胶结，含量15%(图版XX，5)。

(4) 远岸近源沉积相

远岸近源沉积相呈夹层状产于枕状玄武岩中。灰绿色细砾—巨砾简单成分砾岩，灰绿色，细砾、巨砾结构，中厚层状构造，单层厚度约在0.2～1.5m。砾石成分为灰色灰岩、玄武岩两种，呈棱角状—次棱角状，砾石直径为0.5～40cm，含量占80%～90%。砂屑占5%～10%。胶结物为钙质，占5%～10%(图版XX，4)。该套砾岩的砾石成分简单，仅限于灰岩、玄武岩两种，砾石多为次棱角状，显示搬运距离较短，具近源快速沉积的特征。另外，简单的砾石成分也显示了远岸、封闭的沉积环境特征。

(5) 生物礁相

生物礁相呈夹层状产于该套火山岩的中上部层位。

① 深灰色厚层状细砾屑灰岩

深灰色，细砾屑结构，厚层状构造，单层厚度在0.6m±。

砾屑成分，以灰岩为主，个别为玄武岩砾屑，呈次棱角状，砾屑大小为2～5mm，含量占70%～80%。粉屑粒度为0.05mm±，由微晶方解石组成，含量占15%～20%。

② 灰白色生物礁灰岩

灰白色和浅粉红色，粉屑结构，生物骨架结构，中层状构造。生物骨架以珊瑚、苔藓虫为主，含量占30%～40%，其余为粉屑方解石，含量60%～70%。呈点礁状产出，在同一层位呈串珠状或透镜状产出。

从上述资料中可以看出，塔仁本洋岛型玄武岩无论是岩石组合、地层层序、火山喷发特征等诸多方面都与洋脊型枕状玄武岩有显著区别，洋脊型枕状玄武岩一般岩性较简单，主体为枕状玄武岩，其上有深海放射虫硅质岩覆盖。塔仁本洋岛型玄武岩岩石组合较为复杂，岩石组合包括：火山角砾岩、角砾状玄武岩、枕状玄武岩、放射虫硅质岩、粉晶灰岩，简单成分砾岩、生物礁灰岩等。其中火山角砾岩、角砾状玄武岩等火山爆发相岩石的大量出现，说明不是洋脊型玄武岩。由玄武岩砾石和灰岩砾石组成的简单成分砾岩岩层代表了物源封闭、近源、远岸、快速堆积的特点。具洋盆内部海山周围裙裾堆积的沉积环境，简单成分的玄武岩和灰岩砾石说明来源于由玄武岩和礁灰岩两种成分组成的大洋海山；生物礁灰岩说明水体较浅，应为发育在火山岩洋岛上的生物岛礁。上述沉积特征证明塔仁本一带的玄武岩具有洋岛型玄武岩的沉积和火山喷发特征。其沉积环境类似于夏威夷群岛火山岩的成因，为发育于大洋板块内部的洋岛型玄武岩。

### 3. 岩石化学、地球化学特征

(1) 岩石化学特征

① 岩系类型的确定

塔仁本洋岛型玄武岩属碱性玄武岩系列，其$K_2O/Na_2O$比值变化在0.18～0.55之间，均小于1，为钠质组的碱性橄榄玄武岩-粗面岩-橄榄粗安岩组合，属夏威夷的岩石类型(图3-16)。

② 氧化物特征

氧化物百分含量及成因指数见表 3-8。

③ 与大洋碱性玄武岩对比

与大洋碱性玄武岩（据 K. C. Condie，1976）对比，除 $Na_2O$ 明显偏高外，其他氧化物的含量均与大洋碱性玄武岩接近或略偏低，与洋中脊玄武岩（据 K. C. Condie，1976）对比，$TiO_2$、$Fe_2O_3$、$Na_2O$ 含量偏高，$SiO_2$、$Al_2O_3$、MgO 的含量偏低。通过上述对比，塔仁本洋岛型玄武岩的化学成分与大洋碱性玄武岩化学成分基本一致。

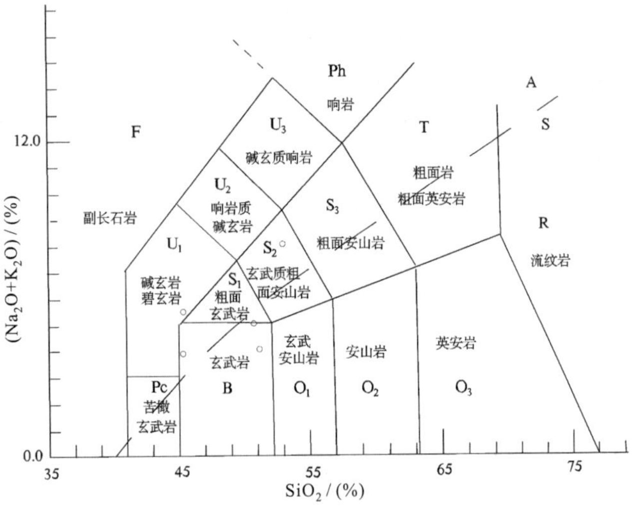


图 3-16　塔仁本洋岛型玄武岩 TAS 图

（M. J. Le Bas 等，1986；IUGS，1989）

O. $SiO_2$ 过饱和；S. $SiO_2$ 饱和；U. $SiO_2$ 不饱合

（2）微量元素特征

微量元素丰度见表 3-9。

与大洋碱性玄武岩（据 K. C. Condie，1976）对比，强相容元素 Cr、Ni、Yb 略显富集，而大离子亲石元素 Rb、Sr、Ba、$K_2O$ 相对比较接近或略偏低，与洋中脊玄武岩（据 K. C. Condie，1976）对比，强相容元素 Cr、Ni 偏低，Yb 偏高，大离子亲石元素 Rb、Sr、Ba、$K_2O$ 相对富集，与大洋碱性玄武岩微量元素特征基本一致。

塔仁本洋岛型玄武岩以强烈富集不相容元素及化合物 Sr、$K_2O$、Rb、Ba、Th、Ta、Nb、Ce，中等富集 $P_2O_5$、Zr、Hf、Sm、$TiO_2$、Y，亏损相容元素 Cr、Ni 为主要特征。从微量元素蛛网图上（Pearde 排序）看，曲线在 Sr-Y 段内呈强烈上穹，远高于 MORB 玄武岩，Cr 远低于 MORB 玄武岩，曲线形态与板内玄武岩基本一致（图 3-17）。呈现大洋板内 OIB 型玄武岩的微量元素特征。

（3）稀土元素特征

稀土元素丰度见表 3-10。

这套玄武岩具有 LREE 相对富集，Eu 微弱负异常和 HREE 分馏不佳等特征。表现在曲线形态上，为总体向右倾斜（图 3-18），HREE 曲线斜率较小，其与 MORB 玄武岩的平坦型稀土配分模式相比差别较大，与大洋岛屿碱性玄武岩的稀土配分模式较为相似。

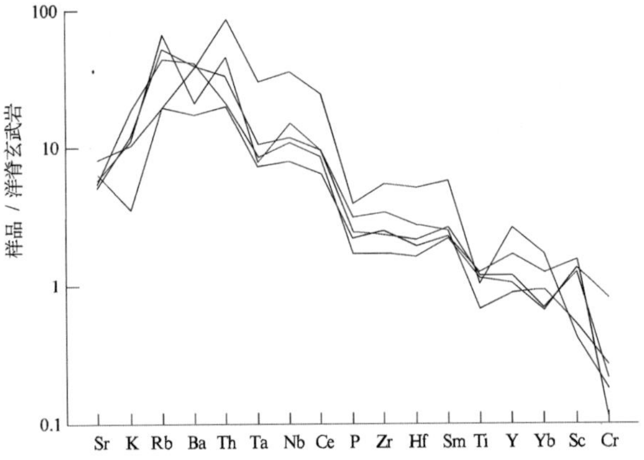


图 3-17　塔仁本洋岛型玄武岩微量元素比值蛛网图（Pearce，1982）

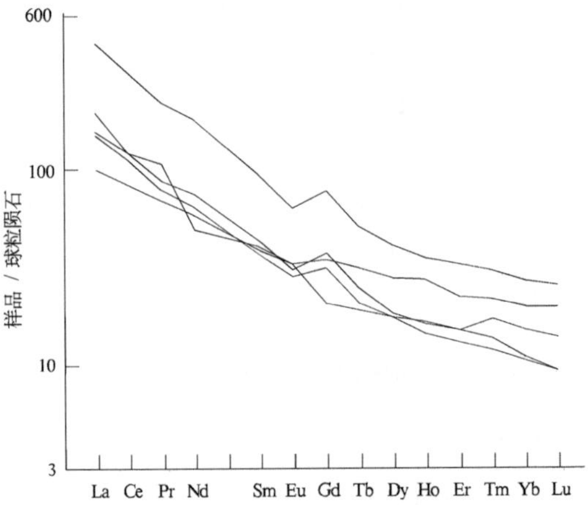


图 3-18　塔仁本洋岛型玄武岩稀土元素配分模式图（after Coryell，1963）

表 3-8　与蛇绿岩有关的洋岛型玄武岩、基性岩墙岩石化学、CIPW 值及特征指数

| 顺序号 | 样品号 | 单元名称 | 岩性 | 氧化物($W_t$)% | | | | | | | | | | | | | CIPW 值 | | 主要成因指数 | | |
|---|---|---|---|---|---|---|---|---|---|---|---|---|---|---|---|---|---|---|---|---|---|
| | | | | $SiO_2$ | $TiO_2$ | $Al_2O_3$ | $Fe_2O_3$ | FeO | MnO | MgO | CaO | $Na_2O$ | $K_2O$ | $P_2O_5$ | Los | 总量 | Di | Hy | DI | SI | M/F |
| 1 | Gs-1652 | 塔仁本洋岛玄武岩 | 放射虫硅质岩 | 67.67 | 0.26 | 1.84 | 1.05 | 1.62 | 0.18 | 1.11 | 14.40 | 0.12 | 0.22 | 0.04 | 11.5 | 100.00 | 14.50 | 0.00 | 68.00 | 26.90 | 0.72 |
| 2 | Gs-1664-2 | | | 87.76 | 0.27 | 3.26 | 0.38 | 4.38 | 0.06 | 1.56 | 0.99 | 0.24 | 0.70 | 0.04 | 0.70 | 100.30 | 0.00 | 11.32 | 82.40 | 21.50 | 0.58 |
| 3 | Gs-6083-1 | | | 93.98 | 0.10 | 0.78 | 0.06 | 3.03 | 0.02 | 0.16 | 0.46 | 0.18 | 0.25 | 0.00 | 0.00 | 99.02 | 1.46 | 5.04 | 92.60 | 4.35 | 0.09 |
| 4 | Gs-1664-1 | | 枕状玄武岩 | 53.15 | 1.16 | 15.30 | 7.42 | 3.20 | 0.18 | 3.17 | 5.99 | 4.90 | 1.25 | 0.46 | 2.96 | 99.14 | 9.67 | 16.83 | 51.10 | 15.90 | 0.56 |
| 5 | Gs-6083-3 | | | 50.79 | 1.90 | 13.70 | 9.97 | 3.13 | 0.16 | 3.29 | 5.91 | 4.62 | 0.41 | 0.32 | 4.76 | 99.00 | 10.78 | 19.16 | 46.00 | 15.40 | 0.48 |
| 6 | SIV-Gs6 | | | 45.34 | 1.84 | 13.10 | 7.15 | 5.29 | 0.14 | 8.33 | 10.40 | 2.50 | 1.38 | 0.36 | 3.48 | 99.33 | 24.99 | 0.00 | 25.70 | 33.80 | 1.25 |
| 7 | SIV-Gs7 | | | 53.09 | 1.60 | 15.40 | 11.90 | 1.01 | 0.14 | 1.23 | 3.34 | 6.85 | 1.20 | 0.57 | 3.15 | 99.55 | 4.94 | 0.00 | 66.60 | 5.53 | 0.18 |
| 8 | SVI-Gs5 | | | 45.37 | 1.80 | 12.00 | 6.06 | 5.22 | 0.15 | 4.83 | 11.60 | 3.38 | 2.12 | 0.25 | 6.01 | 98.75 | 40.13 | 0.00 | 25.10 | 22.40 | 0.80 |
| 9 | SIV-Gs3 | 基性岩墙 | 辉长辉绿岩 | 47.09 | 2.94 | 17.30 | 0.95 | 5.91 | 0.18 | 5.34 | 10.70 | 3.05 | 1.30 | 0.32 | 3.45 | 98.51 | 18.50 | 0.00 | 33.70 | 32.30 | 1.37 |
| 10 | SIV-Gs4 | | | 47.37 | 3.24 | 15.30 | 4.60 | 6.34 | 0.18 | 4.55 | 9.23 | 3.45 | 1.68 | 0.45 | 3.45 | 99.83 | 18.81 | 0.00 | 38.20 | 22.10 | 0.76 |

表 3－9　与蛇绿岩有关的洋岛型玄武岩、基性岩墙微量元素表

| 顺序号 | 样品号 | 单元名称 | 岩性 | 微量元素含量（×10⁻⁶） | | | | | | | | | | | | | |
|---|---|---|---|---|---|---|---|---|---|---|---|---|---|---|---|---|---|
| | | | | Sc | V | Cr | Co | Ni | Rb | Sr | Zr | Nb | Ba | Hf | Ta | Th | U |
| 1 | WL1652 | 塔仁本洋岛玄武岩 | 放射虫硅质岩 | 5.80 | 30.90 | 309.00 | 7.30 | 25.80 | 26.70 | 356.00 | 18.90 | 3.36 | 118.00 | 0.47 | 0.24 | 3.94 | 0.69 |
| 2 | WL1664－2 | | | 6.20 | 30.50 | 1167.00 | 9.90 | 75.60 | 60.90 | 83.00 | 26.50 | 4.28 | 139.00 | 0.63 | 0.33 | 4.65 | 0.87 |
| 3 | WL6083－1 | | | 3.66 | 14.64 | 461.98 | 12.28 | 22.48 | 13.63 | 87.31 | 9.09 | 1.26 | 77.54 | 0.38 | 0.18 | 0.64 | 1.25 |
| 4 | WL1664－1 | | 枕状玄武岩 | 21.10 | 168.50 | 76.00 | 22.50 | 28.70 | 74.80 | 705.00 | 317.30 | 54.41 | 302.00 | 8.12 | 3.63 | 8.50 | 1.55 |
| 5 | WL6083－3 | | | 61.80 | 320.69 | 31.58 | 40.59 | 25.21 | 21.84 | 775.89 | 229.17 | 29.23 | 248.78 | 5.79 | 3.47 | 3.69 | 1.50 |
| 6 | SIV－WL6 | | | 53.08 | 272.50 | 235.18 | 46.63 | 231.40 | 57.33 | 625.49 | 216.86 | 42.74 | 574.13 | 6.43 | 5.00 | 6.12 | 2.04 |
| 7 | SIV－WL7 | | | 16.85 | 27.26 | 51.48 | 12.33 | 38.16 | 21.77 | 979.25 | 508.99 | 126.63 | 532.11 | 15.20 | 14.21 | 15.98 | 5.97 |
| 8 | SVI－WL5 | | | 51.11 | 187.57 | 62.12 | 32.81 | 53.91 | 49.15 | 671.76 | 161.04 | 39.34 | 575.81 | 4.82 | 4.09 | 3.92 | 1.89 |
| 9 | SIV－WL3 | 基性岩墙 | 辉长辉绿岩 | 48.47 | 185.55 | 118.78 | 27.68 | 36.86 | 34.36 | 882.53 | 238.75 | 46.45 | 391.55 | 7.15 | 4.96 | 5.93 | 2.60 |
| 10 | SIV－WL4 | | | 30.19 | 144.58 | 39.95 | 25.25 | 22.85 | 30.71 | 857.26 | 270.38 | 61.18 | 461.18 | 8.08 | 6.32 | 6.34 | 2.98 |

（2）微量元素特征

微量元素丰度见表 3－9。

测区内硅质岩与沉积岩中的粘土岩、页岩的维氏克拉值比较，Sc、V、Co、Ni、Rb、Sr、Zr、Nb、Ba、Hf、Ta、Th、U 偏低，Cr 偏高。反映该硅质岩与幔源基性岩浆活动有关的特征。

（3）稀土元素特征

稀土丰度及特征参数见表 3－10。

测区内的硅质岩稀土总量∑REE 介于 $16.96\times10^{-6}\sim91.30\times10^{-6}$ 之间变化，属稀土总量偏低型，δEu 介于 0.27～0.73 之间，平均为 0.5，显负异常。δCe 介于 0.64～1.24 之间，平均为 0.91，略显负异常特征。$La_N/b_N$ 比值介于 6.39～12.14 之间变化，平均为 9.65，显示 LREE 相对富集的特征，稀土配分曲线为右倾型（图 3－21）。$Ce_N/Yb_N$ 比值介于 4.68～9.06 之间，说明轻、重稀土分馏较好。$La_N/Sm_N$ 比值介于 3.10～4.90 之间，$Gd_N/Yb_N$ 比值介于 2.24～2.80 之间，说明轻稀土分馏比重稀土的分馏好。从 Mnrray（1990）对美国西海岸加利福尼亚侏罗—白垩纪燧石进行 REE 系统研究后得出大洋环境的燧石岩结果 δCe 平均值（9 个样）为 0.30，而大陆边缘环境的 15 个样燧石岩 δCe 为 0.79～1.54，本区 δCe 平均值为 0.91，与大陆边缘环境相一致。因此本区的硅质岩具有大陆边缘环境特征。

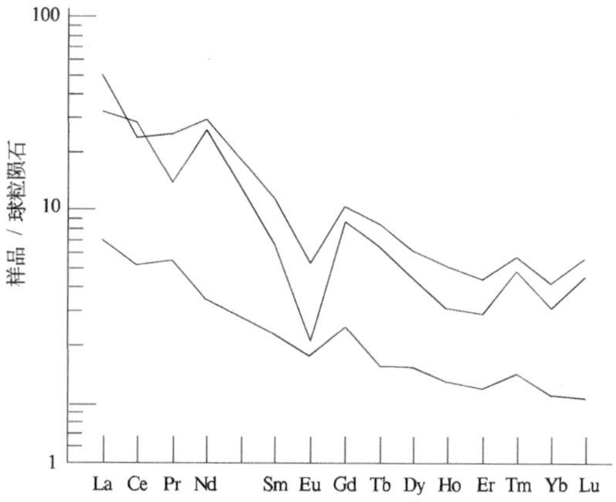


图 3－21　塔仁本洋岛型玄武岩中硅质岩稀土元素配分模式图

(after Coryell, 1963)

**5. 时代讨论及构造环境分析**

（1）时代讨论

为了确定塔仁本洋岛型玄武岩的形成时代，分别在塔仁本、日阿塞日等地采取枕状玄武岩样品进行锆石 SHRIMP 和 K－Ar 同位素测年，并于玄武岩中采集夹层硅质岩、礁灰岩样品，进行化石分析与鉴定。

日阿塞日一带枕状玄武岩中锆石 SHRIMP 年龄（图 3－22，图 3－23）：5 个测点的 SHRIMP 年龄为 107.7 ± 8.1Ma（MSWD＝4.8），另 2 个测点年龄为 191±8Ma（MSWD＝3.2）；塔仁本一带枕状玄武岩全岩 K－Ar 年龄为 120.1Ma。主要提供了早白垩世中晚期（120.1～107.7Ma）的年龄信息（表 3－12）。

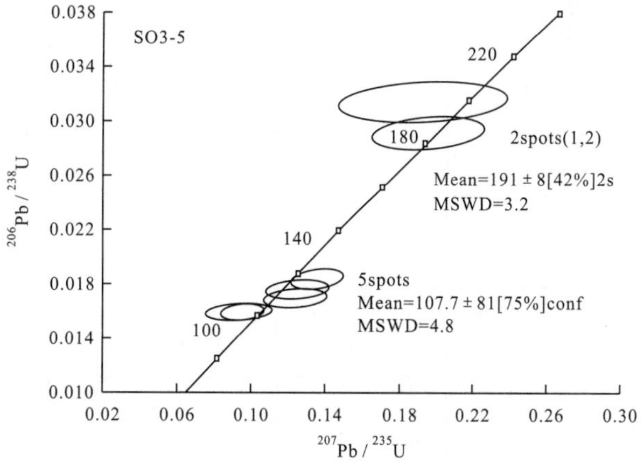


图 3－22　塔仁本洋岛型玄武岩锆石 SHRIMP 年龄谐和线图

锆石 SHRIMP 测年样中 2 个测点为 191±8Ma（MSWD＝3.2）的年龄值为早侏罗世早中期，这两个测点均在一粒锆石上，该粒锆石可能为捕虏的早期锆石，从其年龄值分析，为早侏罗世早中期，与班公湖-怒江洋强烈扩张的时期一致，因此，推断该锆石可能源于洋岛玄武岩上升过程中，捕虏的大洋拉斑玄武岩中的锆石，代表了班公湖-怒江洋洋壳的形成年龄。

表 3-12 锆石 SHRIMP 同位素测年测试结果表

| 样品号 | $^{206}Pb_c$ (%) | U ($10^{-6}$) | Th ($10^{-6}$) | $^{232}Th/^{238}U$ | $^{206}Pb$ ($10^{-6}$) | $^{206}Pb/^{238}U$ 年龄(Ma) | $^{207}Pb/^{206}Pb$ 年龄(Ma) | 不合谐性 | $^{207}Pb^*/^{206}Pb^*$ (±%) | $^{207}Pb^*/^{235}U$ (±%) | $^{206}Pb^*/^{238}U$ (±%) | 误差相关性 |
|---|---|---|---|---|---|---|---|---|---|---|---|---|
| S03-521 | 2.59 | 162 | 59 | 0.38 | 4.15 | 185.0±5.3 | 129±230 | -43 | 0.004 86±9.9 | 0.195 0±10 | 0.029 11±2.9 | 0.280 |
| S03-522 | 2.72 | 224 | 88 | 0.41 | 6.22 | 199.4±6.1 | -86±380 | 331 | 0.044 40±15 | 0.192 0±16 | 0.031 41±3.1 | 0.198 |
| S03-523 | 0.26 | 138 | 40 | 0.30 | 33.70 | 1 611.0±39 | 1 715±25 | 6 | 0.105 00±1.4 | 4.110 0±3.0 | 0.283 90±2.7 | 0.892 |
| S03-524 | 1.27 | 425 | 277 | 0.67 | 6.29 | 108.6±3.0 | 322±200 | 66 | 0.052 80±8.7 | 0.124 0±9.1 | 0.016 99±2.8 | 0.310 |
| S03-525 | 1.91 | 510 | 159 | 0.32 | 8.20 | 117.3±3.3 | 348±150 | 66 | 0.053 40±6.6 | 0.135 3±7.2 | 0.018 37±2.8 | 0.391 |
| S03-526 | 2.45 | 841 | 257 | 0.32 | 11.80 | 102.1±2.8 | -258±280 | 140 | 0.041 50±11 | 0.091 0±11 | 0.015 96±2.8 | 0.240 |
| S03-527 | 1.34 | 536 | 337 | 0.65 | 8.22 | 112.5±3.1 | 262±200 | 57 | 0.051 50±8.7 | 0.125 0±9.1 | 0.017 60±2.8 | 0.308 |
| S03-528 | 1.40 | 814 | 758 | 0.96 | 11.30 | 102.1±2.7 | -88±230 | 216 | 0.044 40±9.2 | 0.097 7±9.6 | 0.015 97±2.7 | 0.282 |

注：误差为 1σ；$Pb_c$ 和 $Pb^*$ 分别为普通铅和放射成因铅；标准校正的误差为 0.87%，普通铅校正用 $^{204}Pb$ 实测值

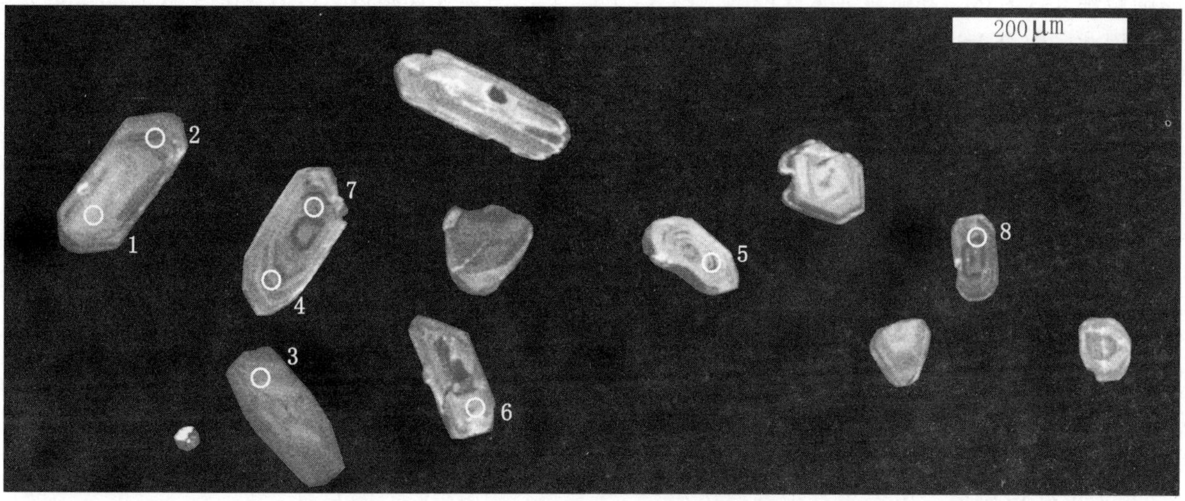


图 3-23　日阿塞日一带枕状玄武岩中锆石阴极发光照相

洋岛玄武岩中所夹生物礁灰岩内珊瑚化石，经中国科学院南京地质古生物研究所廖卫华鉴定为 *Isastraea helianthoides* (Goldfuss)；*Ovalatraea caryophylloides* (Goldfuss)，其时代为晚侏罗世—早白垩世。放射虫硅质岩中的放射虫，经中国地质科学院地质所王乃文研究员鉴定，共 7 个种（详见第二章第一节），其中 *Holocryptocanium barbui* Dumetrica 的时限范围为早白垩世巴雷姆期（Barremian）—晚白垩世的赛诺曼期（Cenomanian）。一般认为是早白垩世阿普特期（Aptian）—阿尔布期（Albian）的带化石。

综上所述，确定塔仁本洋岛玄武岩的形成时代为早白垩世晚期，大约在 120～107Ma。相当于早白垩世阿普特期（Aptian）—阿尔布期（Albian）。

（2）构造环境分析

从前面的枕状玄武岩岩石化学、地球化学特征分析，塔仁本洋岛玄武岩具有大洋岛屿碱性玄武岩的特征。我们利用非活动性元素对这套火山岩投图，在 Hf/3－Th－Ta 三角图（图 3－24）上，所有样品均投到板内碱性玄武岩区。在 $TiO_2$－MnO ＊ 10－$P_2O_5$ ＊ 10 图（图 3-25）上除一个样品外，均投入大

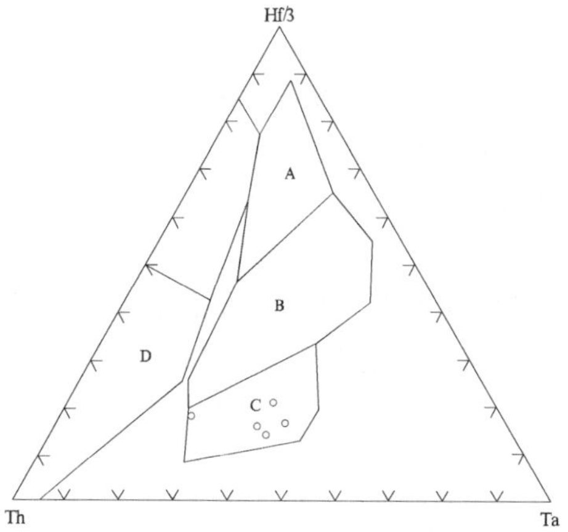


图 3－24　塔仁本洋岛型玄武岩

Hf/3－Th－Ta 三角图（Wood，1980）

A. 正常洋中脊拉斑玄武岩；

B. E 型洋中脊玄武岩和板内拉斑玄武岩及其分异产物；

C. 板内碱性玄武岩及其分异产物；

D. 板边岛弧玄武岩（破坏性板块边缘及其分异产物）

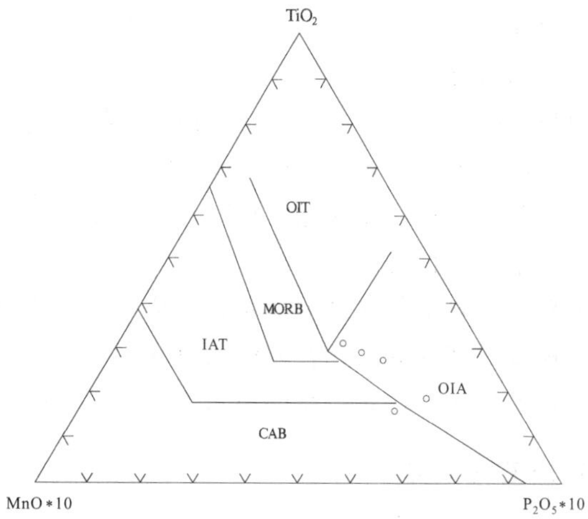


图 3－25　塔仁本洋岛型玄武岩

$TiO_2$－MnO ＊ 10－$P_2O_5$ ＊ 10 图

（E. D. Mullen，1983）

OIT. 大洋岛屿拉斑玄武岩；

OIA. 大洋岛屿碱性玄武岩；MORB. 洋中脊玄武岩；

ITA. 岛弧拉斑玄武岩；CAB. 钙碱性玄武岩

洋岛屿碱性玄武岩区。在微量元素蛛网图（图 3-17）上，呈现大洋板内（OIB 型）玄武岩的微量元素特征。因此，综合上述特征确定塔仁本玄武岩产出的大地构造环境为大洋板内环境。

## 二、基性岩墙（脉）

基性岩墙位于测区内的班公湖-怒江结合带中，与蛇绿岩和洋岛型玄武岩在空间上相邻，时间相近，多呈脉状产出。

### 1. 地质特征

基性岩墙分布在其香错西、桌布卡布吉、塔仁本等地，呈条带状近东西向展布。但没有形成大规模的岩墙群，均为岩脉状侵入到洋岛型玄武岩、超铁镁质岩和吐卡日组中（图 3-26）。局部以断层接触。岩石组合由辉绿玢岩、中细粒辉长岩、细粒辉绿岩、辉长岩组成。

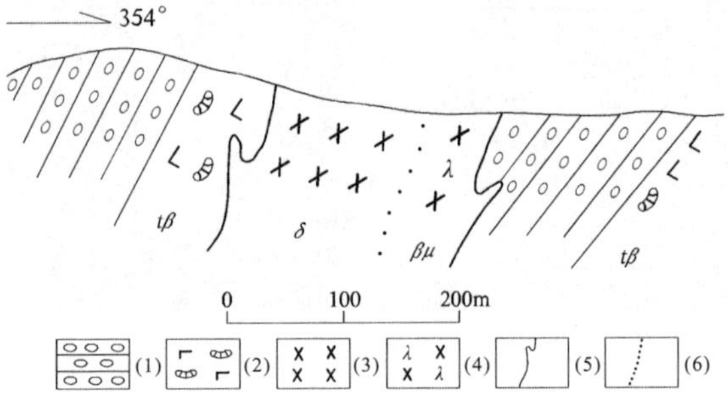


图 3-26　塔仁本基性岩墙侵入接触关系素描图

（1）单成分砾岩；（2）枕状玄武岩；（3）中细粒辉长岩；（4）辉绿玢岩；（5）侵入接触界线；（6）渐变地质界线；$t\beta$. 枕状玄武岩；$\delta$. 中细粒辉长岩；$\beta\mu$. 辉绿玢岩

### 2. 岩石学特征

（1）辉绿玢岩

辉绿玢岩呈黑绿色，斑状结构，块状构造。岩石由斜长石斑晶与基质组成：斑晶为斜长石，灰白色，半自形长板状，聚片双晶，个别有绿泥石化、绿帘石化现象，粒度 1.2～2.5mm，含量在 2%±。基质具辉绿结构，其中，斜长石：灰白色，半自形长板状，聚片双晶明显，粒度 0.5mm±，含量 88%±；辉石：无色，他形粒状，粒度 0.1～0.2mm，含量 10%±。该岩石有轻微的绿泥石化，呈团块状产出（图版 XIX，4）。

（2）中细粒辉长石

中细粒辉长石呈灰绿色，中细粒辉长结构，块状构造。岩石由辉石、斜长石组成，二者结晶程度相近，构成辉长结构。辉石：半自形粒状，两组解理近于垂直，粒度在 1～2mm 之间，含量占 35%～40%；斜长石：灰白色，半自形晶，长板状，聚片双晶发育，有绢云母化现象，粒度在 1.5～2.5mm 之间。含量占 58%～63%。不透明矿物呈粒状、针状，含量占 2%±。

（3）细粒辉绿岩

细粒辉绿岩呈黑绿色，辉绿结构，块状构造。岩石由斜长石搭成格架，辉石充填其中。斜长石：灰白色，自形—半自形，长板状，聚片双晶发育，表面有绢云母化，粒度在 0.5～1mm 之间，含量占 70%～75%；辉石：深绿色，粒度 0.5mm±，具绿泥石化，含量占 25%～30%.

（4）细粒辉长岩

细粒辉长岩呈灰绿色，细粒辉长结构，块状构造，岩石由斜长石和辉石组成。斜长石：灰白色，半自形长板状，聚片双晶，有弱绢云母化，粒度在 0.5～1.5mm 之间，含量占 15%～20%。辉石：深绿色，半自形粒状、柱状，粒度在 0.5～1mm 之间，含量占 80%～85%，均已绿泥石化。

### 3. 岩石化学特征

基性岩墙的化学分析结果及成因指数见表 3-8。

（1）岩石系列类型的确定

该套基性岩墙（脉），在 $SiO_2$-($K_2O+Na_2O$)图上投到碱质区，属碱性系列（图 3-27）。

（2）与洋中脊拉斑玄武岩对比

该套岩石与洋中脊拉斑玄武岩化学成分对比，$SiO_2$、FeO、MgO、$Ma_2O$ 较低，$TiO_2$、$Al_2O_3$、CaO、$K_2O$ 偏高。

（3）与大洋碱性玄武岩对比

与大洋碱性玄武岩对比，$SiO_2$、$TiO_2$、$Al_2O_3$、FeO、$Na_2O$、$K_2O$ 含量比较接近。

通过上述对比，说明该套岩石与大洋碱性玄武岩比较接近。

**4. 地球化学特征**

（1）微量元素特征

基性岩墙的微量元素丰度见表 3 - 9。

① 与洋中脊玄武岩微量元素对比

该区基性岩墙的微量元素与洋中脊玄武岩微量元素对比，Co 相对偏高，其他元素含量相对偏低。

② 与大洋碱性玄武岩对比

该区基性岩墙的微量元素与大洋碱性玄武岩对比，Cr、Co、Ni、Sr 略偏高，Rb、Zr、Ba、U 偏低，说明本区的基性岩墙微量元素与大洋碱性玄武岩接近，从蛛网图上（Pearcer）看，曲线形态在 Sr - $TiO_2$ 段内，各元素均大于 1，说明均高于标准洋中脊，曲线呈上窿形态，在 $TiO_2$ - Cr 段内，各元素均小于 1，说明各元素低于标准洋中脊玄武岩，反映该套基性岩强烈富集大离子亲石元素或强烈富集强不相容元素，亏损过渡性元素（图 3 - 28）。$Rb_N/Yb_N$ 比值介于 3.45～5.32 之间，大于 1，Zr/Y 比值介于 3.63～3.69 之间变化，远小于 18（原始标准地幔），均说明该套岩石来源于一个富集型地幔源区。

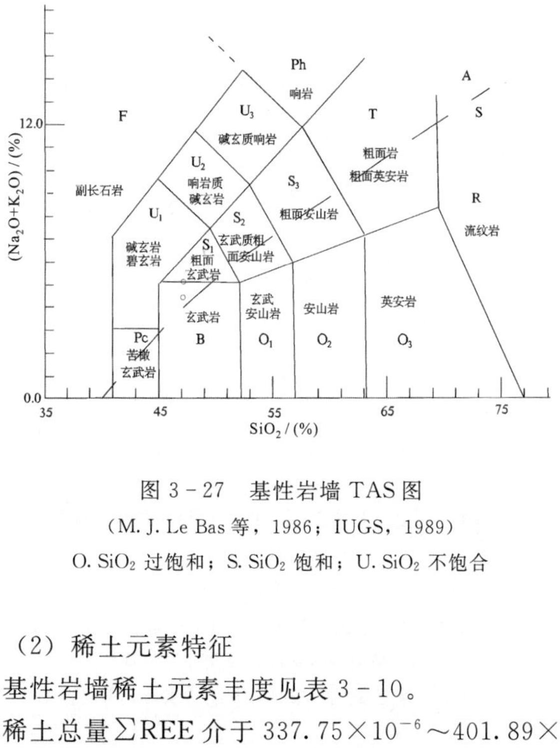


图 3 - 27　基性岩墙 TAS 图

（M. J. Le Bas 等，1986；IUGS，1989）

O. $SiO_2$ 过饱和；S. $SiO_2$ 饱和；U. $SiO_2$ 不饱合

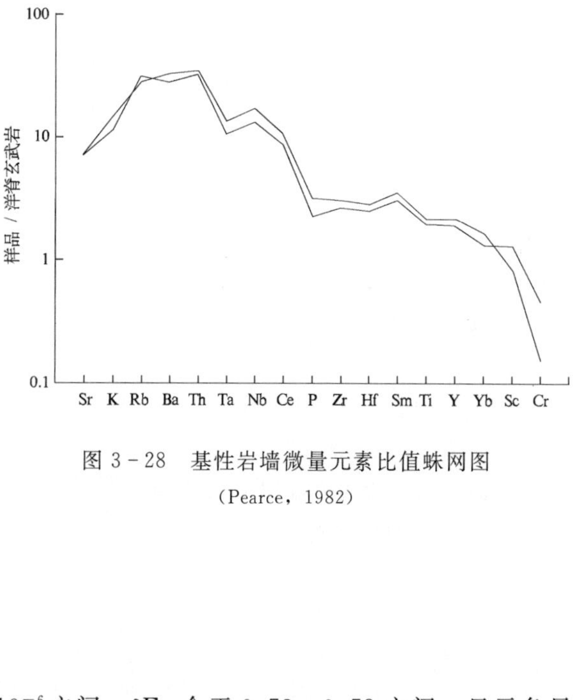


图 3 - 28　基性岩墙微量元素比值蛛网图

（Pearce，1982）

（2）稀土元素特征

基性岩墙稀土元素丰度见表 3 - 10。

稀土总量 ∑REE 介于 $337.75\times10^{-6}$～$401.89\times10^{-6}$ 之间，δEu 介于 0.73～0.78 之间，显示负异常特征（图 3 - 29）。δCe 介于 0.99～1.00 之间，呈正异常特征。$La_N/Yb_N$ 比值介于 6.84～7.34 之间，$Ce_N/Yb_N$ 比值介于 5.31～5.50 之间，LREE 的分馏较好，$La_N/Sm_N$ 比值介于 3.05～3.10 之间，HREE 的分馏程度一般。$Gd_N/Yb_N$ 比值介于 1.98～2.12 之间。

**5. 构造环境讨论**

该套基性岩墙，在 $TiO_2$ - Zr 图上，投到火山弧区（图 3 - 30）。在 Ti/Cr - Ni 图上，投到大洋玄武岩区（图 3 - 31）。在 Hf/3 - Th - Ta 三角图上，投到板内玄武岩区（图 3 - 32）。结合其岩石化学、地球化学等特征，确定该套基性岩墙所代表的构造环境应为消减带附近，与洋岛玄武岩密切相关的伸展构造事件。

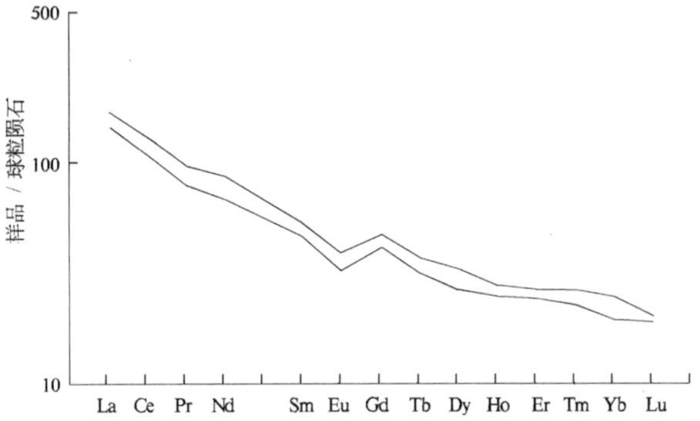


图 3-29　基性岩墙稀土元素配分模式图

(after Coryell, 1963)

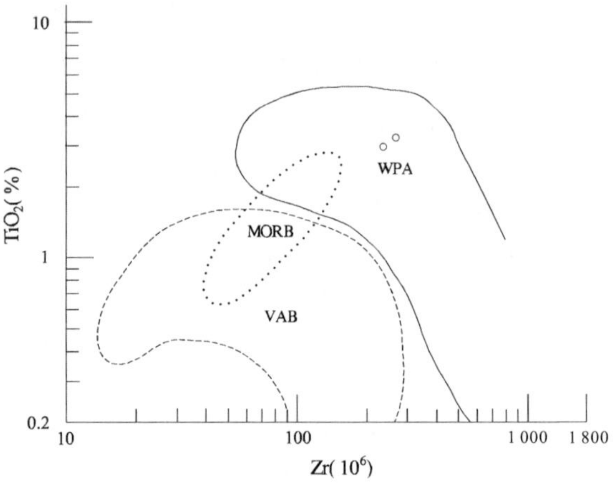


图 3-30　基性岩墙 $TiO_2$-Zr 图

(Pearce, 1980)

MORB. 标准洋中脊玄武岩；VAB. 火山弧玄武岩；WPA. 板内玄武岩

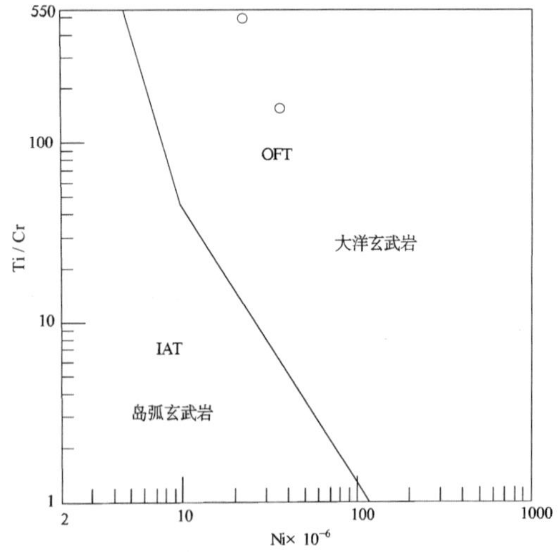


图 3-31　基性岩墙 Ti/Cr-Ni 图

(Beccaluva, 1979)

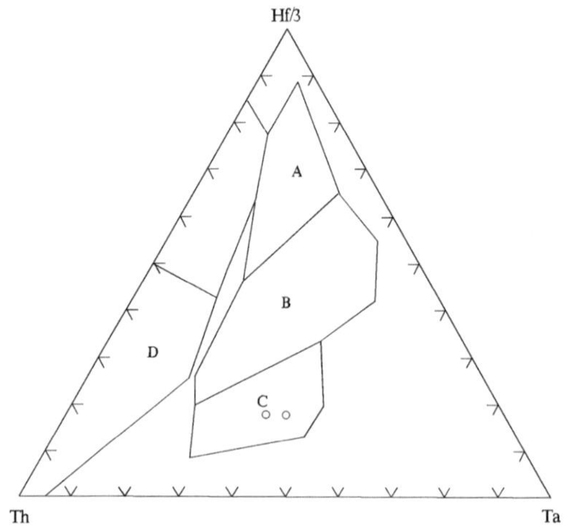


图 3-32　基性岩墙 Hf/3-Th-Ta 三角图

(Wood, 1980)

A. 正常洋中脊拉斑玄武岩；

B. E 型洋中脊玄武岩和板内拉斑玄武岩及其分异物；

C. 板内碱性玄武岩及其分异产物；

D. 板边岛弧玄武岩（破坏性板块边缘及其分异产物）

## 第三节　酸性侵入岩

图幅内酸性侵入岩分布甚少，出露面积约 5.1km$^2$。主要分布在测区南东，为燕山晚期—喜山晚期酸性侵入岩。多呈东西向带状分布。呈岩株、岩瘤状产出，与区内主要构造线展布方向基本一致，属班公湖-怒江构造岩浆带。从岩石类型看，出露的侵入岩岩性较简单，仅见花岗斑岩和花岗闪长斑岩两种基本岩石类型。根据侵入岩填图单元划分原则，将区内侵入岩划分为两个单元，即：晚白垩世灰白色花岗闪长斑岩（$K_2\gamma\delta\pi$）和新近纪上新世浅肉红色花岗斑岩（$N_2\gamma\pi$）（表 3-13）。

表 3-13　花岗岩单元划分一览表

| 单元名称 | 代号 | 主要特征 | 成因类型 | 代表性岩体 | 同位素年龄(Ma) |
|---|---|---|---|---|---|
| 新近纪上新世浅肉红色花岗斑岩 | $N_2\gamma\pi$ | 呈岩株、岩瘤状产出。侵入于晚侏罗世沙木罗组、古近纪古—始新世牛堡组及新近纪康托组中 | (I) | 仲鲁岩体 | |
| 晚白垩世灰白色花岗闪长斑岩 | $K_2\gamma\delta\pi$ | 呈岩株状产出。侵入于早白垩世去申拉组、晚侏罗世吐卡日组中 | (I) | 木地日阿若岩体 | 68.87±1.15 K-Ar (全岩) |

## 一、晚白垩世酸性侵入岩

### ——晚白垩世灰白色花岗闪长斑岩 ($K_2\gamma\delta\pi$)

#### 1. 地质特征

该单元分布于测区中南部，木地错北 3km 处。仅出露 1 个侵入体，面积约 2km$^2$，占侵入岩出露面积的 39%。呈小岩株状产出，近东西向展布。岩体内节理较发育。未见脉岩及暗色包体。该单元侵入早白垩世去申拉组 ($K_1q$) 和晚侏罗世吐卡日组 ($J_3t$)（图 3-33，图 3-34）。获全岩 K-Ar 同位素年龄值为 68.87±1.15Ma。因此，将该单元侵位时代定为晚白垩世 ($K_2$)。

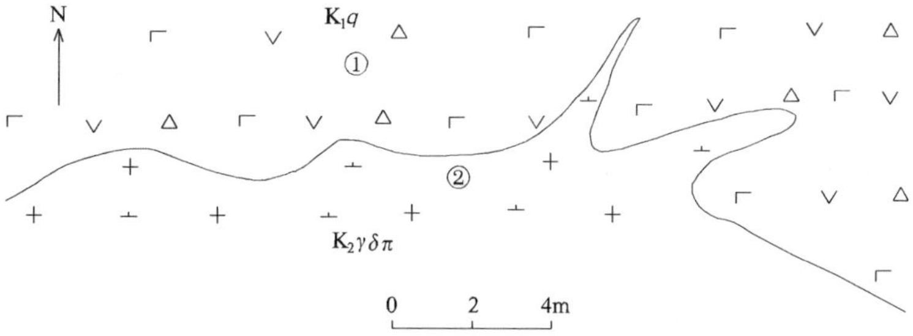


图 3-33　木地日阿若 $K_2\gamma\delta\pi$ 单元与 $K_1q$ 侵入接触关系素描图

①. 角砾状安山玄武岩；②. 花岗闪长斑岩；

$K_2\gamma\delta\pi$. 晚白垩世灰白色花岗闪长斑岩；$K_1q$. 早白垩世去申拉组

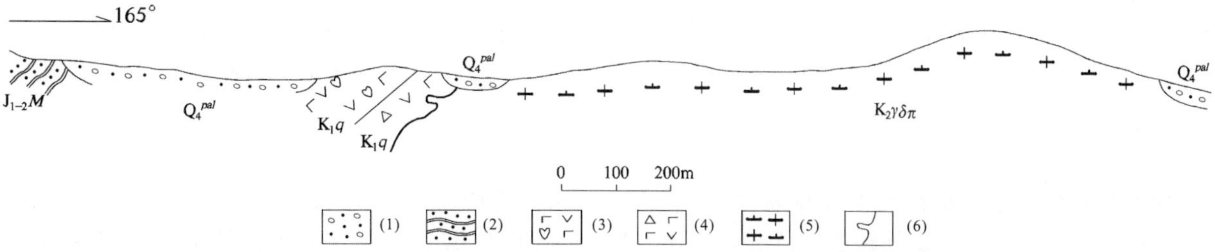


图 3-34　双湖特别区车陇阿—木地日阿若晚白垩世灰白色花岗闪长斑岩 ($K_2\gamma\delta\pi$) 岩体实测剖面图

(1) 砂砾石；(2) 变质砂岩；(3) 杏仁状斑状安山玄武岩；(4) 角砾状安山玄武岩；(5) 花岗闪长斑岩；(6) 侵入地质界线；$J_{1-2}M$. 木嘎岗日岩群；$K_1q$. 去申拉组；$Q_4^{pal}$. 洪冲积

**2. 岩石学特征**

主体岩性为灰白色花岗闪长斑岩（图 3-35）。

岩石呈灰白色，斑状结构，块状构造。斑晶成分为斜长石和角闪石。其中，斜长石：灰白色，半自形，长板状，大部分已碳酸盐化，个别晶体隐约可见聚片双晶，粒度 0.4～2.5mm，含量 5%±；角闪石：黑色，半自形，针状，大部分黑云母化，呈角闪石外形，粒度 0.3～1.0mm，含量 2%±。基质具微晶结构，由斜长石、钾长石、石英和黑云母组成。其中，斜长石：灰白色，半自形，长条状，聚片双晶清楚，有绢云母化现象，粒度 0.05～0.1mm，含量 61%±；钾长石：灰白色，他形，粒状，有土化现象，粒度 0.05～0.1mm，含量 5%±；石英：无色透明，他形粒状，粒度 0.05mm，含量 25%±；黑云母：棕色，片状，粒度 0.05mm，含量 2%±。岩石蚀变较强，主要为碳酸盐化，呈星散状交代斑晶和基质。

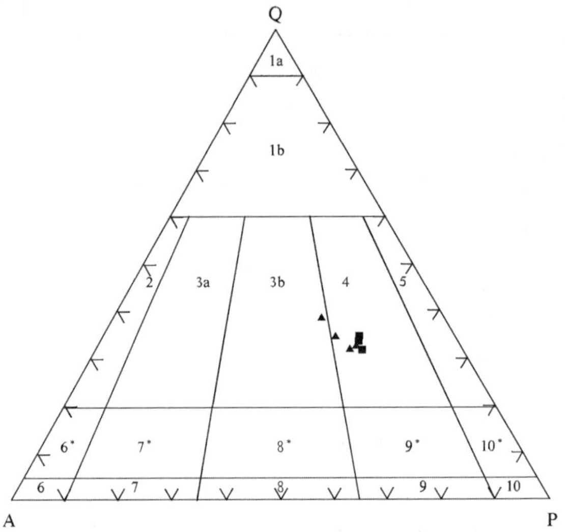


图 3-35 花岗岩类 Q-A-P 三角图解
(Streckeisen, 1976)
1a. 硅英岩；1b. 富石英花岗岩；
2. 碱长花岗岩；3a. 正长花岗岩；
3b. 二长花岗岩；4. 花岗闪长岩；
5. 英云闪长岩；6*. 石英碱长正长岩；
7*. 石英正长岩；8*. 石英二长岩；
9*. 石英二长闪长岩；10*. 石英闪长岩；
6. 碱长正长岩；7. 正长岩；8. 二长岩；
9. 二长闪长岩；10. 闪长岩；
▲. $N_2\gamma\pi$；■. $K_2\gamma\delta\pi$

**3. 岩石化学特征**

硅酸盐分析结果：尼格里岩石化学参数及主要成因指数见表 3-14。从表中看，该单元具以下特征。

(1) 平均化学成分

与中国主要岩浆岩类的平均化学成分表中花岗岩相比较，贫 $TiO_2$、$Al_2O_3$、$Fe_2O_3$、MnO、MgO、CaO、$K_2O$、$P_2O_5$。富 $SiO_2$、$F_eO$、$Na_2O$。

(2) $SiO_2$

$SiO_2$ 含量为 68.26%～70.46%，属酸性岩类。

(3) al>alk+c

al>alk+c，为铝过饱和类型。

(4) 特征指数

分异指数（DI）为 78.68～80.94，固结指数（SI）为 5.30～5.96，说明岩石分异程度较高，属花岗岩类。

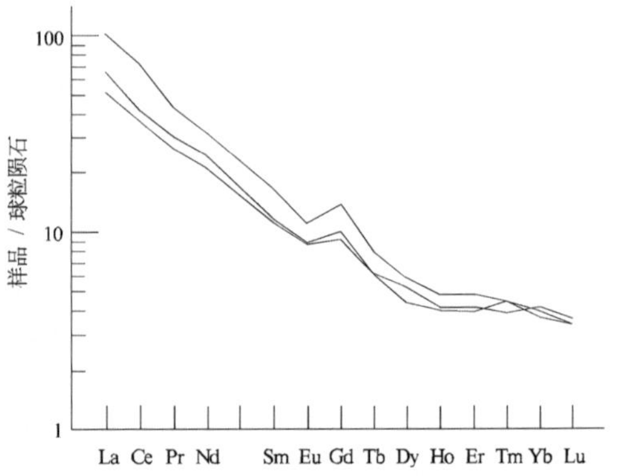


图 3-36 $K_2\gamma\delta\pi$ 单元稀土元素配分模式图
(after Coryell, 1963)

**4. 稀土元素特征**

稀土元素分析结果及特征参数见表 3-15，稀土总量（ΣREE）为 $94.33\times10^{-6}$～$164.82\times10^{-6}$，$\delta$Eu 为 0.82～0.94，为 Eu 负异常，轻重稀土比（ΣCe/ΣY）为 4.16～5.49，属轻稀土富集型（图 3-36）。

**5. 微量元素特征**

微量元素分析结果见表 3-16。其平均含量与维氏值中酸性岩相比：Sc 高 1 倍，Cr 高 9 倍，Hf 高 3 倍，其余各元素均低于或接近维氏值。

**表 3-14 花岗岩类岩石化学、CIPW 值及特征指数表**

| 顺序号 | 样品号 | 单元名称 | 单元代号 | 氧化物($W_t$)% | | | | | | | | | | | | |
|---|---|---|---|---|---|---|---|---|---|---|---|---|---|---|---|---|
| | | | | $SiO_2$ | $TiO_2$ | $Al_2O_3$ | $Fe_2O_3$ | FeO | MnO | MgO | CaO | $Na_2O$ | $K_2O$ | $P_2O_5$ | Los | 总量 |
| 1 | Gs-3033 | 新近纪上新世浅肉红色花岗斑岩 | $N_2\gamma\pi$ | 68.80 | 0.36 | 14.66 | 1.62 | 1.65 | 0.05 | 0.53 | 1.77 | 4.00 | 3.08 | 0.10 | 2.70 | 99.32 |
| 2 | SXIV-Gs1 | | | 69.23 | 0.38 | 14.92 | 2.73 | 1.46 | 0.04 | 0.33 | 1.03 | 4.00 | 3.20 | 0.22 | 2.18 | 99.72 |
| 3 | SXIV-Gs2 | | | 68.60 | 0.35 | 15.28 | 2.03 | 0.56 | 0.04 | 0.45 | 2.54 | 3.70 | 2.90 | 0.14 | 3.60 | 100.19 |
| 4 | Gs-1657 | | | 70.80 | 0.17 | 13.27 | 0.66 | 0.88 | 0.09 | 0.63 | 3.57 | 2.45 | 3.50 | 0.03 | 4.30 | 100.35 |
| 5 | SI-Gs4 | 晚白垩世灰白色花岗闪长斑岩 | $K_2\gamma\delta\pi$ | 68.26 | 0.19 | 14.55 | 0.91 | 2.39 | 0.03 | 0.55 | 2.82 | 3.70 | 2.82 | 0.10 | 3.40 | 99.72 |
| 6 | SI-Gs5 | | | 68.46 | 0.21 | 14.88 | 0.79 | 2.43 | 0.03 | 0.55 | 2.51 | 3.58 | 2.65 | 0.11 | 3.48 | 99.68 |
| 7 | SI-Gs6 | | | 70.46 | 0.31 | 14.85 | 1.03 | 2.58 | 0.03 | 0.66 | 2.10 | 3.97 | 2.84 | 0.09 | 1.31 | 100.23 |

| 顺序号 | 样品号 | 单元名称 | 单元代号 | CIPW 值 | | | | | | 主要成因指数 | | | | | | | |
|---|---|---|---|---|---|---|---|---|---|---|---|---|---|---|---|---|---|
| | | | | q | or | ab | an | c | σ | DI | SI | τ | OX | ANKC | al | c | alk |
| 1 | Gs-3033 | 新近纪上新世浅肉红色花岗斑岩 | $N_2\gamma\pi$ | 28.62 | 18.88 | 35.04 | 8.50 | 1.79 | 1.94 | 82.54 | 4.87 | 29.61 | 0.44 | 1.12 | 43.61 | 9.57 | 29.49 |
| 2 | SXIV-Gs1 | | | 30.07 | 19.45 | 34.74 | 3.93 | 3.56 | 1.98 | 84.26 | 2.82 | 28.74 | 0.43 | 1.25 | 44.82 | 5.63 | 30.17 |
| 3 | SXIV-Gs2 | | | 29.97 | 17.79 | 32.44 | 12.23 | 1.79 | 1.70 | 80.20 | 4.67 | 33.09 | 0.45 | 1.10 | 45.33 | 13.70 | 27.37 |
| 4 | Gs-1657 | | | 35.75 | 21.57 | 21.57 | 15.45 | 0.00 | 1.27 | 78.89 | 7.76 | 63.65 | 0.45 | 0.93 | 42.27 | 20.67 | 24.91 |
| 5 | SI-Gs4 | 晚白垩世灰白色花岗闪长斑岩 | $K_2\gamma\delta\pi$ | 28.89 | 17.32 | 32.47 | 13.92 | 0.50 | 1.68 | 78.68 | 5.30 | 57.11 | 0.45 | 1.02 | 41.8 | 14.73 | 26.26 |
| 6 | SI-Gs5 | | | 31.19 | 16.29 | 31.45 | 12.28 | 1.85 | 1.52 | 78.93 | 5.50 | 53.81 | 0.46 | 1.12 | 43.64 | 13.39 | 25.69 |
| 7 | SI-Gs6 | | | 30.04 | 16.98 | 33.92 | 10.00 | 1.62 | 1.69 | 80.94 | 5.96 | 35.10 | 0.43 | 1.11 | 42.27 | 10.92 | 25.47 |

**表 3-15　花岗岩类稀土元素及特征参数表**

| 顺序号 | 样品号 | 单元名称 | 单元代号 | 稀土元素丰度（$\times10^{-6}$） | | | | | | | | | | | | | | | 特征参数 | | |
|---|---|---|---|---|---|---|---|---|---|---|---|---|---|---|---|---|---|---|---|---|---|
| | | | | La | Ce | Pr | Nd | Sm | Eu | Gd | Tb | Dy | Ho | Er | Tm | Yb | Lu | Y | ΣREE | ΣCe/ΣY | δEu |
| 1 | XT-3033 | 新近纪上新世浅肉红色花岗斑岩 | $N_2\gamma\pi$ | 55.04 | 102.40 | 9.05 | 33.09 | 4.49 | 1.16 | 4.34 | 0.49 | 2.24 | 0.45 | 1.17 | 0.16 | 1.02 | 0.14 | 12.5 | 227.77 | 9.11 | 0.87 |
| 2 | SXIV-XT1 | | | 68.95 | 124.10 | 10.61 | 37.20 | 4.94 | 1.08 | 4.59 | 0.52 | 2.33 | 0.47 | 1.18 | 0.13 | 0.98 | 0.15 | 12.9 | 270.09 | 10.63 | 0.75 |
| 3 | SXIV-XT2 | | | 34.63 | 35.99 | 5.66 | 22.26 | 2.79 | 0.64 | 3.07 | 0.43 | 1.97 | 0.31 | 0.89 | 0.18 | 0.87 | 0.18 | 11.7 | 121.59 | 5.20 | 0.74 |
| 4 | XT-1657 | | | 17.22 | 32.51 | 3.60 | 20.39 | 3.64 | 0.19 | 3.6 | 0.64 | 3.68 | 0.72 | 1.97 | 0.36 | 1.98 | 0.31 | 19.5 | 110.31 | 2.37 | 0.17 |
| 5 | SI-XT4 | 晚白垩世灰白色花岗闪长斑岩 | $K_2\gamma\delta\pi$ | 18.68 | 35.20 | 3.67 | 15.13 | 2.60 | 0.76 | 2.86 | 0.35 | 1.69 | 0.34 | 0.99 | 0.16 | 0.92 | 0.13 | 10.9 | 94.33 | 4.16 | 0.94 |
| 6 | SI-XT5 | | | 23.92 | 40.40 | 4.19 | 17.26 | 2.71 | 0.78 | 3.09 | 0.36 | 2.02 | 0.36 | 1.05 | 0.14 | 1.04 | 0.14 | 12.0 | 109.41 | 4.43 | 0.91 |
| 7 | SI-XT6 | | | 37.38 | 68.53 | 5.89 | 22.83 | 3.81 | 0.98 | 4.28 | 0.47 | 2.24 | 0.41 | 1.21 | 0.16 | 0.99 | 0.13 | 15.5 | 164.82 | 5.49 | 0.82 |

表 3 - 16　花岗岩类微量元素含量表

| 顺序号 | 样品号 | 单元名称 | 单元代号 | 微量元素含量($\times10^{-6}$) | | | | | | | | | | | | | |
|---|---|---|---|---|---|---|---|---|---|---|---|---|---|---|---|---|---|
| | | | | Sc | V | Cr | Co | Ni | Rb | Sr | Zr | Nb | Ba | Hf | Ta | Th | U |
| 1 | WL - 3033 | 新近纪上新世浅肉红色花岗斑岩 | $N_2\gamma\pi$ | 8.16 | 43.80 | 70.52 | 9.68 | 18.28 | 170.64 | 438.84 | 81.31 | 10.61 | 1000.50 | 2.87 | 1.61 | 18.56 | 5.45 |
| 2 | SXIV - WL1 | | | 8.05 | 40.25 | 169.69 | 13.06 | 13.06 | 179.68 | 250.16 | 70.22 | 10.96 | 309.23 | 2.37 | 1.59 | 17.69 | 4.76 |
| 3 | SXIV - WL2 | | | 5.10 | 46.20 | 69.00 | 7.10 | 14.40 | 84.40 | 196.00 | 127.70 | 9.30 | 401.00 | 3.30 | 0.77 | 10.64 | 1.70 |
| 4 | WL - 1657 | | | 5.20 | 15.10 | 71.00 | 5.20 | 8.20 | 248.80 | 206.00 | 49.40 | 19.84 | 91.00 | 2.45 | 2.02 | 20.75 | 3.05 |
| 5 | SI - WL4 | 晚白垩世灰白色花岗闪长斑岩 | $K_2\gamma\delta\pi$ | 7.02 | 33.72 | 227.37 | 6.24 | 11.34 | 83.68 | 381.37 | 131.00 | 5.70 | 691.83 | 4.07 | 0.63 | 13.15 | 2.27 |
| 6 | SI - WL5 | | | 6.71 | 30.82 | 223.16 | 3.74 | 9.67 | 87.46 | 377.76 | 127.23 | 5.98 | 607.34 | 4.05 | 0.96 | 14.55 | 2.91 |
| 7 | SI - WL6 | | | 6.03 | 35.79 | 286.19 | 8.26 | 13.20 | 123.23 | 563.45 | 111.38 | 6.70 | 706.16 | 3.57 | 1.08 | 16.45 | 4.47 |

**6. 晚白垩世酸性侵入岩成因**

（1）岩石系列

晚白垩世花岗岩岩石系列见表3-14，其里特曼指数（$\sigma$）为1.52～1.69，均小于3.3，属钙碱性岩石系列。从硅-碱图（图3-37）上看，该时代花岗岩投点均落在S区，即亚碱性区，因此，我们将晚白垩世花岗岩划分为钙碱性系列。

（2）物质来源

从La/Yb-ΣREE含量图（图3-38）上看，投点主要落在沉积岩区，说明该时代花岗岩的物质来源主要为壳源。

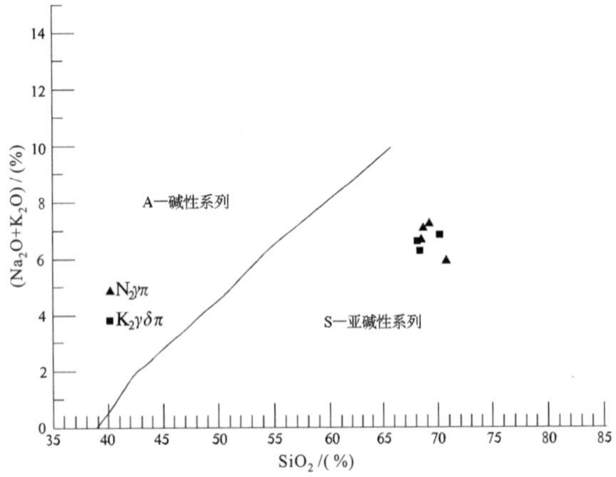


图3-37　花岗岩类硅碱图

（Irvine，1971）

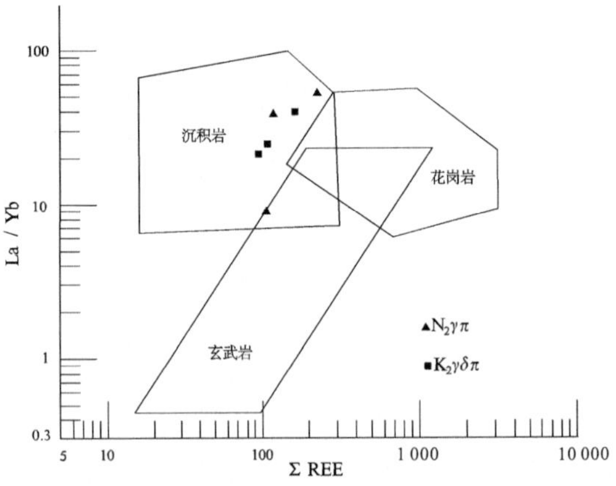


图3-38　花岗岩类La/Yb-ΣREE含量图

（Alleyre，1973）

（3）成岩作用

晚白垩世花岗岩形成的构造环境见Rb-（Y+Nb）图（图3-39），投点主要落在火山弧花岗岩区。另外，从$R_1-R_2$多阳离子图（图3-40）上看，投点主要落在6区及其附近。说明该时代花岗岩产出的构造环境为火山弧或同碰撞的构造环境。

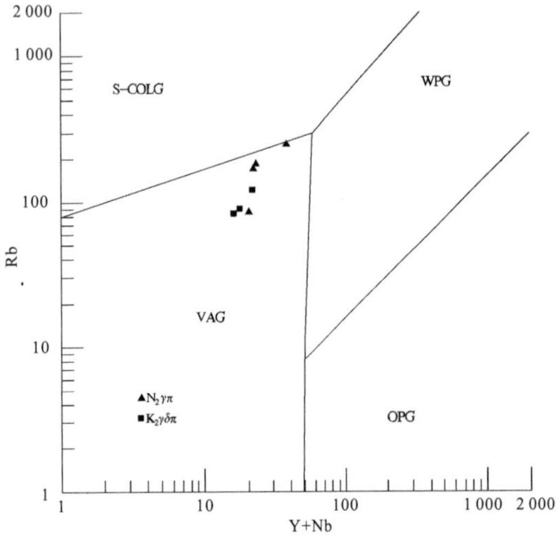


图3-39　花岗岩类Rb-(Y+Nb)图

（Pearce，1984）

VAG. 火山弧花岗岩；WPG. 板内花岗岩；

S-COLG. 同碰撞花岗岩；OPG. 洋中脊花岗岩

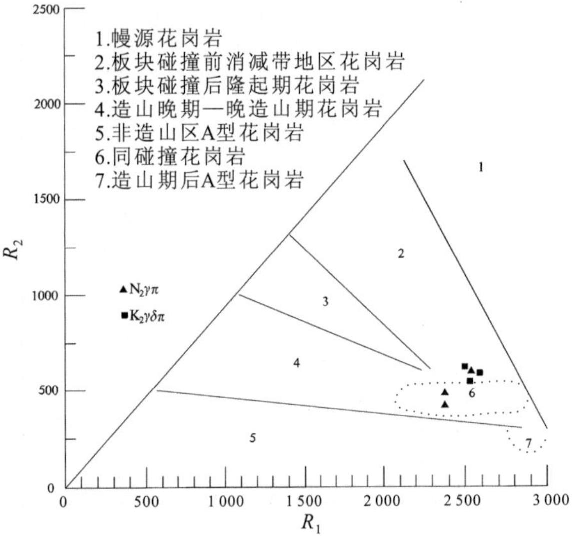


图3-40　花岗岩类$R_1-R_2$图

（Batchelor & Bowdden 1985）

从现有资料看，该时代酸性侵入岩在平面上岩体的形状不规则，具锯齿状接触界线，岩体内部未见定向组构，围岩未因岩浆侵入而发生变形，围岩原有构造即使靠近接触带也未受干扰。以上这些特征都说明晚白垩世酸性侵入岩被动就位的特点。

（4）花岗岩成因

从成因三角图 A－Th－Ta 图（图 3－41）和（Al－Na－K）－Ca－（$Fe^2$＋Mg）图（图 3－42）上看，投点主要落在 I 型花岗岩区。

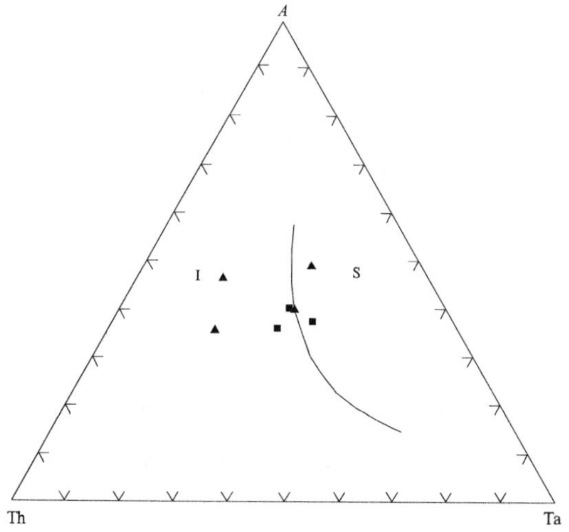


图 3－41　花岗岩类 A－Th－Ta 图

（仿江西区域地质大队，1991）

▲. $N_2\gamma\pi$；■. $K_2\gamma\delta\pi$

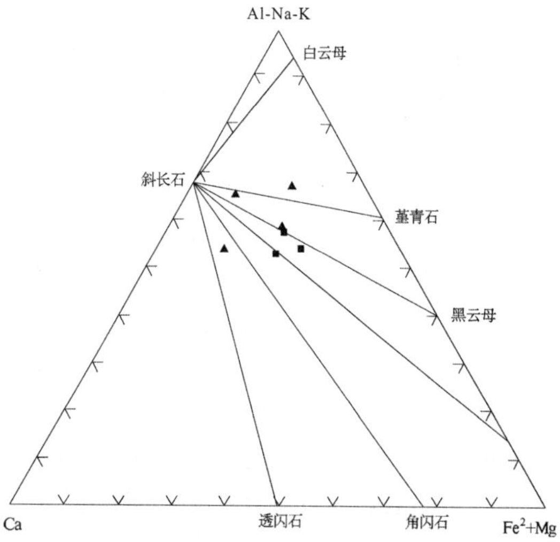


图 3－42　花岗岩类（Al－Na－K）－Ca－（$Fe^2$＋Mg）图

（仿吉林区域地质大队方文昌，1992）

▲. $N_2\gamma\pi$；■. $K_2\gamma\delta\pi$

另外，尚具以下成因特征：

① 岩体规模较小；

② 具有冷凝边；

③ 与围岩接触带明显；

④ 无地层残留体和捕虏体；

⑤ 造岩矿物普遍出现角闪石；

⑥ 过铝指数（ANKC）多数大于 1.1；

⑦ CIPW 标准分子 C，多数大于 1.0；

⑧ $Fe^{3+}/(Fe^{3+}+Fe^{2+})$值均小于 0.3；

⑨ $SiO_2$ 含量多出现在较低范围；

⑩ δEu 较大，均大于 0.5。

根据上述判别标志，结合成因三角图，该时代花岗岩成因类型判别标志多数为 I 型，少数为 S 型，因此，将该时代花岗岩成因类型确定为 I 型。

## 二、新近纪上新世酸性侵入岩

### ——新近纪上新世浅肉红色花岗斑岩（$N_2\gamma\pi$）

#### 1. 地质特征

该单元分布于测区南部，赞宗错及尕阿错南部，区内出露 4 个侵入体，面积约 3.1km²，占侵入岩的61%，呈小岩株状产出，近东西向展布，岩体内节理、脉岩均不发育，未见暗色包体。该单元侵入于晚侏罗世沙木罗组（$J_3\hat{s}$）、古近纪古—始新世牛堡组（$E_{1-2}n$）及新近纪上新世康托组（N*k*）中（图3-43，图3-44）。因此，将该单元侵位时代定为新近纪上新世（$N_2$）。

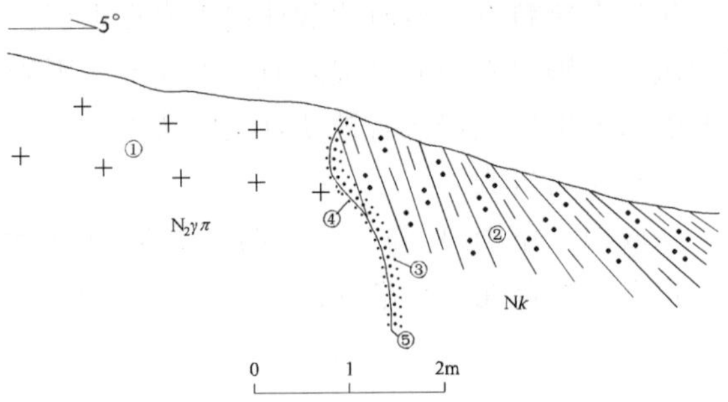


图3-43　哈日埃尕 $N_2\gamma\pi$ 单元与 N*k* 侵入接触关系素描图

①. 花岗斑岩；②. 泥质粉砂岩；③. 角岩化；④. 细粒边；⑤. 侵入接触界线；$N_2\gamma\pi$. 新近纪上新世浅肉红色花岗斑岩；N*k*. 康托组

### 2. 岩石学特征

主体岩性为浅肉红色花岗斑岩（表3-14）。

岩石特征为浅肉红色，斑状结构，块状构造。斑晶成分为钾长石、斜长石、石英和黑云母。其中，钾长石：乳白色或浅肉红色，半自形，长板状，粒度0.5～1.5mm，含量3%；斜长石：灰白色，半自形，板状，粒度0.5～2.0mm，含量2%；石英：无色透明，粒状，粒度0.3～1.0mm，含量15%±；黑云母：黑褐色，半自形片状，粒度0.2～0.5mm，含量2%±。基质具显微花岗结构，成分为钾长石、斜长石和石英。钾长石：灰白色，粒状，粒度0.05～0.15mm，含量38%±；斜长石：灰白色，粒状，粒度0.05～0.10mm，含量30%±；石英：无色，他形粒状，粒度0.05mm，含量10%±。岩石普遍具褐铁矿化和高岭土化。

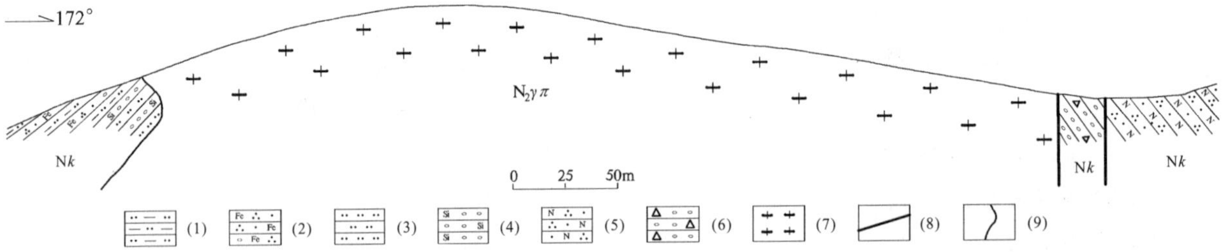


图3-44　双湖特别区哈日埃尕新近纪上新世浅肉红色花岗斑岩（$N_2\gamma\pi$）岩体实测剖面图

（1）泥质粉砂岩；（2）含砾铁质石英砂岩；（3）粉砂岩；（4）硅质砾岩；（5）长石石英砂岩；（6）碎裂状细粒岩；（7）花岗斑岩；（8）实测性质不明断层；（9）侵入接触界线；$N_2\gamma\pi$. 新近纪上新世浅肉红色花岗斑岩；N*k*. 康托组

### 3. 岩石化学特征

岩石化学特征见表3-14。

（1）平均化学成分

与中国主要岩浆岩类的平均化学成分表中花岗岩相比较，贫 $SiO_2$、FeO、MnO、MgO、$Na_2O$、$K_2O$、$P_2O_5$，富 $TiO_2$、$Al_2O_3$、$Fe_2O_3$、CaO。

（2）$SiO_2$

$SiO_2$ 含量为68.60%～70.80%，属酸性岩类。

（3）al>alk+c

al>alk+c，为铝过饱和类型。

（4）特征指数

分异指数（DI）为78.89～84.26，固结指数（SI）为2.82～7.76，说明该单元岩石分异程度较高，属花岗岩类。

**4. 稀土元素特征**

稀土元素特征见表 3－15，稀土总量（ΣREE）为 $110.31\times10^{-6}\sim270.09\times10^{-6}$，δEu 为 0.17～0.87，为 Eu 负异常，轻重稀土比（ΣCe/ΣY）为 2.37～10.63，属轻稀土富集型，轻稀土曲线较陡，而重稀土曲线相对较平缓（图 3－45）。

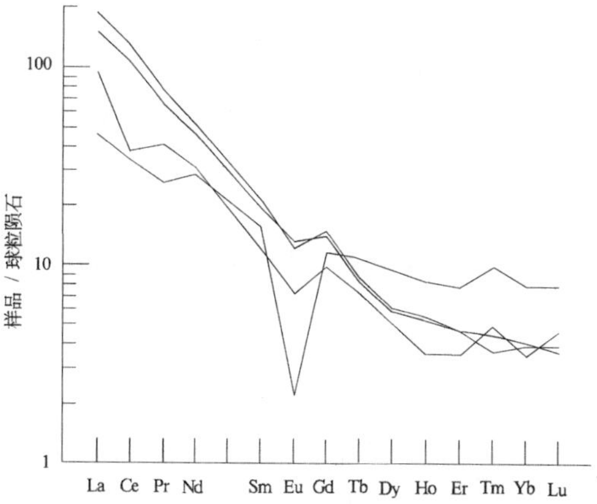


图 3－45　$N_2\gamma\pi$ 单元与稀土元素配分模式图

(after Coryell，1963)

**5. 微量元素特征**

微量元素分析结果见表 3－16。其平均含量与维氏值中酸性岩相比：Sc 高 1 倍，Cr 高 3 倍，Hf 高 1 倍，其余各元素均低于或接近维氏值。

**6. 副矿物特征**

该单元副矿物种类及含量、锆石特征见表 3－17，为磁铁矿-锆石型。副矿物种类主要有：磁铁矿、锆石、黄铁矿、褐铁矿等。

锆石特征：无色，透明，玻璃光泽，晶体内普遍含有碳质包体。锆石长宽比以 3∶1 为主。锆石晶形以柱面｛110｝，锥面｛131｝、｛311｝、｛111｝组成的聚形为主。

**7. 新近纪上新世酸性侵入岩成因**

（1）岩石系列

新近纪上新世花岗岩岩石系列见表 3－14，其里特曼指数（σ）为 1.27～1.98，均小于 3.3，属钙碱性岩石系列。从图 3－37 上看，该时代花岗岩投点均落在 S 区，即亚碱性区。

**表 3－17　新近纪上新世花岗岩副矿物含量及锆石特征一览表**

| 副矿物种类 | 含量（$\times10^{-6}$）(g) | 锆石特征 | | |
|---|---|---|---|---|
| 锆石 | 18 | 颜色 | 无色 | 形　态 |
| 磁铁矿 | 836 | 长/宽 | 3∶1 | 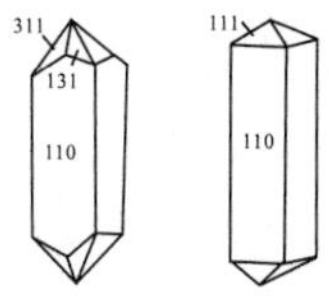 |
| 黄铁矿 | 2 | 光泽 | 玻璃光泽 | |
| 褐铁矿 | 76 | 透明度 | 透明 | |

（2）物质来源

从图 3－38 上看，该时代花岗岩投点主要落在沉积岩区及其附近，说明该时代花岗岩的物质来源主要为壳源。

（3）成岩作用

新近纪上新世花岗岩形成的构造环境见图 3－39，投点全部落在火山弧区。从 $R_1-R_2$ 多阳离子图（图 3－40）上看，投点全部落在 6 区，说明该时代花岗岩产出的构造环境应为火山弧或同碰撞型，这一结论与当时的构造体制完全不同，新近纪上新世，本区已完成了从俯冲消减-碰撞造山-造山后的山体崩塌的整合造山带演化过程。高原隆升的初期，差异性升降和伸展作用形成上部康托组的山间断陷盆地，本次岩浆侵入活动可能与新一轮的隆升作用有关。其岩石化学、地球化学特征之所以反映为火山弧或同碰撞的构造环境，其原因可能是在隆升作用下，深部的同碰撞型或火山弧型地壳发生部分熔融，形成岩浆上升就位而成。

该侵入岩平面上呈不规则状，与围岩呈锯齿状的接触界线。岩体内未见定向组构，围岩也未因岩浆侵入而发生变形，围岩原有的构造即使靠近接触带也未受干扰，上述特征均反映了岩体被动就位的特征。

（4）花岗岩成因

从成因三角图 3－41、图 3－42 上看，投点主要落在 S 型花岗岩区。

另外，该时代花岗岩尚具以下成因标志：

① 岩体规模较小；

② 具有冷凝边；

③ 与围岩接触带较明显；

④ 无地层残留体和捕虏体；

⑤ 造岩矿物普遍出现黑云母；

⑥ 过铝指数（ANKC）多数大于 1.1；

⑦ CIPW 标准分子 C 多数大于 1.0；

⑧ $Fe^{3+}$/（$Fe^{3+}$＋$Fe^{2+}$）值均大于 0.3；

⑨ $SiO_2$ 含量多出现在较低范围；

⑩ $\delta Eu$ 较大，多数大于 0.5。

根据上述判别标志，结合成因三角图，新近纪上新世花岗岩成因类型判别标志多数为 I 型，少数为 S 型。因此，我们将该时代花岗岩成因类型确定为 I 型。

## 第四节 脉 岩

区内脉岩极不发育，仅见少量辉绿岩脉，呈脉状产出于晚侏罗世吐卡日组中，时代为早白垩世，呈近东西向展布，与区内主要构造线展布方向基本一致。

## 第五节 火山岩

该区火山岩浆活动频繁，火山活动从侏罗纪—古近纪多次喷发，以喷溢为主。从成分演化上看，侏罗纪以基性为主；白垩纪以基性—中性为主，兼有酸性；古近纪以基性—中性为主，并具偏碱性特点。喷发环境有从海相向陆相演化的趋势。侏罗纪—早白垩世火山岩主要受班公湖-怒江构造岩浆带控制；而羌塘陆块内的深大断裂主要控制着晚白垩世、渐新世火山岩的分布；仅在毕洛错一带见有早侏罗世火山岩分布。

区内火山岩分布较广泛，但主要在图幅的南部，其他地区有零星出露，面积约 96.81$km^2$，占整个图幅的 0.62%。根据火山岩的岩石组合，分布规律和生成时代，将幅内火山岩划分为 6 个火山活动期，其特征见表 3－18。

### 一、侏罗纪火山岩

#### （一）早侏罗世曲色组火山岩

早侏罗世曲色组火山岩位于加塞-扫莎断裂的北侧，赋存于早侏罗世曲色组中，与上、下层泥晶灰岩呈整合接触。图幅内出露少，仅在图幅的西北角扫莎有出露，呈东西向条带状展布，东西长约 300m，南北宽约 10m，为海相裂隙式喷发。岩石类型为灰褐色玄武岩，风化较强，呈灰褐色，斑状结构，块状

**表 3-18　昂达尔错幅火山岩划分一览表**

| 地层名称 | 喷发时代 | 构造位置 | 主要火山岩岩石类型 | 接触关系 | 喷发环境 | 喷发形式 | 同位素年龄(Ma) |
|---|---|---|---|---|---|---|---|
| 纳丁错组 | $E_3$ | 羌塘陆块 | 灰色粗面岩<br>深灰色粗面岩<br>潜安粗岩<br>角闪粗安岩 | 与上覆新近纪康托组呈角度不整合接触 | 陆相 | 中心式<br>裂隙式 | 32.6±0.64<br>K-Ar<br>(全岩) |
| 阿布山组 | $K_2$ | 羌塘陆块 | 灰紫—紫红色<br>含角砾黑云母英安岩<br>深紫色英安岩<br>紫红色杏仁状黑云英安岩<br>紫红色角闪黑云母英安岩 | 与下伏晚三叠世—早侏罗世索布查组和上覆新近纪康托组亦呈断层接触 | 陆相 | 裂隙式 | 73.32±1.17<br>K-Ar<br>(全岩) |
| 去申拉组 | $K_1$ | 班公湖-怒江结合带 | 紫红色气孔状角闪安山岩<br>灰绿色角闪安山岩<br>灰绿色角砾角闪安山岩<br>灰色杏仁状角闪安山岩<br>紫红色安山岩 | 与下伏早—中侏罗世木嘎岗日岩群呈断层接触上部被第四系砂砾石所覆盖 | 陆相 | 裂隙式 | 103.65±1.5<br>K-Ar<br>(全岩) |
| 塔仁本洋岛玄武岩 | | 班公湖-怒江结合带 | 灰绿色玻基玄武岩<br>黑色枕状玄武岩<br>黑色杏仁状枕状玄武岩<br>黑绿色杏仁状玄武岩<br>灰黑色杏仁状玻基玄武岩 | 与下伏早—中侏罗世木嘎岗日岩群呈断层接触。与上覆早白垩世去申拉组呈角度不整合接触 | 海相 | 中心式 | 107±8.1～<br>191±8<br>SHRIMP<br>120.1<br>K-Ar<br>(全岩) |
| 吐卡日组 | $J_3$ | 班公湖-怒江结合带 | 灰白色玄武岩<br>灰紫色橄榄玄武岩<br>灰黑色杏仁状玄武岩 | 呈透镜状夹于吐卡日组中，与新近纪康托组呈角度不整合接触 | 海相 | 裂隙式 | |
| 木嘎岗日岩群 | $J_{1-2}$ | 班公湖-怒江结合带 | 灰绿色气孔状玄武岩<br>黑绿色杏仁状枕状玄武岩<br>灰黑色杏仁状枕状玄武岩 | 与早—中侏罗世木嘎岗日岩群呈断层接触。与上覆早白垩世去申拉组呈角度不整合接触 | 海相 | 裂隙式 | |
| 曲色组 | $J_1$ | 羌塘陆块 | 灰褐色玄武岩 | 呈层状夹于曲色组之中 | 海相 | 裂隙式 | |

构造。斑晶为斜长石，呈灰白色，半自形长板状，粒度0.5～2mm，含量3%～5%。基质具间粒结构，由微晶斜长石和辉石组成，斜长石：灰白色，半自形长条状，杂乱分布，粒度0.1～0.2mm，含量83%～85%；辉石：无色，他形粒状，分布于斜长石空隙中，粒度0.05～0.1mm，含量10%～15%。

该火山岩产于稳定的羌塘陆块内部，早侏罗世北部的龙木错-双湖结合带处于强烈闭合碰撞后的构造抬升期，在图幅北缘，鄂雅错-雅根查错一带形成断隆，使晚三叠世地层发生褶皱变质，并缺失早侏罗世地层，加塞-扫莎断裂为鄂雅错-雅根查错断隆的南缘平行断裂，曲色组玄武岩就是在这一相对活动的构造背景下沿断裂喷溢出地表。

### （二）早—中侏罗世木嘎岗日岩群火山岩

该火山岩沿班公湖-怒江缝合带分布，呈岩块或岩片状赋存于早—中侏罗世木嘎岗日岩群内，与木嘎岗日岩群呈断层接触。以海相裂隙式喷溢为主。岩石类型为深灰色枕状玄武岩，灰绿色杏仁状玄武岩。主要应为洋壳的残余，即属蛇绿岩的一部分，常与放射虫硅质岩一起相伴产于木嘎岗日岩群之中，它们记录了班公湖-怒江洋盆持续扩张的演化历史。图幅内少有分布，仅在俄则勒、日阿塞日、日阿等地零星出露，总面积约2km²。该单元详细叙述见本章第一节蛇绿岩。

### （三）晚侏罗世吐卡日组火山岩

#### 1. 地质特征

该单元火山岩出露于图幅的南西陇阿鄂冒、鄂尔尧、夏塞勒一带，零星分布。出露面积较小，约5km²，呈透镜状夹于吐卡日组中，与康托组呈角度不整合接触，火山活动以喷溢为主，岩性为玄武岩、橄榄玄武岩、杏仁状玄武岩。

#### 2. 岩石学特征

（1）玄武岩

岩石呈灰白色，间粒结构，块状构造。岩石由斜长石和辉石组成，斜长石：灰白色，半自形，长条状，聚片双晶清楚，杂乱无章分布，粒度在0.2～0.4mm之间，个别可达0.5mm，含量95%±。辉石：无色、他形粒状，分布于斜长石空隙中，粒度在0.05～0.1mm之间，含量5%±。

（2）橄榄玄武岩

岩石呈灰紫色，球状-交织结构。岩石由斑晶和基质两部分组成，斑晶约占25%，以自形的橄榄石为主，次为普通辉石，偶见斜长石，粒度在0.15～0.2mm之间，个别可达1.0mm，普通辉石呈短柱状，斜长石呈柱状，边部具熔蚀结构，橄榄石全部伊丁石化。基质占75%，以显微柱状斜长石为主，其次为微粒状橄榄石、普通辉石及微量钛磁铁矿，斜长石微晶呈定向分布，构成明显的间粒结构，副矿物偶见粒状或短柱状磷灰石微晶。

（3）杏仁状玄武岩

岩石呈斑状结构，气孔状构造，斑晶主要由长板条状斜长石组成，少量辉石斑晶，含量45%，基质为细小的板条状斜长石和碳酸盐岩、磁铁矿组成，含量45%，杏仁气孔为绿泥石和方解石充填，含量10%。

#### 3. 岩石化学特征

（1）岩石化学分类

我们将样品投影到火山岩化学定量分类图解上，其中1个样落在玄武岩区，而另1个样则落在安山岩区（图3-46）。与镜下定名玄武岩稍有差别，原因是样品中有气孔，气孔内充填有石英，致使岩石化学定名偏中性，故我们仍采用镜下定名。

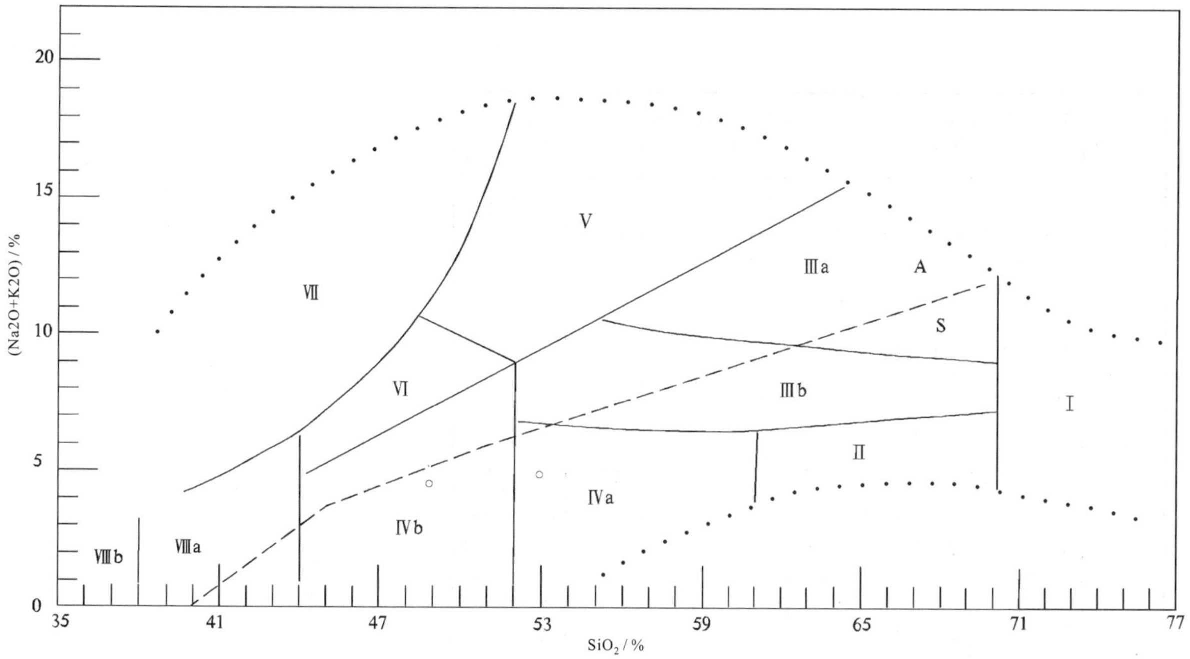


图 3-46　吐卡日组火山岩化学定量分类图解

（李兆鼐等，1984）

I. 流纹岩类；II. 英安岩类；IIIa. 粗面岩类；IIIb. 安粗岩类；IVa. 安山岩类；IVb. 玄武岩和碱性玄武岩类；V. 响岩类；VI. 碱玄岩类；VII. 副长石岩类；VIII. 超镁铁质岩类

（2）主要氧化物特征

该单元火山岩的主要氧化物（表 3-19）与黎彤、饶纪龙编制的中国主要岩浆岩种类平均化学成分中的同类岩石比较，特征如下。

$SiO_2$：含量变化范围不大，介于 47.40%～49.32%之间，平均值为 48.36%，略低于同类岩石。

$TiO_2$：含量变化范围不大，介于 0.82%～1.32%之间，平均值为 1.07%，低于同类岩石。

$Al_2O_3$：含量变化范围不大，介于 13.31%～15.02%之间，平均值为 14.17%，略低于同类岩石。

$Fe_2O_3$：含量变化范围较大，介于 7.42%～13.60%之间，平均值为 10.51%，高于同类岩石。

FeO：含量变化范围不大，介于 1.06%～1.58%之间，平均值为 1.32%，低于同类岩石。

MnO：含量变化范围不大，介于 0.08%～0.13%之间，平均值为 0.11%，低于同类岩石。

MgO：含量变化范围不大，介于 4.30%～6.27%之间，平均值为 5.29%，低于同类岩石。

CaO：含量变化范围不大，介于 8.62%～9.48%之间，平均值为 9.05%，略低于同类岩石。

$Na_2O$：含量变化范围不大，介于 2.40%～4.00%之间，平均值为 3.20%，高于同类岩石。

$K_2O$：含量变化范围较大，介于 0.38%～2.00%之间，平均值为 1.19%，略高于同类岩石。

$P_2O_5$：含量变化范围不大，介于 0.15%～0.48%之间，平均值为 0.32%，略低于同类岩石。

（3）成因指数特征

成因指数见表 3-20，各指数特征如下：

① 里特曼指数（$\sigma$）：变化范围不大，介于 3.06～4.36 之间，平均值为 3.71，属钙碱性系列。

② 分异指数（DI）：变化范围不大，介于 34.69～37.13 之间，平均值为 35.91。

③ 固结指数（SI）：变化范围较大，介于 18.40～31.88 之间，平均值为 25.14，低于同类岩石。

④ 长英指数（FL）：含量变化范围较大，介于 31.70～61.67 之间，平均值为 46.69。

⑤ 镁铁指数（MF）：变化范围不大，介于 58.94～77.31 之间，平均值为 68.13。

⑥ 戈蒂尼指数（$\tau$）：变化范围不大，介于 8.35～13.30 之间，平均值为 10.83。

⑦ 氧化率（OX）：变化范围不大，介于 0.58～0.63 之间，平均值为 0.61。

**表 3-19　火山岩岩石化学数据表**

| 顺序号 | 样品号 | 单元 | 岩石名称 | 氧化物($W_t$)% | | | | | | | | | | | | |
|---|---|---|---|---|---|---|---|---|---|---|---|---|---|---|---|---|
| | | | | $SiO_2$ | $TiO_2$ | $Al_2O_3$ | $Fe_2O_3$ | FeO | MnO | MgO | CaO | $Na_2O$ | $K_2O$ | $P_2O_5$ | Los | 总量 |
| 1 | SII-Gs1 | $E_3n$ | 粗面岩 | 60.80 | 1.08 | 16.30 | 3.64 | 2.26 | 0.06 | 1.42 | 4.04 | 4.58 | 3.42 | 0.68 | 1.55 | 99.83 |
| 2 | SII-Gs2 | | 灰色粗面岩 | 61.56 | 1.12 | 17.22 | 4.42 | 1.45 | 0.03 | 0.49 | 3.96 | 4.62 | 3.30 | 0.61 | 1.83 | 100.61 |
| 3 | SII-Gs3 | | 深灰色粗面岩 | 61.83 | 1.12 | 16.46 | 3.57 | 1.80 | 0.03 | 0.96 | 4.00 | 4.68 | 3.42 | 0.62 | 1.38 | 99.87 |
| 4 | Gs-6609 | | 辉石玄武岩 | 58.08 | 0.83 | 17.03 | 8.53 | 0.47 | 0.17 | 3.14 | 0.85 | 6.05 | 2.83 | 0.27 | 2.41 | 100.66 |
| 5 | SVII-Gs1 | $K_2a$ | 角闪黑云母英安岩 | 63.27 | 0.70 | 16.85 | 3.78 | 1.61 | 0.03 | 0.44 | 4.65 | 3.50 | 3.05 | 0.27 | 2.28 | 100.40 |
| 6 | SVII-Gs2 | | 黑云母英安岩 | 62.01 | 0.90 | 16.55 | 4.93 | 1.08 | 0.09 | 1.32 | 4.42 | 3.30 | 3.25 | 0.24 | 2.01 | 100.10 |
| 7 | Gs-3073 | | 杏仁状安山岩 | 53.30 | 0.99 | 16.72 | 7.72 | 1.03 | 0.10 | 3.86 | 6.75 | 3.80 | 1.50 | 0.22 | 3.25 | 99.24 |
| 8 | SVI-Gs1 | $K_1q$ | 角闪安山岩 | 59.68 | 0.48 | 16.13 | 5.30 | 1.14 | 0.08 | 2.19 | 3.28 | 4.88 | 1.55 | 0.21 | 4.92 | 99.84 |
| 9 | SVI-Gs2 | | 角闪安山岩 | 54.05 | 0.78 | 16.21 | 7.27 | 0.57 | 0.13 | 0.85 | 5.57 | 6.90 | 1.68 | 0.24 | 5.68 | 99.93 |
| 10 | SVI-Gs3 | | 角闪安山岩 | 65.73 | 0.54 | 17.19 | 5.89 | 0.36 | 0.06 | 0.30 | 1.64 | 0.22 | 0.92 | 0.28 | 7.38 | 100.51 |
| 11 | SVI-Gs4 | | 安山岩 | 67.88 | 0.47 | 14.85 | 2.26 | 2.31 | 0.03 | 0.38 | 2.25 | 3.28 | 3.40 | 0.14 | 3.13 | 100.38 |
| 12 | SIV-Gs8 | | 安山玢岩 | 68.44 | 0.38 | 14.59 | 1.91 | 2.00 | 0.02 | 0.31 | 1.29 | 3.42 | 6.00 | 0.11 | 0.99 | 99.46 |
| 13 | SI-Gs1 | | 杏仁状安山玄武岩 | 58.17 | 0.60 | 16.92 | 3.07 | 3.06 | 0.06 | 1.73 | 6.06 | 3.58 | 2.15 | 0.20 | 4.20 | 99.80 |
| 14 | SI-Gs2 | | 杏仁状安山玄武岩 | 55.74 | 0.71 | 17.39 | 4.75 | 3.00 | 0.09 | 1.75 | 5.45 | 4.20 | 2.20 | 0.23 | 4.16 | 99.67 |
| 15 | SI-Gs3 | | 安山玄武岩 | 62.33 | 0.46 | 14.37 | 4.07 | 2.36 | 0.14 | 0.90 | 5.83 | 3.70 | 1.52 | 0.07 | 4.17 | 99.92 |
| 16 | Gs-1619 | $J_3t$ | 橄榄玄武岩 | 49.32 | 0.82 | 13.31 | 7.42 | 1.58 | 0.08 | 6.27 | 9.48 | 2.40 | 2.00 | 0.48 | 6.78 | 99.94 |
| 17 | Gs-6069 | | 玄武岩 | 47.40 | 1.32 | 15.02 | 13.60 | 1.06 | 0.13 | 4.30 | 8.62 | 4.00 | 0.38 | 0.15 | 4.36 | 100.30 |

表 3－21　火山岩稀土元素特征参数表

| 顺序号 | 样品号 | 单元 | 岩石名称 | 特征参数 | | | | | | | | | |
|---|---|---|---|---|---|---|---|---|---|---|---|---|---|
| | | | | ΣREE | ΣCe | ΣY | ΣCe/ΣY | δEu | δCe | La/Yb | Ce/Yb | La/Sm | Gd/Yb |
| 1 | SII－XT1 | $E_3n$ | 粗面岩 | 318.19 | 283.62 | 34.57 | 8.20 | 0.78 | 0.99 | 41.31 | 31.00 | 5.02 | 5.74 |
| 2 | SII－XT2 | | 灰色粗面岩 | 390.39 | 353.01 | 37.38 | 9.44 | 0.70 | 1.11 | 57.75 | 47.00 | 5.30 | 7.67 |
| 3 | SII－XT3 | | 深灰色粗面岩 | 312.81 | 283.30 | 29.51 | 9.60 | 0.91 | 1.05 | 41.28 | 33.00 | 5.64 | 4.99 |
| 4 | XT－6609 | | 辉石玄武岩 | 207.70 | 175.85 | 31.85 | 5.52 | 0.82 | 1.13 | 12.52 | 10.80 | 4.45 | 1.64 |
| 5 | SVII－XT1 | $K_2a$ | 角闪黑云母英安岩 | 337.87 | 283.63 | 54.24 | 5.23 | 0.69 | 0.98 | 18.81 | 13.60 | 4.89 | 2.96 |
| 6 | SVII－XT2 | | 黑云母英安岩 | 379.44 | 310.40 | 69.04 | 4.50 | 0.59 | 1.04 | 16.43 | 12.50 | 4.70 | 2.91 |
| 7 | XT－3073 | | 杏仁状安山岩 | 244.90 | 186.28 | 58.62 | 3.18 | 0.83 | 1.00 | 10.33 | 7.62 | 4.64 | 1.90 |
| 8 | SVI－XT1 | $K_1q$ | 角闪安山岩 | 137.00 | 108.35 | 28.61 | 3.79 | 1.07 | 1.05 | 10.28 | 8.42 | 3.56 | 2.34 |
| 9 | SVI－XT2 | | 角闪安山岩 | 214.19 | 165.53 | 48.66 | 3.40 | 0.69 | 1.01 | 12.07 | 8.77 | 4.22 | 2.33 |
| 10 | SVI－XT3 | | 角闪安山岩 | 207.20 | 169.49 | 37.71 | 4.49 | 0.71 | 1.10 | 14.71 | 11.50 | 5.29 | 2.18 |
| 11 | SVI－XT4 | | 安山岩 | 158.53 | 122.21 | 36.32 | 3.36 | 0.64 | 1.01 | 9.42 | 7.28 | 3.78 | 2.00 |
| 12 | SIV－XT8 | | 安山玢岩 | 220.92 | 175.36 | 45.56 | 3.85 | 0.57 | 0.85 | 11.82 | 7.56 | 4.65 | 2.05 |
| 13 | SI－XT1 | | 杏仁状安山玄武岩 | 225.44 | 176.72 | 48.72 | 3.63 | 0.77 | 1.07 | 12.55 | 9.49 | 4.51 | 2.32 |
| 14 | SI－XT2 | | 杏仁状安山玄武岩 | 220.73 | 173.17 | 47.56 | 3.64 | 0.74 | 1.09 | 13.01 | 10.3 | 4.85 | 2.24 |
| 15 | SI－XT3 | | 安山玄武岩 | 210.88 | 173.47 | 37.41 | 4.64 | 0.67 | 0.92 | 18.11 | 11.4 | 5.36 | 2.58 |
| 16 | XT－1619 | $J_3t$ | 橄榄玄武岩 | 269.41 | 230.33 | 39.08 | 5.89 | 0.88 | 0.90 | 17.20 | 12.17 | 4.11 | 2.63 |
| 17 | XT－6069 | | 玄武岩 | 129.24 | 84.62 | 44.62 | 1.90 | 0.96 | 0.97 | 6.05 | 4.80 | 2.62 | 2.22 |

表 3-22 火山岩稀土元素数据表

| 顺序号 | 样品号 | 单元 | 岩石名称 | 稀土元素丰度($\times10^{-6}$) | | | | | | | | | | | | | | |
|---|---|---|---|---|---|---|---|---|---|---|---|---|---|---|---|---|---|---|
| | | | | La | Ce | Pr | Nd | Sm | Eu | Gd | Tb | Dy | Ho | Er | Tm | Yb | Lu | Y |
| 1 | SII-XT1 | $E_3n$ | 粗面岩 | 68.62 | 134.31 | 13.89 | 56.05 | 8.60 | 2.15 | 7.97 | 0.84 | 3.81 | 0.61 | 1.61 | 0.17 | 1.12 | 0.15 | 18.29 |
| 2 | SII-XT2 | | 灰色粗面岩 | 83.94 | 178.21 | 15.50 | 63.17 | 9.96 | 2.23 | 9.31 | 0.91 | 3.58 | 0.62 | 1.64 | 0.19 | 0.98 | 0.13 | 20.00 |
| 3 | SII-XT3 | | 深灰色粗面岩 | 67.35 | 140.24 | 13.73 | 52.31 | 7.51 | 2.16 | 6.80 | 0.73 | 3.28 | 0.47 | 1.28 | 0.20 | 1.10 | 0.11 | 15.54 |
| 4 | XT-6609 | | 辉石玄武岩 | 40.85 | 92.07 | 8.57 | 27.16 | 5.78 | 1.42 | 4.47 | 0.71 | 3.87 | 0.82 | 2.16 | 0.37 | 2.20 | 0.34 | 16.91 |
| 5 | SVII-XT1 | $K_2a$ | 角闪黑云母英安岩 | 70.03 | 132.35 | 13.11 | 57.08 | 9.00 | 2.06 | 9.21 | 1.07 | 5.64 | 1.04 | 2.99 | 0.39 | 2.51 | 0.36 | 31.00 |
| 6 | SVII-XT2 | | 黑云母英安岩 | 74.58 | 148.15 | 13.75 | 61.90 | 9.98 | 2.04 | 11.00 | 1.23 | 6.75 | 1.28 | 3.75 | 0.48 | 3.06 | 0.45 | 41.00 |
| 7 | XT-3073 | | 杏仁状安山岩 | 45.98 | 88.40 | 8.68 | 35.19 | 6.23 | 1.80 | 7.05 | 1.07 | 6.21 | 1.35 | 3.37 | 0.47 | 3.00 | 0.46 | 35.64 |
| 8 | SVI-XT1 | $K_1q$ | 角闪安山岩 | 23.93 | 51.08 | 5.31 | 22.25 | 4.23 | 1.55 | 4.56 | 0.53 | 2.85 | 0.55 | 1.62 | 0.24 | 1.57 | 0.21 | 16.48 |
| 9 | SVI-XT2 | | 角闪安山岩 | 41.55 | 78.67 | 7.27 | 30.38 | 6.20 | 1.46 | 6.70 | 0.82 | 4.27 | 0.90 | 2.63 | 0.39 | 2.32 | 0.35 | 30.28 |
| 10 | SVI-XT3 | | 角闪安山岩 | 42.10 | 86.16 | 7.05 | 27.97 | 5.01 | 1.20 | 5.22 | 0.61 | 3.10 | 0.67 | 2.05 | 0.27 | 1.93 | 0.30 | 23.56 |
| 11 | SVI-XT4 | | 安山岩 | 28.09 | 56.60 | 5.84 | 25.98 | 4.68 | 1.02 | 4.98 | 0.65 | 3.66 | 0.72 | 2.15 | 0.31 | 2.01 | 0.30 | 21.54 |
| 12 | SIV-XT8 | | 安山玢岩 | 45.58 | 75.98 | 8.91 | 37.54 | 6.16 | 1.19 | 6.62 | 0.81 | 4.48 | 0.92 | 2.79 | 0.40 | 2.60 | 0.39 | 26.55 |
| 13 | SI-XT1 | | 杏仁状安山玄武岩 | 44.13 | 86.97 | 7.29 | 30.53 | 6.16 | 1.64 | 6.81 | 0.78 | 4.10 | 0.93 | 2.76 | 0.37 | 2.37 | 0.37 | 30.23 |
| 14 | SI-XT2 | | 杏仁状安山玄武岩 | 42.46 | 87.97 | 7.61 | 28.20 | 5.51 | 1.42 | 6.12 | 0.89 | 4.02 | 0.89 | 2.73 | 0.44 | 2.20 | 0.32 | 29.95 |
| 15 | SI-XT3 | | 安山玄武岩 | 48.61 | 79.95 | 7.11 | 30.82 | 5.71 | 1.27 | 5.79 | 0.57 | 3.24 | 0.68 | 2.21 | 0.25 | 1.81 | 0.27 | 22.59 |
| 16 | XT-1619 | $J_3t$ | 橄榄玄武岩 | 55.30 | 101.97 | 12.48 | 49.85 | 8.46 | 2.28 | 7.07 | 0.92 | 4.45 | 0.83 | 2.26 | 0.34 | 2.17 | 0.32 | 20.72 |
| 17 | XT-6069 | | 玄武岩 | 17.94 | 37.14 | 4.45 | 19.26 | 4.31 | 1.51 | 5.49 | 0.91 | 5.02 | 1.00 | 2.59 | 0.34 | 2.00 | 0.28 | 26.99 |

Dy：含量变化范围不大，介于 $4.45\times10^{-6}\sim5.02\times10^{-6}$ 之间，平均值为 $4.74\times10^{-6}$，高出同类岩石 1 倍。

Ho：含量变化范围不大，介于 $0.83\times10^{-6}\sim1.00\times10^{-6}$ 之间，平均值为 $0.92\times10^{-6}$，略低于同类岩石。

Er：含量变化范围不大，介于 $2.26\times10^{-6}\sim2.59\times10^{-6}$ 之间，平均值为 $2.43\times10^{-6}$，略高于同类岩石。

Tm：含量约为 $0.34\times10^{-6}$，高于同类岩石 0.7 倍。

Yb：含量变化范围不大，介于 $2.00\times10^{-6}\sim2.17\times10^{-6}$ 之间，平均值为 $2.09\times10^{-6}$，略高于同类岩石。

Lu：含量变化范围不大，介于 $0.28\times10^{-6}\sim0.32\times10^{-6}$ 之间，平均值为 $0.30\times10^{-6}$，低于同类岩石。

Y：含量变化范围不大，介于 $20.72\times10^{-6}\sim26.99\times10^{-6}$ 之间，平均值为 $23.86\times10^{-6}$，略高于同类岩石。

（2）微量元素特征

该单元火山岩微量元素丰度及比值见表 3－23，与 1962 年维诺格拉夫的同类岩石比较，各元素特征如下：

Sc：含量变化范围大，介于 $23.50\times10^{-6}\sim45.51\times10^{-6}$ 之间，平均值为 $34.51\times10^{-6}$，高出同类岩石 0.44 倍。

V：含量变化范围小，介于 $168.00\times10^{-6}\sim168.53\times10^{-6}$ 之间，平均值为 $168.27\times10^{-6}$，低于同类岩石。

Cr：含量变化范围不大，介于 $332.59\times10^{-6}\sim565.00\times10^{-6}$ 之间，平均值为 $448.80\times10^{-6}$，高出同类岩石 1 倍。

Co：含量变化范围不大，介于 $34.40\times10^{-6}\sim60.31\times10^{-6}$ 之间，平均值为 $47.36\times10^{-6}$，略高于同类岩石。

Ni：含量变化范围不大，介于 $301.30\times10^{-6}\sim353.50\times10^{-6}$ 之间，平均值为 $327.40\times10^{-6}$，高出同类岩石 1 倍。

Rb：含量变化范围不大，介于 $25.69\times10^{-6}\sim63.40\times10^{-6}$ 之间，平均值为 $44.55\times10^{-6}$，略低于同类岩石。

Sr：含量变化范围较大，介于 $242.52\times10^{-6}\sim1\,166\times10^{-6}$ 之间，平均值为 $704.26\times10^{-6}$，高出同类岩石 5 倍。

Zr：含量变化范围不大，介于 $100.46\times10^{-6}\sim172.30\times10^{-6}$ 之间，平均值为 $136.38\times10^{-6}$，高出同类岩石 0.3 倍。

Nb：含量变化范围不大，介于 $11.61\times10^{-6}\sim16.01\times10^{-6}$ 之间，平均值为 $13.81\times10^{-6}$，低于同类岩石 0.3 倍。

Ba：含量变化范围较大，介于 $51.60\times10^{-6}\sim571\times10^{-6}$ 之间，平均值为 $311.30\times10^{-6}$，略高于同类岩石。

Hf：含量变化范围不大，介于 $2.96\times10^{-6}\sim4.61\times10^{-6}$ 之间，平均值为 $3.79\times10^{-6}$，高出同类岩石 3 倍。

Ta：含量变化范围小，介于 $0.95\times10^{-6}\sim1.35\times10^{-6}$ 之间，平均值为 $2.30\times10^{-6}$，高出同类岩石 4 倍。

Th：含量变化范围不大，介于 $3.63\times10^{-6}\sim8.40\times10^{-6}$ 之间，平均值为 $6.02\times10^{-6}$，高出同类岩石 1 倍。

U：含量变化范围不大，介于 $1.15\times10^{-6}\sim1.48\times10^{-6}$ 之间，平均值为 $1.32\times10^{-6}$，高出同类岩石 1.6 倍。

**表 3-23　火山岩微量元素表**

| 顺序号 | 样品号 | 单元 | 岩石名称 | 微量元素含量($\times10^{-6}$) | | | | | | | | | | | | | |
|---|---|---|---|---|---|---|---|---|---|---|---|---|---|---|---|---|---|
| | | | | Sc | V | Cr | Co | Ni | Rb | Sr | Zr | Nb | Ba | Hf | Ta | Th | U |
| 1 | SII-WL1 | $E_3n$ | 粗面岩 | 13.17 | 98.77 | 44.89 | 10.47 | 16.16 | 74.92 | 541.25 | 328.74 | 38.68 | 1 050.00 | 8.82 | 3.99 | 10.80 | 2.69 |
| 2 | SII-WL2 | | 灰色粗面岩 | 12.31 | 97.44 | 46.58 | 11.37 | 13.83 | 115.61 | 629.25 | 329.90 | 37.38 | 991.12 | 8.12 | 4.02 | 11.37 | 3.20 |
| 3 | SII-WL3 | | 深灰色粗面岩 | 11.30 | 78.70 | 41.72 | 9.43 | 12.01 | 113.29 | 559.69 | 252.73 | 39.33 | 856.17 | 7.40 | 3.83 | 10.77 | 4.25 |
| 4 | WL-6609 | | 辉石玄武岩 | 19.50 | 121.00 | 307.00 | 40.00 | 78.60 | 73.10 | 397.00 | 211.20 | 13.69 | 652.00 | 5.80 | 0.98 | 16.78 | 3.12 |
| 5 | SVII-WL1 | $K_2a$ | 角闪黑云母英安岩 | 19.23 | 73.58 | 190.13 | 11.47 | 29.10 | 180.45 | 973.66 | 117.88 | 20.08 | 745.12 | 3.29 | 2.38 | 19.25 | 5.54 |
| 6 | SVII-WL2 | | 黑云母英安岩 | 21.90 | 74.10 | 128.04 | 13.51 | 18.61 | 132.36 | 936.17 | 206.14 | 23.57 | 673.31 | 5.82 | 3.20 | 20.35 | 5.49 |
| 7 | WL-3073 | | 杏仁状安山岩 | 36.52 | 104.96 | 125.80 | 30.56 | 67.33 | 79.56 | 935.06 | 211.53 | 17.28 | 378.25 | 5.25 | 2.32 | 9.11 | 3.25 |
| 8 | SVI-WL1 | $K_1q$ | 角闪安山岩 | 12.89 | 79.10 | 104.76 | 9.30 | 7.53 | 3.46 | 376.59 | 118.01 | 8.95 | 1 795.71 | 3.40 | 1.07 | 9.64 | 2.34 |
| 9 | SVI-WL2 | | 角闪安山岩 | 27.75 | 146.13 | 20.88 | 12.85 | 9.16 | 58.98 | 751.06 | 94.30 | 6.81 | 389.74 | 3.07 | 0.62 | 7.57 | 2.53 |
| 10 | SVI-WL3 | | 角闪安山岩 | 17.43 | 40.73 | 65.12 | 11.36 | 7.21 | 10.98 | 578.04 | 139.34 | 10.03 | 249.32 | 3.80 | 1.16 | 9.65 | 1.45 |
| 11 | SVI-WL4 | | 安山岩 | 11.29 | 46.24 | 306.73 | 4.67 | 24.32 | 78.85 | 295.30 | 206.12 | 9.64 | 466.01 | 5.94 | 1.14 | 14.35 | 2.59 |
| 12 | SIV-WL8 | | 安山玢岩 | 5.99 | 33.02 | 239.93 | 4.97 | 4.98 | 354.99 | 259.05 | 348.06 | 25.30 | 751.48 | 9.69 | 1.79 | 48.11 | 4.58 |
| 13 | SI-WL1 | | 杏仁状安山玄武岩 | 31.30 | 152.98 | 271.78 | 12.88 | 27.36 | 30.10 | 801.18 | 142.77 | 7.50 | 1 088.10 | 3.78 | 1.00 | 10.59 | 4.20 |
| 14 | SI-WL2 | | 杏仁状安山玄武岩 | 33.41 | 154.45 | 186.32 | 17.15 | 25.76 | 62.64 | 853.07 | 149.22 | 8.78 | 496.36 | 4.85 | 0.98 | 10.70 | 5.12 |
| 15 | SI-WL3 | | 安山玄武岩 | 19.61 | 80.20 | 212.00 | 9.84 | 12.91 | 97.08 | 762.83 | 115.34 | 7.02 | 460.32 | 3.01 | 0.66 | 11.17 | 3.42 |
| 16 | WL-1619 | $J_3t$ | 橄榄玄武岩 | 23.50 | 168.00 | 565.00 | 34.40 | 301.30 | 63.40 | 1 166.00 | 172.30 | 16.01 | 571.00 | 4.61 | 0.95 | 8.40 | 1.48 |
| 17 | WL-6069 | | 玄武岩 | 45.51 | 168.53 | 332.59 | 60.31 | 353.50 | 25.69 | 242.52 | 100.46 | 11.61 | 51.60 | 2.96 | 1.35 | 3.63 | 1.15 |

**5. 构造环境分析**

该单元 $SiO_2$ 含量介于 47.40%～49.32% 之间，$Al_2O_3$ 介于 13.31%～15.02% 之间，$Na_2O>K_2O$，里特曼指数（σ）为 3.71，属钙碱性系列。

在 logτ - logσ 图上（图 3-49），投点落在 B 区，即消减带火山岩区，在 FeO/MgO - $TiO_2$ 图上（图 3-50），投点落在岛弧拉斑玄武岩区。在微量元素蛛网图中（图 3-51），曲线呈强不相容元素富集型分配模式，与 Pearce 的不同构造背景下形成的各种玄武岩的微量元素比值蛛网图中的岛弧玄武岩中富钾玄武岩十分相似。

综上所述，该单元火山岩为岛弧构造环境之产物。

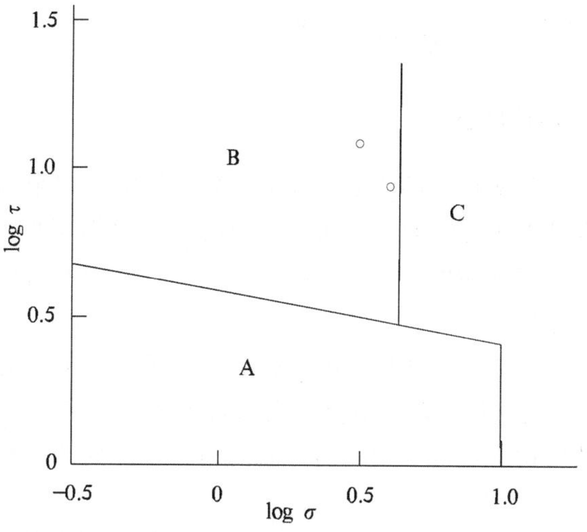


图 3-49　吐卡日组火山岩 logτ - Logσ 图
（Rittmann，1970）
A. 板内稳定区火山岩；B. 消减带火山岩；
C. 由 A-B 区演化的碱性火山岩

## 二、早白垩世火山岩

### （一）塔仁本洋岛型玄武岩

塔仁本洋岛型玄武岩分布于班公湖-怒江缝合带上，因其地质特征、岩石特征以及岩石化学、地球化学特征与洋岛型玄武岩基本一致，且主要出露于塔仁本一带，故将其命名为塔仁本洋岛型玄武岩。以海相中心式喷发为主。主要岩石类型有灰绿色玻基玄武岩、黑色枕状玄武岩、黑绿色杏仁状玄武岩。岩石化学为碱性系列，富集轻稀土和高场强元素，为发育于大洋板块内部或边缘的洋岛型玄武岩，它的出现标志着班公湖-怒江洋已由成熟期转为衰退期。

塔仁本洋岛玄武岩出露局限，仅在图幅东南角的塔仁本、昂吾及其浪董格和色哇南有出露，呈构造岩片形式产于班公湖-怒江结合带中，与木嘎岗日岩群、吐卡日组呈断层接触，被去申拉组不整合覆盖。呈近东西向展布，出露面积约 $50km^2$，该单元详细叙述见本章第二节。

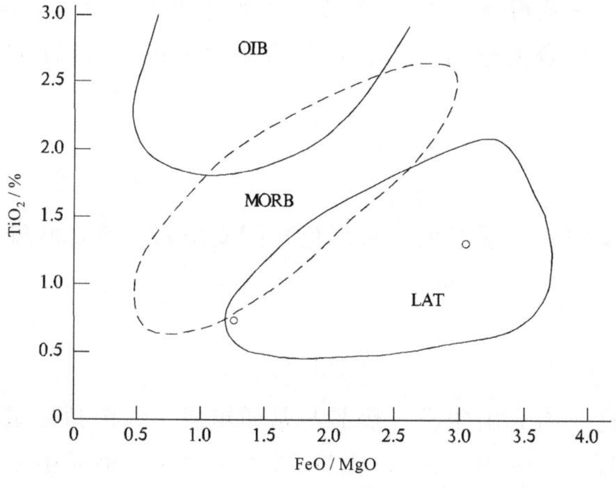


图 3-50　吐卡日组火山岩 FeO/MgO - $TiO_2$ 图
（Migashiro，1974，1975）
LAT. 岛弧拉斑玄武岩；MORB. 洋中脊玄武岩；
OIB. 洋岛玄武岩

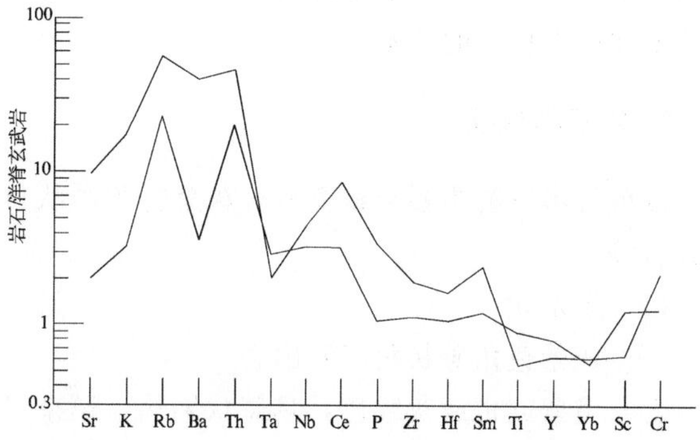


图 3-51　吐卡日组火山岩微量元素比值蛛网图
（Pearce，1982）

## （二）去申拉组火山岩

### 1. 地质特征

出露于图幅南部的索炮呆保、日贡保纳、布尕勤塘及萨尕玛日多等地，面积约 $6km^2$。沿班公湖-怒江缝合带近东西向断续分布。据陇阿鄂冒早白垩世去申拉组实测剖面（图 2－24），该火山岩为陆相中心式—裂隙式喷发，岩石呈层状产出，主要为安山质火山岩，其中发育有柱状节理，显示陆相火山岩特征。总厚度 1 026.82m。剖面上，根据岩石特征，气孔大小，分布等特征，划分了 8 个自然层，3 个韵律层，1 个岩相（即火山溢流相），从下至上火山活动有减弱趋势。该单元火山韵律、强度等特征见表 3－24。在陇阿鄂冒西去申拉组火山岩中还见有灰紫色角砾状角闪安山岩、紫红色—灰绿色角闪安山岩、杏仁状安山玄武岩等爆发相—溢流相岩石。局部零星可见流纹质火山岩及火山岩夹紫红色砾岩、砂岩。

**表 3－24　早白垩世去申拉组火山岩韵律特征一览表**

| 旋回 | 韵律 | 自然层 | 厚度（m） | 岩石组成 | 相组合 | 火山活动强度 | 备注 |
|---|---|---|---|---|---|---|---|
| I | 3 | 第 8 层 | 771.97 | 紫红色安山岩 | 溢流 | 弱 | |
| | | 第 6～7 层 | 17.72 | 紫色中—厚层状粘土质粉砂岩<br>紫色巨厚层状安山质巨砾岩 | 沉积 | | 沉积间断 |
| | 2 | 第 5 层 | 21.26 | 灰绿色角闪安山岩 | 溢流 | 弱 | |
| | | 第 4 层 | 56.73 | 紫色中层状含砾铁质岩屑砂岩 | 沉积 | | 沉积间断 |
| | 1 | 第 3 层 | 101.61 | 灰色杏仁状角闪安山岩 | 溢流 | 弱 | |
| | | 第 1～2 层 | 57.53 | 紫色中—薄层状细粒粉砂质石英砂岩<br>紫红色中层状含砾细粒铁质石英砂岩 | 沉积 | | 沉积间断 |

去申拉组火山岩与下伏早—中侏罗世木嘎岗日岩群、吐卡日组及塔仁本洋岛玄武岩呈角度不整合接触，与上覆新近纪康托组呈角度不整合接触。在安山岩中获得 K－Ar（全岩）年龄为 103.65±1.5Ma，时代为早白垩世末期。不整合面上发育有底砾岩，该不整合为造山不整合，代表了班公湖-怒江洋的彻底关闭和造山作用的开始。

### 2. 岩石学特征

该单元出露的主要岩石类型有灰紫色角砾状角闪安山岩、紫红色—灰绿色角闪安山岩、杏仁状安山玄武岩等。

（1）爆发相

——灰紫色角砾状角闪安山岩

岩石呈紫红色或灰绿色，具斑状结构，斑杂状构造。由火山角砾、斑晶与基质组成。火山角砾呈棱角、次棱角状，岩性多为安山岩，角砾大小不等，直径 0.5～20.0mm，含量 25%～30%。斑晶由斜长石、角闪石组成。斜长石：灰白色，半自形长板状，部分碳酸盐化，粒度 0.2～1.0mm，含量 5%；角闪石：绝大部分已暗化，呈角闪石假象，粒度 0.2～1.0mm，含量 5%。基质具交织结构，由微晶斜长石组成，粒度 0.01～0.03mm，含量 60%～65%。

（2）溢流相

① 紫红-灰绿色角闪安山岩

岩石呈紫红色或灰绿色，具斑状结构，块状构造。斑晶由斜长石、角闪石组成。斜长石：灰白色，半自形长板状，聚片双晶发育，粒度0.2～0.8mm，含量5％～10％；角闪石：大部分暗化，保留角闪石轮廓，粒度0.2～0.6mm，含量5％。基质具交织结构，由灰白色斜长石组成，粒度0.02mm，含量85％～90％。

② 灰色杏仁状安山岩

岩石呈紫灰色，具斑状结构，杏仁状构造。斑晶由斜长石、角闪石组成。斜长石：灰白色，半自形长板状，聚片双晶可见，粒度0.2～2.0mm，含量5％～10％；角闪石：大部分暗化，呈角闪石假象，粒度0.2～1.5mm，含量3％～5％。基质具交织结构，由斜长石组成，灰白色，长条状，粒度0.02mm，含量85％～90％。

③ 杏仁状安山玄武岩

岩石呈灰绿色，具斑状结构，杏仁构造。斑晶为斜长石，呈灰白色，半自形长板状，具环带结构，粒度0.3～2.0mm，含量10％～15％。基质具间隐结构，由斜长石与隐晶矿物组成，含量75％。杏仁呈次圆状，长条状，充填物为绿泥石、方解石等矿物，粒度0.1～1.0mm，定向排列，含量10％～15％。

**3. 岩石化学特征**

共采集了8个样品，其中5个安山岩、3个玄武安山岩，其岩石化学CIPW值及特征指数见表3－19、表3－20。

（1）岩石化学分类定名

我们选用1984年李兆鼐等编制的火山岩化学定量分类图解，将8个样品分析结果投影到图（图3－52）上，有4个点落在安山岩区，2个点落在英安岩区，2个点落在安粗岩区。室内镜下定名为玄武安山岩、安山岩，二者存在差异。是由于岩石中有气孔，充填物有石英、绿泥石等矿物，致使岩石化学定名偏酸性，故采用室内镜下定名。

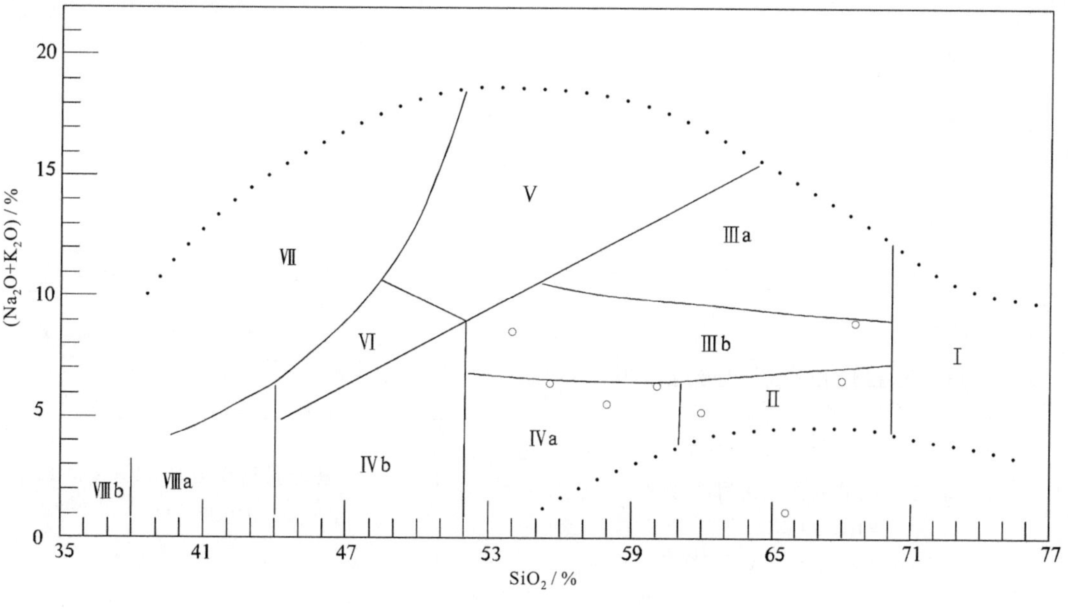


图3－52　去申拉组火山岩化学定量分类图解（李兆鼐等，1984）

I. 流纹岩类；II. 英安岩类；IIIa. 粗面岩类；IIIb. 安粗岩类；

IVa. 安山岩类；IVb. 玄武岩和碱性玄武岩类；V. 响岩类；

VI. 碱玄岩类；VII. 副长石岩类；VIII. 超镁铁质岩

（2）氧化物特征

主要氧化物与1962年黎彤、饶纪龙编制的中国主要岩浆岩类平均化学成分表中的同类岩石比较，特征如下。

$SiO_2$：含量变化范围不大，介于54.05%～68.44%之间，平均值为61.50%，略高于同类岩石。

TiO：含量变化范围较大，介于0.38%～0.78%之间，平均值为0.72%，略高于同类岩石。

$Al_2O_3$：含量变化范围不大，介于14.37%～17.39%之间，平均值为15.96%，略低于同类岩石。

$Fe_2O_3$：含量变化范围大，介于1.91%～7.27%之间，平均值为4.32%，略高于同类岩石。

FeO：含量变化范围较大，介于0.36%～3.06%之间，平均值为1.85%，低于同类岩石。

MnO：含量变化范围大，介于0.02%～0.14%之间，平均值为0.08%，低于同类岩石。

MgO：含量变化范围较大，介于0.30%～1.75%之间，平均值为1.05%，远低于同类岩石。

CaO：含量变化范围较大，介于1.29%～6.06%之间，平均值为3.92%，低于同类岩石。

$Na_2O$：含量变化范围大，介于0.22%～6.90%之间，平均值为3.77%，高出同类岩石0.3倍。

$K_2O$：含量变化范围大，介于0.92%～6.00%之间，平均值为2.23%，高出同类岩石0.7倍。

$P_2O_5$：含量变化范围较大，介于0.07%～0.28%之间，平均值为0.19%，高出同类岩石0.3倍。

（3）成因指数特征

① 里特曼指数（$\sigma$）：变化范围大，介于0.06～6.66之间，除一个为6.06外，均小于4，平均值为2.66，属钙碱性系列。

② 分异指数（DI）：变化范围不大，介于56.92～86.31之间，平均值为67.10，高于同类岩石。

③ 固结指数（SI）：变化范围较大，介于4.92～14.54之间，平均值为7.48，低于同类岩石。

④ 氧化率（OX）：变化范围小，介于0.44～0.63之间，平均值为0.54，与同类岩接近。

（4）岩石系列与类型的确定

该单元8个火山岩样品分析结果投影到硅-碱图（图3－53）上，7个点落在亚碱性系列区。而Ab－An－Or图（图3－54）上，5个点落在普通区，3个点落在钠质区。在A－F－M图（图3－55）上，有6个点落在拉斑玄武岩区，2个点落在钙碱性系列，组合指数为2.66，属钙碱性系列。

综合上述资料，该火山岩为拉斑玄武岩系列普通型。

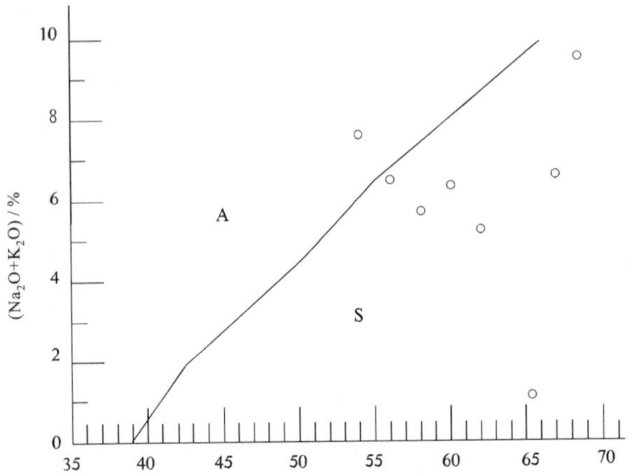


图3－53 去申拉组火山岩硅-碱图

（Irvine，1971）

A. 碱性系列；S. 亚碱性系列

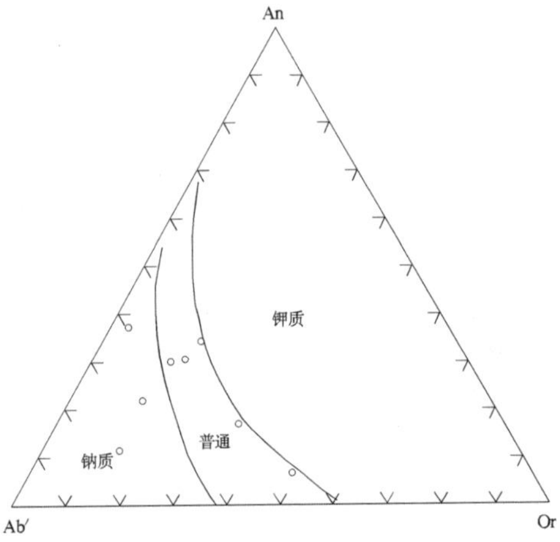


图3－54 去申拉组火山岩Ab－An－Or图

（Irvine，1971）

**4. 地球化学特征**

（1）稀土元素

早白垩世去申拉组火山岩稀土元素丰度及特征参数列于表3－21、表3－22中。从表中可看出：该单元火山岩∑REE介于137.00～225.44之间，平均值为199.36，稀土总量偏高型。δEu介于0.57～1.07之间，平均值为0.73，显负异常。∑Ce/∑Y介于3.36～4.49之间，平均值为3.85。La/Yb介于9.42～18.10之间，平均值为12.75，二者平均值远大于1，属轻稀土富集型，反映在稀土配分曲线上为右倾（图3-56）。La/Sm介于3.77～5.35之间，平均值为4.52，Gd/Yb介于2.00～2.58之间，平均值为2.14，从二比值上看前者大于后者，说明轻稀土比重稀土分馏程度高。

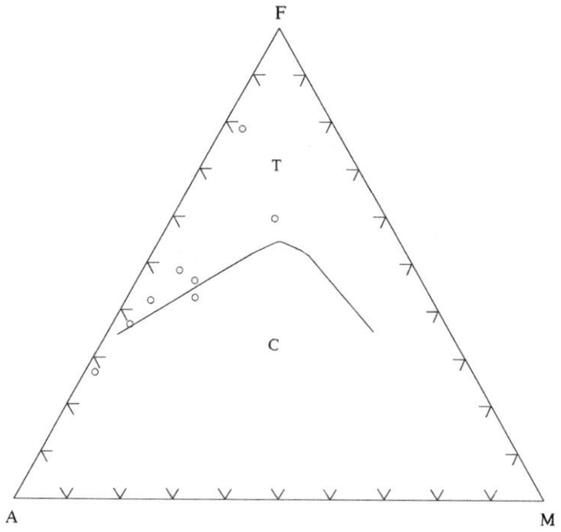


图3-55 去申拉组火山岩A-F-M图
(Irvine, 1971)
T. 拉斑玄武岩系列；C. 钙碱性系列

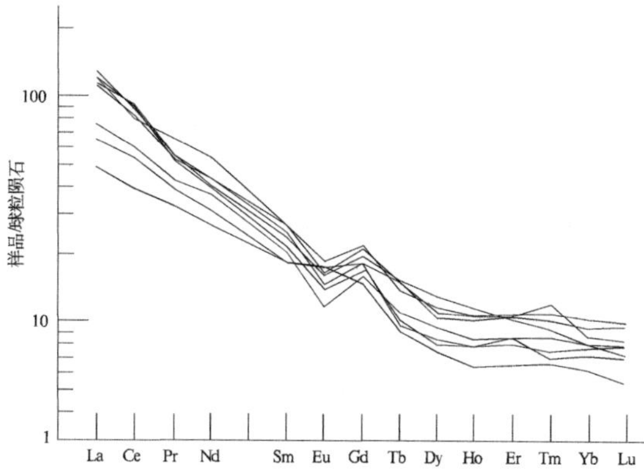


图3-56 去申拉组火山岩稀土元素配分模式图
(after Coryell, 1963)

(2) 微量元素

该单元火山岩丰度见表3-23，与1962年维诺格拉夫的同类岩石比较，各元素特征如下：

Sc：含量变化大，介于$5.99\times10^{-6}$～$33.41\times10^{-6}$之间，平均值为$19.96\times10^{-6}$，高出同类岩石7倍。

V：含量变化大，介于$40.73\times10^{-6}$～$154.45\times10^{-6}$之间，平均值为$81.58\times10^{-6}$，略低于同类岩石。

Cr：含量变化特别大，介于$20.88\times10^{-6}$～$306.79\times10^{-6}$之间，平均值为$149.44\times10^{-6}$，高出同类岩石3倍。

Co：含量变化较大，介于$4.67\times10^{-6}$～$17.15\times10^{-6}$之间，平均值为$10.38\times10^{-6}$，与同类岩石相近。

Ni：含量变化较大，介于$4.98\times10^{-6}$～$25.76\times10^{-6}$之间，平均值为$14.90\times10^{-6}$，远低于同类岩石。

Rb：含量变化特别大，介于$3.46\times10^{-6}$～$354.99\times10^{-6}$之间，平均值为$76.14\times10^{-6}$，低于同类岩石。

Sr：含量变化较大，介于$259.05\times10^{-6}$～$853.07\times10^{-6}$之间，平均值为$547.73\times10^{-6}$，低于同类岩石。

Zr：含量变化较大，介于$94.30\times10^{-6}$～$348.06\times10^{-6}$之间，平均值为$164.15\times10^{-6}$，低于同类岩石。

Nb：含量变化大，介于$6.81\times10^{-6}$～$25.30\times10^{-6}$之间，平均值为10.50，$\times10^{-6}$低于同类岩石。

Ba：含量变化大，介于$249.72\times10^{-6}\times10^{-6}$～$1795.71\times10^{-6}$之间，平均值为$712.13\times10^{-6}$，略高于同类岩石。

Hf：含量变化不大，介于$3.01\times10^{-6}$～$9.69\times10^{-6}$之间，平均值为$4.69\times10^{-6}$，高出同类岩石。

Ta：含量变化不大，介于0.62×$10^{-6}$～1.16×$10^{-6}$之间，平均值为1.05×$10^{-6}$，略高于同类岩石。

Th：含量变化较大，介于7.57×$10^{-6}$～48.11×$10^{-6}$之间，平均值为15.22×$10^{-6}$，高出同类岩石1倍。

U：含量变化较大，介于1.45×$10^{-6}$～5.12×$10^{-6}$之间，平均值为3.28×$10^{-6}$，高出同类岩石163倍。

**5. 构造环境分析**

该单元火山岩分布于班公错-怒江缝合带之上，$SiO_2$ 介于 54.05%～68.44%之间，$Al_2O_3$ 介于14.37%～17.38%之间，$Na_2O$>$K_2O$，里特曼指数（σ）为2.66，属钙碱性系列。

在 $TiO_2$－$K_2O$－$P_2O_5$ 图（图3－57）上，8个点全部落在大陆拉斑玄武岩区。而在 logτ－logσ 图（图3－58）上，7个点落在消减带火山岩区，1个点落在A、B区演化的碱性火山岩区。

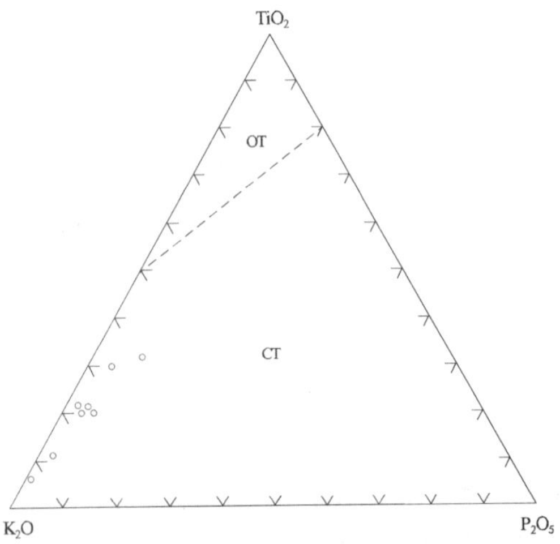


图3－57 去申拉组火山岩 $TiO_2$－$K_2O$－$P_2O_5$ 图

（Pearce，1975）

CT. 大陆拉斑玄武岩；OT. 大洋拉斑玄武岩

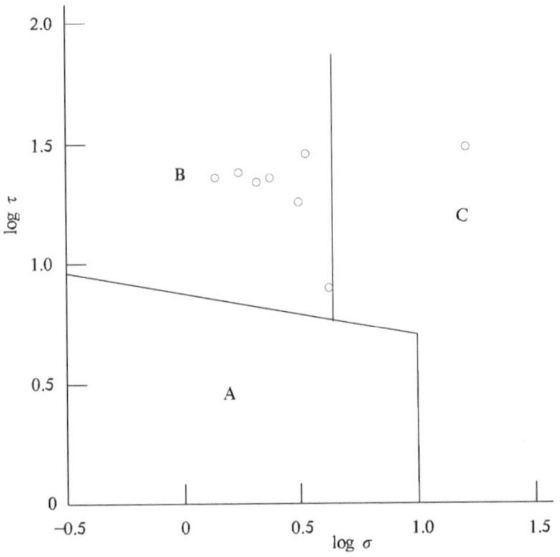


图3－58 去申拉组火山岩 logτ－logσ 图

（Rittmann，1970）

A. 板内稳定区火山岩；B. 消减带火山岩；

C. 由A－B区演化的碱性火山岩

在微量元素比值蛛网图（图3－59）上，曲线特征为强不相容元素富集型分配模式。Ba、Nb、P、Ti亏损型，与大陆拉斑玄武岩曲线形态相似。上述资料说明，早白垩世去申拉组火山岩是发育于板块边缘结合带上的大陆拉斑玄武岩系列火山岩。它的喷发标志着大洋构造体制的演化已全部结束，而进入了大陆构造体制的演化阶段。

## 三、晚白垩世火山岩

**——阿布山组火山岩**

**1. 地质特征**

晚白垩世阿布山组火山岩呈近东西向展布于羌塘陆块内，为陆相中性裂隙式喷发。主要出露于图幅北部的蒂保加木、俊仓玛日埃、鲁宗乃及宗木等地，出露面积约35km²。

据该单元蒂保加木晚白垩世阿布山组实测剖面（图2－25），将火山岩划分了10个自然层，4个韵律层，2个火山相（即火山溢流相和火山爆发相）。岩石呈层状产出，倾向210°～185°，倾角36°～50°，厚度726.35m。下部为含火山角砾黑云母安山岩，向上变为杏仁状英安岩，反映从下向上火山喷发作用有增强的趋势。喷发韵律特征见表 3-25。

在俊仓玛日埃出露的该单元火山岩，岩石类型为杏仁状玄武安山岩，走向近东西，南倾，倾角近乎直立，杏仁构造从下向上有增多的趋势，火山岩的上、下层沉积有陆相的紫色砾岩。在鲁宗乃、宗木一带，与下伏中侏罗世色哇组、布曲组、夏里组呈角度不整合接触，与上覆新近纪康托组呈角度不整合接触。

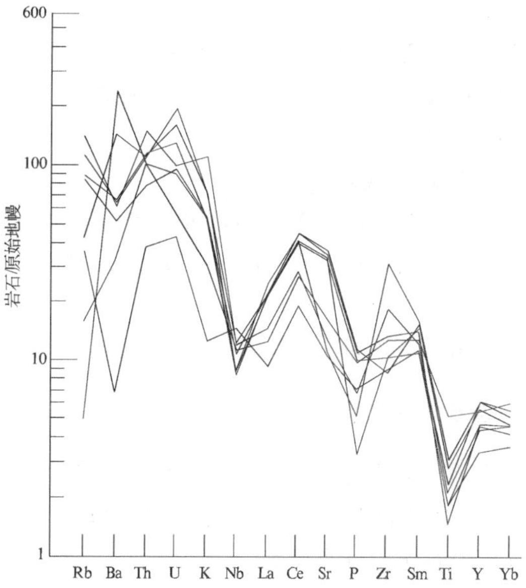


图 3-59　去申拉组火山岩微量元素比值蛛网图
(Pearce，1982)

**2. 岩石学特征**

该套火山岩岩石类型主要有含角砾黑云母英安岩、角闪黑云母杏仁状英安岩、英安岩和杏仁状玄武岩。

（1）爆发相

——含火山角砾黑云母英安岩

岩石呈紫红色，具斑状结构，斑杂状构造。火山角砾呈棱角状、次棱角状，岩性为安山岩、闪长岩，粒度 5.0～20.0mm，含量 10%～15%。斑晶由斜长石、石英和黑云母组成。斜长石：灰白色，半自形长板状，环带结构发育，粒度 0.5～2.5mm，含量 5%～10%；石英：无色透明，他形粒状，大部分有熔蚀，粒度 0.3～0.8mm，含量 2%；黑云母：棕色，多数已暗化，粒度 0.3～1.0mm，含量 5%。基质具交织结构，由斜长石组成，呈灰白色，长条状，半定向排列，粒度 0.1mm，含量 73%。

**表 3-25　晚白垩世阿布山组火山岩韵律特征一览表**

| 旋回 | 韵律 | 自然层 | 厚度 (m) | 岩石组成 | 相组合 | 火山活动强度 |
|---|---|---|---|---|---|---|
| I | 4 | 9～10 | 89.53 | 紫红色角闪黑云母英安岩<br>深紫色英安岩 | 溢流 | 弱 |
| | 3 | 7～8 | 50.60 | 紫红色杏仁状英安岩<br>紫红色含角砾黑云母英安岩 | 爆发—溢流 | 强—弱 |
| | 2 | 3～6 | 279.30 | 紫红色杏仁状英安岩<br>灰紫色杏仁状黑云母英安岩<br>紫红色含角砾杏仁状黑云母英安岩<br>灰紫色含角砾黑云母英安岩 | 爆发—溢流 | 弱—弱 |
| | 1 | 1～2 | 306.92 | 紫红色杏仁状黑云母英安岩<br>灰紫色含角砾黑云母英安岩 | 爆发—溢流 | 强—弱 |

（2）溢流相

① 角闪黑云母杏仁状英安岩

岩石呈紫红色，具斑状结构，杏仁状构造。斑晶由斜长石、石英和黑云母组成，粒度 0.3～2.0mm，石英熔蚀现象普遍，角闪石大部分暗化，黑云母多于角闪石，含量 10%～15%。基质具玻基交织结构，由斜长石与火山玻璃组成。斜长石：灰白色，半自形长条状，杂乱分布，粒度 0.1mm，含量 30%；火山玻璃：褐色，无光性，含量 45%。杏仁多呈次圆状、不规则长条状，充填物为方解石，粒度 0.2～2.0mm，含量 10%～15%。

② 深紫色英安岩

岩石呈深紫色，斑状结构，块状构造。斑晶由斜长石、石英和角闪石组成，粒度0.3～1.5mm，角闪石已全部暗化，石英大部分有熔蚀现象，含量5%。基质具交织结构，由斜长石和少量火山玻璃组成，含量95%。

③ 杏仁状玄武岩

岩石呈紫褐色，无斑结构，杏仁状构造。杏仁多呈次圆状、椭圆状，充填物为方解石、石英，粒度0.5～2.0mm，含量10%～15%。基质具间粒结构，由斜长石、辉石组成。斜长石：灰白色，半自形长条状，粒度0.1～0.2mm，含量80%～85%；辉石：无色，它形粒状，分布于斜长石空隙中，粒度0.05～0.1mm，含量10%。

### 3. 岩石化学特征

该单元火山岩中采集了3个样品，其中2个黑云母英安岩，1个杏仁状玄武岩，其岩石化学、CIPW值及特征指数见表3-19、表3-20。

（1）岩石化学分类定名

我们将3个样品分析结果投影到李兆鼐等编制的火山岩化学定量分类图解上，其中有2个样落在英安岩区，1个点落在安山岩区（图3-60）。与室内镜下定名差异较小，只有杏仁状玄武岩样品投到玄武安山岩区，是由于岩石中气孔充填物有石英，致使岩石化学命名偏中性，故我们采用室内镜下定名。

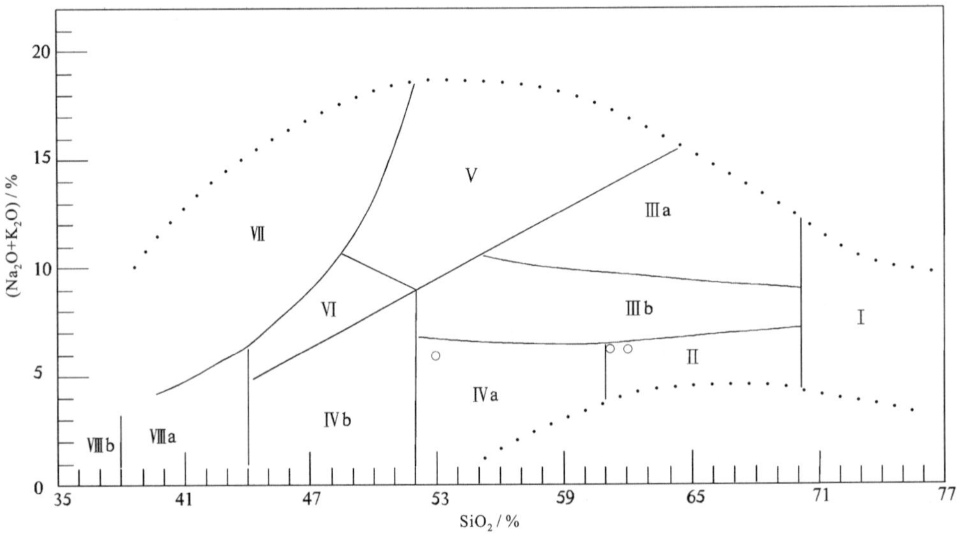


图3-60 阿布山组火山岩化学定量分类图解（李兆鼐等，1984）

I. 流纹岩类；II. 英安岩类；IIIa. 粗面岩类；IIIb. 安粗岩类；IVa. 安山岩类；IVb. 玄武岩和碱性玄武岩类；V. 响岩类；VI. 碱玄岩类；VII. 副长石岩类；VIII. 超镁铁质岩类

（2）主要氧化物特征

该单元火山岩氧化物与1962年黎彤、饶继龙编制的中国主要岩浆岩种类平均化学成分中的同类岩石比较，特征如下：

① 英安岩

SiO：含量变化范围小，介于62.01%～63.27%之间，平均值为62.64%，略低于同类岩石。

$TiO_2$：含量变化范围小，介于0.70%～0.90%之间，平均值为0.80%，略高于同类岩石。

$Al_2O_3$：含量变化范围小，介于16.55%～16.85%之间，平均值为16.70%，略高于同类岩石。

$Fe_2O_3$：含量变化范围小，介于3.78%～4.93%之间，均值为4.35%，高出同类岩石0.6倍。

FeO：含量变化范围不大，介于1.08%～1.61%之间，平均值为1.34%，略低于同类岩石。

MnO：含量变化范围较小，介于0.03%～0.09%之间，平均值为0.06%，略低于同类岩石。

MgO：含量变化范围较大，介于0.44%～1.32%之间，平均值4.53%，低于同类岩石。

CaO：含量变化范围小，介于4.42%～4.65%之间，平均值为4.53%，低于同类岩石。

$Na_2O$：含量变化范围小，介于3.30%～3.50%之间，平均值为3.40%，略低于同类岩石。

$K_2O$：含量变化范围小，介于3.05%～3.25%之间，平均值为3.15%，略低于同类岩石。

$P_2O_5$：含量变化范围小，介于0.24%～0.27%之间，平均值为0.26%，高出同类岩石0.6。

② 玄武岩

$SiO_2$、$Al_2O_3$、MgO、$Na_2O$略高于同类岩石，而$TiO_2$、MgO、CaO、$K_2O$低于同类岩石。

（3）主要成因指数特征

① 里特曼指数（$\sigma$）：变化范围小，介于2.12～2.73之间，平均值为2.37，属钙碱性系列。

② 分异指数（DI）：变化范围不大，介于46.07～67.66之间，平均值为59.62，与同类岩石相近。

③ 固结指数（SI）：变化范围大，介于3.55～21.55之间，平均值为11.53，与同类岩石相近。

④ 氧化率（OX）：变化范围小，介于0.52～0.59之间，平均值为0.55，与同类岩石相近。

（4）岩石系列、类型的确定

在硅-碱图（图3-61）上，3个点均落在亚碱性系列区。在A-F-M图（图3-62）上，2个点落在钙碱性系列区，1个点落在拉斑玄武岩系列区，且3个点均分布在界线附近。在亚碱性系列Ab-An-Or图（图3-63）上，2个英安岩落在钾质区，而玄武岩落在普通区。

综上所述，晚白垩世阿布山组火山岩为亚碱性系列钾质类型。

**4. 地球化学特征**

（1）稀土元素

该单元稀土元素及特征参数见表3-21、表3-22，从表中可以看出，∑REE变化范围较大，介于244.20～379.44之间，平均值为320.74，稀土总量属偏高型。δEu介于0.59～0.83之间，平均值为0.70，显负异常。δCe平均值为1.01，无异常。∑Ce/∑Y介于3.18～5.23之间，平均值为4.30；La/Yb介于10.33～18.81之间，平均值为15.19。两者数值远大于1，属轻稀土富集型，反映在稀土分配曲线上为右倾（图3-64）。La/Sm介于4.14～4.90之间，平均值为4.75；Gd/Yb介于1.90～3.00之间，平均值为2.59。从此两值上看前者远大于后者，说明轻稀土比重稀土元素分馏好。

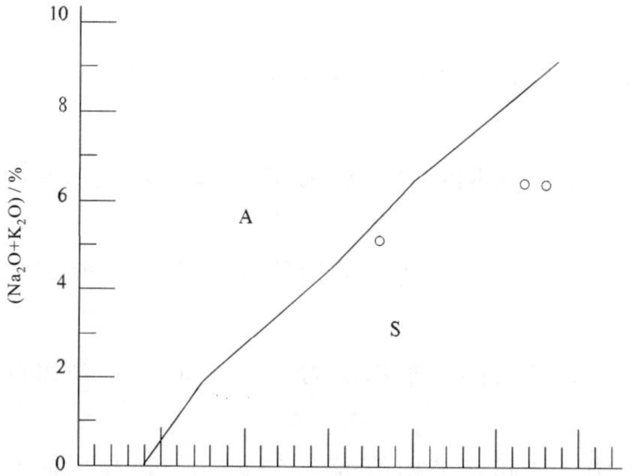


图3-61　阿布山组火山岩硅-碱图

（Irvine，1971）

A. 碱性系列；S. 亚碱性系列

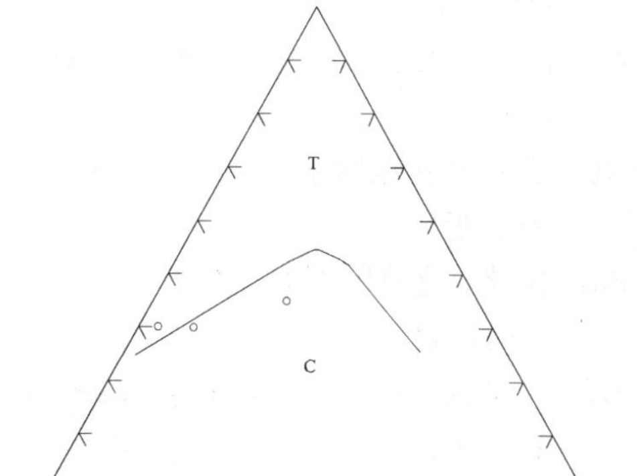


图3-62　阿布山组火山岩A-F-M图

（Irvine，1971）

T. 拉斑玄武岩系列；C. 钙碱性系列

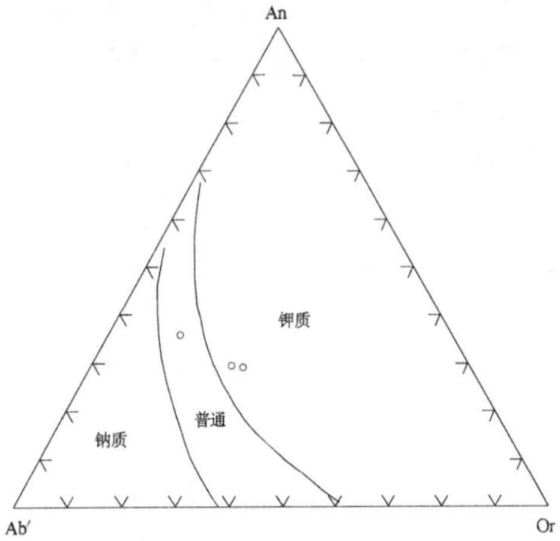


图 3-63　阿布山组火山岩 Ab-An-Or 图
(Irvine，1971)

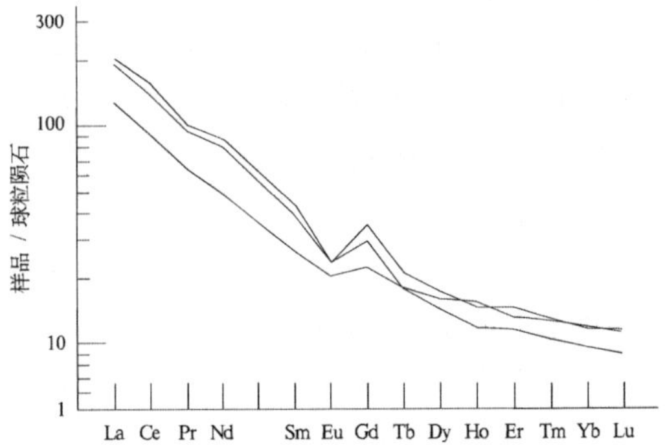


图 3-64　阿布山组火山岩稀土元素配分模式图
(after Coryell，1963)

(2) 微量元素

该单元火山岩微量元素丰度见表 3-23，与 1962 年维诺格拉夫的同类岩石比较，各元素特征如下：

Sc：含量变化范围大，介于 $19.23\times10^{-6}$～$36.52\times10^{-6}$之间，平均值为 $25.88\times10^{-6}$，高出同类岩石 9 倍。

V：含量变化范围不大，介于 $73.58\times10^{-6}$～$104.96\times10^{-6}$之间，平均值为 $84.21\times10^{-6}$，低于同类岩石。

Cr：含量变化范围不大，介于 $125.80\times10^{-6}$～$190.13\times10^{-6}$之间，平均值为 $147.99\times10^{-6}$，高出同类岩石 2 倍。

Co：含量变化范围较大，介于 $11.47\times10^{-6}$～$30.56\times10^{-6}$之间，平均值为 $18.51\times10^{-6}$，高出同类岩石 0.8 倍。

Ni：含量变化范围较大，介于 $18.61\times10^{-6}$～$67.33\times10^{-6}$之间，平均值为 $38.35\times10^{-6}$，低于同类岩石。

Rb：含量变化范围较大，介于 $79.56\times10^{-6}$～$180.45\times10^{-6}$之间，平均值为 $130.79\times10^{-6}$，略高于同类岩石。

Sr：含量变化范围小，介于 $935.06\times10^{-6}$～$973.66\times10^{-6}$之间，平均值为 $948.30\times10^{-6}$，略高于同类岩石。

Zr：含量变化范围不大，介于 $117.88\times10^{-6}$～$211.53\times10^{-6}$之间，平均值为 $178.52\times10^{-6}$，低于同类岩石。

Nb：含量变化范围小，介于 $17.28\times10^{-6}$～$23.57\times10^{-6}$之间，平均值为 $178.52\times10^{-6}$，与同类岩石相近。

Ba：含量变化范围不大，介于 $378.25\times10^{-6}$～$745.12\times10^{-6}$之间，平均值为 $598.89\times10^{-6}$，略低于同类岩石。

Hf：含量变化范围不大，介于 $3.29\times10^{-6}$～$5.82\times10^{-6}$之间，平均值为 $4.79\times10^{-6}$，高出同类岩石 3.8 倍。

Ta：含量变化范围小，介于 $2.32\times10^{-6}$～$3.20\times10^{-6}$之间，平均值为 $2.63\times10^{-6}$，高出同类岩石 1.7 倍。

Th：含量变化范围不大，介于 $9.11\times10^{-6}$～$20.35\times10^{-6}$之间，平均值为 $16.24\times10^{-6}$，高出同类岩石 1.3 倍。

U：含量变化范围小，介于 $3.25\times10^{-6}$～$5.54\times10^{-6}$之间，平均值为 $4.76\times10^{-6}$，高于同类岩石 263 倍。

### 5. 构造环境分析

该单元火山岩构造环境见 $\log\tau-\log\sigma$ 图（图 3-65），投点均落在 B 区，即消减带火山岩区。因此，我们将晚白垩世阿布山组火山岩产出的构造环境确定为消减带火山岩，说明，虽然阿布山组火山岩产于稳定的羌塘陆块区，但其形成应与班公湖-怒江结合带的碰撞造山作用有关。

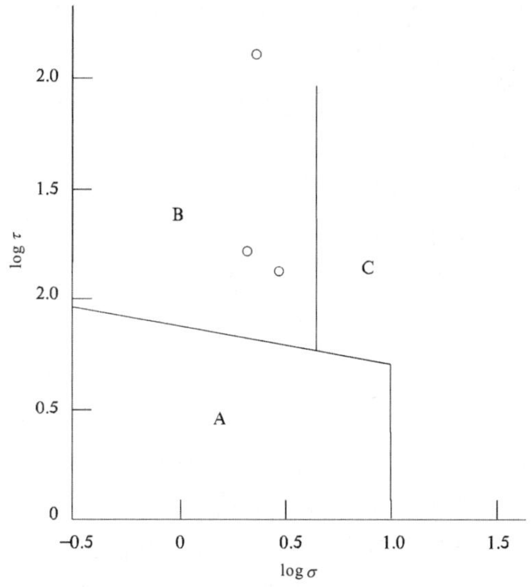


图 3-65 阿布山组火山岩 $\log\tau-\log\sigma$ 图

（Rittmann，1970）

A. 板内稳定区火山岩；B. 消减带火山岩；C. 由 A-B 区演化的碱性火山岩

## 四、渐新世火山岩

渐新世纳丁错组火山岩，分布零星，仅在图幅北部的晓嘎晓那与开仁尕那有出露，面积约 11.75km²。

### 1. 地质特征

该单元在晓嘎晓那出露的火山岩，位于采跌布拖-晓嘎晓那东西向断裂与鄂纵错-曲瑞北东向断裂的交汇部位，为长轴呈东西向的椭圆形，东西长 2.5km，南北宽 1.5 km，面积约 3.75 km²。据昂达尔错北西锡导巴格底渐新统纳丁错组实测剖面（图 2-29），该火山岩为陆相中心式喷发，火山通道被潜安粗岩充填，地貌上呈岩针状产出，高达 30 余米。岩针两侧安粗岩呈层状产出，产状相反，北部岩层倾向 342°，倾角 8°。而南部岩石倾向 164°，倾角 14°，岩石类型为灰色安粗岩、深灰色安粗岩，两者交替出现。剖面上根据岩石特征，将该火山岩划分了 6 个自然层，3 个韵律，2 个岩相（即火山通道相和火山溢流相）。地层厚 290.87m，南部与下伏中侏罗世布曲组呈角度不整合接触，北部与上覆新近纪康托组呈角度不整合接触。火山活动强度及韵律特征见表 3-26。

**表 3-26 渐新世纳丁错组火山岩韵律特征一览表**

| 旋回 | 韵律 | 自然层 | 厚度（m） | 岩石组成 | 相组合 | 火山活动强度 | 备注 |
|---|---|---|---|---|---|---|---|
| | 3 | 第 5～6 层 | 51.85 | 深灰色粗面岩灰色粗面岩 | 溢流 | 弱 | |
| | 2 | 第 3～4 层 | 201.76 | 深灰色粗面岩灰色粗面岩 | 溢流 | 弱 | |
| | 1 | 第 1～2 层 | 37.26 | 深灰色粗面岩灰色粗面岩 | 溢流 | 弱 | |

在开仁尕那出露的火山岩，位于采跌布拖-晓嘎晓那东西向断裂南侧，呈东西向条带状展布，东西长 10km，南北宽 0.5～1.0km，面积约 8km²，为陆相裂隙式喷发。岩石呈层状产出，倾向 5°～15°，倾角 15°～8°。该火山岩北部与下伏中侏罗世布曲组呈角度不整合接触，南部与新近纪康托组呈角度不整合接触。

### 2. 岩石学特征

该单元火山岩的岩石类型简单，主要由灰色安粗岩、深灰色安粗岩、深灰色橄榄玄武岩组成。

（1）溢流相

① 灰色安粗岩

岩石呈灰色，具斑状结构，块状构造。斑晶由斜长石、碱性长石、角闪石、黑云母等组成。斜长石：灰白色，半自形长板状，聚片双晶清楚，粒度0.2～2.0mm，含量5%；碱性长石：灰白色，半自形宽板状，可见卡氏双晶，粒度0.2～1.5mm，含量8%～10%；角闪石：褐色，半自形柱状，底截面具角闪石式解理，暗化边发育，粒度0.2～0.8mm，含量2%～3%；黑云母：棕色，半自形片状，平行消光，暗化边发育，粒度0.2～0.5mm，含量1%～2%。基质具粗面结构，由微晶长石定向排列组成，粒度0.3mm，含量82%。

② 深灰色安粗岩

岩石呈深灰色，具斑状结构，块状构造。斑晶由斜长石、碱性长石、角闪石、黑云母等组成。斜长石：灰白色，半自形长板状，聚片双晶发育，粒度0.2～1.5mm，含量5%；碱性长石：灰白色，半自形宽板状，可见卡氏双晶，粒度0.2～1.0mm，含量5%；角闪石：褐色，半自形长柱状，暗化边发育，粒度0.2～0.5mm，含量2%；黑云母：棕色，半自形片状，平行消光，普遍有暗化边，粒度0.1～0.4mm，含量2%。基质具粗面结构，由微晶长石组成，定向排列，有绕斑现象，含量86%。

③ 深灰色杏仁状橄榄玄武岩

岩石呈深灰色，具无斑结构。杏仁状构造。基质具间粒结构。斜长石：灰白色，半自形长条状，粒度0.1～0.2mm，杂乱无章分布，含量75%～80%；辉石、橄榄石：呈他形粒状，充填于斜长石空隙中，粒度0.05～0.1mm，橄榄石多于辉石，含量10%。杏仁呈次圆状，充填物为石英、方解石，粒度0.5～2.0mm，含量10%～15%。

（2）火山通道相——潜安粗岩

岩石呈灰色，斑状结构，块状构造。斑晶由斜长石、碱性长石、黑云母、角闪石组成。斜长石：灰白色，半自形长板状，聚片双晶发育，粒度0.2～2.0mm，含量5%；碱性长石：灰白色，半自形宽板状，可见卡氏双晶，粒度0.2～1.0mm，含量3%～5%；角闪石：褐色，半自形柱状，暗化边发育，粒度0.2～0.4mm，含量5%；黑云母：棕色，半自形片状，平行消光，暗化边发育，粒度0.2～0.8mm，含量2%。基质具粗面结构，由微晶长石组成，定向排列，有绕斑现象，粒度0.3mm，含量83%～85%。

### 3. 岩石化学

在渐新世纳丁错组火山岩中采集了4个样品，其中3个安粗岩，1个杏仁状玄武岩，其岩石化学、CIPW值及特征指数见表3-19、表3-20。

（1）岩石化学分类定名

我们选用1984年李兆鼐等编制的火山岩化学定量分类图解，将4个样品分析计算结果投影到图（图3-66）上，4个点全部落在安粗岩类区内，而室内镜下定名为粗面岩、杏仁状玄武岩，两者不符。粗面岩镜下对基质中的长石种类无法区别，故采用岩石化学定名安粗岩，而杏仁状玄武岩中，气孔发育，气孔充填物为石英、方解石等矿物，致使岩石化学定名偏中性，因此，我们仍采用镜下定名杏仁状玄武岩。

（2）主要氧化物特征

主要氧化物的丰度与世界39类火成岩平均化学成分中的同类岩石比较，特征如下。

$SiO_2$：含量变化范围小，介于60.80%～61.83%之间，平均值为61.39%，略高于同类岩石。

$TiO_2$：含量变化范围小，介于1.08%～1.12%之间，平均值为1.13%，高出同类岩石0.4倍。

$Al_2O_3$：含量变化范围小，介于16.30%～17.22%之间，平均值为16.66%，略高于同类岩石。

FeO：含量变化范围较小，介于1.45%～2.26%之间，平均值为1.84%，略低于同类岩石。

$Fe_2O_3$：含量变化范围较小，介于3.57%～4.42%之间，平均值为3.88%，高于同类岩石。

MnO：含量变化范围不大，介于0.03%～0.06%之间，平均值为0.04%，低于同类岩石。

MgO：含量变化范围较大，介于0.49%～1.42%之间，平均值为0.96%，远低于同类岩石。

CaO：含量变化范围小，介于3.96%～4.04%之间，平均值为4.00%，略低于同类岩石。

$Na_2O$：含量变化范围小，介于4.58%～4.68%之间，平均值为4.62%，略低于同类岩石。

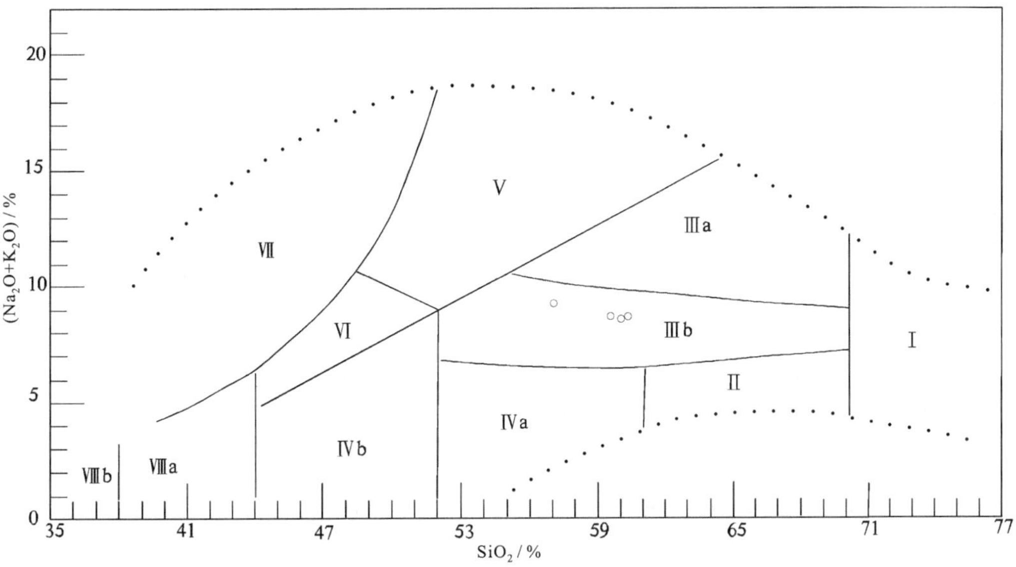


图 3-66 纳丁错组火山岩化学定量分类图解

(李兆鼐等，1984)

Ⅰ. 流纹岩类；Ⅱ. 英安岩类；Ⅲa. 粗面岩类；Ⅲb. 安粗岩类；Ⅳa. 安山岩类；Ⅳb. 玄武岩和碱性玄武岩类；Ⅴ. 响岩类；Ⅵ. 碱玄岩类；Ⅶ. 副长石岩类；Ⅷ. 超镁铁质岩类

$K_2O$：含量变化范围小，介于 3.30%～3.42%之间，平均值为 3.38%，低于同类岩石。

$P_2O_5$：含量变化范围小，介于 0.61%～0.68%之间，平均值为 0.64%，高于同类岩石。

(3) 主要成因指数特征

① 安粗岩

里特曼指数 ($\sigma$)：变化范围较大，介于 3.48～3.60 之间，平均值为 3.49，属钙碱性系列。

分异指数 (DI)：变化范围小，介于 69.98～72.23 之间，平均值为 71.19，高于同类岩石。

固结指数 (SI)：变化范围较大，介于 3.43～9.27 之间，平均值为 6.45，低于同类岩石。

氧化率 (OX)：变化范围小，介于 0.49～0.50 之间，平均值为 0.501，与同类岩石接近。

② 玄武岩

里特曼指数 ($\sigma$) 为 5.23，碱性系列，分异指数 (DI) 71.00，高于同类岩石。而固结指数和氧化率与同类岩相近。

(4) 岩石系列、类型的确定

在硅-碱图（图 3-67）上，4 个点分布较集中，其中 3 个安粗岩点落在亚碱性区，而 1 个杏仁状玄武岩点落在碱性区。在 Ab-An-Or 图（图 3-68）上，3 个安粗岩落在普通区，1 个杏仁状玄武岩落在钠质区。安粗岩组合指数均小于 4，平均值为 3.49，杏仁状玄武岩组合指数为 5.23。

上述资料说明，该单元火山岩中的中心式喷发的安粗岩为亚碱性系列普通型，而裂隙式喷发的玄武岩为碱性系列纳质型。

**4. 地球化学特征**

(1) 稀土元素

渐新世纳丁错组火山岩稀土元素丰度及特征参数列于表 3-21、表 3-22 中，从表中看出：该单元火山岩$\sum$REE 介于 207.70～390.39 之间，平均值为 307.27，为稀土元素偏高型。$\delta$Eu 介于 0.70～0.91 之间，平均值为 0.83，呈负异常。$\sum$Ce/$\sum$Y 介于 5.52～9.60 之间，平均值为 8.92；La/Yb 介于 12.52～57.75 之间，平均值为 38.20。两者比值远大于 1，属轻稀土富集型，反映在稀土元素分配曲线上为右倾型（图 3-69）。

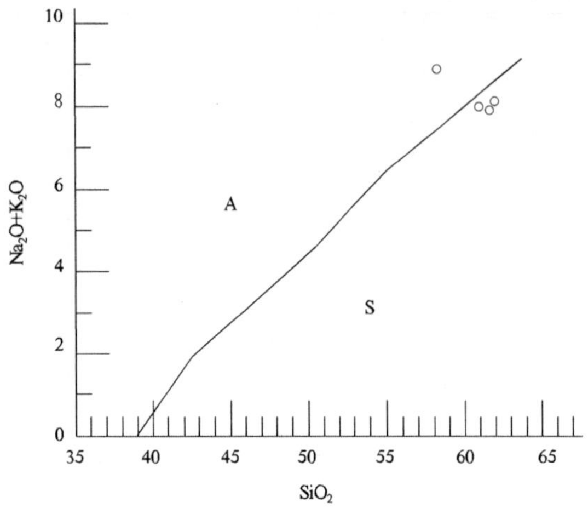


图 3-67　纳丁错组火山岩硅-碱图

（Irvine，1971）

A. 碱性系列；S. 亚碱性系列

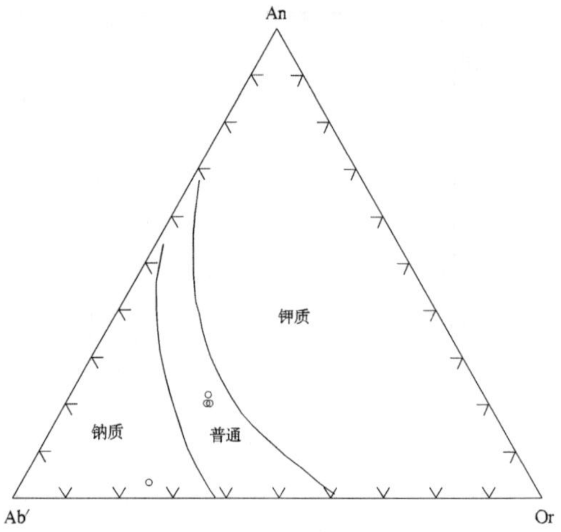


图 3-68　纳丁错组火山岩 Ab-An-Or 图

（Irvine，1971）

（2）微量元素

该单元微量元素丰度见表 3-23，与 1962 年维诺格拉夫的同类岩比较，特征如下：

Sc：含量变化范围小，介于 $11.30\times10^{-6}$～$13.17\times10^{-6}$之间，平均值为 $12.26\times10^{-6}$，高出同类岩石 4 倍。

V：含量变化范围小，介于 $78.70\times10^{-6}$～$98.77\times10^{-6}$之间，均值为 $91.64\times10^{-6}$，略低于同类岩石。

Cr：含量变化范围小，介于 $41.72\times10^{-6}$～$46.58\times10^{-6}$之间，平均值为 $44.40\times10^{-6}$，略低于同类岩石。

Co：含量变化范围小，介于 $9.43\times10^{-6}$～$11.37\times10^{-6}$之间，平均值为 $10.42\times10^{-6}$，于同类岩石相近。

Ni：含量变化范围较小，介于 $12.01\times10^{-6}$～$16.16\times10^{-6}$之间，平均值为 $14.00\times10^{-6}$，远低于同类岩石。

Rb：含量变化范围较小，介于 $74.92\times10^{-6}$～$115.61\times10^{-6}$之间，均值为 $101.27\times10^{-6}$，于同类岩石相近。

Sr：含量变化范围较小，介于 $541.25\times10^{-6}$～$629.25\times10^{-6}$之间，平均值为 $576.73\times10^{-6}$，低于同类岩石。

Zr：含量变化范围小，介于 $252.73\times10^{-6}$～$329.90\times10^{-6}$之间，平均值 $303.79\times10^{-6}$，略高于同类岩石。

Nb：含量变化范围小，介于 $37.38\times10^{-6}$～$39.33\times10^{-6}$之间，平均值 $38.46\times10^{-6}$，高出同类岩石 0.9 倍。

Ba：含量变化范围不大，介于 $856.17\times10^{-6}$～$1\ 050.00\times10^{-6}$之间，平均值为 $965.76\times10^{-6}$，高出同类 0.4 倍。

Hf：含量变化范围小，介于 $7.40\times10^{-6}$～$8.82\times10^{-6}$之间，平均值为 $8.11\times10^{-6}$，高出同类岩石 7 倍。

Ta：含量变化范围小，介于 $3.83\times10^{-6}$～$4.02\times10^{-6}$之间，平均值为 $3.95\times10^{-6}$，高出同类岩石 3 倍。

Th：含量变化范围不大，介于 $10.77\times10^{-6}$～$11.37\times10^{-6}$之间，平均值为 $10.98\times10^{-6}$，略高于同类岩石。

U：含量变化范围不大，介于 $2.69\times10^{-6}\sim4.25\times10^{-6}$ 之间，平均值为 $3.38\times10^{-6}$，高出同类岩石 15 倍。

**5. 构造环境分析**

该单元火山岩分布于羌塘陆块内断裂附近，$SiO_2$ 介于 60.80%～61.83%之间，$Na_2O>K_2O$。在 $TiO_2-K_2O-P_2O_5$ 图（图 3-70）上，4 个点全部落在大陆拉斑玄武岩区。在微量元素比值蛛网图上，曲线表现为强不相容元素富集型，Nb、Sr、Sm 亏损，与典型的大陆拉斑玄武岩特征相似（图 3-71，图 3-72）。

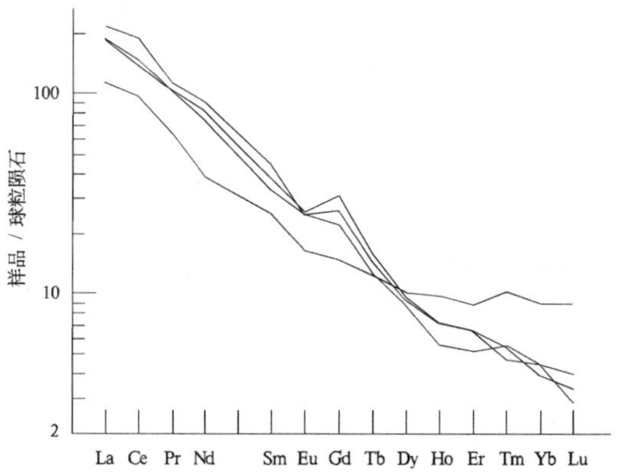


图 3-69　纳丁错组火山岩稀土元素配分模式图

(after Coryell, 1963)

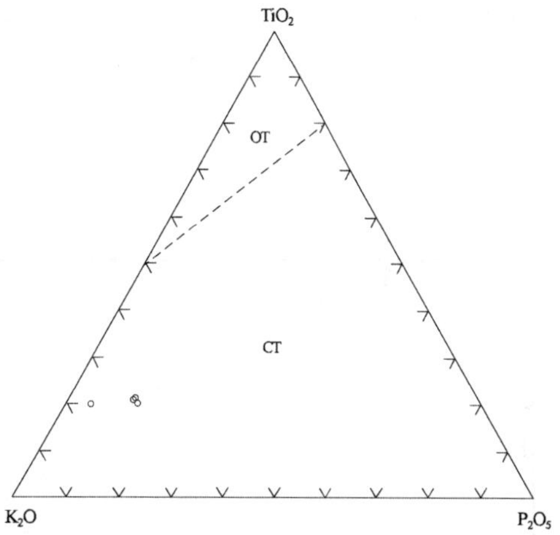


图 3-70　纳丁错组火山岩 $TiO_2-K_2O-P_2O_5$ 图

(Pearce, 1975)

CT. 大陆拉斑玄武岩；OT. 大洋拉斑玄武岩

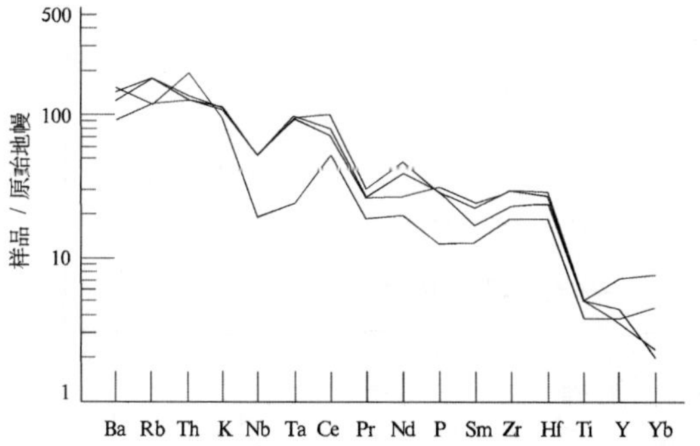


图 3-71　纳丁错组火山岩微量元素比值蛛网图（一）

(Pearce, 1982)

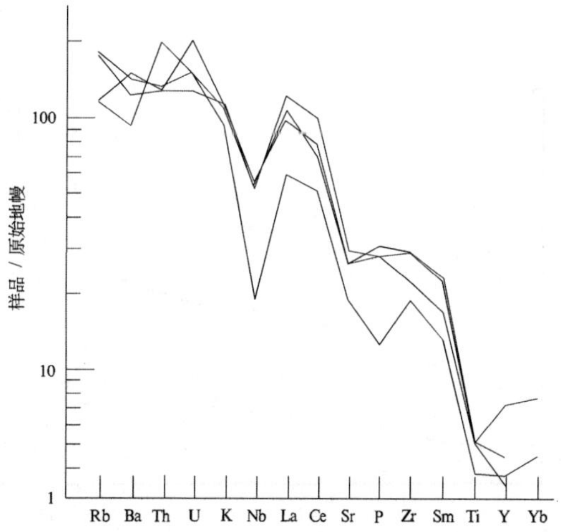


图 3-72　纳丁错组火山岩微量元素比值蛛网图（二）

(Pearce, 1982)

综上所述，渐新世纳丁错组火山岩为发育于羌塘陆块上的陆内裂谷构造环境之产物。

# 第四章　变质岩

测区内变质岩石不甚发育，可划分为区域变质岩、与岩浆有关的变质岩（气-液变质岩）和动力变质岩（碎裂）三大类。区域变质岩多以浅变质为主，燕山早期变质地层为晚三叠世姜钟组、角木日茶卡组、扎那组、赛公药长石石英砂岩，燕山中期变质地层为早—中侏罗世木嘎岗日岩群（图 4－1）；气-液变质岩主要分布在超基性岩体边部、中基性岩体内部及各个时期构造带上；动力变质岩呈带状或线状分布。

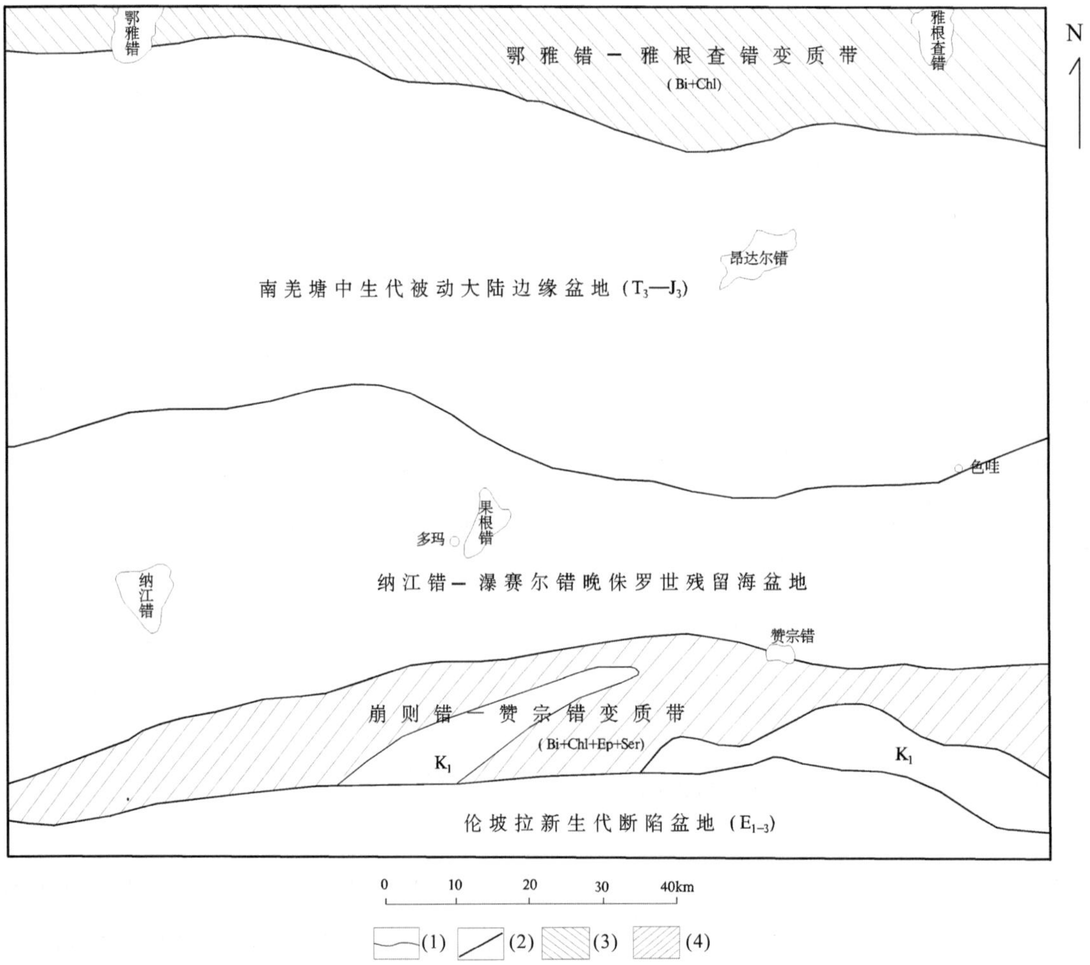


图 4－1　测区变质带地质略图

(1) 地质界线；(2) 断层；(3) 燕山早期变质期；(4) 燕山中期变质期；$K_1$. 下白垩统

# 第一节　区域变质岩及变质作用

测区内区域变质岩分布在测区的南北两侧，北侧鄂雅错-雅根查错变质带，南侧崩则错-赞宗错变质带。

## 一、鄂雅错-雅根查错变质带

该带出露于鄂雅错、鄂纵错、雅根查错一带，呈东西向展布，长约140km，宽约4～18km。两端及北侧延出图外。出露的变质岩为晚三叠世姜钟组、角木日茶卡组、扎那组、赛公药长石石英砂岩，与上覆新近纪康托组呈角度不整合或断层接触，并不同程度经受了动力变质作用的改造。

### 1. 变质岩石类型及特征

该变质带出露的变质岩为结晶灰岩、变质碎屑岩。原岩成分及组构基本保留（表4-1）。

表4-1　鄂雅错-雅根查错变质岩带主要岩石类型及特征

| 单元代号 | 岩石类型 | 结构 | 构造 | 变质矿物共生组合 | 变质特征 | 备注 |
| --- | --- | --- | --- | --- | --- | --- |
| $T_3j$ | 结晶灰岩<br>（大理岩化灰岩、结晶生物碎屑灰岩、结晶鲕粒灰岩、含白云质） | 不等粒变晶结构，<br>微晶结构，<br>变余生物碎屑结构，<br>变余鲕粒结构，<br>变余砂屑结构 | 层状构造 | | 方解石重结晶，呈镶嵌状 | 原岩结构基本保留 |
| $saq$<br>$T_3\hat{z}$<br>$T_3j\hat{z}$ | 变质碎屑岩<br>（变质长石、石英、岩屑砂岩、变质粉砂岩） | 变余砂状结构，<br>微粒变晶结构 | 层状构造 | 绿泥石、<br>黑云母、<br>纤闪石、<br>方解石、<br>石英、<br>次闪石 | 泥质重结晶→绿泥石、纤闪石、次闪石。<br>钙质重结晶→方解石。<br>石英呈镶嵌状，具再生边，可见压力影 | 原岩结构基本保留 |

### 2. 变质作用

燕山早期发生的区域变质作用在本区使鄂雅错-雅根查错变质带内的晚三叠世地层发生了变质。变质作用类型为区域低温动力变质作用。蚀变及变质矿物为绿泥石、黑云母、纤闪石、方解石、石英、次闪石等。上述变质矿物共生组合属于贺高品划分的低绿片岩相，相当于温克勒的低变质级。其形成的变质温度和压力分别为350～500℃，0.1～1.0GPa，结合该带变形构造组合属于浅构造层次。

早侏罗世测区以北龙木错-双湖古特提斯洋彻底关闭，碰撞造山作用加剧，致使测区北部隆升成陆遭受剥蚀，缺失早侏罗世地层，并使晚三叠世地层发生变质。

## 二、崩则错-赞宗错变质带

出露于崩则错-赞宗错一带，呈东西向展布，两端及南侧延出图外，测区内出露长度约140km，宽约35～55km。该带属于日土-怒江变质带的一部分，处于班公湖-怒江板块结合带内，除普遍发生区域变质作用外，动力（碎裂）变质也有发生。该带出露的变质岩为早—中侏罗世木嘎岗日岩群中的变质碎屑岩和中二叠世外来岩块。该变质岩与上覆的白垩纪、古近纪、新近纪地层呈角度不整合或断层接触。

**1. 变质岩石类型及特征**

测区内出露的变质岩为变质的沉积碎屑岩—碳酸盐岩、变质的基性火山岩、变质的超镁铁质岩等（表 4－2）。

**表 4－2　崩则错-赞宗错变质岩带主要岩石类型及其特征**

| 单元代号 | 岩石类型 | 结构 | 构造 | 变质矿物共生组合 | 变质特征 | 备注 |
|---|---|---|---|---|---|---|
| $P_2ls$（岩块） | 结晶灰岩（大理岩化灰岩） | 不等粒变晶结构，变余细晶结构 | 层状构造 | | 方解石重结晶、岩石碎裂、后期方解石脉发育 | 原岩结构基本保留 |
| $J_{1-2}M$ | 变质碎屑岩（变质石英砂岩、变质长石石英砂岩、变质岩屑砂岩、变质粉砂岩） | 变余砂状结构 | 变余层状构造 | 方解石<br>黑云母<br>绿泥石<br>绢云母<br>石英<br>纤闪石 | 方解石重结晶，镶嵌状；<br>石英重结晶，具再生边；<br>泥质→绿泥石、黑云母、绢云母、纤闪石；<br>矿物定向，有压力影构造 | 原岩结构基本保留 |
| | 结晶灰岩（大理岩化灰岩） | 不等粒变晶结构 | 变余砂屑构造 | | 方解石重结晶 | 原岩结构基本保留 |
| Σ | 变质（辉石）橄榄岩 | 鳞片变晶结构，变余细粒结构，纤状—叶片状变晶结构 | 块状构造 | 蛇纹石<br>金红石<br>纤闪石<br>绿泥石 | 橄榄石→蛇纹石<br>辉石→纤闪石<br>角闪石→绿泥石、纤闪石 | 原岩为辉石橄榄岩<br>原岩结构基本保留 |
| $\beta b$ | 变质玄武岩 | 变余斑状结构，变余间粒结构 | 杏仁状、枕状构造 | 黝帘石<br>绿泥石<br>方解石 | 斑晶：辉石→绿泥石化<br>斜长石→黝帘石化<br>绿泥石化被碳酸盐取代，无残留<br>气孔：充填玉髓、碳酸盐<br>基质：斜长石呈黝帘石化<br>辉石呈绿泥石化<br>暗色矿物→碳酸盐化，无残留 | 原岩为辉石玄武岩、辉石橄榄玄武岩、枕状玄武岩，原岩结构基本保留 |

**2. 变质作用**

中侏罗世末期，班公湖-怒江洋即已开始关闭。燕山中期发生的区域变质作用在本区使崩则错-赞宗错变质带内的早—中侏罗世木嘎岗日岩群和基性火山岩、超镁铁质岩发生了变质变形，在木嘎岗日岩群中出现紧闭同斜褶皱、流变褶皱、叠加褶皱等中深层次的褶皱样式，面理置换发育。变质作用类型为区域低温动力变质作用。蚀变及变质矿物为绿泥石、黑云母、绢云母、纤闪石、方解石、石英、蛇纹石等。该变质矿物组合属于贺高品划分的低绿片岩相，相当于温克勒的低变质级。

# 第二节 与岩浆有关的变质岩及变质作用

## ——与超镁铁质岩浆活动有关的气-液变质岩

区内气-液变质作用形成的变质岩为蛇纹岩、菱镁岩、石英菱镁岩。前者在超镁铁质岩中普遍存在，后两者多分布在超镁铁质岩岩体的边部。变质岩石特征见表 4-3。

**表 4-3 气-液变质岩石类型及特征**

| 岩石类型 | 结构 | 构造 | 变质矿物 | 特征 | 备注 |
|---|---|---|---|---|---|
| 蛇纹岩 | 鳞片变晶结构 | 块状、网格状构造 | 蛇纹石 | 辉石：呈不规则粒状，粒径 0.2～1.5mm；<br>蛇纹石：片状，平行消光，粒径 0.2～0.3mm；<br>辉石→绢石，保留辉石外形，含量 10%～15%；<br>蛇纹石：网格状，含量 85%～90% | 原岩结构部分保留 |
| 菱镁岩 | 不等粒变晶结构<br>交代残余结构 | 块状构造 | 菱镁石 | 粒度 0.05～0.4mm；<br>局部残留蛇纹石网格阴影 | 原岩结构完全消失 |
| 石英菱镁岩 | 变晶结构 | 块状构造 | 菱镁石<br>石英 | 石英：他形粒状，粒径 0.5～1mm，含量 20%～30%；<br>菱镁矿：柱面体，粒径 1～2.5mm，含量 70% | 原岩结构完全消失 |

# 第三节 动力变质岩

该套岩石主要分布在各个时期的构造带上，以矿物的变形、破碎和重结晶为主，主要受断裂带控制，呈狭窄带状展布。发育的动力变质岩有构造角砾岩、碎裂岩、糜棱岩等。其中糜棱岩主要分布于班公湖-怒江结合带。

## 一、构造角砾岩（角砾岩化岩石）

构造角砾岩具角砾斑杂状构造，呈压碎角砾结构、角砾状结构、碎粒结构、粒状（微粒）变晶结构、变余纤状—叶片状结构。角砾大小不一，呈棱角状—次圆状不等。角砾内部见裂纹，角砾定向不明显。角砾成分和原岩基本一致，普遍具硅化和碳酸盐化，重结晶作用明显，原岩的结构、构造基本保留，可恢复原岩。

张性构造角砾大小不等，呈棱角状，排列杂乱无章，压性（压扭性）构造角砾多呈次圆状。个别角砾成分为糜棱岩（张性角砾、棱角状），经历了韧性变形—脆性变形的演化过程。

## 二、碎裂岩（碎裂岩化岩石）

测区内常见的碎裂岩为碎裂碎屑岩、碎裂灰岩、碳酸盐化硅化碎裂杏仁状玄武岩、碎裂角砾岩化泥晶灰岩。碎裂岩具角砾状构造、斑杂状构造，呈粉砂质结构、压碎结构、变余中粗粒砂状结构、碎裂结构、中粗粒变晶结构、交代残留变余中粗粒结构。岩石受应力作用，岩石矿物发生碎裂，但碎块无大的位移，具可拼性、近对性。沿裂隙充填石英脉和方解石脉。发育有绢云母化、硅化和碳酸盐化。石英晶体内有裂纹，斜长石双晶弯曲，钾长石交代斜长石形成净边。沿碎裂部位铁淋滤较为发育。次生矿物为次闪石、黝帘石、石英、方解石等，

## 三、糜棱岩化岩石

测区内见有糜棱岩化碎屑岩、灰岩质初糜棱岩、灰岩质糜棱岩、糜棱岩化硅质岩、玄武质糜棱岩、玄武质千糜岩、糜棱岩化强蚀变岩、蛇纹石化糜棱岩等。岩石特征见表4-4。

**表4-4　糜棱岩（糜棱岩化）岩石类型及特征**

| 岩石类型 | 结构 | 构造 | 特征 | 备注 |
|---|---|---|---|---|
| 糜棱岩化中粗粒泥质岩屑砂岩 | 变余中粗粒砂状结构，<br>显微鳞片粒状变晶结构 | 定向构造 | 砂屑定向，泥质岩屑定向拉长，<br>泥质胶结物被集中、拉长，呈拔丝状 | 原岩结构有所保留 |
| 灰岩质初糜棱岩 | 糜棱结构，<br>原岩砂屑结构 | 条带状、<br>眼球状构造 | 碎斑：亮晶灰岩，呈透镜状、眼球状，含量85%；<br>碎基：由塑性方解石集合体、硅质条带组成，绕碎斑分布，含量15% | |
| 灰岩质糜棱岩 | 糜棱结构 | 眼球状构造 | 碎斑：眼球体定向明显，在定向长轴两端见拖尾和压力影，含量45%。<br>碎基：由0.005mm的方解石构成的条带集合体，含量55% | |
| 糜棱岩化硅质岩 | 微粒变晶结构、<br>变余糜棱岩化结构 | 变余定向构造（眼球状、透镜状、条带状） | 岩石破碎后为定向分布，呈眼球状、透镜状、条带状 | 原岩结构有所残留 |
| 玄武质糜棱岩 | 碎斑—糜棱结构 | 定向—眼球状构造 | 碎斑：呈眼球状、透镜状，沿糜棱叶理定向分布，多具拖尾构造和压力影。碎基定向排列 | 原岩结构有所残留 |
| 玄武质千糜岩 | 显微粒状变晶结构，<br>显微碎斑结构 | 千枚状构造，<br>显微褶曲构造，变余千枚状构造 | 碎斑：呈眼球状、透镜状，定向分布，具重结晶现象，见绿泥石，局部产生褶曲 | 原岩结构有所残留 |
| 糜棱岩化强蚀变岩 | 细粒—显微粒状结构。<br>鳞片变晶结构，<br>变余糜棱岩化结构 | 定向构造 | 矿物及岩屑定向拉长，呈透镜状，眼球状。<br>岩石成分由绿泥石、微量磁铁矿、金红石组成，具碳酸盐蚀变 | 原岩结构基本消失 |
| 蛇纹岩化糜棱岩 | 碎斑—糜棱结构，<br>粒状显微鳞片变晶结构 | 定向构造 | 碎斑：为磁铁矿<br>碎基：为蛇纹石、绿泥石、磁铁矿，呈定向分布。<br>绿泥石相对集中，见弯曲条纹，蛇纹石见拉长现象。 | 原岩结构基本消失 |

# 第五章 地质构造与构造发展史

## 第一节 区域地质构造特征

青藏高原是环球纬向特提斯造山系的东部主体，具有复杂而独特的巨厚地壳和岩石圈结构，是一个由泛华夏陆块西南缘和南部冈瓦纳大陆北缘不断弧后扩张、裂解，又经小洋盆萎缩消减，弧-弧、弧-陆碰撞的复杂构造域，经历了漫长的构造变动历史，呈现南北分带，明显的条块镶嵌格局，地表显现由缝合带分隔的多个微陆块相互拼合的结构特征。测区位于班公湖-怒江缝合带与喀喇昆仑-南羌塘-左贡陆块的交接部位（图 5-1），是特提斯构造演化的一部分，集中地反映了中特提斯洋开合演化的历史特征。

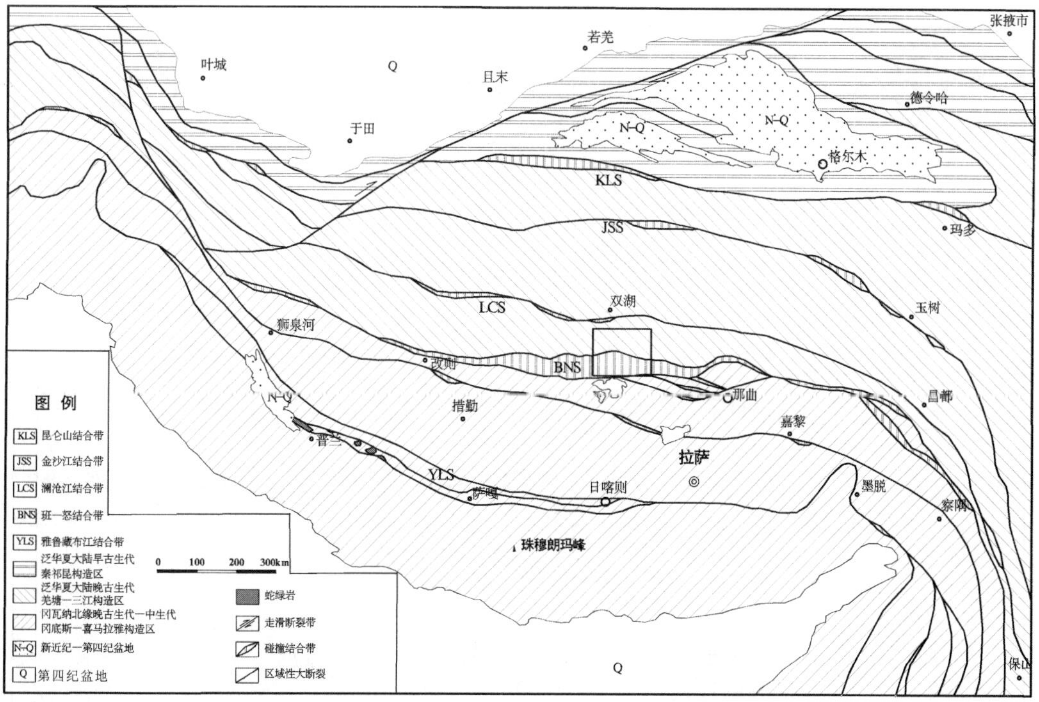


图 5-1 测区大地构造位置图

### 一、大地构造单元的划分

#### （一）大地构造单元划分原则

依据板块构造的理论，本书参照了《青藏高原及邻区地质图说明书 1∶150 万》构造单元划分的思路和原则，以全球岩石圈构造演化分为大陆岩石圈和大洋岩石圈两种构造演化体制的角度，采用时空结构、层次性、相关性的大地构造单元划分原则，测区内以板块结合带和夹持于其间的陆块作为次级构造单元划分的基本格架，进一步以建造和改造两条主线进行详细划分。大洋体制的板块结合带中进一步划分为：记录洋壳俯冲消减乃至碰撞造山作用的构造混杂岩带、代表大洋闭合末期的残留海盆地以及造山后的陆相断陷盆地；大陆构造体制的陆块中进一步划分出被动大陆边缘和断隆带。

### （二）测区构造单元划分

测区划分2个二级构造单元和5个三级构造单元（表5-1，图5-2）。其中班公湖-怒江结合带为大洋岩石圈构造体制，其余为大陆岩石圈构造体制。

**表5-1　构造单元划分表**

| 二级构造单元 | | 三级构造单元 | |
|---|---|---|---|
| 代号 | 名　称 | 代号 | 名　称 |
| $Ⅰ_1$ | 喀喇昆仑-南羌塘-左贡陆块 | $Ⅰ_{1-1}$ | 朋彦错-雅根查错断隆 |
| | | $Ⅰ_{1-2}$ | 南羌塘中生代被动大陆边缘 |
| $Ⅱ_1$ | 班公湖-怒江结合带 | $Ⅱ_{1-1}$ | 纳江错-瀑赛尔错晚侏罗世残留海盆地 |
| | | $Ⅱ_{1-2}$ | 崩则错-赞宗错构造混杂岩带 |
| | | $Ⅱ_{1-3}$ | 伦坡拉古近纪断陷盆地 |

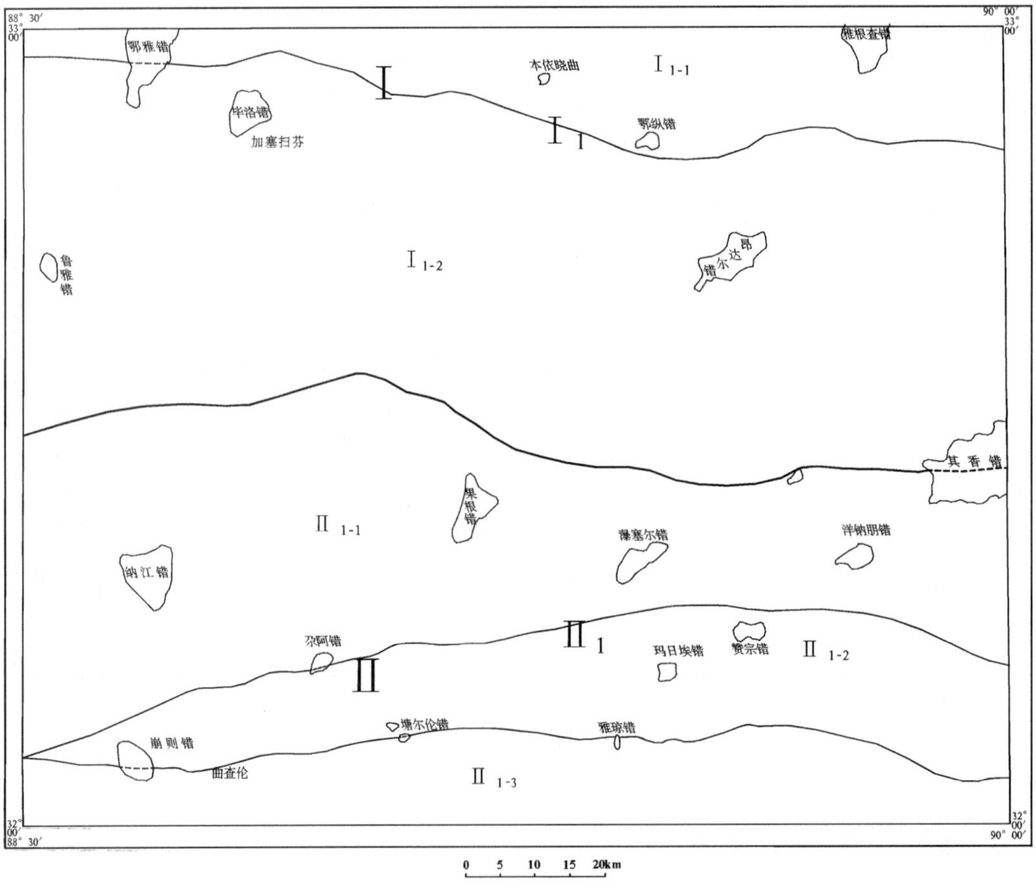


图5-2　测区构造单元划分图

$Ⅰ_1$. 喀喇昆仑-南羌塘-左贡陆块；$Ⅰ_{1-1}$. 朋彦错—雅根查错断隆；$Ⅰ_{1-2}$. 南羌塘中生代被动大陆边缘；$Ⅱ_1$. 班公湖-怒江结合带；$Ⅱ_{1-1}$. 纳江错—瀑赛尔错晚侏罗世残留海盆地；$Ⅱ_{1-2}$. 崩则错—赞宗错构造混杂岩带；$Ⅱ_{1-3}$伦坡拉古近纪断陷盆地

## （三）构造单元边界断裂

### 1. 木荀日王-其香错走滑斜冲断裂（$F_1$）

该断裂是班公湖-怒江结合带的北界断裂，亦是与南羌塘中生代被动大陆边缘的分界断裂（超壳断裂），区域上属拥钦错-安多-索县断裂的一部分。

该断裂构造规模宏大，横穿全区，近东西向展布，测区内延长140余千米，为韧-脆性的复合性断裂，断裂带宽几十至几百米不等，一般在100余米，最宽达600余米，断层面北倾—北北西倾，倾角一般在40°～50°，陡者达70°±。上盘为晚三叠世日干配错群、晚三叠世—早侏罗世索布查组、早侏罗世曲色组、中侏罗世色哇组；下盘由晚侏罗世沙木罗组构成。沿着断裂带断续分布晚白垩世阿布山组中性火山岩，断裂带内岩石发生强烈的韧脆性形变，糜棱岩化、角砾岩化、构造置换强烈，通过对构造带构造形迹的判别分析（图5-3、图5-4、图5-5）。确定该断裂的性质为韧-脆性复合、多期活动的走滑斜冲断裂，现构造形迹显示其运动方式总体为断层北盘向南西方向斜冲。

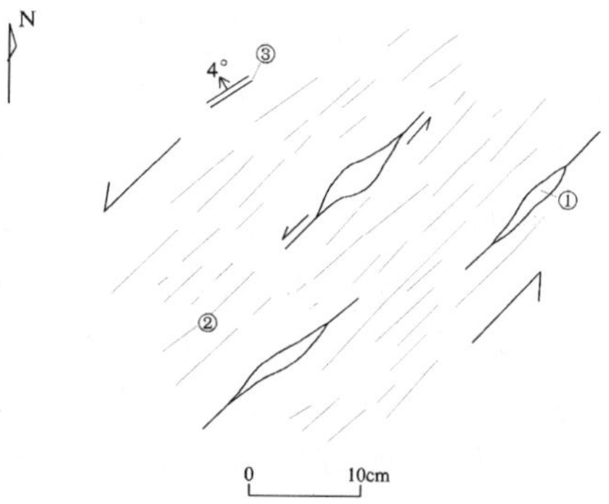


图5-3　班公湖-怒江结合带北界断裂糜棱岩带布丁构造（索布查）

①. 布丁构造运动方向；②. 糜棱岩；③. 糜棱叶理产状

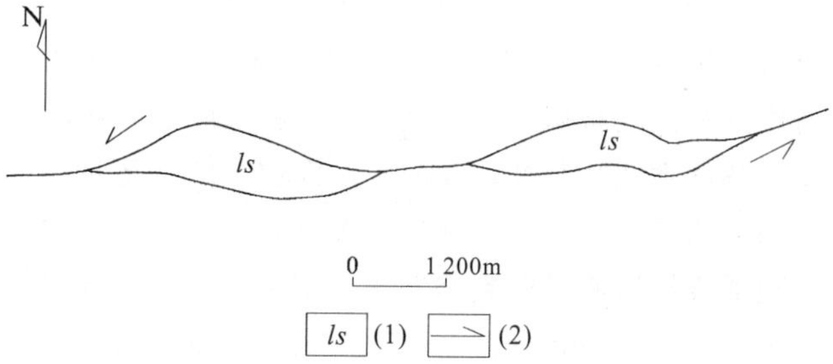


图5-4　灰岩构造岩片（块）在构造带中形态（尕阿鄂玛）

（1）灰岩岩块；（2）运动方向

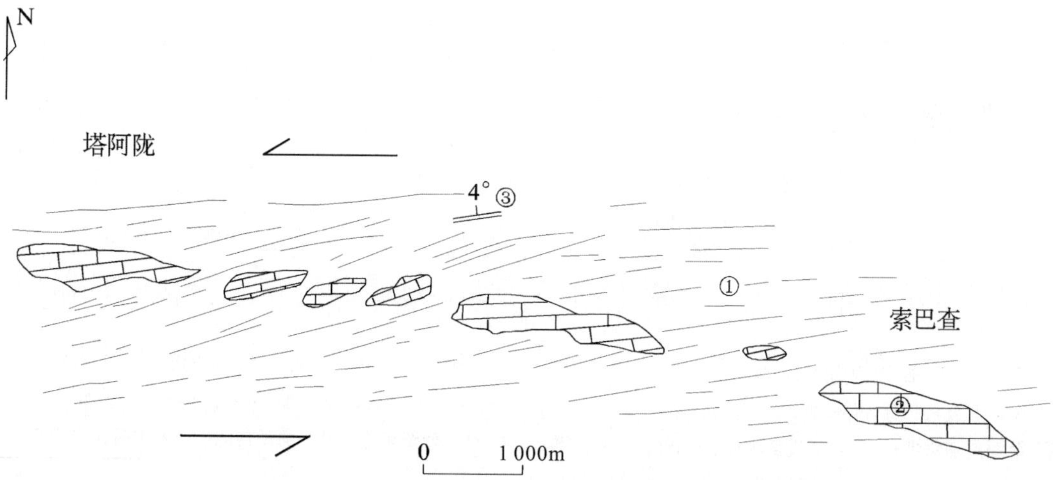


图5-5　班公湖-怒江结合带北界$F_1$断裂大型布丁构造素描图（索布查）

①. 糜棱岩；②. 日干配错群灰岩（布丁）；③. 糜棱叶理产状

**2. 鄂雅错-鄂纵错逆冲推覆断裂（$F_2$）**

该断裂为南羌塘被动大陆边缘的北界（Ⅰ$_{1-2}$），以北为朋彦错-雅根查错断隆（Ⅰ$_{1-1}$）。断裂位于测区北部边缘，呈东西向展布，横贯全区，隶属依布茶卡-鄂雅错断裂的东段。

主断裂面北倾，倾角一般为35°～40°，宽度为几十米至百余米。断裂带由断层破碎带和劈理化带复合而成。上盘为晚三叠世角木日茶卡组、扎那组，岩石类型为灰岩、长石石英砂岩、泥质粉砂岩等；下盘为中侏罗世布曲组灰岩。主断裂带内多为断层碾细物、断层碎粉岩、断层泥等组成，上盘岩层劈理化较发育，靠近断裂带附近层理被劈理置换，下盘岩层发育有牵引褶皱。依据构造形迹（图5－6）的运动指向，判定断层性质为逆冲推覆断裂，切割的最新岩层为新近纪康托组，说明该断裂新近纪以后仍在活动，具有长期活动的性质，早期伸展拉张，晚期逆冲推覆。

**3. 崩则错-赞宗错走滑斜冲断裂（$F_{3-3}$）**

该断裂为班公湖-怒江结合带中的三级构造单元的分界断裂，断裂北西侧为纳江错-瀑赛尔错残留海盆地（Ⅱ$_{1-1}$），南东为崩则错-赞宗错构造混杂岩带（Ⅱ$_{1-2}$）。

图幅内自崩则错北侧向东经尕阿错、赞宗错延伸出图幅，长近150km，总体呈北东－南西向展布，走向70°～250°，主断裂面北西倾，产状340°～355°∠45°～65°，走向上舒缓波状，分枝复合。断裂带内见有超镁铁质岩岩片、放射虫硅质岩岩片、枕状玄武岩岩片、早—中侏罗世木嘎岗日岩群变质石英砂岩及灰岩岩块（片）、晚侏罗世吐卡日灰岩岩块，带内岩石遭受了强烈的韧、脆性构造改造，变形复杂。各岩块（片）均被脆性构造裂隙、碎粉状断层碾细物、劈理化带等相隔。岩块内均遭受程度不同的糜棱岩化，具韧性变形特征，反映了中深层次的变形特征，说明上述岩块多来源于中深部地壳，且经历了强烈的构造抬升。岩层面理置换的多期性，纵、横向置换的复合性均说明经历了多期次和复杂的构造叠加。晚期浅层次脆性断裂叠置于早期韧性断裂基础之上，早期糜棱岩被后期脆性断裂分划拼接，使之更加复杂化。构造形迹（图5－7）显示，该断裂为左旋斜冲断层，即北盘（上盘）向南西方向斜冲。断裂上盘为晚侏罗世吐卡日组、沙木罗组。吐卡日组灰岩中发育拖曳褶皱，表现为脆性浅表部构造层次形变特征。

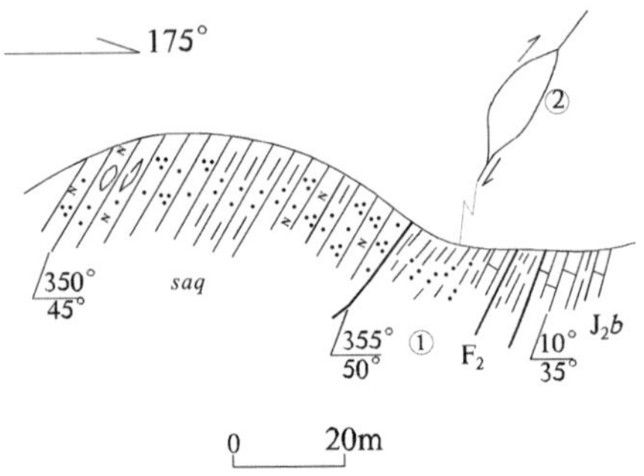


图5－6　$F_2$断裂构造剖面图（尕尔布）

*saq*. 赛公药长石石英砂岩；$J_2b$. 布曲组

①. 断裂劈理化带；②. 布丁透镜体及运动指向

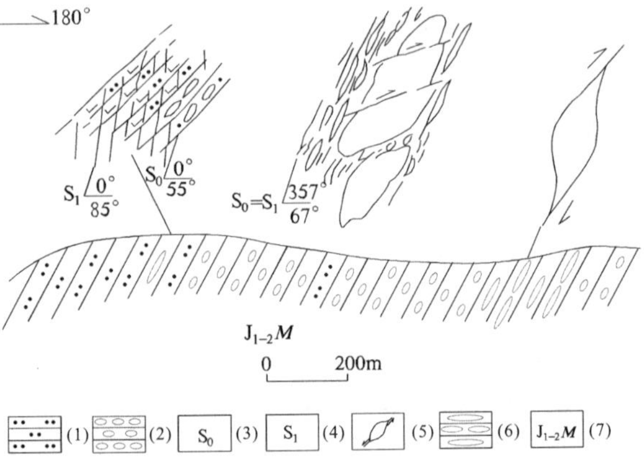


图5－7　$F_{3-3}$逆冲推覆构造形迹（下赛勒）

（1）粉砂岩；（2）砾岩；（3）层理；（4）劈理；

（5）构造布丁；（6）变形构造；（7）木嘎岗日岩群

**4. 崩则错-达玉逆冲推覆断裂（$F_{3-4}$）**

该断裂为伦坡拉古近纪断陷盆地北缘边界断裂，从崩则错一带进入图幅向东经由塘尔伦错、达玉延出图幅，横贯测区，长＞140km。

断层面北倾，产状352°～10°∠35°～44°，现构造形迹显示为逆冲推覆断裂，与盆地南缘牛堡组中近东西轴向的褶皱及其逆冲推覆形成的飞来峰构造（图5-8）相吻合、配套。该断裂具长期活动特点，形成于白垩纪末—古新世早期。早期作为伦坡拉盆地的控盆断裂显伸展拉张性质，被盆地填积物所愈合，后期在高原隆升作用下，构造形迹显挤压特征，北部构造混杂岩带中的木嘎岗日岩群等构造岩石地层单元逆冲推覆于牛堡组、丁青湖组之上，在类保鄂木保等地还见有上新世末期花岗斑岩岩株沿断裂侵入，围岩为新近纪康托组，证明这一时期班公湖-怒江结合带仍在活动，且高原隆升作用较为剧烈。第四纪新构造断陷作用使断裂在走向上有所错动，断续分布。

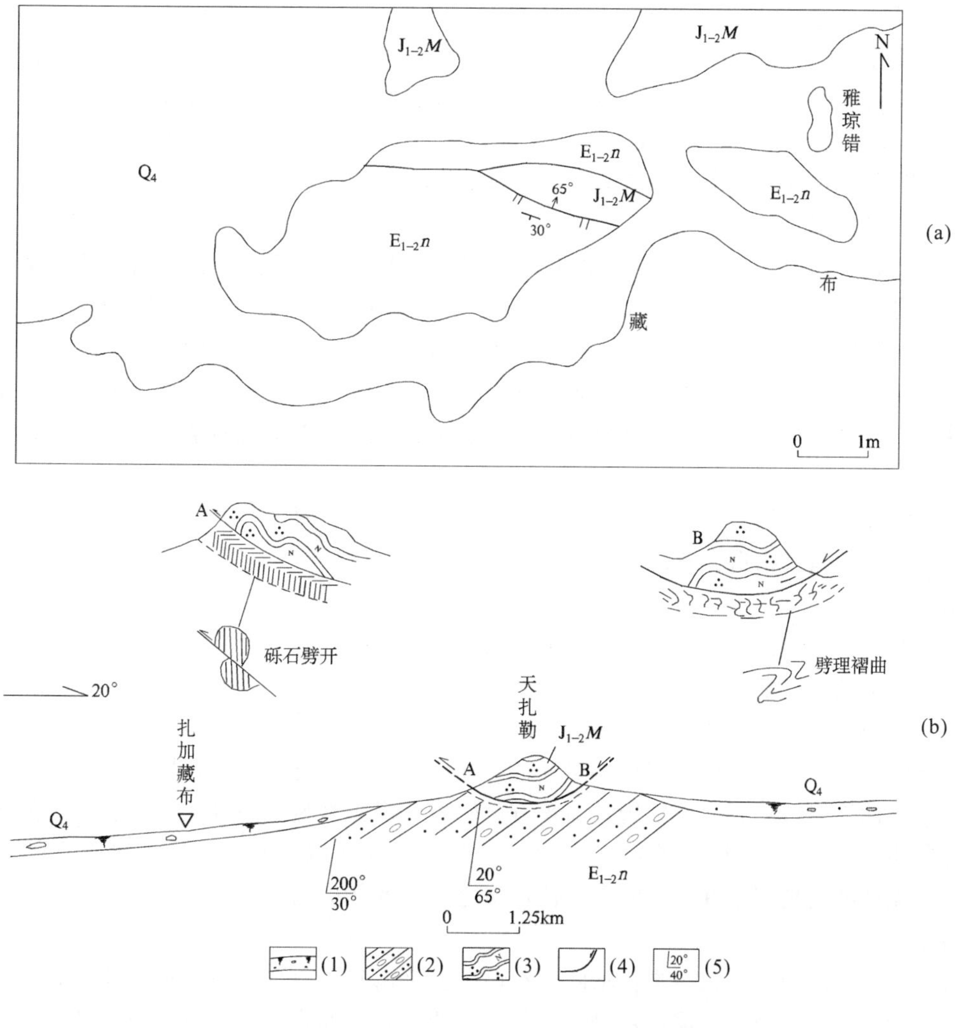


图5-8 天扎勒推覆构造平面图（a）及飞来峰构造剖面图（b）

（1）第四纪松散堆积；（2）牛堡组（$E_{1-2}n$）；（3）木嘎岗日岩群（$J_{1-2}M$）；（4）推覆面；（5）产状

## 二、各构造单元地质构造特征

### （一）喀喇昆仑-南羌塘-左贡陆块

该二级构造单元（$I_1$）南北分别以班公湖-怒江结合带和龙木错-双湖-查吾拉断裂为界（图幅北侧）。将测区进一步划分为两个三级构造单元：$I_{1-1}$朋彦错-雅根查错断隆、$I_{1-2}$南羌塘被动大陆边缘。基底由古生代—早三叠世浅变质岩系构成，区内仅在班公湖-怒江结合带中见有茅口期的灰岩岩块，在帕度错幅出露有晚石炭世—早二叠世擦蒙组（$C_2P_1c$）、中二叠世鲁谷组（$P_2l$）、早三叠世孜狮桑组（$T_1z$），与上覆中生代盖层呈角度不整合接触。中生代盖层主要为晚三叠世—晚侏罗世的海相沉积，其次为晚白垩世的陆相火山-碎屑岩沉积，新生代盖层主要为新近纪—第四纪的陆内断陷沉积。

**1. 朋彦错-雅根查错断隆**

（1）建造特征

晚石炭世—早二叠世在欧亚大陆南部被动边缘上，受拉张作用，在测区北部龙木错-双湖一线形成了裂谷盆地，并逐渐形成具一定规模的洋盆，沉积了海底基性火山熔岩及台地碳酸盐岩建造。

晚三叠世，随着龙木错-双湖古特提斯洋的关闭，中央隆起带逐步形成，测区北部本依晓曲、鄂纵错、雅根查错一带为中央隆起带的东延部分，形成水下隆起，沉积了一套海陆交互相的碎屑岩和浅海相的碳酸盐岩，不整合覆盖于下石炭统—上二叠统基底之上（帕度错幅可见），自下而上依次为姜钟组、角木日茶卡组、扎那组。姜钟组由一套灰色中层状长石石英砂岩、粉砂岩构成。角木日茶卡组由深灰色生物碎屑岩、鲕状灰岩、泥晶灰岩及灰白色长石石英砂岩组成。扎那组岩石为灰黑色、灰绿色、灰色泥岩，粉砂岩，砂岩夹煤线，其上部的赛公药长石石英砂岩为一套滨岸砂堤沉积，岩性以长石石英砂岩为主夹少量的粉砂岩。在其南部南羌塘被动大陆边缘水体相对较深，沉积了浅海相的日干配错群，为一套碎屑岩—碳酸盐岩沉积。

该区南部边界为鄂雅错-鄂纵错逆冲推覆断裂（$F_2$），其断层性质为北盘向南逆冲推覆，强烈的推覆作用造成朋彦错-雅根查错断隆大规模的构造抬升，遭受风化剥蚀，致使本区没有出露侏罗纪地层。

区域上，本构造分区向东、向北见有中侏罗世—晚侏罗世地层不整合覆盖于上述晚三叠世地层之上，说明该区早侏罗世曾出现沉积间断，而南部的南羌塘被动大陆边缘三叠纪—侏罗纪为连续沉积，该沉积间断以及三叠纪、侏罗纪沉积环境的差异成为本构造分区与南部南羌塘被动大陆边缘建造上的显著区别。

（2）构造变形形迹特征

构造形迹组合为褶皱构造和断裂构造。

① 褶皱构造

表现为近东西轴向的褶皱，反映了南北向挤压应力作用特征，由于后期断裂构造的改造，使褶皱形态的完整性受到了破坏，多残缺不全。

A. 塔木雀日阿柔背斜（$B_{1-1}$）

该背斜位于本依晓曲西部塔木雀日阿柔一带，轴向由北西转近东西向，核部岩层为晚三叠世扎那组中下部层位，岩性为黑色泥岩、粉砂岩、细粒石英砂岩，两翼由晚三叠世扎那组上部赛公药长石石英砂岩构成，北翼和南翼产状分别为40°∠33°、215°∠35°，核部在泥岩和粉砂岩中发育有轴面劈理，晚期北西、北东向脆性断裂破坏了其褶皱的完整性，使之呈肢解残破状。

B. 本依向斜（$B_{1-2}$）

该背斜位于本依晓曲东本依一带，轴向近东西，核部由晚三叠世赛公药长石石英砂岩构成，主要岩性为长石石英砂岩、泥晶灰岩、泥质灰岩，两翼岩层为晚三叠世扎那组，由黑色、灰色泥岩、粉砂岩、细粒石英砂岩组成，南北两翼产状分别为40°∠45°～60°、220°～200°∠45°～47°。发育有密集的轴面劈理，褶皱两端延伸均被新构造断陷盆地所断限。

C. 多泽泥背斜（$B_{1-3}$）

该背斜位于雅根查错东多泽泥一带，褶皱轴向东西，西延被雅根查错第四纪断陷盆地断限，东延出图幅，核部岩层由晚三叠世扎那组灰黑色灰绿色泥岩、粉砂质泥岩构成，两翼由赛公药长石石英砂岩、泥质粉砂岩组成，南翼产状170°∠65°，北翼产状355°∠38°～45°。南翼被东西向断层切割，北翼大部分出图幅。

② 断裂构造

断裂构造发育有三组，分别为近东西向、北西向和北东向。从其切割关系看，近东西向断裂较早些，其次北西向，而北东向最晚，它们切割的最新地层为新近纪康托组，尽管形成时有先后，但其演化晚期又显示时间的相近性。

近东西或东西向断裂分布于鄂纵错东西两侧，断裂性质为逆冲断裂。

北西向断裂带发育于鄂雅错至雅根查错之间，性质为压扭性的走滑斜冲断裂，常与褶皱轴走向相近。

北东向断裂性质为左旋剪切走滑断裂，发育于毕洛错东、本依晓曲等地，

③ 面理置换

表现为次生的不连续劈理对岩层原始层理的构造面理置换。

这些不连续劈理与褶皱为同期构造，发育于褶皱的转折端，以轴面劈理的形式出现，主要发育于泥岩、泥质粉砂岩、粉砂质泥岩等岩石类型中，这些不连续劈理对岩层的原始层理有所改造但不彻底，仍能恢复。

发育于该断隆带上的褶皱、断裂及面理置换构造，应主要反映中特提斯洋闭合碰撞北向挤压应力所产生的构造形迹特征，为同一构造体系不同的表现形式，当然不排除有些是继承先期构造而显示的复活性质的可能性。

**2. 南羌塘中生代被动大陆边缘**

（1）建造特征

南羌塘中生代被动大陆边缘位于测区的中北部，是测区的主体，发育有中生代三叠纪、侏罗纪、白垩纪以及新生代地层。

A. 中生代被动大陆边缘沉积建造

晚三叠世，随着龙木错-双湖古特提斯洋的关闭，班怒洋逐渐拉开，与其毗邻的南羌塘地区陆壳沉降发生海侵，沉积了一套具有被动大陆边缘性质的碎屑岩＋碳酸盐岩沉积组合，主要有晚三叠世日干配错群（$T_3R$）、晚三叠世－早侏罗世的索布查组（$T_3J_1s$）、早侏罗世曲色组（$J_1q$）、中侏罗世色哇组（$J_2s$）、莎巧木组（$J_2\hat{s}q$）、布曲组（$J_2b$）、夏里组（$J_2x$）及晚侏罗世索瓦组（$J_3s$）。其中色哇组为一套泥质粉砂岩-砂岩复理石沉积，代表了浅海-半深海的沉积环境。此时南羌塘的海水面积虽然不是最大，但应是海水最深的时期，而布曲组则记录了被动大陆边缘海盆地最大的伸展事件，沉积范围最广。但此时海水不深，主体为浅海碳酸盐台地，沉积有泥晶灰岩、泥灰岩等，其次为台缘礁和台缘滩相，沉积了藻礁灰岩、颗粒白云岩、鲕状灰岩等，显示整个盆地该时期处于稳定的大陆边缘海沉积环境。侏罗系最上部的地层单元晚侏罗世索瓦组为一套浅紫色、灰紫色泥晶灰岩、鲕粒灰岩、生物碎屑灰岩，代表了盆缘碳酸盐台地相的沉积环境，因此，本区没有保留下海退层序。

B. 中生代同造山期山间盆地磨拉石建造

随着班公湖-怒江洋盆的闭合，早白垩世羌塘地区海水退却，隆起成陆遭受剥蚀，发生沉积间断。晚白垩世阿布山组为一套陆相紫色碎屑岩-中性火山岩建造，沿山间断陷盆地分布。其中的火山岩为钙碱性岩石系列的安山质岩石，代表了板块结合带附近同造山作用的产物，与紫色陆相碎屑岩一起构成了山间盆地磨拉石建造，呈角度不整合覆盖于三叠纪—侏罗纪海相地层之上。

C. 新生代造山后陆内裂陷火山沉积建造

在经历了强烈的挤压碰撞造山过程之后，构造体制发生了根本变化，由板块汇聚的挤压体制转为板内拉张的伸展体制。古近纪渐新世纳丁错组中—基性偏碱性火山岩沿东西向断裂串珠状分布，代表板内裂陷火山作用的开始，继而新近纪康托组陆相紫色碎屑岩沿东西向断陷盆地沉积。

（2）构造变形形迹特征

南羌塘被动大陆边缘构造变形形迹主要代表了板块汇聚挤压收缩以来的构造变形形迹，表现为东西、近东西向的褶皱群落，东西向、北东向、北西向、南北向的脆性断裂网络，它们铸成其主要构造格局。

① 褶皱构造

褶皱构造在本区极为发育，由于受力状态、岩层变形行为以及后期构造改造等诸多因素制约，导致褶皱构造样式不尽完全一致。但总体反映其褶皱样式为纵弯褶皱，它集中反映了南北挤压收缩作用形成

的构造形迹，总体特征表现为平行褶皱，同一褶皱的各层在厚度上变化小，具等厚特征，褶皱轴面以近直立为主，平面上呈现线性褶皱特征。

A. 毕洛错-昂达尔错席状平行褶皱（$B_{2-1}$）

该褶皱位于毕洛错-昂达尔错一带，呈东西向展布，由向斜和背斜构成了席状平行褶皱（图 5 - 9），卷入褶皱构造的地层单元为早侏罗世曲色组（$J_1q$）、中侏罗世色哇组（$J_2s$）、莎巧木组（$J_2\hat{s}q$）、布曲组（$J_2b$）、夏里组（$J_2x$）、晚侏罗世索瓦组（$J_3s$），一般向斜轴部多为夏里组、索瓦组，背斜轴出露的岩层多为莎巧木组、布曲组。褶皱带宽度 22～27km，延伸 100～105km，波幅为 5～5.5km，轴向近东西向，毕洛错一带轴向偏北西西，昂达尔错一带为东西轴向。

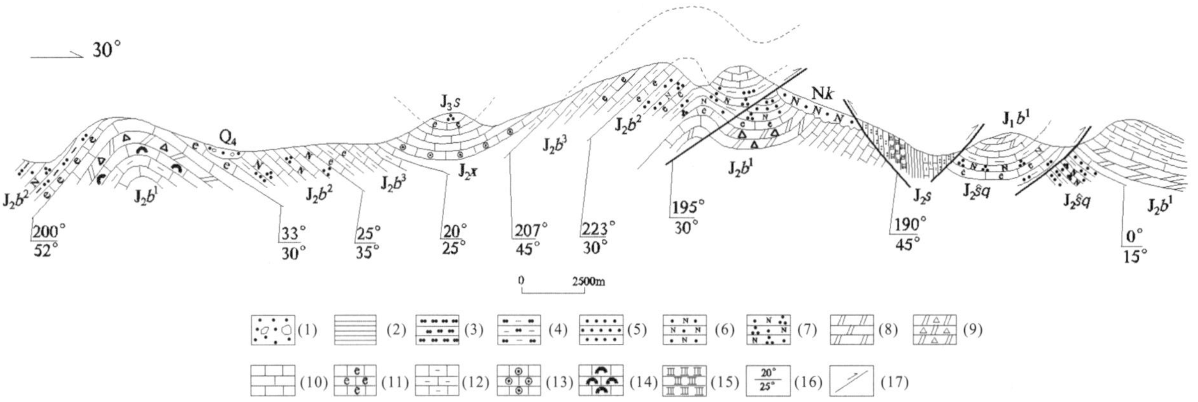


图 5 - 9　依桑日—宗吾日玛构造地质剖面

（1）砂砾岩；（2）油页岩；（3）粉砂岩；（4）泥质粉砂岩；（5）砂岩；（6）长石砂岩；（7）长石石英砂岩；（8）白云岩；（9）角砾状白云岩；（10）灰岩；（11）生物碎屑灰岩；（12）泥质灰岩；（13）鲕粒灰岩；（14）礁灰岩；（15）膏岩；（16）产状；（17）断层；$J_2s$. 色哇组；$J_2\hat{s}q$. 莎巧木组；$J_2b$. 布曲组；$J_2x$. 夏里组；$J_3s$. 索瓦组；$Q_4^{pal}$. 第四纪冲洪积相沉积物

两翼产状主要南倾、北倾，倾角中等，多在 40°∠50°，两翼对称，转折端圆滑，枢纽近于水平，纵横之比多大于 20°，属直立水平线性褶皱。

在毕洛错南，本依晓曲南及昂达尔错一带被第四纪断陷盆地所断，北东向的斜向断层、近东西的纵向断层分别对褶皱轴的连续性和翼部岩层的对称性有所改造。

B. 扎日梗-永木巧向斜（$B_{2-2}$）

该向斜位于其香错北的扎日梗、永木巧一带，近东西向延伸，长 12.5km，宽 6～7km，北翼被近东西向逆冲断层所切，南翼被北西向断裂所断，走向上向东延出图幅，褶皱发育于早侏罗世曲色组岩层中，北翼产状 155°∠15°，南翼产状 355°∠20°，褶皱轴向西倾伏。

C. 鄂尔根-杂纳达陇背斜（$B_{2-3}$）

西起鲁雄错南的鄂尔根倡米，向东经容日琼昂权姜玛至杂纳达陇，东西延伸近 140km，波长 4～7km，西段较紧密，东段较开阔，长宽比 20～35。核部为晚三叠世—早侏罗世索布查组，两翼为早侏罗世曲色组。南翼产状 180°～200°∠45°，北翼产状 355°～5°∠45°～50°，两翼对称，轴面直立，轴劈理发育，属直立狭长褶皱。褶皱总体连续完整，局部地段在容琼日、曲瑞被第四纪断陷盆地所切断，在东段茶园玛尔包一带褶皱轴部被新近纪康托组覆盖。

D. 切那-达尔库多伞向斜（$B_{2-4}$）

西起鲁雄错南的切那，向东经容琼日南、昂权开侯至达尔库多伞。东西延伸 135km，核部由早侏罗世曲色组组成，两翼地层为晚三叠世—早侏罗世索布查组组成，总体轴向为东西向，在东段昂权开侯以东褶皱轴偏向南东走向。南翼产状 15°～20°∠38°～40°，北翼 200°～215°∠30°～40°。在东段达尔库多伞一带褶皱两翼次级褶皱发育，且波长达 10 余千米。褶皱东端被东西向断层所断。

E. 加于玛鲁背斜（$B_{2-5}$）

该背斜位于其香错北的加于玛鲁一带，测区内东西向延伸 15km，核部为早侏罗世曲色组灰岩，两翼岩层为中侏罗世色哇组钙质粉砂岩。南翼产状 150°∠70°，北翼 335°～350°∠50°～70°。褶皱轴向西倾伏，褶皱向西被北东的断层所截，北翼被东西向断层断掉，为一残破背斜。

F. 通宝向斜（$B_{2-6}$）

该向斜位于其香错西北的通宝一带，东西延伸 15km，核部由中侏罗世莎巧木组组成，两翼岩层为中侏罗世色哇组，两翼产状分别为南翼 350°∠30°、北翼 165°∠45°，轴在东西延伸方向上翘起，中间被北东向断层切错。

G. 多日埃乃假日果向斜（$B_{2-7}$）

该向斜位于多日埃乃假日果-吉给措果一带，东西向延伸 30km，核部为早侏罗世曲色组，两翼为晚三叠世—早侏罗世索布查组，北翼产状 180°∠20°、200°∠24°，南翼产状 330°∠40°、25°∠51°，轴面北倾，两翼均被纵向断层所切，破坏了向斜的完整性，为一残破的向斜构造。

② 断裂构造

断裂构造是区内主要构造形式之一，其与中特提斯洋的关闭，碰撞造山作用密切相关，并显示了板块汇聚以后板内强裂挤压的构造形迹，构造层次上为浅表层次的脆性断裂。

方向上统计，大多数为近东西向和北东向的断裂，而北西向、南北向断裂不甚发育。

在时间演化上，东西向断裂较早，北东向、北西向稍晚，南北向断裂追踪于北东、北西向断裂发育，时间显得更晚些。在演化上多具有长期活动的性质，继承性、寄生性构造表现的尤为突出。

从力学性质上，东西向以压性为主（部分兼有剪切走滑特征），多为东西向逆冲或斜冲断层；北东、北西向多为剪切性质，常表现为左行、右行的走滑断裂。

——鲁雄错-扎陇东让逆冲断裂（$F_{2-1}$）：

该断裂横贯测区，是规模较大的一条东西向断裂带，图幅内，西起鲁雄错，向东延伸经扎勒日阿日埃、塞里巴搔乃至扎陇东让出图幅，长 140km。呈疏缓波状，切割的地层主要为早侏罗世曲色组和中侏罗世色哇组。断裂带内岩石破碎，劈理化强烈发育，显示压性断裂特征，为逆冲断裂。

图幅内该断裂西段（鲁雄错—扎勒日阿日埃）和东段（扎勒日阿日埃—扎陇东让）在演化上有所差别，西段断层大部分被新近纪康托组及第四纪地层所覆盖，多呈隐伏状态。仅在鲁雄错北侧见于中侏罗世色哇组逆冲于布曲组之上，断层面产状 10°∠30°。东段断层在茶周玛尔包-扎陇东让一带见有早侏罗世曲色组逆冲于新近纪康托组之上。断层面产状 170°∠60°，且在该段出现次一级的北西向分枝断裂。

综上，该断裂为脆性浅层次构造，形成于晚侏罗世之后，新近纪之前，部分地段在新近纪后仍有活动，是一条活动时间长、性质复杂的逆冲断裂带。

测区各断裂特征详见表 5-2。

### （二）班公湖-怒江结合带

班公湖-怒江结合带位于欧亚板块和冈瓦纳板块的结合部位，是中特提斯洋闭合的产物，从其裂解离散造洋至汇聚碰撞造山，以其丰富的地质内容记录了中特提斯演化的全过程。其特点是：建造成分复杂，变形样式多变，构造层次多样。

依据建造和变形样式从北向南划分为：

① 纳江错-瀑赛尔错残留海盆地（北部带）

该残留海盆地位于测区西南部，夹持于木苟日王-其香错走滑斜冲断裂（$F_1$）与崩则错-赞宗错走滑斜冲断裂（$F_{3-3}$）之间。

② 崩则错-赞宗错构造混杂岩带（中心带或主缝合线）

该混杂岩带位于测区南部，近东西向带状展布，横贯全区，夹持于崩则错-赞宗错走滑斜冲断裂（$F_{3-3}$）与崩则错-达玉逆冲推覆断裂（$F_{3-4}$）之间。

③ 伦坡拉断陷盆地

**表 5-2　测区断裂一览表**

| 类型 | 名　称 | 位置 | 性质 | 规模产状 | 主要特征 |
|---|---|---|---|---|---|
| 壳型断裂 | 多涌北西向断裂 $F_{1-1}$ | 位于鄂纵错北多涌 | 脆性 | 长 17.5km 产状：30°∠75° | 呈北西—南东向展布，切割了晚三叠世角木日茶卡组、姜钟日组，沿断裂带见有辉锑矿化的硅质脉贯入，为控矿构造，力学性质为压扭性逆冲断裂。切割最新岩层为新近纪康托组 |
| | 雅斗—切欠北西向断裂 $F_{1-2}$ | 位于本依晓曲东北雅斗 | 脆性 | 长 13.5km | 呈北西—南东方向展布，断层面北倾，切割晚三叠世角木日茶卡组、扎那组，性质为压扭性逆冲断裂，切割的最新岩层为新近纪康托组 |
| | 塔木雀日阿柔北西向断裂 $F_{1-3}$ | 位于本依晓曲西塔木雀日阿柔一带 | 脆性 | 长 7.5km 产状：17°∠35° | 断层走向 110°～290°，走向上平直，断层上盘为晚三叠世赛公药长石石英砂岩，下盘为扎那组泥质粉砂岩。断层上下盘岩石劈理化发育，并揉皱，性质为压扭性逆冲断层，切割的最新岩层为新近纪康托组 |
| | 尕日阿柔—乃尺体北东向断裂 $F_{1-4}$ | 位于毕洛错东的尕日阿柔—乃尺体一带 | 脆性 | 长 6.25km | 走向 40°～220°，切割了晚三叠世扎那组、赛公药长石石英砂岩，为一压扭性剪切走滑断裂。运动方式为左行 |
| | 雅贡亚都北东向断裂 $F_{1-5}$ | 位于本依晓曲西北的雅曲亚都 | 脆性 | 长 13.75km | 走向 50°～230°，切割了晚三叠世扎那组和赛公药长石石英砂岩，性质为压扭性的左行走滑剪切断裂。切割了早期的北西向断裂 |
| | 加塞扫芬—昂达尔错东西向断裂 $F_{2-2}$ | 毕洛错东南加塞扫芬—昂达尔错 | 脆性 | 长 57.5km 产状：358°∠62° | 总体呈近东西向展布，东段走向 100°～280°，西段走向近东西，切割了中侏罗世莎巧木组和布曲组。断层两盘拖曳褶皱发育。布曲组推覆于新近纪康托组之上，北东向断层对其有破坏改造作用 |
| | 雅莎—贡长姜玛东西向断裂 $F_{2-3}$ | 雅莎—赛药玛至昂达尔错北的贡长姜玛一带 | 脆性 | 长 40km 产状：190°∠56° | 近东西向展布，切割了中侏罗世夏里组、布曲组，断层性质为一正断层，南盘下滑。晚期北东向断裂对其有破坏作用 |
| | 采登日阿休-夏雅尔赛果东西向断裂 $F_{2-4}$ | 采登日阿休—夏雅尔赛果一带 | 脆性 | 长 37.5km 产状：200°∠35° 215°∠56° | 近东西向展布，切割了中侏罗世布曲组，断层带宽 2～5m，断层角砾岩呈棱角状，边界呈锯齿状，性质为正断层。晚期北东向断层将其错断 |
| | 权蒂纳冬—姜毛董东西向断裂 $F_{2-5}$ | 西起权蒂纳冬经亏莫夏日玛至姜毛董东 | 脆性 | 长 35km 产状：180°∠40° | 东西向展布，上盘为晚三叠世日干配错群，下盘为晚白垩世阿布山组，上盘下降，为一正断层，晚期北东向断裂破坏了其完整性 |
| | 七给强木亥—木曲勒玛东西向断裂 $F_{2-6}$ | 位于七给强木亥—夏康亥、木曲勒玛一带 | 脆性 | 长 40km 产状：180°∠40° | 近东西向展布，切割了中侏罗世色哇组，性质为一逆冲断层 |

续表 5-2

| 类型 | 名　称 | 位置 | 性质 | 规模产状 | 主要特征 |
|---|---|---|---|---|---|
| 壳型断裂 | 仲布日阿雅尔—吉格夏格亥东西向断裂 $F_{2-7}$ | 测区东部仲布日阿雅尔，吉格夏格亥 | 脆性 | 长 25km<br>产状：<br>10°∠20° | 走向近东西，呈疏缓波状，新近纪康托组逆冲于中侏罗世莎巧木组、色哇组之上，为一逆冲断层，断层西延被晚期北东向断裂所截，东延覆盖于第四纪地层之下 |
| | 麻木卓约-吉给措果断裂 $F_{2-8}$ | 瀑赛尔错北的麻木卓约至其香错西的吉给错果 | 脆性 | 25km<br>产状：<br>190°∠48°<br>0°∠60°<br>15°∠55° | 由三条断裂面复合而成，西段撒开，东段收敛，呈扇状。断裂间的构造透镜体由晚三叠世日干配错群，中侏罗世色哇组和新近纪康托组构成，从南向北分别构成一个对冲一个背冲的构造组合，西延被北东向断裂所截，东延被第四纪地层覆盖 |
| | 依桑日—本依晓曲北东向断裂 $F_{2-10}$ | 毕洛错南依桑日，至本依晚曲 | 脆性 | 长 42.5km<br>走向 60°～240°<br>北西倾向 | 断层在洛日代尔以南分支为二个断裂，向北汇为一条断裂，切割了中侏罗世布曲组、莎巧木组、新近纪康托组及晚三叠世扎那组，对毕洛错-鄂纵错近东西向断层有所错动，性质为左旋走滑断层 |
| | 曲瑞-鄂纵错北东断裂带 $F_{2-11}$ | 位于曲瑞-鄂纵错 | 脆性 | 30km | 由八条北东向断裂构成，间距 2.4km，规模延伸不等，走向延伸多限制在波蒂纳冬-姜毛董及加塞扫芬-昂达尔错两条东西向断裂间，发育最长的一条为曲瑞-鄂纵错北东向断裂，呈 35°～215°方向展布，长 30km，切割了早中侏罗世、晚三叠世地层和早期近东西向的断裂带，断层性质为左旋剪切走滑 |
| | 俊仓玛日埃-强桑纳北东向断裂 $F_{2-12}$ | 位于果梗错东北俊仓玛日埃、强桑纳一带 | 脆性 | 长 27.5km<br>产状：<br>335°∠65° | 北东—南西展布，断层线走向上平直，切割了晚三叠世日干配错群、中侏罗世色哇组及新近纪康托组。断层面陡立，上下盘拖曳褶皱发育为一左行走滑断裂 |
| | 采跌布拖-西晓嘎晓那北西向断裂 $F_{2-13}$ | 位于毕洛错北的采跌布拖至昂达尔错西晓嘎晓那 | 脆性 | 长 80km<br>产状：<br>20°∠55° | 断层总体呈北西至南东方向。西起毕洛错北采跌布拖。西至昂纳尔错西晓嘎晓那。断层切割了中晚侏罗世地层。包括中侏罗世莎巧木组、布曲组、夏里组，晚侏罗世索瓦组。断层走向与褶皱轴向一致。沿断裂在采跌布拖及西晓嘎晓那一带见有渐新世纳丁错组火山岩喷发。断层性质为正断层 |

该盆地位于测区东南部，崩则错-达玉逆冲推覆断裂（$F_{3-4}$）以南至测区南缘，为班公湖-怒江结合带上叠新生代断陷盆地。

### 1. 纳江错-瀑赛尔错晚侏罗世残留海盆地

（1）建造特征

晚侏罗世，随着班公湖-怒江洋的逐渐闭合，大量海水退出，构造体制发生了重大转变，开始由大洋体制逐渐向大陆体制转化，在班公湖-怒江结合带北缘形成局部的残留海盆地，分布范围从帕度错幅西端的虾别错至本区中部的瀑赛尔错。在盆地中沉积了沙木罗组和吐卡日组，沙木罗组为一套浅海相的砂岩、粉砂岩、灰岩韵律层沉积，该韵律组合反映沙木罗组所代表的构造环境为相对稳定持续沉降的构造环境，为一套沉积厚度巨大的类复理石建造，部分粉砂岩中可见毫米级的韵律层。在测区东部的兹格塘错幅发现沙木罗组不整合覆盖于木嘎岗日岩群和蛇绿混杂岩之上，该不整合的性质应为伸展不整合，它应代表班公湖-怒江洋闭合过程中的一次伸展事件。吐卡日组主要为一套浅海相的碳酸盐岩沉积组合，岩性有泥晶灰岩、鲕状灰岩、砾屑灰岩、生物碎屑灰岩等，其中含有丰富的双壳类、珊瑚、有孔虫等化石。吐卡日组中还夹有基性火山岩，与上下岩层（灰岩）呈整合接触，为钙碱性岩石系列，具岛弧火山岩的岩石地球化学特征。在陇阿鄂冒、尕阿错西见木嘎岗日岩群呈构造岩块的形式产于吐卡日组地层中，说明在吐卡日组、沙木罗组之下应为以木嘎岗日岩群为基质的混杂岩带基底。

（2）构造变形形迹特征

构造变形为纵弯褶皱＋脆性断裂。断裂构造主要为近东西向及北东向两组，北东向显示走滑性质，发育时间晚于东西向逆冲断裂。褶皱构造在不同的构造部位，特征上不尽一致，在靠近南北边缘断裂带多呈紧密的斜歪水平褶皱，轴面北倾，中间地带的呈直立水平样式，且相对开阔对称。

①. 断裂构造

A. 纳江错-果根错东西向逆冲断裂（$F_{3-1}$）

该断裂西起纳江错东的斯陇挡木经子陇鄂玛、土玛日纳吐，东至果根错，呈东西向展布，长40km。断层发育于晚侏罗世吐卡日组中，疏缓波状，断裂带宽5～10m，带内岩石破碎，角砾岩化、劈理化强烈。断层上盘发育有次级牵引褶皱，主断面产状210°∠40°，地貌上显示明显的断层崖。断层性质为逆冲断层。

B. 称鄂冒-昂达尔错北东向右旋走滑断裂（$F_{3-2}$）

该断层南西端起自称鄂冒，向北东经果根错、昂杈姜玛至昂达尔错，再向北被多涌北西向断裂所切割。断层呈北东-南西走向，长约140km，主断面产状347°∠35°，断层线平直。切割的主要地层为晚三叠世—早侏罗世的索布查组、早侏罗世曲色组、中侏罗世色哇组、莎巧木组、布曲组，晚侏罗世吐卡日组，切割的最新地层为新近纪康托组。在北端被更新世的钙化沉积物覆盖，形成时代为新近纪至更新世。依据构造形迹及岩层之间的错动关系，确定该断层为右旋剪切走滑断层，该断裂切割了大多数的东西向断裂。

② 褶皱构造

A. 莎日嘎礼背斜（$B_{3-1}$）

该背斜位于果根错西北的莎日嘎礼一带，东西向展布长30km，轴向东西，卷入褶皱的岩层为晚侏罗世沙木罗组的灰岩、泥质粉砂岩等，南翼产状185°∠60°，北翼产状15°∠40°，轴面北倾，倾角较陡。西延被新近纪康托组覆盖，东延被第四纪断陷盆地断限。

B. 达布堆背斜（$B_{3-2}$）

该背斜位于果根错与纳江错之间的达布堆、土玛日吐一带，东西延伸长35km，卷入褶皱变形的岩层为晚侏罗世吐卡日组。轴向北东60°±，两翼产状：南翼125°∠65°，北翼325°∠60°，两翼岩层中次级从属褶皱发育。枢纽圆滑，轴面近于直立。褶皱南西延被第四纪断陷盆地断限，北东延被新近纪康托组覆盖。

C. 江尕勒冒勒钦向斜（$B_{3-3}$）

该向斜位于尕阿错北的江尕勒冒勒钦一带，轴向北东-南西，延伸25km，卷入褶皱变形的岩层为晚侏罗世吐卡日组泥灰岩、鲕状灰岩。两翼产状：北翼175°∠50°，南翼335°∠40°～60°。受北东向走滑断裂的作用，南翼产状有波动，两翼对称性差，南西延伸被第四纪断陷盆地断限，北东延伸被北东向走滑断层斜切，层间次级从属褶皱发育。

D. 尼碌江玛向斜（$B_{3-4}$）

该向斜位于纳江错西南的尼碌江玛一带，轴向北东-南西，卷入褶皱变形的岩层为晚侏罗世吐卡日组，两翼产状：北西翼165°∠35°，南东翼340°∠40°。褶皱的北西翼、南东翼大部分被新近纪康托组地层覆盖，南西延被近东西向断裂构造所截，呈残破向斜褶皱。

E. 吐卡日背斜（$B_{3-5}$）

该背斜位于果根错南的吐卡日一带，轴向70°～250°方向延伸，卷入褶皱的岩层为晚侏罗世吐卡日组鲕状灰岩、豆粒灰岩、泥晶灰岩等，两翼产状：北翼335°∠65°，南翼170°∠62°。枢纽圆滑，两翼对称，轴面直立，南西、北东延伸均被第四纪松散物覆盖，南东翼被新近纪康托组不整合覆盖。

**2. 崩则错-赞宗错构造混杂岩带**

（1）建造特征

崩则错-赞宗错构造混杂岩带为班公湖-怒江结合带的中心带，这里记录了班公湖-怒江洋发生→发展→闭合→消亡的全过程，主要由构造岩片（块）和混杂岩基质组成。构造岩块包括：二叠纪灰岩岩块、蛇绿岩岩块（超镁铁质岩岩块、枕状玄武岩岩块、放射虫硅质岩岩块）、洋岛玄武岩岩块等；混杂岩基质为早—中侏罗世木嘎岗日岩群，为一套由砂岩、粉砂岩组成的复理石建造，上述构造岩块多混杂于其中，局部亦见有灰岩岩块、枕状玄武岩岩块、放射虫硅质岩岩块沉积混杂于其中。此外，该带中还包括：班公湖-怒江洋完全闭合后的，同造山期磨拉石建造（早白垩世去申拉组）、造山后的陆内裂陷山间盆地沉积建造（新近纪康托组）、高原隆升阶段的酸性岩浆岩建造。

A. 蛇绿岩建造

蛇绿岩均以构造残片形式产出，其周边多为断裂所围限。受到强烈的构造变形改造，被肢解、破坏。测区没有完整的理想层序剖面，主要见有：超镁铁质岩、枕状玄武岩、放射虫硅质岩，呈透镜状、岩片（块）状零星分布于构造混杂岩带的基质（早—中侏罗世木嘎岗日岩群）中，成为构造混杂岩带的一部分。

B. 沉积混杂岩复理石建造

沉积混杂岩为早—中侏罗世木嘎岗日岩群，由一套灰绿色变质石英砂岩、变质长石石英砂岩、变质粉砂岩、变质岩屑石英砂岩构成。发育有韵律层理、交错层理、包卷层理等沉积构造，其中见有同沉积的同生混杂岩块，如砂岩岩块、灰岩岩块等。为一套深水、斜坡相的复理石-类复理石建造，成为构造混杂岩带的基质。

C. 洋岛玄武岩建造

洋岛玄武岩呈岩片形式赋存于构造混杂岩带中，岩性组合包括：玄武质枕状熔岩、角砾状玄武岩、玄武质火山角砾岩、凝灰岩，简单成分砾岩、放射虫硅质岩、生物礁灰岩等。其为大洋洋壳的残余，是发育于成熟洋壳之上的大洋板内火山岩，是成熟洋壳的标志，分布于赞宗错东的塔仁本、其香错西侧、赛日、其浪董格等地。

D. 同造山期磨拉石建造

早白垩世末期，班公湖-怒江洋完全闭合，去申拉组陆相火山岩、碎屑岩呈角度不整合覆盖于早—中侏罗世木嘎岗日岩群和蛇绿质构造混杂岩带之上。其中安山质火山岩为钙碱性岩石系列，具岛弧火山岩的岩石化学特征，为同造山作用的岩浆产物。紫色陆相碎屑岩（砂岩、砾岩）为同造山期的磨拉石建造。它们的沉积标志着班-怒洋的彻底闭合和造山作用的开始。

E. 造山后陆内裂陷山间盆地沉积建造

经历了强烈的挤压碰撞造山作用之后，古近纪早期，应力松弛，在伸展作用机制下发生陆内裂陷，在构造混杂岩带的南侧形成伦坡拉盆地，沉积了牛堡组、丁青湖组。而混杂岩带内到新近纪早期才开始裂陷，形成广泛的山间断陷盆地，沉积了新近纪康托组，为一套陆相的紫色砂岩、砾岩沉积。

F. 高原隆升岩浆岩建造

众多研究表明高原隆升始于新近纪上新世，本区在赞宗错南见多处花岗斑岩岩株沿着活动断裂侵入新近纪康托组，侵入接触关系明确，形成时代应为上新世末期—更新世早期，该期岩浆事件充分说明本区高原隆升活动的剧烈，为研究高原隆升提供了证据。

（2）构造变形形迹特征

构造混杂岩带中变形层次、构造样式趋于复杂多样，近东西向韧脆性断裂带将不同建造成分的岩石分划成规模不等的构造岩块（片），它们共同组成构造混杂堆积，而每一个岩块（片）内的变形层次、样式各不相同。

A. 断裂构造及断裂

该带断裂构造尤为发育，规模较大的有两条，分别是崩则错-赞宗错走滑斜冲断裂（$F_{3-3}$）及崩则错-达玉逆冲推覆断裂（$F_{3-4}$）。

受上述两条断裂夹持的楔形构造混杂堆积带中断裂构造发育，在崩则错-赞宗错断裂北侧的断裂构造主要呈北东向展布，多发育于各地层单元的接触边界或第四纪断陷盆地的边部，断层性质多为北倾的斜冲断层。玛日埃错-赞宗错东南侧的断裂构造主要为近东西向，在10～12km宽度内发育8条近东西向断裂，断裂间距平均为1500m。断层产状以北倾为主，部分南倾，倾角50°～70°，性质为逆冲断层。断裂将不同建造的岩块（片）分划开来，形成规模不等透镜状、豆角状的构造岩块（片），断裂组合样式为对冲式或背冲式，晚期构造松弛，在伸展作用下形成部分正断层。但总体看来，该带内的断裂构造性质主要为挤压缩短的逆冲特征。新构造活动的断陷作用将构造混杂岩带再次分割成大小规模不等的断块，使其部分构造线在走向上很难拼对，更加复杂化。

B. 褶皱及面理置换

以木嘎岗日岩群为主体的构造混杂岩带，其变形构造形成于班公湖-怒江结合带闭合过程中，受南北水平挤压应力的作用，使其遭受了韧性剪切变形。由于多期次的叠加改造，使得带内的变形样式、构造层次复杂多样，同时又使得其构造样式的完整性受到了破坏，部分构造形迹特征仅具有构造样式，构造相、构造世代的指示意义，由于位态的不确定性失去了构造位移的指向性意义。

B-1　褶皱构造

能识别出发育于岩块内部或断裂边部的小型的褶皱构造，但这些小型构造复杂多样。

B-1-1　小型纵弯褶皱

在鄂碌勒纳陇一带，木嘎岗日群中残存一个小型纵弯褶皱，其褶皱形态不甚规则，横向出露200m，纵向出露50～80m。其周围被劈理化带围限，由三向两背组成，两翼产状向北西、南东倾，向斜轴向南西翘起，背斜则向北东倾伏，枢纽圆滑，轴面劈理产状345°～350°∠60°，为一残破小型纵弯褶皱（图版XXV，1）（图5-10）。

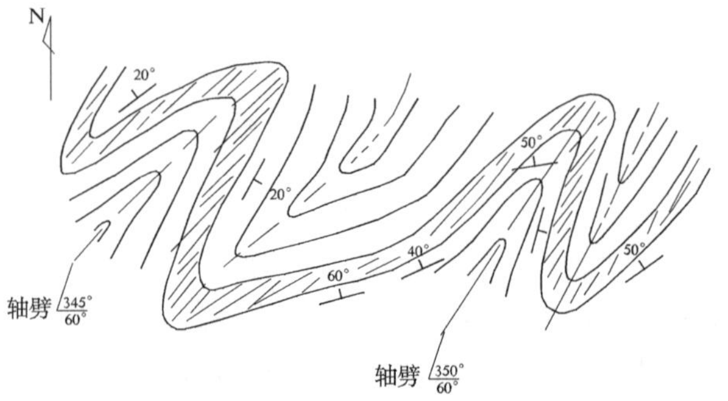


图5-10　木嘎岗日岩群中发育的小型纵弯褶皱样式
（鄂碌勒纳陇）

B-1-2　同斜褶皱

该褶皱主要发育于放射虫硅质岩岩块中，枢纽呈尖棱状，两翼夹角小且紧密，构成紧闭褶皱，“N”型、“W”型常见。在硅质岩与钙硅质泥岩构成的韵律层中也有此类型褶皱的样式，承载这些构造样式的岩块（片）规模多在几平方米至几十平方米的范围内（图版XXV，2）（图5-11），其周围多为木嘎岗日岩群。

B-1-3　叠加褶皱

该褶皱样式常见于木嘎岗日岩群的变质石英砂岩中，为多世代构造作用的产物，表现为已形成的褶皱再次褶皱变形，轴面、枢纽两翼岩层一同再次卷入后期的褶皱变形中，属共轴叠加的两期褶皱（图5-12）。

B-2　塑性流变褶皱

该褶皱多发育于木嘎岗日岩群变质石英砂岩中的韧性剪切带内，变形层次为中深层次，形态复杂多样，规模小，形态为无根褶皱、平卧褶皱、不规则的石香肠（图5-13，图5-14）。

B-3　构造面理置换

构造面理置换是一种透入性构造，它相对地反映了地质体的整体变形，在木嘎岗日岩群中面理的置换表现为剪切面理对原始成分层理的强烈置换。劈理对原始层理进行了弱—中等强度的构造改造，后者改造的较为彻底，层理基本无法恢复，前者仍可辨认其层理，面理的角度关系取决于劈理所处的构造位置（图版XXV，7，8）。

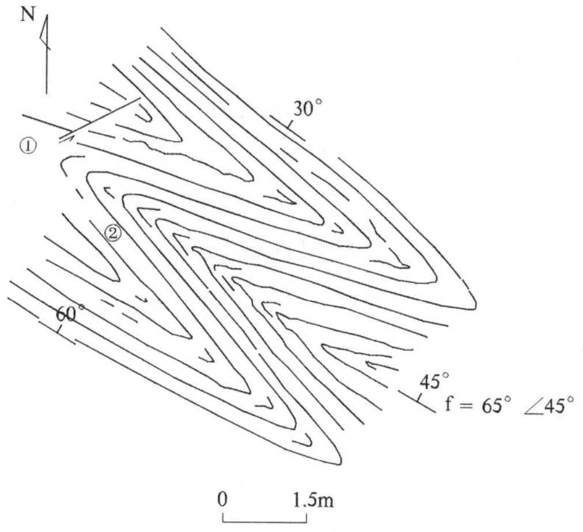


图 5－11　紧密同斜尖棱褶皱（日阿赛日）
f 为轴面产状；①脆性断层；②硅质岩

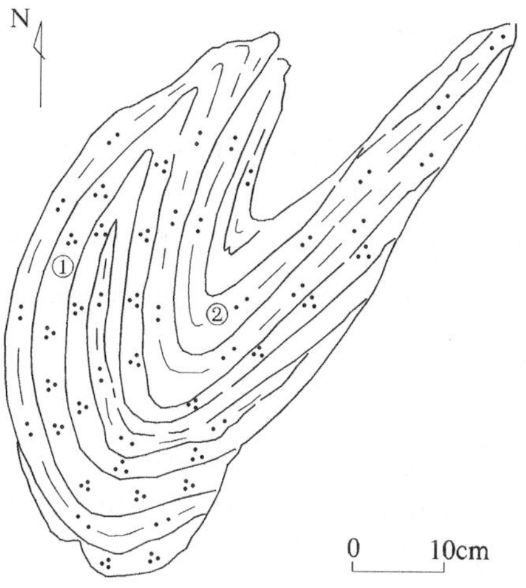


图 5－12　叠加褶皱
①变质石英砂岩；②变质泥质粉砂岩

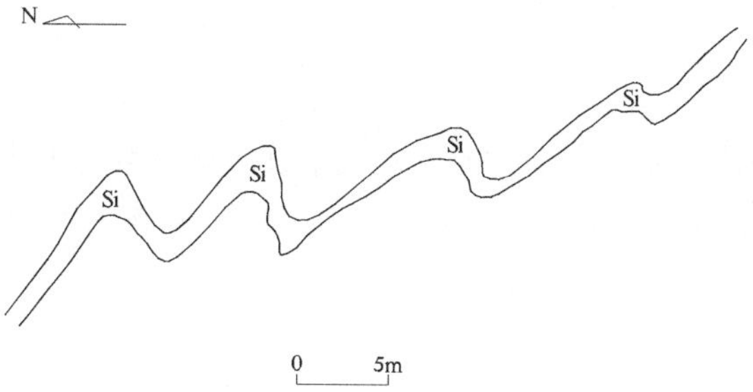


图 5－13　硅质岩塑性流变

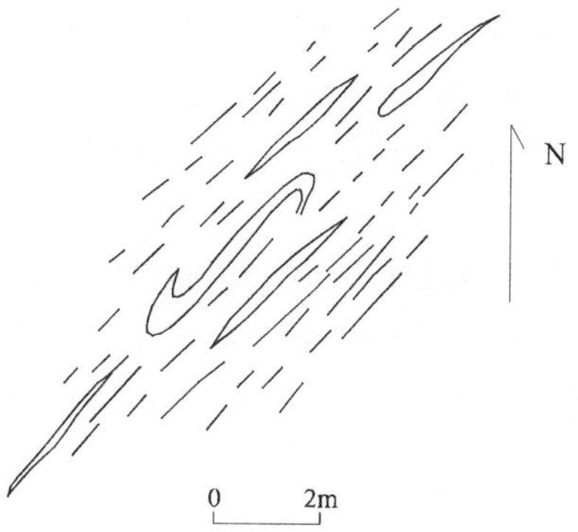


图 5－14　糜棱岩带中塑性流变的硅质脉

**3. 伦坡拉古近纪断陷盆地（南部带）**

（1）建造特征

伦坡拉盆地位于班公湖-怒江结合带中段，图幅南部边缘是在燕山期褶皱带基础上发展起来的新生代断陷盆地。燕山期末，在造山后崩塌作用机制下，地壳表部发生伸展裂陷，形成陆内断陷盆地。沉积了古、始新统牛堡组，渐新统丁青湖组。其沉积环境为封闭的深湖相沉积。

（2）构造变形形迹特征

盆地的构造格局主要反映了上新世以来喜玛拉雅运动的构造形迹，边部的断裂构造有早期控盆断裂复活的成分，构造样式为东西向逆冲推覆断裂和东西向褶皱的构造组合。

逆冲推覆断裂主要为崩则错-达玉逆

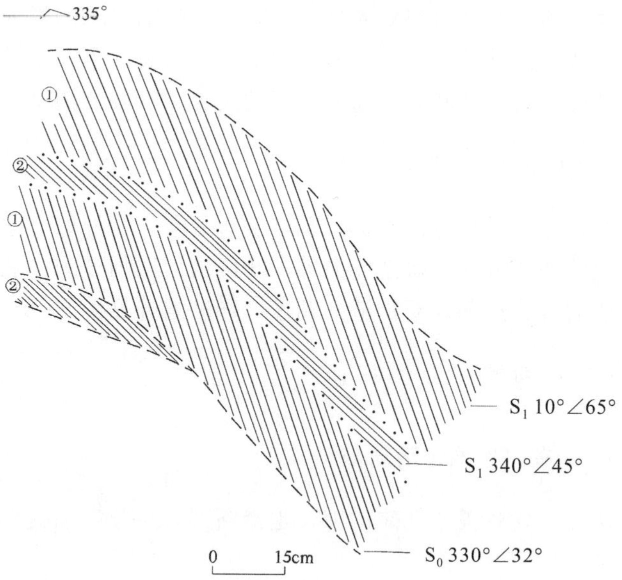


图 5－15　层理劈理面理置换（鄂碌勒纳陇）
①变质石英砂岩；②变质粉砂岩；$S_0$ 层理产状；$S_1$ 劈理产状

掩推覆断裂（$F_{3-4}$），前已叙之。

主要褶皱构造特征如下。

A. 登琼日向斜（$B_{3-6}$）

该向斜位于崩则错西的登琼日一带，轴向近东西，组成褶皱的岩层为古近纪牛堡组砂岩、砾岩、泥岩、粉砂岩。南翼产状 340°～360°∠65°～85°，北翼产状 175°～180°∠65°～70°。轴面北倾，枢纽水平，北翼与早—中侏罗世木嘎岗日岩群呈断层接触，木嘎岗日岩群中的灰岩岩块（片），变质长石石英砂岩推覆到牛堡组地层之上。褶皱在东西延伸范围及中部被第四纪湖相松散堆积物覆盖。

B. 尼日埃背斜（$B_{3-7}$）

该背斜位于崩则错东的尼日埃，轴向东西，卷入褶皱的岩层为古近纪牛堡组长石石英砂岩、泥质粉砂岩和粉砂质泥岩。两翼产状：南翼 180°∠65°，北翼 355°～360°∠65°～80°。轴面直立，枢纽圆滑，两翼对称，褶皱东西两端被更新世湖相沉积物覆盖。

C. 日贡保纳向斜（$B_{3-8}$）

该向斜位于雅琼错东日贡堡纳南，轴向东西，褶皱岩层为古近纪牛堡组，两翼产状：北翼 200°∠30°，南翼 15°∠40°，两翼对称宽缓，轴面直立，枢纽圆滑，西延被第四纪断陷所断限，东延被北东向断层所截，北翼被崩则错-达玉东西向断层所切。

D. 蒋日阿贡约塘卡背斜（$B_{3-9}$）

该背斜位于雅琼错南东的蒋日阿贡约塘卡，为一轴向东西的宽缓背斜褶皱，卷入褶皱的岩层单元为古近纪牛堡组，两翼产状：北翼 10°∠37°，南翼 190°∠42°，两翼对称，转折端圆滑，东延被北东向走滑断层错断，西延被第四纪湖积物覆盖。

E. 车布里向斜（$B_{3-10}$）

该向斜发育于赞宗错南的错尔果姜玛-车布里一带，轴向北西-南东，卷入褶皱的地层单元为古近纪牛堡组砂岩、粉砂岩、泥岩，两翼产状：北翼 200°∠55°，南翼 25°∠25°、335°∠40°，褶皱西延被第四纪断陷所断限，东延及南翼被北东向断层所断限。

## 三、新构造运动特征

青藏高原开始形成的主要时期，即是新构造运动的开始时期，其时限从新近纪中新世晚期至现在。新构造断裂是叠加于不同时期构造带的基础上发展而来的，即有继承性的一面，又有新生性的一面。新构造运动的构造形迹主要表现为：第四纪断陷盆地的生成，中新世后岩浆-热液活动、地热(钙华、温泉)活动、地震活动等方面。高原地貌、活动断裂、第四纪堆积物的抬升直观地反映了高原新构造活动的特点及规律，是研究和确定新构造运动发生、发展的依据。

### （一）新构造单元划分

新构造单元划分的依据：总体展布方向，受控的力学机制，断陷盆地的性质、充填物特点，以及现代湖泊的展布方向，水系流向等。测区内大致划分为：北东向新构造活动带、南北向（或近南北向）新构造活动带、东西向新构造活动带，详细划分见图 5 - 16。

### （二）新构造运动特征

#### 1. 北东向新构造活动带

该带主要受控于北东向剪切走滑断裂，拉分断陷盆地呈北东向左行斜列式展布，构成北东向新构造活动带。

(1) 尕阿错-雅根查错北东向新构造活动带

由尕阿错、果根错、昂达尔错、雅根查错北东向断续分布的 4 个第四纪走滑拉分盆地组成的北东向新构造活动带。受控于北东向走滑断裂，长约 120km，宽 5～10km，盆地间隔约 30km±，总体呈北东

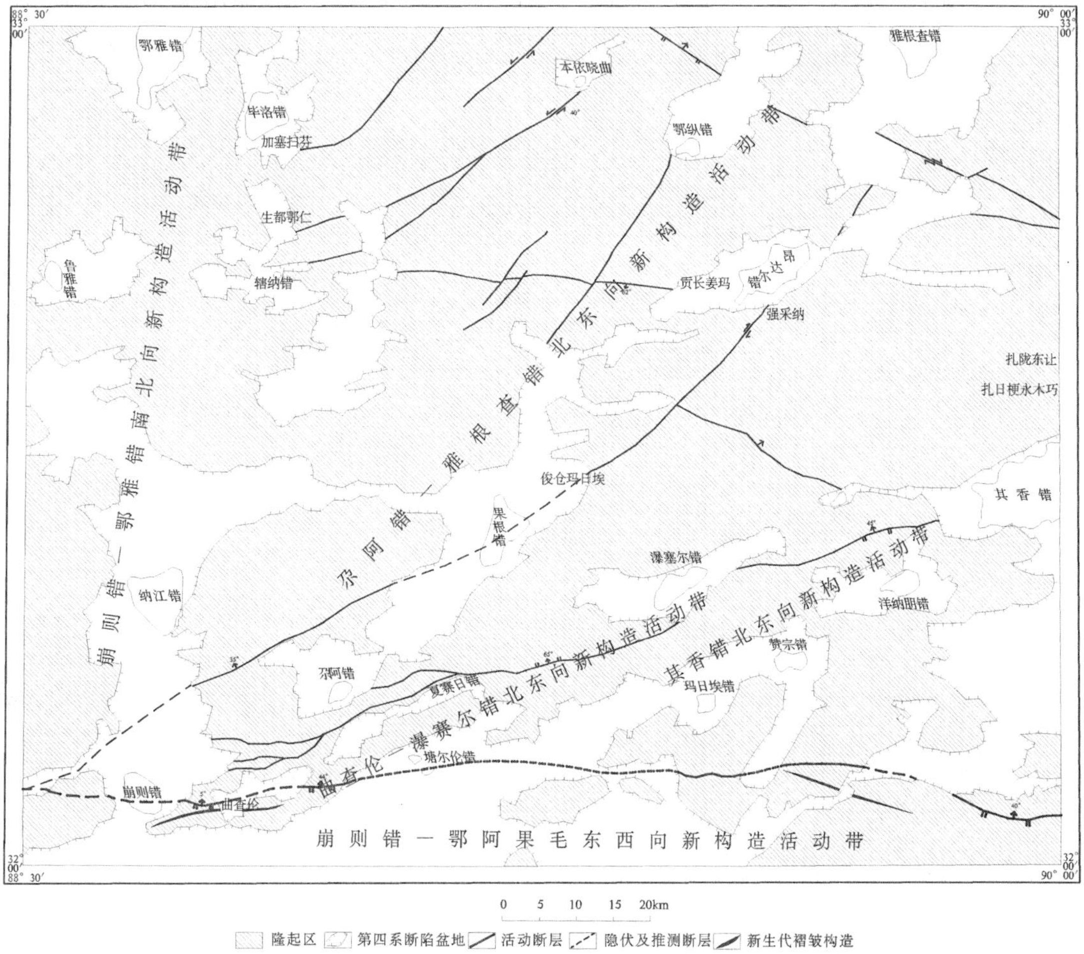


隆起区　第四系断陷盆地　活动断层　隐伏及推测断层　新生代褶皱构造

图 5-16　新构造地质略图

45°方向，左阶式斜列展布（图 5-17），控制盆地边界走滑断裂产状 320°∠45°。

盆地呈矩形、似菱形，长轴方向北东向，盆地内现代湖泊长轴及泉（温）的线性分布方向与边界断裂走向一致。主要沉积物为全新统河湖相沉积，盆地周边湖积阶地发育。盆地地面海拔高度较两侧山地高度低 200～500m。于尕阿错与果根错之间的巴彦勒，直侧尕切、康巴及果根错北的俊昌玛日埃等地，见有由沙木罗组、日干配错群组成的断块山分布于断陷盆地中。

在果根错附近第四纪盆地边缘见有康托组呈近东西向展布，说明新盆地是在寄生和改造新近纪盆地基础上发展起来的。果根错东侧边缘隆起带上，见有第四纪湖底淤积物钙泥残留，说明盆地与隆起带差异升降仍在进行，断陷带内多处温泉分布，证明该断陷带新构造仍在活动。

(2) 曲查伦—瀑塞尔错北东向新构造活动带

该带由 3 个第四纪断陷盆地构成，受控于北东向断裂。由南西向北东依次为：曲查伦盆地、夏赛日玛盆地、瀑赛尔错盆地，总体走向 65°～245°，长 95km，宽 2.5～7.5km。

盆地呈左阶斜列展布，盆地内发育的 3 个现代湖泊近于等间距分布，间距 32km。

盆地内沉积有新近纪河湖相沉积物、冲洪积，发育现代泉、泉华。由侏罗纪地层构成的断块山孤立于盆地内。

盆地边缘发育有新近纪上新世花岗斑岩岩株。

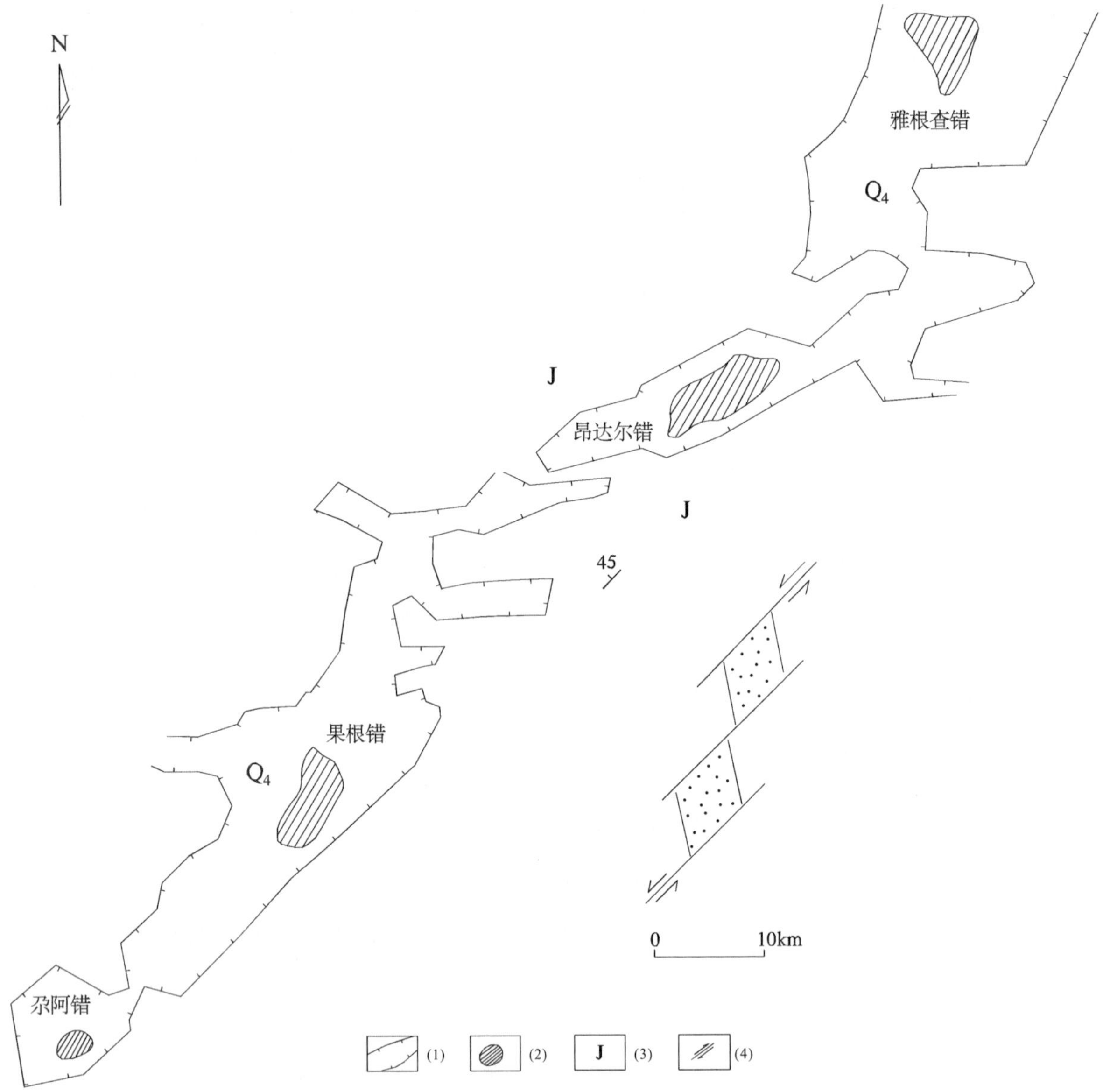


图 5-17　尕阿错-雅根查错第四纪拉分盆地力学分析图

(1) 第四纪拉分盆地边界；(2) 现代湖泊（咸）；(3) 侏罗纪地层；(4) 走滑断层

(3) 其香错北东向新构造活动带

南起塘尔伦错经木地错、玛日埃错、赞宗错、洋纳朋错，北至其香错，由 6 个北东向展布的第四纪断陷盆地组成。呈左阶斜列展布，长 95km，盆地间隔 18～20km±，受控断裂走向 60°，性质走滑剪切性质。

盆地高程多在 4500m±，两侧山地高程在 4500～4900m，地势高差明显，在马日埃错至赞宗错之间，以日阿岩组为主体成分的构造混杂岩带被切割呈菱形的断块山。断块山西侧边缘断层三角面，断层陡崖发育。

沿盆地北缘断裂见有新近纪上新世花岗斑岩脉侵入。

盆地内现代湖泊发育，沉积物为全新统湖河相沉积。洋纳朋错第四纪断陷盆地边缘见有新近纪康托组呈近东西向展布，说明第四纪断陷盆地部分寄生改造了新近纪盆地。

**2. 南北向新构造运动**

南北向（近南北向）新构造，主要表现在图幅中部、贯穿图幅南北，受控于南北向追踪张性断裂构造，规模宏大，盆地边界形态，受控于边界断裂的产状，呈踞齿状、折线状。盆地内的现代湖泊长轴方向变化大。

测区内分布规模最大的为崩则错一鄂雅错南北向新构造活动带。该带南起崩则错，北至鄂雅错，贯穿整个测区南北，长 130km。由 7 个新构造断陷盆地构成，单个盆地宽一般 2.5～20km，最宽 25km，它们分别是：

Ⅰ　崩则错-纳江错南北、北东、北西向复合断陷盆地；

Ⅱ　鄂雅错南北向断陷盆地；

Ⅲ　鲁雄错断陷盆地；

Ⅳ　毕洛错南北向断陷盆地；

Ⅴ　生都鄂仁近南北向断陷盆地；

Ⅵ　辖纳错近南北向断陷盆地。

它们的组合构成了南北向新构造活动带。

控盆断裂复杂，以张性断裂为主，局部边界呈北东、北西走向的地段，边界断裂以走滑断裂为主。

断陷盆地内湖泊、泉发育，河流流向总体呈南北向。盆地边缘断层三角面，断层崖发育，盆地内沉积物为全新统河湖相沉积物。湖积阶地发育。弧峰状断块山分布于盆地内。

将第四纪断陷盆地边界与残留新近纪康托组地层分布范围对照，显示第四纪断陷盆地是在寄生于新近纪沉积盆地基础上发展演化而来。

**3. 东西向新构造活动带**

规模较大的为测区南缘分布的近东西向新构造活动带，东起崩则错至鄂阿果毛一带，它属于班公湖-丁青断陷活动带北部边缘的一部分。受控于东西向断裂。图幅内出露有限，古近纪地层褶皱（图 5-18），第四纪地层广泛不整合覆盖于古近纪牛堡组、丁青湖组之上，新构造抬升使得扎加赞布江两岸多级台阶的形成和发育。第四纪地层受新构造断裂影响褶皱并推覆于牛堡组、丁青湖组之上。带内海拔高度 4 200～4 600m，明显低于两侧山体 4 700～4 900m的高度。河流流向近东西向，北侧边缘断裂带类堡鄂木保新近纪上新统花岗斑岩岩株侵入新近纪康托组中，带内泉华、泉近东西向分布。第四纪断陷漏斗发育。以上均反映了该带现代构造活动强烈的特点。

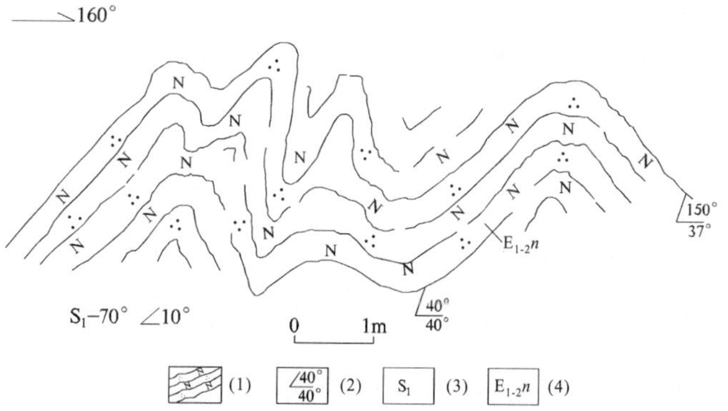


图 5-18　古一始新世牛堡组小型褶皱（382 桥头）
（1）细粒长石石英砂岩；（2）地层产状；
（3）轴面产状；（4）古一始新世牛堡组

## 第二节　地质构造及构造发展史

区域地质构造及构造发展史主要就是区域陆壳建造和改造以及特提斯的演化和发展的历史。我们根据不同时期陆壳的形成与演化特点将本区划分为以下几个发展阶段。

## 一、古特提斯阶段

本区古特提斯洋的演化从中二叠世开始，最古老的地质体为班公湖-怒江构造混杂岩带中的中二叠世灰岩岩块。其中产丰富的生物化石，说明当时为稳定的浅海环境。区域资料表明，中二叠世为古特提斯洋演化中最大的海泛期之一，从喜玛拉雅地区—冈底斯地区—羌塘地区均有分布。同时这一时期古特提斯洋开始由成熟期转入衰退期。在陆表海及陆缘海的环境下，接受了碎屑岩-碳酸盐岩的沉积。这一时期羌塘陆块可能尚处于南半球中纬度区，为冈瓦纳冰期冷水偶尔可达的范围内，导致冷热水型动物交替出现的现象，但特提斯动物仍占优势。

晚二叠世洋盆开始收缩，海水逐渐退却，直到早三叠世末期，古特提斯洋才完全关闭，发生碰撞造山，使区内的古生代地层发生绿片岩相变质变形，地壳抬升为陆，并遭受剥蚀。

## 二、中特提斯阶段

### 1. 离散扩张阶段（$T_3$—$J_2$）

中特提斯洋的演化从晚三叠世早期开始，这时班公湖-怒江洋拉开，羌塘陆块整体下降，海水超覆了羌塘陆块的大部分地区，在本区表现为南深北浅的特点：南羌塘地区开始进入被动大陆边缘的演化阶段，沉积了浅海相的碎屑岩-碳酸盐岩沉积；北部朋彦错（帕度错幅）-雅根查错一带沉积了一套海陆交互相煤系地层，其中下部夹浅海相的碳酸盐岩沉积和中基性钙碱性岛弧火山岩（帕度错幅）。这套地层与左贡地层分区的上三叠统甲丕拉组至夺盖拉组可以对比，显示陆缘弧的发育特征，它们是龙木错-双湖古特提斯洋消减-碰撞的衍生物，可以说，龙木错-双湖乃至金沙江古特提斯洋的消亡与班公湖-怒江洋的拉开几乎是同时的。古特提斯洋碰撞造山作用使分布于测区北部的朋彦错（帕度错幅）-雅根查错地区发生构造隆升并遭受剥蚀，使晚三叠世地层发生绿片岩相变质变形，同时缺失早一中侏罗世地层。

早中侏罗世班公湖-怒江洋开始全面扩张，在班公湖-怒江结合带沉积了具深海-半深海相特征的木嘎岗日岩群类复理石建造，其中夹有远洋沉积的放射虫硅质岩，沉积混杂有二叠纪的灰岩岩块，在盆地的中心有洋中脊型的大洋拉斑玄武岩喷溢，其上沉积有远洋放射虫硅质岩。其中枕状玄武岩的同位素年龄为167.5Ma，放射虫硅质岩中放射虫的时代为侏罗纪。

早侏罗世，毕洛错一带的曲色组由钙质粉砂岩、泥晶灰岩夹油页岩、石膏组成的泻湖-潮坪沉积，该套含海螂蛤的黑色含油岩系与欧美等地含油岩系均可对比，为重要的含油气和油页岩层位，其中还夹一层枕状玄武岩显示陆缘活动区的特点。在该套地层中我们还发现了辐鳍鱼类化石，也证明这里的水体相对较浅，而南部色哇一带则没有出现膏岩，说明具有南深北浅的沉积特征。这一时期北部的朋彦错-雅根查错地区为水上岛链遭受剥蚀，而南羌塘仍为被动大陆边缘，在色哇一带沉积了具半深海相类复理石特征的碎屑岩夹碳酸盐岩建造。其中含有大量的反映还原环境的缺氧双壳类化石，部分岩层中含黄铁矿。显示水体相对较深的沉积环境，此时应为班公湖-怒江洋扩张最为强烈的时期。

中侏罗一晚侏罗世早期南羌塘沉积了浅海相碎屑岩建造。其中多层碎屑岩中见有植物碎片，并见有波痕等沉积构造，说明水体相对较浅。色哇组之上依次为莎巧木组、布曲组、夏里组、索瓦组，其中布曲组为中侏罗世最大的海泛期，分布最为广泛，为稳定的浅海沉积，海水平静、生物繁茂，在帕度错、隆鄂尼及昂达尔错地区发育有大量的生物礁灰岩，其中夹有众多的藻礁灰岩、含沥青的颗粒状白云岩，是南羌塘盆地中重要的生油层和储油层。

### 2. 挤压汇聚（洋陆转化）阶段（$J_3$—$K_1$）

晚侏罗世，班公湖-怒江结合带发生了一次剧烈的构造运动，使班公湖-怒江洋迅速关闭。但关闭的时间较为短暂。这次构造运动使班公湖-怒江结合带的主体木嘎岗日岩群发生绿片岩相的变质变形。并快速抬升遭受短暂的风化剥蚀，在相邻地区发现晚侏罗世沙木罗组不整合覆盖在褶皱变形的木嘎岗日岩群之上。该不整合的性质应为伸展不整合。由于这次构造抬升作用致南羌塘地区海水逐渐退却，到晚侏罗世末期海水基本上全部退出。造成南羌塘地区缺失白垩世地层。

沙木罗组不整合覆盖在木嘎岗日岩群之上，说明在短暂的关闭之后，班公湖-怒江结合带再次发生伸展，拉出一个残余海盆，该海盆主要沿班公湖-怒江结合带北缘分布，应为局部的小洋盆。从区域资料看，班公湖-怒江结合带及其南部的永珠蛇绿岩带在晚侏罗世确实发生了一次伸展或拉张，在不同地段形成多个局部的小洋盆，这些小洋盆具有规模小、拉张不充分、演化历史较短等特点，一般在晚侏罗世拉开，早白垩世末期就已经关闭，而且这种小洋盆的构造属性为具有弧后、弧间或边缘残留海盆地的性质。这也是班公湖-怒江结合带多岛弧系的具体体现。

本区班公湖-怒江结合带闭合阶段的地质记录较为丰富（晚侏罗世—早白垩世），首先沉积了晚侏罗世沙木罗组，为一套由泥质粉砂岩、石英细砂岩、泥晶灰岩组成韵律层反复出现，沉积厚度大于几千米的巨厚复理石沉积，其中粉砂岩中有时可以见到毫米级的复理韵律层理。但从整套岩石组合看沙木罗组的沉积环境总体不深，应为浅海相，但波动较大，在某一时段可能水体相对较深。其沉积特点反映为相对稳定但持续匀速沉降的沉积过程。沙木罗组之后，沉积了浅海相吐卡日组，主要为反映水体动荡的鲕粒灰岩、砾屑灰岩、生物碎屑灰岩的碳酸盐岩沉积组合，在尕阿错、陇阿鄂冒一带，其中还夹有具岛弧火山岩特征的钙碱性玄武岩，说明这一时期地壳已开始抬升，洋盆又开始逐渐收缩。

到早白垩世，俯冲碰撞作用开始加剧，在洋底和深部发生剧烈的构造岩浆作用。在帕度错幅虾别错、甲热阿布错、赛布错等地有钙碱性的消减带型-同碰撞型的黑云母花岗闪长岩、黑云母似斑状二长花岗岩（K-Ar 年龄为 129.2～108.7Ma）侵入晚侏罗世沙木罗组。南羌塘地区的走日岩体与赛布错黑云母花岗闪长岩体特征极为相似，可能为班公湖-怒江洋向北俯冲的远程陆内响应，它们都具有规模较小和I型花岗岩的地质和岩石化学、地球化学特征，而且均与金铜矿化关系密切，岩体周围发生矽卡岩化或角岩化。规模较大的虾别错和甲热阿布错岩体具I型和S型过渡类型的特征，从包体等特征看，具浆混花岗岩和富钾钙碱性花岗岩的一些特征，显示洋陆转换构造体制下的岩浆岩特点。在昂达尔错幅塔仁本、其浪董格、色哇南等地发现了规模较大结构完整的洋岛型玄武岩岩石组合，由枕状玄武岩、玄武质火山角砾岩、放射虫硅质岩、生物礁灰岩、灰岩质-玄武质简单成分砾岩组成。其中枕状玄武岩的岩石化学、稀土、微量元素特征显示具有大洋板内碱性玄武岩的特征，强烈富集轻稀土元素和高场强元素，显示来源于富集型的地幔源区。其中枕状玄武岩的锆石 SHRIMP 年龄为 107～191Ma，K-Ar 全岩年龄为 120.1Ma，放射虫硅质岩中放射虫经中国地质科学院王乃文研究员鉴定，其时代为巴列姆—阿普特期；另外在生物礁灰岩中采集的珊瑚经中科院南京地质古生物研究所廖卫华研究员鉴定为 *Isastraea helianthoides*（Goldfuss）（日月等星珊瑚），*Thecosmilia*? sp.（剑鞘珊瑚），时代为晚侏罗世—早白垩世。综上所述，确定塔仁本洋岛玄武岩形成时代为早白垩世。

晚侏罗—早白垩世的沉积-岩浆事件，记录了班公湖-怒江结合带从闭合俯冲→碰撞造山的洋陆构造体系转换的全过程。

### 3. 碰撞造山阶段（$K_1^3$—$K_2$）

早白垩世晚期—晚白垩世为碰撞造山期，早白垩世晚期，班公湖-怒江结合带在本区完全闭合。冈底斯陆块与羌塘陆块发生碰撞造山，使早中侏罗世木嘎岗日岩群、晚侏罗世沙木罗组、吐卡日组、早白垩世塔仁本洋岛型玄武岩褶皱变质，变质级别为低绿片岩相。羌塘陆块向冈底斯陆块上仰冲形成一系列北倾的迭瓦状逆冲断层系。同时根据班公湖-怒江结合带边界断裂中一些灰岩块体剪切“布丁”的特点和拉断“石香肠”的不对称形态的判断，这一时期的逆冲断层具有左行走滑的特点。由于强烈的挤压碰撞作用，在地壳深部发生岩浆作用，并喷出地表，形成一套陆相火山岩——去申拉组，岩石化学、地球化学特征显示为消减带型钙碱性中性—酸性火山岩（K-Ar 年龄为 103.63Ma）。火山岩中夹陆相红层，呈角度不整合覆盖于塔仁本洋岛玄武岩之上，证明当时班公湖-怒江洋已全部闭合上升为陆。

晚白垩世，碰撞造山作用继续加积，在班公湖-怒江结合带中有同碰撞-板内型中性-中酸性的浅成岩侵入，其中灰白色花岗闪长斑岩的 K-Ar 年龄为 68.87Ma。在南羌塘有近东西向串珠状分布的阿布山组钙碱性-拉斑玄武岩系列消减带型陆相中性火山岩喷出，其中夹陆相紫色碎屑岩，代表造山期的磨拉石建造。该时期除在部分山前盆地形成陆相火山-碎屑岩建造之外，其他地区皆遭受风化剥蚀。至此，中特提斯阶段的演化全部结束。

## 三、陆壳改造-高原隆升发展阶段

### 1. 造山期后崩塌裂陷阶段（$E_1$—$E_3$）

本区早白垩世晚期洋壳完全闭合，海水退出后，完全结束了海相沉积史，开始接受陆相沉积。古近纪伊始，随着雅江带的由南向北俯冲，冈底斯岩浆弧主体形成并大幅抬升，受其影响，冈底斯-念青唐古拉板片北缘的班公湖-怒江结合带活化发生伸展断陷，形成了包括班戈盆地和伦坡拉盆地在内的一系列近东西向延伸的内陆湖泊盆地。即《西藏地质志》上称之为"'班公湖-怒江带'的第三系"，主要以深湖-半深湖相粗砂岩、页岩沉积为主，含油页岩。从湖相沉积厚度大、分布范围广的特征看，显示了这一时期的湖泊已具有相当大的规模，并且湖水温度适宜，生物繁盛。水中生长着真菌、藻类、介形虫、有孔虫、鱼虾等淡水生物。同时在湖岸和山地还生长着森林灌木、杂草等。从丁青湖组孢粉分析亦可看出，古近纪末期，已有适应山坡、丘陵生长的松、栎、榆等，亦有平原地带所见桦、芸菁、木兰及柳等。表明当时的地形起伏已经比较明显，推测当时山地高度已达 1 500m，从植物群的特征看，反映了热带和亚热带的气候环境。这一时期南羌塘陆块也相对活动，在始新世末期发生了偏碱性的基性-中性火山喷发，K-Ar 年龄为 32.60Ma，岩石化学、地球化学特征显示为大陆板内碱性玄武岩。由于在古近纪末期地壳的快速抬升，湖水大幅度萎缩以至结束沉积。

### 2. 高原隆升阶段（N—$Q_4$）

新近纪是青藏高原整体隆升速度较快的阶段。区内主要表现为东西向构造的继承活化、北东向剪切走滑和南北向张性裂陷形成。出现近东西向、北东向、近南北向的山间断陷盆地，沉积了康托组陆相的碎屑岩建造，均以紫色为特征。少含生物化石，表现其生成环境为干燥炎热的山间盆地。

进入第四纪，在青藏高原整体大幅度快速隆升的背景下，受新近纪晚期构造格局的影响，本区以差异性升降为基本特征。区内湖泊多受北东向和近南北向构造控制。湖泊的演化明显受高原隆升幅度、差异性升降幅度及气候环境等因素控制。据有关资料，青藏高原在近 120 万年以来，每千年以 2.042m 的速度向上抬升。其中在中更新世每千年抬升 2.233m，晚更新世则达到每千年抬升 4.200m 之多，全新世后半期的抬升速度每千年高达 48m。第四纪时期，除前述高原巨幅抬升外，气候波动也相当频繁。在近 260 万年以来，曾出现过 6 次冰期和 5 次间冰期。每次冰期和间冰期均对湖水面积产生明显的影响，在中更新世大冰期之后，中更新世后期到晚更新世早期的间冰期，气候转暖，植被发育，雨量充沛，冰川溶化，湖水面积激增。许多湖泊在当时都是连在一起的，在西藏的地质历史上称之为"大水湖时期"。但晚更新世中晚期，由于青藏高原和喜马拉雅山的强烈抬升，后者已变成阻挡潮湿气团进入本区的屏障，致使本区日趋干旱，湖面分割萎缩，普遍发育了盐湖，全新世以来的地势仍不断升高，气候日益干旱，致使许多湖泊趋于消亡。

# 第六章　经济地质

## 第一节　矿　产

### 一、矿产工作概述

矿产调查工作是在1∶25万区域地质填图过程中同步进行的，首先对区内1∶100万地质资料、1∶100万航磁资料及已知矿产资料进行了系统收集和综合研究，针对各区带成矿地质条件的差异，确定了有找矿潜力的遥感异常，确定了找矿远景区，制定了不同的找矿目标。其中，对已知矿点进行勘查，充分了解其矿化类型及成矿地质条件，指导区域找矿。对航磁异常进行勘查，研究引起异常的地质因素，并对异常做出地质解释。对本次工作中新发现的矿（化）点，均进行重点勘查，针对有一定远景的矿（化）点，除进行1∶5万地质草测外，还进行了少量地表工程揭露，光薄片、重砂、化学分析等，测试工作由吉林省地质研究所等单位完成。矿产工作量见表6-1。

表6-1　主要工作量一览表

| 工作项目 | 单位 | 数量 | 备注 |
|---|---|---|---|
| 1∶5000地质草测 | $km^2$ | 30.0 | |
| 化学基本分析 | 件 | 43 | |
| 野外快速分析 | 件 | 2 | |
| 岩石光谱分析 | 件 | 1 | |
| 光薄片分析 | 件 | 2 | |

### 二、区域矿产特征

至目前为止区内共发现各类矿产12处，矿种较多，其中金矿化点3处，铜矿点2处，煤矿点1处，锑矿点2处，石膏矿点1处，油页岩矿化点2处，硅藻土矿点1处。具有进一步工作价值的矿点有毕洛错石膏矿、毕洛错油页岩矿点、伦波日油页岩矿床、多涌锑金矿点、索布查锑矿点。

工作区南部为班公湖-怒江结合带，地层属木嘎岗日地层分区，构造岩浆活动极为复杂，因而也具备了良好的成矿条件。矿种以金铜-多金属、古近纪沉积的油页岩及现代沉积的盐类矿产为主。工作区中部为南羌塘盆地，地层属多玛地层分区，构造岩浆活动微弱。矿种主要有中生代沉积的油页岩、石膏及现代沉积的盐类矿产等。工作区中北部为羌塘中央隆起南缘断裂带，该带具有切割较深、活动时间长的特点，带内可见中—新生代岩浆活动，矿种以锑-金及多金属为主。工作区北部的朋彦错-雅根错断隆，地层属左贡地层分区，可见晚三叠世形成的煤类矿产。区内矿产详见表6-2。

表 6-2　矿产一览表

| 编号 | 矿产地名称 | 矿种 | 成矿作用 | 地质特征 | 矿石类型 | 品位 | 时代 | 资料来源 | 备注 |
|---|---|---|---|---|---|---|---|---|---|
| 1 | 多涌锑金矿点 | 辉锑矿 | 岩浆热液 | 晚三叠世姜钟组为长石石英砂岩、粉砂岩；晚三叠世角木日茶组为灰岩。岩浆岩为石英斑岩脉。矿层受北西向断层控制，呈斜列式脉状和块状构造岩 | 石英脉型构造角砾岩型 | Sb $2.0\times10^{-2}$～$70\times10^{-2}$ Au $4.44\times10^{-6}$ | 喜山期 | 1∶25 万 D3058 K101～102 | 已开采 |
| 2 | 扎那陇巴煤点 | 煤 | 沉积 | 晚三叠世扎那组为长石石英砂岩、粉岩、泥岩 | 煤线 | 几厘米至30cm | $T_3$ | 1∶25 万 PII 剖面 | |
| 3 | 毕洛错油页岩矿点 | 油页岩 | 沉积 | 早侏罗世曲色组为泥灰岩、生物碎屑灰岩、钙质页岩夹鲕粒灰岩、油页岩、石膏。矿层呈层状 | 层状油页岩 | 焦油 4% | $J_1$ | 初查 | |
| 4 | 毕洛错石膏矿床 | 石膏 | 沉积 | 早侏罗世曲色组为泥灰岩、生物碎屑灰岩、钙质页岩夹鲕粒灰岩、油页岩、石膏。矿层呈层状 | 粒状、伟晶状、纤维状石膏 | $CaSO_4\cdot2H_2O+CaSO_4=$ 94.64%～98% | $J_1$ | 初查 | |
| 5 | 索布查锑矿化点 | 辉锑矿 | 热液 | 晚三叠世日干配错群为灰岩、砂岩，产状为 20°∠25°；中侏罗世色哇组为紫红色钙质泥岩，产状 300°∠30°。构造断层存在灰岩中，产状 40°∠70°，构造角砾岩不均匀锑矿化 | 构造角砾岩 | Sb $1.68\times10^{-2}$～$24.8\times10^{-2}$ | 喜山期 | K351～K356 | |
| 6 | 卓布卡金矿化点 | 金 | 热液 | 晚侏罗世吐卡日组为灰色灰岩、生物碎屑灰岩。岩浆岩为灰绿—灰黑色橄榄辉石岩。灰岩与橄榄辉石岩之间为近东西向构造断层。构造岩宽6m，具褐铁矿化、硅化 | 构造角砾岩 | Au $0.80\times10^{-6}$ Ag $2.80\times10^{-6}$ | 燕山期 | 1∶25 万 D1008 点 | |
| 7 | 索格布效金矿化点 | 金 | 热液 | 晚侏罗世吐卡日组为灰黑色灰岩、蚀变岩、黄褐色构造角砾岩。蚀变为褐铁矿化、硅化、碳酸盐化 | 蚀变构造角砾岩 | Au $0.82\times10^{-6}$ Ag $2.40\times10^{-6}$ | 燕山期 | 1∶25 万 D101 点 | |

续表 6-2

| 编号 | 矿产地名称 | 矿种 | 成矿作用 | 地质特征 | 矿石类型 | 品位 | 时代 | 资料来源 | 备注 |
|---|---|---|---|---|---|---|---|---|---|
| 8 | 日琼金矿化点 | 金 | 热液 | 岩性为灰绿色蛇纹石化辉石橄榄岩。蚀变岩为蚀变辉石橄榄岩。具褐铁矿化、碳酸盐化、硅化 | 蚀变辉石橄榄岩 | Au $0.95\times10^{-6}$ Ag $3.0\times10^{-6}$ | 燕山期 | 1∶25 万 D102 点 | |
| 9 | 期柔庞钠铜矿化点 | 黄铜矿 | 接触变质 | 早—中侏罗早世木嘎岗日岩群为变质砂岩，早白垩世去申拉组为安山岩、流纹岩。矿化：与辉长岩脉接触界线大理岩中具孔雀石化 | 孔雀石化大理岩 | | 燕山期 | 1∶25 万 D302 点 | |
| 10 | 帕乃旬铜矿化点 | 黄铜矿 | 热液 | 晚侏罗世吐卡日组为灰岩，早白垩世去申拉组为安山岩、流纹岩、枕状玄武岩。构造：地层接触界线为近东西向断层，角砾岩中具孔雀石化，斑铜矿化。蚀变：具绢云母化，绿泥石化、硅化 | 孔雀石化构造角砾岩 | Cu $3.5\times10^{-2}$ | 燕山期 | 1∶25 万 D601 点 | |
| 11 | 如日埃硅藻土矿点 | 硅藻土 | 沉积 | 渐新世丁青湖组为页岩、泥岩夹油页岩、粉砂岩、泥晶灰岩，产状 200°∠20°。硅藻土层：分布在地层上部，厚 3m | 灰白色块状 | 3 | E | 1∶25 万 D401 点 | |
| 12 | 伦波日油页岩矿床 | 油页岩 | 沉积 | 渐新世丁青湖组为页岩、泥岩夹油页岩、粉砂岩、泥晶灰岩，古—始新世牛堡组为砾岩、砂岩、夹油页岩。油页岩在丁青湖组中呈稳定层状 | 油页岩 | 焦油 11.28% 油气 3.72% | E | 多巴幅 1∶25 万 PX Ⅲ | |

## 三、矿产各论

### （一）化学沉积矿产——毕洛错石膏矿（矿点编号 4）

#### 1. 矿点地质特征

矿点地层主要为早侏罗世曲色组泥灰岩，生物碎屑灰岩，钙质页岩夹颗粒状灰岩、石膏、油页岩，地层总体产状 355°∠55°。

南部为新近纪康托组紫红色砾岩层。

含矿地层属于背斜构造北翼，呈单斜特点。

毕洛错东索日卡下侏罗统曲色组石膏盐岩实测剖面：

上覆地层：中侏罗统布曲组灰黄色薄层状泥屑灰岩

═══════ 断 层 ═══════

| | |
|---|---|
| **曲色组：** | **394.55m** |
| 25. 白色条纹条带状石膏岩 | 3.17m |
| 24. 灰色薄—极薄层状钙质泥岩，产双壳类 | 10.16m |
| 23. 白色条纹条带状石膏岩夹灰色极薄层状石膏岩 | 3.81m |
| 22. 灰绿色极薄层状钙质泥岩夹灰色薄层状泥质灰岩 | 17.46m |
| 21. 白色条纹条带状石膏岩 | 1.13m |
| 20. 灰绿色极薄层状钙质泥岩夹灰色薄层状生物碎屑灰岩透镜体 | 32.28m |
| 19. 灰色条纹条带状石膏岩 | 1.7m |
| 18. 灰色薄层—极薄层状泥岩与灰紫色薄层—极薄层状泥岩韵律层，产双壳类 | 39.40m |
| 17. 灰色中薄层状生物碎屑含泥质灰岩 | 9.01m |
| 16. 灰紫色中薄层状含生物碎屑鲕粒泥屑灰岩，产双壳类 | 7.37m |
| 15. 白色（灰黄色）条纹条带状石膏岩 | 6.55m |
| 14. 深灰色薄层状含生物碎屑灰岩与深灰色薄层状泥灰岩韵律层，产腕足类、双壳类化石 | 9.82m |
| 13. 灰色极薄层状钙质页岩，产鱼化石 | 4.09m |
| 12. 白色条纹条带状石膏岩 | 3.27m |
| 11. 灰色极薄层状钙质页岩 | 2.46m |
| 10. 白色块状中细粒石膏岩 | 24.77m |
| 9. 深灰色中薄层状含生物碎屑含泥质灰岩，产腕足类、双壳类化石 | 17.67m |
| 8. 浅灰紫色中薄层状含生物碎屑鲕粒灰岩，产双壳类化石 | 3.53m |
| 7. 灰色块状中粗粒石膏岩夹灰色极薄层状钙质薄层泥岩 | 22.53m |
| 6. 灰色极薄层状钙质泥岩夹白色纤维状薄层石膏岩 | 12.8m |
| 5. 灰色块状中粗粒石膏岩 | 2.02m |
| 4. 灰色极薄层状钙质泥岩夹白色纤维状薄层石膏 | 13.48m |
| 3. 灰色条带状粗粒石膏岩夹灰色条纹条带状石膏岩 | 16.85m |
| 2. 灰色条纹条带状石膏岩夹白色纤维状石膏纹层 | 62.08m |
| 1. 灰色块状石膏岩（未见底） | 67.14m |

**2. 矿体特征**

本区初步划分出 11 个矿体，其中以 1 号、3 号矿体为主矿体，各矿体特征见表 6-3。

**3. 矿石特征**

据矿石结构特征，可将矿区内矿石划分为以下 8 种类型。

（1）灰色角砾状石膏

矿石呈灰色，具半自形板状、粒状结构、角砾状构造（属构造角砾岩）。矿物成分：石膏呈灰白色，半自形板状，部分为纤维状，粒度 0.5～2mm。化学分析石膏含量 96.14％。

（2）白色粒状石膏

矿石新鲜面呈灰—白色，具半自形板状、粒状、纤维状结构，块状构造。矿物成分：石膏呈灰白色，半自形板状，部分为纤维状，粒度 0.5～5mm，含量 75％；硬石膏呈灰白色，半自形板状、纤维状，可见聚片双晶，粒度 0.5～2mm，含量 25％，个别大者达 10mm。化学分析石膏含量 98.08％。

（3）灰色粒状石膏

矿石为他形粒状结构，块状构造。矿物成分：石膏呈灰白色，半自形粒状，粒度 0.1～1.0mm。化学分析石膏含量 96.37％。

表 6-3　矿体特征表

| 矿体编号 | 规模（m） | | | 产状 | | 形态 | 围岩 |
|---|---|---|---|---|---|---|---|
| | 长（m） | 宽（m） | 延伸 | 倾向 | 倾角 | | |
| 1 | 3 000 | 208 | 300 | 5° | 45° | 似层状 | 泥灰岩、砾岩、砂砾岩 |
| 2 | 1 000 | 10 | 100 | 10° | 50° | 似层状 | 泥灰岩 |
| 3 | 2 500 | 260 | 250 | 0° | 55° | 似层状 | 底板：泥灰岩<br>顶板：生物碎屑灰岩 |
| 4 | 1 500 | 20 | 150 | 15° | 50° | 似层状 | 底板：生物碎屑灰岩<br>顶板：钙质页岩 |
| 5 | 1 500 | 10 | 150 | 15° | 50° | 似层状 | 钙质页岩 |
| 6 | 1 500 | 10 | 150 | 15° | 50° | 似层状 | 生物碎屑灰岩 |
| 7 | 2 000 | 10 | 150 | 15° | 45° | 似层状 | 钙质页岩 |
| 8 | 1 800 | 10 | 150 | 15° | 40° | 似层状 | 钙质页岩 |
| 9 | 1 800 | 10 | 150 | 15° | 35° | 似层状 | 钙质页岩 |
| 10 | 2 500 | 10 | 200 | 15° | 30° | 似层状 | 钙质页岩 |
| 11 | 1 500 | 10 | 150 | 15° | 32° | 似层状 | 钙质页岩 |

（4）灰—白色粒状石膏

矿石新鲜面呈灰—白色或灰白条带相间，具半自形板状、粒状、纤维状结构，块状构造。矿物成分：石膏呈灰白色，半自形板状，部分为纤维状，粒度 0.5～5mm，含量 75%；硬石膏呈灰白色，半自形板状、纤维状，可见聚片双晶，粒度 0.5～2mm，含量 25%。化学分析石膏平均含量 86.67%。

（5）灰色结晶状石膏

矿石呈灰色，具半自形板状、粒状、纤维状结构，块状构造。矿物成分：石膏呈灰色，半自形板状，部分为纤维状，粒度 0.5～5mm，含量 75%；硬石膏呈灰白色，半自形板状、纤维状，可见聚片双晶，粒度 0.5～2.0mm，含量 25%。个别大者达 10.0mm。化学分析石膏平均含量 88.59%。

（6）伟晶状硬石膏

矿石呈半透明、板状结构，内部为纤维状结构，块状构造。矿物成分：硬石膏呈半自形板状，粒度＞4.5mm，大者可达 10.0mm，含量 98%±；白云石呈菱形、他形粒状，粒晶 0.05～0.5mm，主要沿白色粒状石膏晶隙和裂隙中分布，含量 1.5%±；赤铁矿呈半自形、他形板状、粒状，粒径小于 0.5mm，占 0.5%±。化学分析硬石膏 74.52%～96.96%。

（7）巨晶状石膏

矿石透明、半透明，板状结构，内部为纤维状结构，块状构造。粒度 2～5cm，大者 30cm，矿物成分：硬石膏含量 85%。化学分析硬石膏 86.71%。

（8）白色纤维状石膏

矿石新鲜面雪花白色，具纤维状结构，纤维长 2～3cm，最长 5cm，石膏含量＞98%。

本区石膏主要以粒状石膏、结晶状石膏、伟晶状硬石膏、巨晶状石膏为主，纤维状石膏含量少，主要以细脉状（0.5～10cm）分布于矿体中。

矿石类型在 0 线从南至北水平方向分布特征如下：

| | |
|---|---|
| 灰色角砾状石膏 | 2m |
| 白色粒状石膏 | 2m |
| 灰色粒状石膏含少量纤维状石膏 | 20m |
| 灰一白色粒状石膏含少量纤维状石膏 | 132m |
| 伟晶状硬石膏 | 15m |
| 巨晶状石膏 | 37m |
| **总计：** | **208**m |

根据矿石类型、化学成分、等级、主要用途，进行的矿体特征评述见表 6－4。

**表 6－4　矿体特征评述表**

| 矿体编号 | 等级 | 矿石类型 | 化学成分（%） | | 结晶水 | 主要用途 |
|---|---|---|---|---|---|---|
| | | | A 型 $CaSO_4$ | B 型 $CaSO_4 2H_2O+CaSO_4$ | $H_2O$（%） | |
| 1 | 2 | 灰色角砾状石膏 | | 96.14 | 19.50 | 建筑制品、模型 |
| | 1 | 白色粒状石膏 | | 98.08 | 20.22 | 医用、食用、艺术品、模型 |
| | 2 | 灰色粒状石膏 | | 96.37 | 19.01 | 建筑制品、模型 |
| | 2 | 灰一白色粒状石膏 | | 89.67 | 17.98 | |
| | 4 | 伟晶状石膏 | 74.52 | | 15.59 | 水泥缓凝组分、农用、含硫肥料 |
| | 2 | 巨晶状石膏 | 86.71 | | 18.14 | 建筑制品、模型 |
| 3 | 2 | 灰色结晶状石膏 | | 88.59 | 18.34 | |
| | 3 | 灰色结晶状石膏 | | 76.87 | 16.06 | 水泥缓凝组分、农用、含硫肥料、建筑制品、模型 |
| 4 | 1 | 白色粒状石膏 | | 95.78 | 20.13 | 医用、食用、艺术品、模型 |
| | 2 | 白色纤维状石膏 | 90.77 | | 18.99 | 建筑制品、模型 |
| 6 | 3 | 白色粒状石膏 | | 91.85 | 16.83 | 水泥缓凝组分、农用、含硫肥料、建筑制品、模型 |
| 7 | 3 | 白色粒状石膏 | | 91.40 | 17.55 | |
| 8 | 2 | 白色粒状石膏 | | 95.35 | 19.09 | 建筑制品、模型 |
| 9 | 2 | 白色粒状石膏 | | 95.34 | 18.99 | |
| 10 | 1 | 白色粒状石膏 | | 96.84 | 19.98 | 医用、食用、艺术品、模型 |

**4. 成矿因素讨论**

石膏矿的成矿因素讨论主要是根椐分布于毕洛错东索日卡一带的早侏罗世曲色组石膏盐岩实测剖面。该剖面岩性以灰色、灰绿色泥页岩及灰色、白色石膏为主，夹少量深灰色灰岩、浅灰紫色鲕粒灰岩。石膏赋存于曲色组，该组产双壳类及鱼化石。其沉积环境是一个闭塞的海盆。海平面降低的时候，沉积盆地内的水体和外界的交流被破环，随着该地干旱炎热气候，逐渐产生蒸发岩形成的条件。故石膏成矿因素用海平面变化控制下的闭塞泻湖沉积模式来解释可能更加贴切一些。

### （二）能源矿产——毕洛错油页岩（矿点编号3）

#### 1. 地质特征

（1）康托组（N*k*）

新近纪康托组出露于矿区南部与北部低洼处，呈东西向展布，岩石以紫红色粗砂质砾岩为主，局部夹紫红色含砾砂岩。地层产状为165°∠25°。

（2）曲色组（$J_1q$）

曲色组在区域上岩性以深灰—黑色泥页岩为主夹灰岩，产早侏罗世菊石、腕足类等化石。其下和上分别与上三叠统—下侏罗统索布查组和中侏罗统色哇组均呈整合接触。此外，毕洛错一带的曲色组还夹有少量的玄武岩、油页岩和膏盐。

矿区内曲色组岩石中夹11层石膏矿、2层油页岩。从矿体围岩岩性划分，底部为泥灰岩夹石膏矿，上部为钙质页岩夹石膏矿。

矿区内曲色组为索日卡向斜的南翼，产状为5°～10°∠40°～55°，断裂构造以东西向为主，贯穿全区，性质逆断层，走向95°，倾向北，倾角62°。对矿体起破坏作用。北东向断层，规模小，局部可见。

#### 2. 矿体特征

矿区内油页岩矿赋存于曲色组，目前发现4条矿体。

1号矿体长＞5 000m，厚2m，层状，产状10°∠40°，围岩南为灰色生物碎屑灰岩，北为含油页岩，焦油含量3.5%，油气含量1.4%。

2号矿体长＞5 000m，宽5～24m，层位稳定，由于受构造作用产状南为85°∠65°、北为250°∠80°。总体产状10°∠50°，围岩南为灰色生物碎屑灰岩，北为含油页岩、灰色生物碎屑灰岩，局部被第四纪砂砾层覆盖，焦油含量3.5%，油气含量1.4%。单个品位最高焦油含量5.1%，油气含量3.1%。向东至0线品位降低，焦油含量1.4%～2.9%。

3号矿体长＞1 500m，宽30m，层位稳定，产状170°∠70°。向西被第四纪砂砾层覆盖。

4号矿体长＞300m，厚2～5m，层状，产状85°∠55°，围岩为灰色结晶状石膏。

通过野外地质调查，南北矿体产状构成了一个向斜，2号、3号矿体可能属一层矿体，需要进一步工作查清。

#### 3. 矿石特征

矿石呈灰黑色，含粉砂质泥状结构，极薄层状构造，层厚1～4mm±，粉砂占15%±，泥质占75%±，烃类有机物4%±，焦油含量3.0%～5.1%，油气含量0.7%～3.1%。

2号矿体在15线从南至北水平方向分布特征如下：

| | |
|---|---|
| 灰色极薄层状粉砂岩（围岩） | |
| 含油页岩 | 2.0m |
| 油页岩矿 | 2.5m |
| 泥灰岩 | 0.5m |
| 含油页岩 | 8.0m |
| 油页岩矿 | 24.0m |
| 含油页岩 | 8.0m |
| 油页岩矿 | 14.0m |
| 砂砾石盖层（第四纪） | |
| **总计：** | **59.0**m |

#### 4. 成矿因素讨论

矿区油页岩赋存于曲色组，该组岩性以深灰—黑色泥页岩为主夹灰岩。其沉积环境以滨浅海泻湖泥页岩相沉积环境为主。但由于毕洛错一带该组下部有大套的石膏层的出现，表明沉积环境是一个闭塞的海盆。海平面降低的时候，沉积盆地内的水体和外界的交流被破环，随着该地干旱炎热气候，逐渐产生蒸发岩形成的条件。中部厚层的油页岩有可能表明当海平面升高时，海水侵入，形成泻湖沉积环境，海盆底部水流和外海交流仍然不畅，大量的陆源有机物的输入，形成沉积基底的缺氧环境，导致油页岩的产生。当海平面在该地区达到相对最大时，毕洛错一带和外海的交流达到比较通畅的程度，垂挂式的双壳类 *Bositra* 和菊石类 *Cleviceras* 得以繁衍。所以，根据曲色组沉积和生物相表明，用海平面变化控制下的闭塞泻湖沉积模式来解释油页岩的成矿因素可能更加贴切一些。

### （三）岩浆热液型矿产——多涌辉锑矿（矿点编号 1）

#### 1. 矿点地质特征

地层为晚三叠世姜钟组灰色、灰白色中层状长石石英砂岩、粉砂岩，角木日茶卡组灰色灰岩、泥晶灰岩。

岩浆岩见有呈脉状石英斑岩侵入构造带中。

构造：在姜钟组与角木日茶卡组之间，形成一条构造断层，其产状 30°∠75°，是赋矿构造。

#### 2. 航磁特征

矿点位于相对高值负异常区梯度带上。

#### 3. 矿体特征

辉锑矿赋存于灰色硅化构造断层角砾岩中，矿化体宽 25～50m，产状 30°∠75°，矿化较均匀，局部富集成为辉锑矿精矿块。手选矿石品位 Sb：2.0%～70%，矿石中含 Au：$4.44\times10^{-6}$。

矿层中二次富集，呈灰白色石英脉型，呈斜列式排列，石英脉走向 340°，直立，矿化强，脉宽 1～5m，长 10～50m。

#### 4. 矿石特征

矿石为灰色构造角砾岩，角砾为变质石英砂岩、胶结物为灰色硅质、辉锑矿赋存在硅质胶结物中，辉锑矿呈浸染状、放射状和放射状精矿。

矿石分二种类型：①矿化硅质角砾岩型，该类型呈浸染状、放射状，矿化程度较好。②矿化石英脉型，该类型属二次矿化，矿化较好，呈细脉状。

矿石矿物主要为辉锑矿、黄锑矿。

矿石中主要元素含量（据矿化硅质角砾岩型 YD3058）：Au 为 $0.8\times10^{-6}$，Ag 为 $21.5\times10^{-6}$，Sb 为 $2.32\times10^{-2}$，Hg 为 $59377\times10^{-9}$，Bi 为 $7.26\times10^{-6}$，Cu 为 $100\times10^{-6}$，Pb 为 $30\times10^{-6}$，Zn 为 $100\times10^{-6}$，W 为 $150\times10^{-6}$，Mo 为 $30\times10^{-6}$，As 为 $511.7\times10^{-6}$。

#### 5. 控矿因素讨论

本区位于羌塘中央隆起带南缘构造带上的一部分，属金铜汞锑成矿带。在构造带形成之后，深部岩浆活动，伴随低温硅质含矿热液运移，沉淀形成矿。并且由于构造活动，含矿硅质热液沿构造岩中裂隙贯入形成矿化石英脉叠加在角砾状锑矿体中，具有二期叠加改造富集成矿，形成了较富矿床。

## （四）能源矿产——伦波日油页岩（矿床编号 12）

### 1. 矿床地质特征

含油页岩地层主要为渐新世丁青湖组，岩性主要为灰色、灰白色页岩、泥岩夹油页岩、粉砂岩、泥晶灰岩。古—始新世牛堡组仅夹两层油页岩，岩性主要为紫红色、褐色、灰色、灰白色砾岩、中细粒长石砂岩、长石石英砂岩夹两层油页岩。

伦波日丁青湖组油页岩地层，层序如下：

| | |
|---|---|
| 丁青湖组：　（未见顶） | **962.85**m |
| 10. 灰白色条纹-条带状钙质泥岩与灰色油页岩韵律层 | 89.44m |
| 9. 灰白色条纹-条带状钙质泥岩与土黄色条纹-条带状粉砂质泥岩韵律层 | 103.14m |
| 8. 灰色油页岩-条带状泥岩韵律层 | 13.33m |
| 7. 土黄色条纹-条带状粉砂质泥岩与灰色油页岩韵律层 | 96.14m |
| 6. 土黄色条纹-条带状粉砂质泥岩夹灰色油页岩 | 59.8m |
| 5. 灰色油页岩-条带状泥岩韵律层 | 66.63m |
| 4. 土黄色条纹-条带状细粉砂质泥岩与灰色油页岩韵律 | 145.86m |
| 3. 灰白色条纹-条带状细粉砂质泥岩夹灰色页岩 | 6.84m |
| 2. 灰色油页岩与土黄色条纹-条带状钙泥质细粉砂岩韵律层 | 24.12m |
| 1. 褐色条纹-条带状钙泥质细粉砂岩 | 57.55m |
| （未见顶） | |

盆地基底为中—晚侏罗世接奴组，岩性为砂岩、砾岩夹中性火山岩。

盆地两侧为班公湖-怒江构造混杂岩带、蛇绿岩带，带内地层主要为早—中侏罗世木嘎岗日岩群，晚侏罗世沙木罗组，早白垩世桂牙岩群，岩性为变质砂岩、变质粉砂岩、灰岩、灰岩与粉砂岩韵律层，局部发育有基性火山岩，均呈构造岩片的形式产出。

岩浆岩特征：区内岩浆岩不发育，仅有中酸性脉岩零星分布。

构造特征：区内构造以北西—北西西断裂构造为主，其次为北东和近东西向构造。盆地内构造主要以简单的近东西向宽缓褶皱为主。

### 2. 航磁特征

矿床位于低缓负磁场区，两侧为相对高正异常，反映出正常沉积断陷盆地的特征。

### 3. 矿体特征

油页岩赋存于丁青湖组中，矿层主要有两层（两条矿体），以油页岩-条带状泥岩韵律层形式在背斜北部出露地表。

1 号矿体长 10 000m，厚 13.33m，倾向正北，倾角 25°，矿层为稳定层状。

2 号矿体长 11 000m，厚 66.63m，倾向 10°，倾角 35°，矿层为稳定层状。

矿体围岩主要为钙质泥岩、粉砂质泥岩。

### 4. 矿石特征

矿石呈灰色—灰黑色，含粉砂泥状结构，极薄层状构造，层厚 0.5～2mm±，主要以泥质为主，粉砂少量，矿石可点燃，物理性状可卷成筒状，其中产鱼化石。

矿石中焦油含量 11.28%，油气含量 3.72%，半焦含量 78%，水含量 7.0%。

**5. 成矿因素讨论**

根据丁青湖组和牛堡组岩石组合特征分析，成矿环境为湖盆地，由于盆地外丰富的有机质补给和盆地内大量生物存在形成有机质页岩，经后期变质演化形成油页岩。

## 四、区域地球物理场特征

据 1∶100 万航磁成果，区内的磁场特征如下。

**1. 磁场分区**

根据工区及附近的磁场特征，可大致分为 3 个场区。

I 区：位于工区的北侧，分布于鄂雅错西部，向西延出图幅，该场区的特征是：异常强度大，正负磁场急剧变化，在平面图上呈现出磁力密集的梯度陡变带。

II 区：位于工区中部，在本区分布面积最大。场态平稳，且大多为负场，整个场区呈宽缓的带状沿东西向展布，向西延出工区。

III 区：位于工区的南部。主要分布色哇以南，异常亦呈带状北西分布，场态特征与 I 区相似，但不及 I 区变化强烈。

结合地质资料看出，3 个场区分别对应于 3 个区域大地构造单元：

I 区对应中央隆起带。高磁异常主要由中—基性岩浆岩引起。

II 区对应于羌塘陆块。低缓的磁场反映出以正常沉积为主场态特点。

III 区的位置与班公湖-怒江结合带相吻合。根据该结合带的岩性组合，正异常是中—基性及超基性岩浆岩的反映。

**2. 推断构造**

1∶100 万航磁（$\Delta T$）基本显示出本区及附近的基底构造格架。推断构造依据如下。

（1）线性正异常

线性正异常是中—基性岩浆沿断裂带贯入或喷发充填到断裂而引起，因此往往是深大断裂的反映。

（2）线型梯度带

线型梯度带即呈线性分布的等值线密集带。在剖面图上，梯度带是磁场曲线拐点连线，而拐点大致指示磁性体的边界，因此梯度带是磁性界面的反映。磁性体的边界大都以断裂划分。

（3）狭长的线型磁场低值带（共轭负异常除外）

狭长的线型磁场低值带往往是挤压破碎带。

基于上述特征，推断构造（图 6 - 1）。从图 6 - 1 中可见，中央隆起带的构造最为发育，其次是班公湖-怒江结合带，而盆地的构造不甚发育。

推断构造多呈弧状，显示出本区构造受板块碰撞挤压控制的特点。

## 五、区域成矿规律及成矿远景区划分

### （一）区域成矿规律及找矿方向

**1. 沉积作用与成矿作用**

（1）能源类矿产

能源类矿产包括煤和油气、油页岩。

煤主要产于左贡地层分区的晚三叠世扎那组煤系地层中，该套地层与土门格拉煤矿煤系地层完全可比。区内该地层中夹有煤线数层，最厚 0.30m，如进一步工作有可能找到可采工业矿体。

油气、油页岩分为中生代和新生代两个成矿时代。

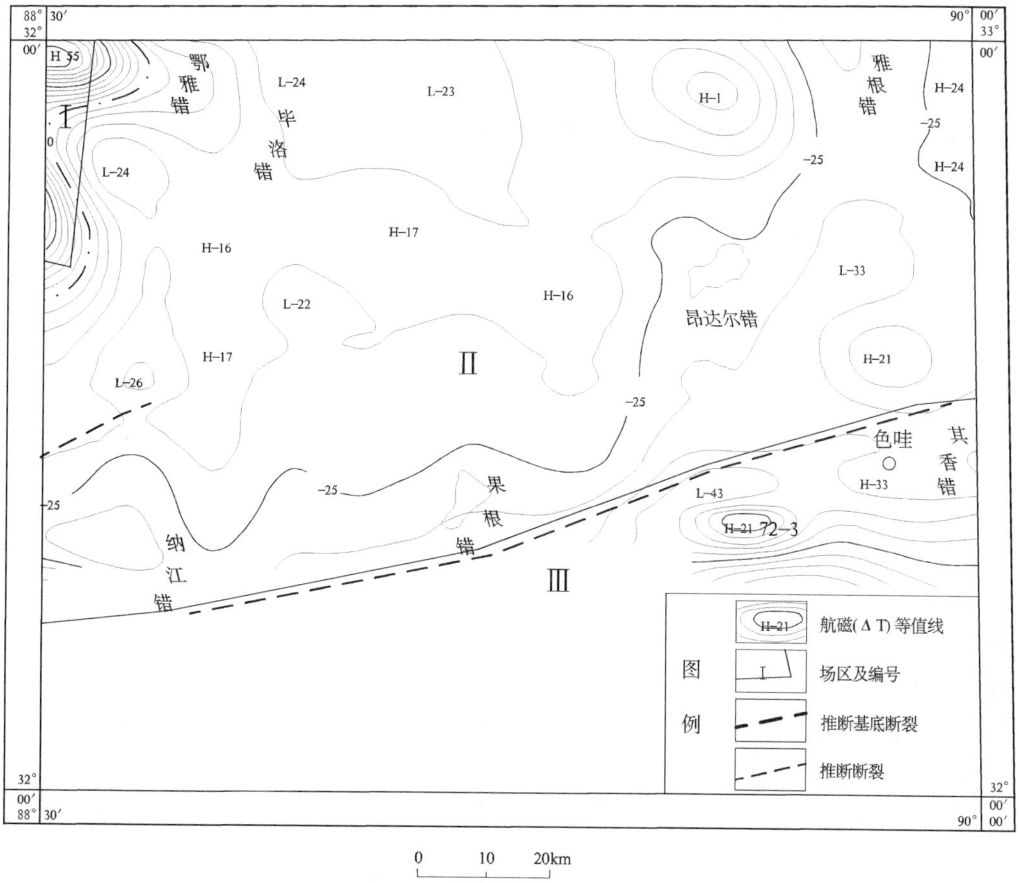


图 6-1 昂达尔错幅航磁（Δ$T$）等值线及构造推断图

新生代油气、油页岩矿主要产于伦坡拉盆地牛堡组中上部及丁青湖组中上部，尤以丁青湖组油页岩质量最佳。丁青湖组含油页岩层厚度大于 600m，油页岩厚度累计几十米，品质优良，据前人石油钻井资料，盆地内含有工业油层，目前正在进一步勘查和筹备开发利用，以伦波日油页岩为代表。

中生代油气、油页岩主要产于羌塘盆地早侏罗世曲色组，以毕洛错油页岩为代表。

盆地内发现 190 多处油苗，南羌塘发现液态油苗 2 处、油气苗点 8 处、油页岩 1 处，主要分布在隆鄂尼西部和昂达尔错西北部。

（2）岩盐类

石膏主要产于曲色组，矿体规模巨大，品质优良，具有很大的开发利用前景，以毕洛错石膏矿为代表。

**2. 岩浆热液成矿作用**

接触交代型金铜矿产主要分布于构造岩浆活动频繁的班公湖-怒江结合带中，该带中的中—新生代侵入体与莎木罗组的接触带为寻找该类矿产的重点部位。以邻区狮湖错矽卡岩型金铜矿点为代表。

**3. 构造岩浆热液成矿作用**

（1）破碎蚀变岩型铜-多金属矿

在班公湖-怒江结合带及羌塘中央隆起南缘断裂带中均有发现，该类矿产以铜为主，亦见有铅矿化等，多沿近东西向展布的构造破碎带分布，以蚀变构造角砾岩型索格布效金矿化点为代表。

（2）构造岩浆热液型金锑-多金属矿

主要见于羌塘中央隆起南缘断裂带和班公湖-怒江结合带，沿该断裂带断续出现的中新生代中酸性小岩株和断层强硅化是寻找该类矿产的重要线索，以索布查锑矿化点、多涌锑金矿点为代表。

## （二）成矿远景区的初步划分

依据区内构造岩浆活动的总体特征以及各类矿产分布的时空规律，可以划分如下几个特征鲜明的成矿远景区。

### 1. 中央隆起南缘锑金-多金属、煤成矿远景区

该区位于羌塘盆地中央隆起南缘，龙木错-双湖结合带的南侧，横跨朋彦错-雅根错断隆和南羌塘前陆盆地两个三级构造单元。

（1）地层特征

区内地层主要为晚三叠世姜钟组、角木日茶卡组、扎那组。岩性为砂岩、泥岩、灰岩。其中扎那组为含煤系地层，已见有多层煤线，是寻找工业煤矿体的理想区域。

（2）岩浆岩特征

岩浆岩主要为受构造控制的脉岩。岩性主要为石英闪长岩、闪长玢岩、石英斑岩等。其中石英斑岩与锑矿化关系密切。

（3）构造特征

区内构造主要为北西向和北东向两组构造，矿产亦受构造控制。航磁异常为负场，呈场态平稳、宽缓的带状沿东西向展布，反映了羌塘盆地中央隆起南缘沉积区的特征。

（4）矿产特征

区内矿产主要有与构造岩浆有关的岩浆热液型多涌锑矿点、与沉积作用有关的扎那陇巴煤矿点。

（5）矿化特征

区内矿化主要有金矿化、锑矿化、汞矿化、黄铁矿化、褐铁矿化等。

（6）蚀变特征

区内蚀变主要有硅化、碳酸盐化、角岩化等。

结合邻区金锑矿点成矿地质条件分析，本区内地层、岩浆岩、构造、蚀变是有利金锑-多金属成矿条件和煤成矿条件，并已发现具有进一步工作前景的矿点，找矿潜力巨大。

### 2. 班公湖-怒江结合带金铜-多金属成矿远景区

（1）地层特征

区内地层主要为早—中侏罗世木嘎岗日岩群、晚侏罗世吐卡日组、塔仁本洋岛型玄武岩、早白垩世去申拉组。

早—中侏罗世木嘎岗日岩群岩性主要为变质砂岩、变质粉砂岩夹硅质岩。其中含有超基性岩、枕状玄武岩。超基性岩、枕状玄武岩附近常见有基性岩脉穿插，沿构造裂隙见有孔雀石化。

晚侏罗世吐卡日组岩性以生物碎屑灰岩、鲕状灰岩、砾屑灰岩为主夹少量粉砂岩、石英砂岩等。

洋岛型玄武岩主要分布在塔仁本一带，岩性为枕状玄武岩、玄武质火山角砾岩、简单成分砾岩、放射虫硅质岩、礁灰岩。在洋岛型玄武岩与晚侏罗世吐卡日组接触带上发现铜矿化。其中，晚侏罗世吐卡日组砂岩的高孔隙度和灰岩的强交换性使其成为有利的成矿围岩。

早白垩世去申拉组岩性为安山岩、安山质熔结凝灰岩等。

（2）岩浆岩特征

区内岩浆岩主要为早白垩世的中酸性深成侵入岩。岩性为黑云母花岗闪长岩、黑云母二长花岗岩，呈岩株状产出。喜山期花岗斑岩、石英斑岩呈小岩株状产出。

（3）脉岩特征

脉岩主要为辉长岩。

（4）构造特征

区内构造主要发育北东向和近东西向两组构造。航磁异常呈强度较大、磁力密集且梯度较陡带状分布，反映了结合带岩浆岩构造特征。

（5）矿产特征

区内矿产主要有与早白垩世中酸性深成侵入岩有关的索格布效金矿化点、日琼金矿化点、卓布卡金矿化点、与洋岛玄武岩有关的热液型帕乃旬铜矿化点、与辉长岩有关的接触变质交代型期柔庞钠铜矿化点，与构造岩浆有关的岩浆热液型索布查锑矿点。

（6）矿化特征

区内矿化主要有金矿化、黄铜矿化、蓝辉铜矿化、孔雀石矿化、锑矿化、黄铁矿化、褐铁矿化等。

（7）蚀变特征

区内蚀变主要有硅化、碳酸盐化、角岩化、大理岩化、矽卡岩化等。

综上所述，区内具有长期而复杂的构造岩浆活动历程，区内各类矿点较多，说明该远景区的找矿前景极为可观。

#### 3. 南羌塘盆地油气、油页岩成矿远景区

帕度错-毕洛错-昂达尔错一带，是南羌塘盆地内油气生储盖组合条件最好的地区，长约234km，宽约33km（本区长约140km），近东西向展布，以中生代地层为主。

晚三叠世日干配错群岩性为滨海陆屑滩相-碳酸盐岩台地相粉砂质泥岩、粉砂岩、生物碎屑灰岩、灰岩组合；早侏罗世曲色组为细砂岩、粉砂质泥岩、粉砂岩、油页岩、膏岩组合；中侏罗世色哇组为泥岩、灰岩、钙质页岩、含泥质粉砂岩组合；中侏罗世莎巧木组为细砂岩、粉砂质泥岩、粉砂岩、灰岩、生物碎屑灰岩组合；中侏罗世布曲组为生物碎屑鲕粒灰岩、灰岩、藻礁灰岩、颗粒状白云岩、泥晶灰岩组合；中侏罗世夏里组为细砂质粉砂岩、细砂岩、生物碎屑灰岩、鲕粒灰岩组合；上侏罗世索瓦组为含生物碎屑鲕粒灰岩、含生物碎屑砂屑灰岩、含生物碎屑灰岩组合。

区内已发现有隆鄂尼古油藏，具有极好的找油前景，是一个以日干配错群、曲色组、色哇组、布曲组、索瓦组为目的层的有利远景区。该区具有十分发育的泥灰岩、油页岩、泥岩、藻礁灰岩等生油岩层，厚度大，且处于成熟-高成熟阶段。具有生物碎屑灰岩、核形石灰岩、鲕粒灰岩、颗粒状白云岩、礁灰岩等良好的储集层，分布稳定，厚度大，且为低孔低渗型、中低孔中渗型。同时侏罗纪陆棚相薄层粉砂岩、泥岩、页岩、泥灰岩组合，又形成了很好的盖层。因此该区的生储盖条件十分理想，加之处于南羌塘拗陷区又被古近纪、新近纪盆地沉积物所覆盖，保存条件良好。

综上所述，区内具有良好的生油层、储油层、盖油层地质特征和空间分布规律，是南羌塘寻找油气及油页岩重要地区，亦是石膏重要产区，具有深入地质调查工作的价值。

#### 4. 伦坡拉盆地油气、油页岩成矿远景区

本区属伦坡拉盆地西部，含油气地层为古近纪古—始新世牛堡组和渐新世丁青湖组，前人在该区多以寻找油气矿产为主，油页岩一直作为油气的标志进行调查，未对其工业价值进行评价。本次工作，把伦坡拉盆地的油页岩作为能源矿产进行调查，已见油页岩累计厚度十几米，品质优良，伦坡拉盆地的油页岩资源量具大型矿床远景，有进一步工作价值，如开发利用，可能会为解决西藏地区能源紧缺做出贡献。

## 第二节　生态与环境地质

保护生态、保护环境，就是保护我们自己。藏北的生态环境极为脆弱，这里生存着众多的珍稀野生动植物，还有藏族同胞赖以生存的草场资源，保护好生态环境就显得尤为重要。

## 一、水资源

### 1. 地表水资源

（1）河流

区内河流为内流河，流入各个湖泊，延长10～30 km，流量小，主要靠降水及冰雪融化的冰水补给。较短的靠降水补给的河流，多为季节性河流。区内最大的河流扎加藏布穿过本区东南部，延长80km±，流量较大，流入色林错，其补给来源主要为唐古拉山脉的冰雪融化水。

（2）湖泊

区内湖泊众多，多为咸水、盐水湖。

主要的湖泊有：

①鄂雅错。鄂雅错区内面积为43.20km²。

②毕洛错。毕洛错面积为22.83km²。

③纳江错。纳江错面积为44.75km²。

④崩则错。崩则错面积为19.47km²。

⑤色林错。色林错区内面积为98.64km²。

⑥国加轮错。国加轮错面积为11.27km²。

⑦鲁雄错。鲁雄错面积为7.70km²。

⑧错陇角。错陇角面积为1.26km²。

⑨尕阿错。尕阿错面积为8.60km²。

⑩果根错。果根错面积为35.22km²。

⑪昂达尔错。昂达尔错面积为44.31km²。

⑫鄂纵错。鄂纵错面积为7.63km²。

⑬雅根错。雅根错区内面积为38.55km²。

⑭本依晓曲错。本依晓曲错面积为1.86km²。

⑮其香错。其香错区内面积为114.92km²。

⑯瀑赛尔错。瀑赛尔错面积为20.29km²。

⑰木地错。木地错面积为4.41km²。

⑱玛日埃错。玛日埃错面积为6.48km²。

⑲赞宗错。赞宗错面积为9.6km²。

⑳洋纳朋错。洋纳朋错面积为15.02km²。

随着湖水面积的萎缩，咸水中盐分的析出，产生盐渍化，幅内分布面积约481.38km²。

### 2. 地下水资源

主要为潜水和承压水，分布于山麓、山间盆地、沼泽、河湖边，新构造运动产生的张性断裂及裂隙是控制地下水的主要通道，为当地主要的淡水资源之一。

### 3. 地热水资源

多玛乡东侧果根错边、巴岭乡索布查各有一温泉。多玛温泉水温40°C±。大小几十个泉眼，构成0.5km²± 的温泉群。索布查温泉发育于北西向与东西向断裂的交汇处，水花翻滚、规模壮观，据说水量最大时，可见喷起一米多高的水柱，泉水沿北西向沟谷下泄，流出百余米水还是温热的。

## 二、动植物资源

**1. 动物资源**

区内野生动物资源丰富。主要有野驴、盘羊、藏羚羊、岩羊、棕熊、猞猁、高原冷水鱼等。

扎加藏布流域、色林错北岸及昂达尔错等较大湖泊周围为大面积的草场，是野驴、藏羚羊等的重要栖息地，岩羊、盘羊多生活在陡峻的山岭上，棕熊则多出没于人迹罕至的深山之中，主要分布于巴岭乡的东部山区。

**2. 植物资源**

主要为草场资源，从卫片上大致可以分为4类。

(1) 优等草场

优等草场分布于湖盆区平原、山间低地、河谷，草质较好，可作为四季草场，其中部分可规划为冬储草场，幅内面积4 304.88$km^2$。

(2) 一般草场

一般草场分布于低山丘陵、山麓，草一般，可作为夏、秋季放牧的主要草场，幅内面积765.48$km^2$。

(3) 劣等草场

劣等草场分布于中低山、高山台地、山坡，草较稀疏，可在夏季放牧，幅内面积7 100.37$km^2$。

(4) 雪莲

本区的雪莲是一种珍贵的药材，主要分布于海拔5 000～5 400m相对较陡的碎石较多的山坡上。

# 第三节 旅游及灾害地质

## 一、旅游地质

测区地处西藏自治区北部高原羌塘国家自然保护区腹地。这里不仅是野生动、植物的天堂，同时也是一块具有丰厚沉积层的文化沃土。高耸的雪山、静卧的神湖、碧蓝的天空、变幻的白云、迷人的晚霞、勤劳的人民、奇异的怪石、神秘的岩画石刻……。在那一望无际的草原上，到处是牧民赖以生存的牦牛和羊群，玛尼堆、经幡、古塔随处可见，为苍茫的草原增添了几分神秘的色彩。牧民们在这辽阔的草原上，创造了梦幻迷离、色彩斑斓的游牧文化。这里有数不尽的神山圣湖和奔流四方的大江大河，有数量众多、形态各异的雪山、冰川，温泉地热更是不胜枚举。

西藏自治区北部高原高保真的自然界与以雪域风情和宗教文化为代表的人文界融为一体，构成了世界上独一无二的羌塘牧区文化。它具有鲜明的地域性、宗教性、民族性和神秘性。无论是从自然资源还是人文价值来看，藏北都是世上少有的宝地。

随着改革开放和西部大开发的深入，西藏以具独特的宗教、哲学、历史、民族、语言、文化艺术等传统，越来越为世人所关注。西藏自治区北部地区的湖光山色以及草原儿女的风土人情近年来吸引了大批的国内、外游客。

**1. 自然景观**

(1) 湖泊

区内湖泊众多，星罗棋布，面积从十几平方米到几十、上百平方千米的有几十个，是世界上湖面最高、范围最大、数量最多的高原湖区。

区内规模较大的湖泊有其香错、色林错、雅根错、崩则错、纳江错、毕洛错、鄂雅错、昂达尔错、鄂纵错、果根错、瀑赛错、赞宗错等。其香错是包含在区内面积最大的湖泊，区内面积约 115km$^2$。

这些大大小小的湖泊点缀在宽阔的草原上，闪着粼粼的波光，像镶嵌在绿毯上的蓝宝石，湖中鱼类繁生，鸟类群集，岸边绿草茵茵，牛羊遍地，打破高原上的单调与荒凉，为寂寞的原野增添了天然情趣和勃勃生机，成为藏北旅游的一大特色。

（2）河流

区内河流发育，纵横交错，形成以内陆湖泊为中心的独立的向心状水系，多为短小的时令河。

测区内规模较大的河流有扎加藏布、卡续当玛、浦志藏布、大权饶、多丁曲布秀等。

扎加藏布是区内最大的常流河，也是西藏自治区北部最长的河流。它发源于唐古拉山南麓，下游汇入色林错，全长 400km，流经测区约 100km。由于流域面积较大，又有唐古拉山冰融水的补给，故河道常年有水，年均流量 26.7m$^3$/s。

扎加藏布的水质较好，宜于饮用，是测区主要的淡水资源之一，对西藏自治区北部牧区的开发有着极其重要的意义，同时还有着丰富的鱼类资源，游客在畅游扎加藏布的同时，还可以享受垂钓的乐趣。

（3）温泉

①多玛乡温泉：该温泉位于多玛乡，距班戈-双湖公路仅 100 多米，交通甚为便利，温泉由多个泉眼组成，水温约 50℃，富含对人体有益的多种微量元素，对脚气、头皮屑等皮肤病效果明显。是村民及游人洗漱、沐浴的主要场所。目前多玛乡政府已在此处修建了一座浴室，可供游人沐浴之用。

②索布查温泉：该温泉位于测区东部其香错北岸，东经 89°59′，北纬 32°31′。

该泉出露在一个长近 2km、狭长“V”型钙华山谷之中。流量 36 000L/h，规模较大，水温 50℃。河谷两侧的钙华突兀陡峭，雾气弥漫，虚无飘渺，若隐若现，景色别致。

### 2. 人文景观

（1）民居·帐篷·服饰·歌舞

西藏自治区北部的民居建筑，大多都是用土坯垒砌或是用土干打垒而成的，屋顶也是用 10～20cm 厚的优质黄土夯实而成。牧民们习惯在房屋的每个空间的块体四周，树立白色的经幡和神幢，随风吹动，幢幢飘舞，猎猎作响，飘忽飞腾，好似各种经文在低声祷颂，祝愿主人平安吉祥。另外，许多民宅或在屋顶，或在门楼上摆放石刻浮雕佛像、经文或牛头骨骼，充分体现了藏族人民的精神信仰和图腾崇拜，是对美好生活的向往和对邪恶的震慑。

在辽阔的草原上处处可见牧民的栖息之所——帐篷，帐篷是这里的一大景观。除了古老的牦牛帐篷，还有红、蓝、黄、绿、白五色相间的尼龙帐篷，五彩缤纷，形状各异，许多帐篷顶上飘挂着五颜六色的风马旗，有的帐篷在外边檐口处镶挂上蓝、红、绿三色吉祥彩条，分别代表蓝天、护法神和江河水。色彩斑斓的帐篷与绿色的大草原构成了明快的色彩节奏。白天各种帐篷在蓝天白云的衬托下，犹如大海中扬帆的渔舟，在美丽明静的月光下，帐篷中半透明的灯光在大草原上时隐时显，朦胧幽静。帐篷点点，牛羊群群，晨曦晚霞，蓝天草地，相映成趣。

西藏自治区北部服饰既有汉地唐朝之遗风，也有元朝蒙人服装之变革。西藏自治区北部人民身居高寒缺氧地区，创造了独具一格的西藏自治区北部服装，形成了自己的风格。藏装的基本特点是长袖、宽腰、搭襟、肥大，男女藏袍以粗纱毛呢为料，冬天穿的藏装以光板羊皮为面料，左襟大、右襟小。男式藏袍多为深色或各种颜色的绸缎，长度只到膝盖之下一点儿，领围、袖口、衣襟和底边镶上彩色布或绸缎边，也有用昂贵的水獭皮装边的，古朴浑厚。夏天或劳动时，一般只穿左袖，右袖从手臂上脱下从后边拉到胸前搭在肩上，也可左右袖均不穿，两袖束在腰间。女式藏袍比较长、长得拖地，盖住脚面，分为有袖和无袖两种。夏秋多穿无袖藏袍，里面衬有红、绿等色彩鲜艳的藏式衬衣。衬衣翻领在外，衣袖要长于胳膊一倍左右，长出的部分，平时卷起，舞蹈时放下，舒展飘逸，潇洒自如。最为引人注目的是牧民的节日盛装，特别是少女和中年妇女的穿着，她们大多着华丽昂贵的藏袍，头上、颈上、手上、腰上到处挂满了饰品，走起路来“叮叮当当”，豪华气派。

藏族是个能歌善舞的民族，可能由于青藏高原的遗传基因，男男女女、老老少少只要能动弹的，就没有不会跳舞的，使西藏成为名副其实的歌舞海洋。西藏自治区北部高原的民间舞蹈主要有“果谐”、“热巴”、“羌姆”等。区内常见的舞蹈为“果谐”，也叫“圆圈舞”，是一种手拉着手围成圆圈，分班唱台，载歌载舞，顿地为节，连臂踏歌的自娱性集体歌舞。藏北高原上的牧民每逢过年过节、婚礼、迎送客人等喜庆日子，都要聚在一起唱歌跳舞。尤以每年一度的草原盛会——赛马艺术节最为热闹。白天跳，晚上跳，燃上篝火接着跳，常常是从明月升起跳到黎明方才尽兴而散。

(2) 石刻·玛尼堆

西藏自治区北部的石刻都集中在各处的玛尼堆上。西藏自治区北部的玛尼堆无论是在大路、山口、庙堂、经塔或荒郊野外，随处可见。

区内的玛尼石刻在雕刻风格上，以线刻为主，剪底为辅，线条流畅，粗犷有力，其高超的手法和精美的造像令人叹为观止。测区内的石刻主要以石文为主，由于石文雕刻简单，选料方便，故分布更为普遍。石文又以石片文为主，其内容斑斓多彩，高深莫测，除最为多见的“庵、嘛、呢、叭、咪、吽”六字真言外，还有民间传说、历史故事和正规经文等。

纵观藏北高原上玛尼堆的石刻艺术，无论是造像还是刻文，无论是古朴的还是雅丽的，无不充分地显示着丰实的宗教性、区域性文化内涵和悠久独特的地方风情及民俗特点。这些优秀的民族文化艺术的承袭或创造，都来源于高原人民深厚的生活沃土之中，反映出西藏自治区北部人民大众的思想感情，表现着创造者的审美观念和艺术情趣，有着朴素、自然的雪域特色和极为可贵的艺术价值。堪称世界上最为独特的天然藏文石刻图书馆，它对外人将是一种挡不住的诱惑。

**3. 生物景观**

(1) 野生动物

西藏自治区北部高原地形复杂、河湖众多，气候独特，草原辽阔，繁衍着各种各样的珍禽异兽，有许多是青藏高原特有的珍贵动物，也是世界上一些稀有动物产地。

区内常见的大型兽类动物有野牦牛、藏羚羊、藏野驴、岩羊、盘羊、黄羊等，它们常常几十只一群，多的可达百只以上为一群，通常都是结队活动。

野牦牛：它是西藏自治区北部高原最典型的动物，体格大，生命力强，角基粗大，牛角均向外，然后向上，呈一弧形伸出，全身黑色。额部、耆甲部毛为淡黄色或白色，喜居住在较高的雪山附近有不冻泉的山沟里。野牦牛貌似家牦牛，但体格更魁梧健壮，身长可达 3m，体重为家牦牛的三倍左右，野牦牛性格剽悍，极为凶猛，威胁着人们的生命安全。

藏羚羊：测区地处羌塘自然保护区腹地，是藏羚羊的主要产区，藏羚羊是青藏高原特有的国家重点保护动物。藏羚羊全身棕色，腹下、胸、四肢内侧为白色，腿外侧前部有黑色毛。雄性有竖立的角，是名贵的中药材。藏羚羊有很强的“纪律性”，无论在任何情况下转移或奔跑，总是成年羊在前，青壮年殿后，顺次而行，从不错乱。

藏野驴：四肢细长，蹄正而坚实，尾上部毛短而光滑，下半段为黑色长毛，全身棕黄色，四肢内侧、腹下为白色，有明显的背线。善于奔跑，每小时可跑 40 多千米，群居性强，公路沿线比较常见，平时多为八九匹或二十多匹，多者一群可达 120 多匹。驹随母驴，约三岁后离开。测区内经常看到野驴群与公路上奔驰的汽车赛跑的壮烈场面，一路上跑起来浩浩荡荡，声势巨大。

(2) 野生植物

藏北的高山植物很多，测区内常见的有垫状点地梅、苔状蚤缀、雪莲等。

雪莲：是名贵的中药材，生长在海拔 4 800～5 800m 的高山流石坡以及雪线附近的碎石间。有祛寒、壮阳、补血和暖宫之功效。特别是雪莲中所含的秋水仙碱，是细胞有丝分裂的一个典型代表，能抑制癌细胞生长，临床用以治疗癌症，特别是对乳腺癌，有一定疗效。对痛风急性发作有特异功效，可在 1～2 小时内减轻炎症并迅速止痛。

## 二、灾害地质

测区内由地质作用造成的灾害主要有崩塌、滑坡、泥石流、河流改道等。由于测区地处西藏自治区北部高原腹地，地广人稀，大多荒无人烟，上述地质灾害对人类的影响较小。对人类影响较大的自然灾害主要有：草地沙化、植被鼠害、雪灾以及冻土层的热融沉陷等。

### 1. 草地沙化

测区气候干燥，高寒缺氧，植被极不发育，加之风力又大，沙随风走，所以草地沙化现象较为普遍。高原鼠的存在对草场的沙化更是起到了推波助澜的作用。

### 2. 植被鼠害

测区内的高原鼠主要以啮齿类的鼠兔为主，形似内地的小老鼠。草场内到处可见鼠洞及洞口旁的小土丘，它们喜食植物根芽，造成草原植被、草甸植被及高山植被的大面积死亡。加剧了草原的沙化及水土流失，严重威胁着人类赖以生存的环境。

### 3. 雪灾

雪灾是藏北常见的，也是危害极大的一种自然灾害。雪灾持续时间过长时，会给当地牧民赖以生存的牲畜以毁灭性的打击。

### 4. 冻土层热融沉陷（冻融）

西藏自治区北部高原地高天寒，是我国最广大的多年冻土分布区之一，也是世界上中、低纬度地带海拔最高、面积最大的冻土区。西藏自治区北部冻土的季节融化厚度约 1～4m，每年 5 月上旬地表开始融化至 9 月上旬达到最大融化深度，9 月下旬地表又开始冻结。冻土区地下 1～4m 的季节融冻层冬冻夏融产生不均匀的冻胀融沉作用，造成地面沉陷，道路翻浆，冻胀丘时起时伏，四处乱窜，使地基变形，房屋倾斜，陷车现象更是屡见不鲜，给工程施工和交通运输造成很大危害。

由于测区地广人稀，地质灾害的直接危害主要集中在对公路等工程设施的危害，而公路作为藏北最基本的生命线，地质灾害所造成的危害及影响程度相当严重。

# 第七章　结束语

## 一、取得主要地质成果及结论

（1）合理选用28个正式组级、群级填图单位和8个正式段级、7个非正式填图单位，各地层单位和新建的地层组，地层划分合理，采集的化石较丰富，基本查明了顶底关系，厚度，古生物内容，岩石组合，岩性岩相，沉积构造，变形变质，含矿性，区域上的延展性等特征。

（2）地层区划研究取得重大进展，首次将测区北部以含煤线为特征的海陆交互相晚三叠世地层分布区划归左贡地层分区；南部以浅海相为特征的晚三叠世—侏罗纪地层分布区仍划归多玛地层分区，使左贡地层分区延伸进入本区，修改了多玛分区的北界，提高了测区地层研究程度。

（3）重新厘定了三叠系与侏罗系的生物地层界线，确定二者为连续沉积，为青藏高原少有的三叠系与侏罗系连续沉积的层型剖面之一。

（4）确定了毕洛错一带的含油页岩地层为早侏罗世曲色组，对指导南羌塘凹陷带寻找油气、油页岩具有重要意义。在该套地层中还采集到辐鳍鱼类化石，为羌塘盆地内的首次发现，对研究该地区的古地理、古沉积环境以及区域岩石地层对比具有重要的意义。

（5）将原木嘎岗日群解体为4个岩石地层单元，即木嘎岗日岩群、沙木罗组、吐卡日组、塔仁本洋岛型玄武岩；将测区北部晚三叠世肖茶卡群解体为姜钟组、角木日茶卡组、扎那组3个岩石地层单元。

（6）在班公湖-怒江结合带塔仁本一带发现了规模较大且保存较为完整的洋岛型玄武岩，采用1∶5万地质填图进行了重点剖析，根据同位素测年及生物化石确定其形成时代为晚侏罗世—早白垩世，对研究班公湖-怒江结合带的古大地构造格局和恢复其构造演化史具有重要的意义。

（7）发现了早白垩世去申拉组与塔仁本洋岛型玄武岩为角度不整合接触关系，确定了班公湖-怒江结合带在本区的最终闭合时间为早白垩世晚期，为重塑班公湖-怒江结合带的演化史提供了重要资料。

（8）新发现了一系列新生代火山岩（K－Ar年龄为32.60Ma）和侵入岩，为研究青藏高原隆升的深部岩浆作用过程提供了重要线索。

（9）初步确定了班公湖-怒江结合带的北界，并确定班公湖-怒江结合带的构造样式为由一系列对冲式、背冲式和叠瓦式逆冲断层组成的断层系，南羌塘盆地的构造样式为一系列近东西向展布的舒缓席状褶皱，新构造格局为一系列近南北（SN）向和北东（NE）向的断陷盆地和差异性升降特征。

（10）重视矿产调查工作，新发现锑矿点1处、石膏矿1处，各类矿化点8处。初步划分出5个成矿远景区，对该地区找矿工作的部署具有重要的指导作用。

（11）对伦坡拉盆地中的油页岩进行了重点调查，预测其远景资源量可达大型规模，为伦坡拉盆地能够尽早转入勘查开发找到了新的途径。

（12）对帕度错-昂达尔错油气、油页岩远景区进行了专题调查，填绘了1∶10万地质图，确定了毕洛错一带的含油页岩地层为早侏罗世曲色组，并提出早侏罗世曲色组、中侏罗世布曲组为该地区最重要的含油气层位，对指导南羌塘凹陷带寻找油气、油页岩具有重要意义。

（13）在全区开展了生态地质调查，对区内的水资源、动植物资源进行了调查，对区内的草场类型进行了划分，并提出了草场利用建议。

（14）对区内的旅游资源进行了调查，为当地旅游资源的开发提供了依据。

## 二、存在的主要问题

区内晚三叠世日干配错群分布较少，且多出露于班公湖-怒江结合带的边部，构造改造较强，对其内部岩石组合、生物特征、沉积特征调查不够，有待进一步调查。

# 参考文献


邓晋福，罗照华，苏尚国等．岩石成因、构造环境与成矿作用．北京：地质出版社，2004.

地质矿产部直属单位管理局．沉积岩区 1：5 万区域地质填图方法指南．武汉：中国地质大学出版社，1991.

地质矿产部直属单位管理局．花岗岩类区 1：5 万区域地质填图方法指南．武汉：中国地质大学出版社，1991.

地质矿产部直属单位管理局．变质岩区 1：5 万区域地质填图方法指南．武汉：中国地质大学出版社，1991.

费琪，邓忠凡．西藏特提斯构造域海相油气前景．地球科学，1996，21 (2)：113～119.

冯德臣，李庆武，王永胜，孙忠刚，李学彬．藏北双湖地区帕度错一带发现纳拉箐耳羽叶．地质通报，2004，23 (12)：1 265～1 266.

吉林省地质调查院．1：25 万帕度错、昂达尔错幅成果与进展．沉积与特提斯地质，2005，25 (1-2)：67～70.

蒋忠惕．羌塘盆地区侏罗纪地层若干问题．青藏高原地质文集：第 3 集．北京：地质出版社，1983，87～112.

李春昱，郭令智，朱夏等．板块构造基本问题．北京：地震出版社，1986.

李勇，王成善，伊海生等．青藏高原中侏罗世—早白垩世羌塘复合型前陆盆地充填模式．沉积学报，2001，19 (1)：20～27.

李廷栋．青藏高原地质调查研究历史之回顾．青海地矿科技信息，2000，(2)：1～4.

李廷栋．青藏高原地质科学研究的新进展．地质通报，2002，21 (7)：370～376.

李学彬，张树岐，孙忠刚，谢元和，李庆武，于喜文，姜雪飞．西藏双湖区帕度错一带早—中侏罗世色哇组的发现及地质意义．吉林地质，2005，24 (2)：28～30.

李庆武，张树岐，李学彬，姜雪飞，冯德臣，谢元和．藏北达杂迪扎错中二叠世鲁谷组地层层序及沉积环境浅析．吉林地质，2005，24 (2)：31～34.

刘宝珺，曾允孚．岩相古地理基础和工作方法．北京：地质出版社，1985.

刘宝珺，李文汉等．层序地层学研究与应用．成都：四川科技大学出版社，1994.

刘洲．青藏高原不同地体的地层、生物区系及沉积构造演化史．北京：地质出版社，1992.

刘增乾，徐农宪，潘桂棠，李泰钊，余光明，余希静，蒋兴治，卫管一，王成善．青藏高原大地构造与形成演化．北京：地质出版社，1990.

刘世坤，吕荣敬．羌塘地区海相下侏罗统新知．地层学杂志，1988，12 (2)：133～135.

罗建宁，王小龙，李永铁等．青藏特提斯沉积地质演化．沉积与特提斯地质，2002，22 (1)：7～15.

潘桂棠等．青藏高原及邻区大地构造单元初步划分．地质通报，2002，21 (11)：701～707.

全国地层多重划分对比研究 (50)．西南区区域地层．武汉：中国地质大学出版社，1999.

邱家骧，林景仟．岩石化学．北京：地质出版社，1991.

沙金庚．青海可可西里地区古生物．北京：科学出版社，1995.

谭富文，王剑，王小龙等．西藏羌塘盆地——中国油气资源战略选区的首选目标．沉积与特提斯地质，2002，22 (1)：16～21.

文世宣．西藏北部地层新资料．地层学杂志，1979，3 (2)：150～156.

王成善，伊海生，李勇等．羌塘盆地地质演化与油气远景评价．北京：地质出版社，2001.

王剑，谭富文，李亚林，李永铁等．青藏高原重点沉积盆地油气资源潜力分析．北京：地质出版社，2004.

王永胜，曲永贵，吕鹏，王忠恒，张树岐．西藏永珠蛇绿岩带地质特征．吉林地质，2003，22 (2)：1～14.

王永胜，曲永贵，王忠恒，郑春子，谢元和，孙忠刚，张宁克．藏北永珠席状岩墙群的发现——海底扩张的证据．地质通报，2005，24 (12)：1 150～1 156.

王成善，张哨楠．青藏高原含油气盆地分析及油气资源预测．地球科学，1996，21 (2)：120～129.

王忠恒，王永胜，谢元和，孙忠刚，鲁宗林，曲永贵，李存直，姜雪飞．西藏班公湖-怒江缝合带中段塔仁本洋岛型玄武岩的发现及地质意义．沉积与特提斯地质，2005，25 (1-2)：155～162.

西藏自治区地质矿产局．西藏自治区区域地质志．北京：地质出版社，1993.

西藏自治区地质矿产局．西藏自治区岩石地层．武汉：中国地质大学出版社，1997.

叶和飞，罗建宁等．特提斯构造域与油气勘探．沉积与特提斯地质，1999，20 (1)：1～27.

朱筱敏．层序地层学．东营：石油大学出版社，2000.
赵政璋，李永铁，叶和飞，张昱文．青藏高原地层．北京：科学出版社，2001.
赵政璋，李永铁，叶和飞，张昱文．青藏高原大地构造特征及盆地演化．北京：科学出版社，2001.
赵政璋，李永铁，叶和飞，张昱文．青藏高原海相烃源层的油气生成．北京：科学出版社，2000.
赵政璋，李永铁，叶和飞，张昱文．青藏高原羌塘盆地石油地质．北京：科学出版社，2001.
中国地层典编委会．中国地层典：二叠系．北京：地质出版社，2000.
中国地层典编委会．中国地层典：三叠系．北京：地质出版社，2000.
中国地层典编委会．中国地层典：侏罗系．北京：地质出版社，2000.
中国地质调查局、成都地质矿产研究所．青藏高原及邻区地质图说明书（1∶150万）．成都：成都地图出版社，2004.
中国科学院南京地质古生物研究所．西藏古生物（第三分册）．北京：科学出版社，1981.
中国科学院南京地质古生物研究所．西藏古生物（第四分册）．北京：科学出版社，1981.
中国科学院南京地质古生物研究所．中国地层研究二十年（1979—1999）．合肥：中国科学技术大学出版社，2000.
中华人民共和国国家标准．GB958-89 区域地质图图例（1∶50000).
中华人民共和国国家标准．GB/T 17412.1—1998 岩石分类和命名方案火山岩岩石分类和命名方案.
中华人民共和国国家标准．GB/T 17412.2—1998 岩石分类和命名方案沉积岩岩石分类和命名方案.
中华人民共和国国家标准．GB/T 17412.3—1998 岩石分类和命名方案变质岩岩石分类和命名方案.
张旗，周国庆．中国蛇绿岩．北京：科学出版社，2001：1～182.
张树岐，王洪双，冯德臣，姜雪飞，李学彬，李庆武．西藏羌塘地区肖茶卡群与日干配错群层序及对比．吉林地质，2005，24(2)：16～20.
张树岐，蒋丽杰，冯德臣，李庆武，李学彬，孙忠刚．南羌塘孜狮桑地区早二叠世牙形刺化石新资料．地质通报，2005，24(12)：1 173～1 174.
Bedard J H. Ocean crust as reactive filter. Synkine matic intrusion，hydridization ，and assimilation in an ophiolitic magma chamber，western Newfoundland Geology，1993，21：77～80.

# 图版说明及图版

## 图版Ⅰ

1. *Margarophyllia*? sp.
横切面，×2。标本号：05－1－2。
产地及层位：双湖区巴岭乡贡巴日其香错北索布查温泉晚三叠世—早侏罗世索布查组。
2. *Margarophyllia*? sp.
横切面，×2。标本号：05－1－1。
产地及层位：双湖区巴岭乡贡巴日其香错北索布查温泉晚三叠世—早侏罗世索布查组。
3. *Thamnasteria*? sp.
横切面，×2。标本号：05－7－3。
产地及层位：果根错西南7047地质点晚侏罗世沙木罗组。
4，18. *Fungiastraea arachnoides* (Parkinson)
横切面，×2。标本号：05－7－1。
产地及层位：果根错西南7047地质点晚侏罗世沙木罗组。
5. *Tiaradendron*? sp.
横切面，×2。标本号：PXX 7。
产地及层位：双湖区巴岭乡贡巴日其香错北索布查温泉晚三叠世—早侏罗世索布查组。
6. *Aulastraea*? sp.
横切面，×2。标本号：PXX 1。
产地及层位：双湖区巴岭乡贡巴日其香错北索布查温泉晚三叠世—早侏罗世索布查组。
7. *Epistreptophyllum*? sp.
横切面，×2。标本号：05－12－7。
产地及层位：其香错西面相北山中侏罗世色哇组。
8. *Epistreptophyllum*? sp.
横切面，×2。标本号：05－9－2。
产地及层位：木苟日王东中侏罗世色哇组。
9. *Epistreptophyllum*? sp.
横切面，×2。标本号：05－9－6。
产地及层位：木苟日王东中侏罗世色哇组。
10. *Epistreptophyllum diatritum* Wu
横切面，×2。标本号：05－9－3。
产地及层位：木苟日王东中侏罗世色哇组。
11. *Fungiastraea arachnoides* (Parkinson)
横切面，×2。标本号：05－7－2。
产地及层位：果根错西南7047地质点晚侏罗世沙木罗组。
12. *Thecosmilia*? sp.
横切面，×2。标本号：05－6－3。
产地及层位：果根错西南7051地质点晚侏罗世沙木罗组。

13. *Epistreptophyllum*? sp.
横切面，×2。标本号：05-9-7。
产地及层位：木荀日王东中侏罗世色哇组。
14. *Epistreptophyllum*? sp.
横切面，×2。标本号：05-9-8。
产地及层位：木荀日王东中侏罗世色哇组。
15. 珊瑚待定
横切面，×2。标本号：05-3-3。
产地及层位：诺尔玛错东北晚三叠世日干配错群。
16，17. *Stylosmilia michelini* Edwards et Haime
横切面，×2。标本号：05-12-15。
产地及层位：其香错西面相北山中侏罗世色哇组。
19. *Cladophyllia turbinata*（Giegory）
横切面，×2。标本号：05-12-16。
产地及层位：其香错西面相北山中侏罗世色哇组。

## 图版Ⅱ

1. *Pamiroseris*? sp.
横切面，×2。标本号：PXI Hs 15-4。
产地及层位：双湖区朋彦错南登琼多中侏罗世布曲组。
2. *Thamnasteria*? sp.
横切面，×2。标本号：PXI Hs 15-5。
产地及层位：双湖区朋彦错南登琼多中侏罗世布曲组。
3. *Isastraea helianthoides*（Goldfuss）
横切面，×2。标本号：SIV Hs 10-4。
产地及层位：赞宗错东南塔仁本早白垩世塔仁本洋岛型玄武岩[①]。
4. *Epistreptophyllum cylindratum* Milaschevitsch
横切面，×2。标本号：2016。
产地及层位：赞宗错东加塞见 2016 地质点晚侏罗世沙木罗组。
5. *Epistreptophyllum*? sp.
横切面，×2。标本号：3086-2。
产地及层位：甲日阿普错西 3086 地质点晚侏罗世沙木罗组。
6. *Distichophyllia*? sp.
横切面，×2。标本号：SXI Hs 36-3。
产地及层位：双湖区帕度错北弄佰晚三叠世角木日茶卡组。
7. *Epistreptophyllum*? sp.
横切面，×2。标本号：PIII Hs 29-12。
产地及层位：双湖区多玛乡曲瑞恰乃中侏罗世莎巧木组。
8. *Epistreptophyllum cylindratum* Milaschevitsch
横切面，×2。标本号：2016。
产地及层位：赞宗错东加塞见 2016 地质点晚侏罗世沙木罗组。
9. *Epistreptophyllum cylindratum* Milaschevitsch

① 表示玄武岩中沉积岩夹层所产化石。下同

横切面，×2。标本号：Hs D 2016。

产地及层位：赞宗错东加塞见 2016 地质点晚侏罗世沙木罗组。

## 图版Ⅲ

1. *Stylosmilia*? sp.

横切面，×2。标本号：PIII Hs 30－9。

产地及层位：双湖区多玛乡曲瑞恰乃中侏罗世莎巧木组。

2，3. *Stylosmilia*? sp.

横切面，×2。标本号：PIII Hs 30－7。

产地及层位：双湖区多玛乡曲瑞恰乃中侏罗世莎巧木组。

4. *Ovalastraea caryophylloides* (Goldfuss)

横切面，×2。标本号：SIV Hs 10－4。

产地及层位：赞宗错东南塔仁本早白垩世塔仁本洋岛型玄武岩。

5. *Pamiroseris*? sp.

横切面，×2。标本号：PXI Hs 15－4。

产地及层位：双湖区朋彦错南登琼多中侏罗世布曲组。

6. *Calamophyllia*? sp.

横切面，×2。标本号：2052－5。

产地及层位：木苟日王纳江错东 2052 地质点晚侏罗世沙木罗组。

7. *Pachythecopora*? sp.

纵切面，×2。标本号：Hs 3086－2。

产地及层位：甲日阿普错西 3086 地质点晚侏罗世沙木罗组。

8，9. *Chaetetes* (*Pseudoseptifer*)? sp.

8. 纵切面，×2；9. 横切面，×2。标本号：PI Hs 1－1。

产地及层位：双湖区巴岭乡多得巴地中侏罗世色哇组。

10. *Pachythecopora*? sp.

纵切面，×2。标本号：3086－2。

产地及层位：甲日阿普错西 3086 地质点晚侏罗世沙木罗组。

11. *Pachythecopora*? sp.

横切面，×2。标本号：7050。

产地及层位：陇阿鄂昌西北角 7050 地质点晚侏罗世沙木罗组。

12. *Pachythecopora*? sp.

横切面，×2。标本号：2052－2。

产地及层位：木苟日王纳江错东 2052 地质点晚侏罗世沙木罗组。

13. *Chaetetes* (*Pseudoseptifer*)? sp.

横切面，×2。标本号：Hs D 6070－3。

产地及层位：朵阿错西 6070 地质点晚侏罗世吐卡日组。

## 图版Ⅳ

1. *Tricolocapsa* cf. *rusti* Tan

标本号：Wg D 6083－1。扫描号：60251。

产地及层位：赞宗错东南塔仁本 6083 地质点早白垩世塔仁本洋岛型玄武岩。

2. *Tricolocapsa* cf. *rusti* Tan

标本号：Wg D 6016。扫描号：60263。

产地及层位：赞宗错东南塔仁本 6016 地质点早白垩世塔仁本洋岛型玄武岩。

3. *Tricolocapsa* cf. *rusti* Tan

标本号：Wg D 6016。扫描号：60262。

产地及层位：赞宗错东南塔仁本 6016 地质点早白垩世塔仁本洋岛型玄武岩。

4. *Tricolocapsa* cf. *rusti* Tan

标本号：Wg D 6016。扫描号：60258。

产地及层位：赞宗错东南塔仁本 6016 地质点早白垩世塔仁本洋岛型玄武岩。

5. *Tricolocapsa plicarum* Yao

标本号：Wg D 6016。扫描号：60255。

产地及层位：赞宗错东南塔仁本 6016 地质点早白垩世塔仁本洋岛型玄武岩。

6. *Tricolocapsa plicarum* Yao

标本号：Wg D 6016。扫描号：60257。

产地及层位：赞宗错东南塔仁本 6016 地质点早白垩世塔仁本洋岛型玄武岩。

7. *Tricolocapsa plicarum* Yao

标本号：Wg D 6016。扫描号：60254。

产地及层位：赞宗错东南塔仁本 6016 地质点早白垩世塔仁本洋岛型玄武岩。

8. *Pseudodictyomitra carpatica* (Lozyniak)

标本号：Wg D 6016。扫描号：60260。

产地及层位：赞宗错东南塔仁本 6016 地质点早白垩世塔仁本洋岛型玄武岩。

## 图版Ⅴ

1. *Stichocapsa convexa* Yao

标本号：Wg D 6016。扫描号：60264。

产地及层位：赞宗错东南塔仁本 6016 地质点早白垩世塔仁本洋岛型玄武岩。

2. *Stichocapsa convexa* Yao

标本号：Wg D 6016。扫描号：60261。

产地及层位：赞宗错东南塔仁本 6016 地质点早白垩世塔仁本洋岛型玄武岩。

3. *Stichocapsa convexa/japonica* Yao

标本号：Wg D 6016。扫描号：60265。

产地及层位：赞宗错东南塔仁本 6016 地质点早白垩世塔仁本洋岛型玄武岩。

4. *Holocryptocanium barbui* Dumetrica

标本号：Wg D 6016。扫描号：60253。

产地及层位：赞宗错东南塔仁本 6016 地质点早白垩世塔仁本洋岛型玄武岩。

5. *Rikivatella* (*Praeconocaryomma*) *zandaensis* Wang

标本号：Wg D 6016。扫描号：60256。

产地及层位：赞宗错东南塔仁本 6016 地质点早白垩世塔仁本洋岛型玄武岩。

6. *Rikivatella* (*Praeconocaryomma*) *zandaensis* Wang

标本号：Wg D 6016。扫描号：60256。

产地及层位：赞宗错东南塔仁本 6016 地质点早白垩世塔仁本洋岛型玄武岩。

7. *Pseudodictyomitra carpatica* (Lozyniak)

标本号：Wg D 6016。扫描号：60260。

产地及层位：赞宗错东南塔仁本 6016 地质点早白垩世塔仁本洋岛型玄武岩。

8. *Tricolocapsa* cf. *rusti* Tan

标本号：Wg D 6016。扫描号：60262。

产地及层位：赞宗错东南塔仁本6016地质点早白垩世塔仁本洋岛型玄武岩。

## 图版Ⅵ

1，2，3，4. *Eoseptaliphoria* cf. *prolongata* Ching，Sun et. Ye

背、腹、侧、前，×2。标本号：PXX 7－1。

产地及层位：双湖区巴岭乡贡巴日其香错北索布查温泉晚三叠世—早侏罗世索布查组。

5，6，7，8. *Eoseptaliphoria* cf. *prolongata* Ching，Sun et. Ye

背、腹、侧、前，×3。标本号：PXX 7－2。

产地及层位：双湖区巴岭乡贡巴日其香错北索布查温泉晚三叠世—早侏罗世索布查组。

9，10，11，12. *Eoseptaliphoria* cf. *prolongata* Ching，Sun et. Ye

背、腹、侧、前，×3。标本号：PXX 7－3。

产地及层位：双湖区巴岭乡贡巴日其香错北索布查温泉晚三叠世—早侏罗世索布查组。

13，14，15，16. *Crurirhynchia* cf. *baqenae* Ching，Sun et. Ye

背、腹、侧、前，×3。标本号：PXX 7－4。

产地及层位：双湖区巴岭乡贡巴日其香错北索布查温泉晚三叠世—早侏罗世索布查组。

17，18，19，20. *Crurirhynchia* cf. *baqenae* Ching，Sun et. Ye

背、腹、侧、前，×3。标本号：PXX 7－5。

产地及层位：双湖区巴岭乡贡巴日其香错北索布查温泉晚三叠世—早侏罗世索布查组。

21，22，23，24. *Crurirhynchia* cf. *baqenae* Ching，Sun et. Ye

背、腹、侧、前，×3。标本号：PXX 7－6。

产地及层位：双湖区巴岭乡贡巴日其香错北索布查温泉晚三叠世—早侏罗世索布查组。

25，26，27. *Cincta* sp.

腹、背、前，×2。标本号：PXX 7－7。

产地及层位：双湖区巴岭乡贡巴日其香错北索布查温泉晚三叠世—早侏罗世索布查组。

28，29，30. *Cincta* sp.

背、侧、前，×2。标本号：PXX 7－8。

产地及层位：双湖区巴岭乡贡巴日其香错北索布查温泉晚三叠世—早侏罗世索布查组。

## 图版Ⅶ

1，2，3，4. *Rhyrchonelloidea pararuthenensis* Sun et Zhang

背、腹、侧、前，×2。标本号：PI Hs 1－1。

产地及层位：双湖区巴岭乡拉萨尔中侏罗世色哇组。

5，6，7，8. *Planirhynchia* cf. *tantilla* Sucic－Protic

背、腹、侧、前，×2。标本号：PIII Hs 30－6。

产地及层位：双湖区多玛乡曲瑞恰乃中侏罗世莎巧木组。

9，10，11，12. ? *Holcothyris luchiangensis* Reed

背、腹、侧、前，×1.5。标本号：PI Hs 28－16。

产地及层位：双湖区巴岭乡拉萨尔中侏罗世色哇组。

13，14，15，16. *Rhyrchonelloidella platiloba* (Muir－Wood)

背、腹、侧、前，×3。标本号：PXI Hs 53－10。

产地及层位：双湖区朋彦错南登琼多中侏罗世色哇组。

17，18，19，20. *Cererithyris lingularis* (Jin，Sun et. Ye)

侧、前、背、腹，×1.5。标本号：PI Hs 1－4。

产地及层位：双湖区巴岭乡拉萨尔中侏罗世色哇组。

21，22，23，24. *Burmirhynchia ovalis* Buckman

背、腹、侧、前，×1.5。标本号：3055－1。

产地及层位：鄂纵错多涌3055地质点中侏罗世布曲组。

25，26，27，28. *Cererithyris richardsoni*（Muir－Wood）

背、腹、侧、前，×1.5。标本号：PI Hs 1－3。

产地及层位：双湖区巴岭乡拉萨尔中侏罗世色哇组。

29，30，31，32. *Holcothyris angulata* Buckman

背、腹、侧、前，×1.5。标本号：3055－5。

产地及层位：鄂纵错多涌3055地质点中侏罗世布曲组。

## 图版Ⅷ

1a，1b，1c. *Pholadomya* sp. nov.

1a. 左侧视，×1；1b. 右侧视，×1；1c. 背视，×1。标本号：PIII Hs 49－31。

产地及层位：双湖区多玛乡哈尔托贡玛中侏罗世色哇组。

2. *Entolium* sp.

侧视，×1.5。标本号：PIII Hs 25－43。

产地及层位：双湖区多玛乡曲瑞恰乃中侏罗世莎巧木组。

3. *Corbula* sp.

侧视，×2。标本号：PIII Hs 49－41。

产地及层位：双湖区多玛乡哈尔托贡玛中侏罗世色哇组。

4. *Liestrea birmanica* Reed

侧视，×2。标本号：PIII Hs 35－1。

产地及层位：双湖区多玛乡曲瑞恰乃中侏罗世布曲组。

5. *Propeamusium*（*P.*）sp. nov.

侧视，×3。标本号：PIII Hs 49－37。

产地及层位：双湖区多玛乡哈尔托贡玛中侏罗世色哇组。

6. *Pressasatarte*（*Pinguiastarte*）cf. *nummus*（Sauvage）

侧视，×6。标本号：PIII Hs 25－34。

产地及层位：双湖区多玛乡曲瑞恰乃中侏罗世莎巧木组。

7. *Actinostreum* sp.

侧视，×1。标本号：PIII Hs 49－63。

产地及层位：双湖区多玛乡哈尔托贡玛中侏罗世色哇组。

8a，8b. *Mactromya*? sp.

8a. 右侧视，×1；8b. 左侧视，×1。标本号：PIII Hs 25－68。

产地及层位：双湖区多玛乡曲瑞恰乃中侏罗世莎巧木组。

9. *Entolium*? sp.

侧视，×3。标本号：PIII Hs 29－62。

产地及层位：双湖区多玛乡曲瑞恰乃中侏罗世莎巧木组。

10. *Spondylopecten*（*S.*）cf. *palinurus*（d'Orbigny）

侧视，×4。标本号：PIII Hs 25－39。

产地及层位：双湖区多玛乡曲瑞恰乃中侏罗世莎巧木组。

11. *Corbula* sp.

侧视，×1.5。标本号：PIII Hs 49－40。

产地及层位：双湖区多玛乡哈尔托贡玛中侏罗世色哇组。

12. *Pseudocorbular* sp.
侧视，×3。标本号：PIII Hs 29 - 34。
产地及层位：双湖区多玛乡曲瑞恰乃中侏罗世莎巧木组。
13. *Protocaria* sp. 或 cf. *Striatula* (Sowerby)
侧视，×2。标本号：PIII Hs 43 - 2。
产地及层位：双湖区多玛乡曲瑞恰乃中侏罗世布曲组。
14. *Actinostreum gregareum* (J. Sowerby)
侧视，×1.5。标本号：PIII Hs 49 - 32。
产地及层位：双湖区多玛乡哈尔托贡玛乃中侏罗世色哇组。
15. *Tancredia* (*T.*) cf. *gibbosa* Lycett
侧视，×3。标本号：PIII Hs 43 - 5。
产地及层位：双湖区多玛乡曲瑞恰乃中侏罗世布曲组。
16. *Entolium* sp.
侧视，×3。标本号：PIII Hs 29 - 37。
产地及层位：双湖区多玛乡曲瑞恰乃中侏罗世莎巧木组。
17. *Myopholas multicostata* (Agassiz)
侧视，×1。标本号：PIII Hs 49 - 17。
产地及层位：双湖区多玛乡哈尔托贡玛中侏罗世色哇组。
18a，18b，18c. *Myopholas multicostata* (Agassiz)
18a. 右侧视，×1；18b. 左侧视，×1；18c. 背视，×1。标本号：PIII Hs 49 - 25。
产地及层位：双湖区多玛乡哈尔托贡玛中侏罗世色哇组。
19. *Bositra buchin* Roemer
侧视，×5。标本号：PIII Hs 25 - 45。
产地及层位：双湖区多玛乡曲瑞恰乃中侏罗世莎巧木组。
20. *Pseudopecten* (*Echinopecten*) *barbatus* (J. Sowerby)
侧视，×1。标本号：PIII Hs 49 - 30。
产地及层位：双湖区多玛乡哈尔托贡玛中侏罗世色哇组。
21. *Protocardia*? sp
侧视，×3。标本号：PIII Hs 25 - 56。
产地及层位：双湖区多玛乡曲瑞恰乃中侏罗世莎巧木组。
22. *Astarte* cf. *elegans* Sowerby
侧视，×2。标本号：PIII Hs 49 - 28。
产地及层位：双湖区多玛乡哈尔托贡玛中侏罗世色哇组。
23. *Bositra buchio* Roemer
侧视，×5。标本号：PIII Hs 25 - 22。
产地及层位：双湖区多玛乡曲瑞恰乃中侏罗世莎巧木组。
24. *Bositra* cf. *bucliu* Oschmaun
侧视，×3。标本号：PIII Hs 29 - 36。
产地及层位：双湖区多玛乡曲瑞恰乃中侏罗世莎巧木组。
25. *Bositra buchii* sp. nov.
侧视，×5。标本号：PIII Hs 25 - 18。
产地及层位：双湖区多玛乡曲瑞恰乃中侏罗世莎巧木组。
26a，26b，26c. *Pholadomya* (*Bucardiomya*) *lirata* (J. Sowerby)
26a. 右侧视，×1；26b. 左侧视，×1；26c. 背视，×1。标本号：PIII Hs 49 - 33。

产地及层位：双湖区多玛乡哈尔托贡玛中侏罗世色哇组。

## 图版Ⅸ

1a，1b，1c. *Pholadomya*（*Bucardiomya*）*lirata*（J. Sowerby）

1a. 左侧视，×1；1b. 右侧视，×1；1c. 背视，×1。标本号：PIII Hs 62－15。

产地及层位：双湖区多玛乡哈尔托贡玛中侏罗世莎巧木组。

2a，2b，2c. *Pholadomya*（*Bucardiomya*）*lirata*（J. Sowerby）

2a. 左侧视，×1；2b. 右侧视，×1；2c. 背视，×1。标本号：PIII Hs 62－14。

产地及层位：双湖区多玛乡哈尔托贡玛中侏罗世莎巧木组。

3. *Camptonectes*（*C.*）*laminatus*（J. Sowerby）

侧视，×3。标本号：PIII Hs 62－11。

产地及层位：双湖区多玛乡哈尔托贡玛中侏罗世莎巧木组。

4a，4b，4c. *Pleuromya* cf. *uniformis*（J. Sowerby）

4a. 右侧视，×1；4b. 左侧视，×1；4c. 背视，×1。标本号：PIII Hs 49－73。

产地及层位：双湖区多玛乡哈尔托贡玛中侏罗世色哇组。

5a，5b，5c. *Pholadomya*（*Bucardiomya*）*lirata*（J. Sowerby）

5a. 左侧视，×1；5b. 右侧视，×1；5c. 背视，×1。标本号：PIII Hs 20－1。

产地及层位：双湖区多玛乡曲瑞恰乃中侏罗世莎巧木组。

6a，6b. *Ceratomya* cf. *wimmisienis*（Gillieron）

6a. 左侧视，×1；6b. 背视，×1。标本号：PIII Hs 49－66。

产地及层位：双湖区多玛乡哈尔托贡玛中侏罗世色哇组。

7a，7b. *Actinostreum* sp.

7a. 右侧视，×1；7b. 前视，×1。标本号：PIII Hs 49－5。

产地及层位：双湖区多玛乡哈尔托贡玛中侏罗世色哇组。

## 图版Ⅹ

1. *Gervillella*? sp.

侧视，×3。标本号：PIII Hs 66－1。

产地及层位：双湖区多玛乡哈尔托贡玛中侏罗世莎巧木组。

2. *Propeamusium*（*P.*）*donaieuse*（Mansuy）

侧视，×1.5。标本号：PIII Hs 62－2。

产地及层位：双湖区多玛乡哈尔托贡玛中侏罗世莎巧木组。

3. *Spondylopecten*（*S.*）*subpunctatus*（Mouster）

侧视，×1。标本号：PX Hs 42－2。

产地及层位：双湖区赛邦集-那小祁优萨农根中侏罗世布曲组。

4a，4b，4c. *Pholadomya*（*Bucardiomya*）*lirata*（J. Sowerby）

4a. 左侧视，×1；4b. 右侧视，×1；4c. 背视，×1。标本号：PXI Hs 15－100。

产地及层位：双湖区嘎二村登琼多中侏罗世布曲组。

5. *Camptonectes*（*Camptonectes*）sp.

侧视，×1。标本号：PXXI Hs 29－1－15。

产地及层位：双湖区米改尔托巴中侏罗世夏里组。

6. *Isocyprina*（*I.*）*boonei* Cossmann

右侧视，×1。标本号：PIII Hs 59－10。

产地及层位：双湖区多玛乡哈尔托贡玛中侏罗世莎巧木组。

7. *Camptonectes*（*Camptonectes*）sp.

侧视，×2。标本号：PXXI Hs 29-1-9。

产地及层位：双湖区米改尔托巴中侏罗世夏里组。

8. *Thracia*? sp.

侧视，×3。标本号：PIII Hs 66-1。

产地及层位：双湖区多玛乡哈尔托贡玛中侏罗世莎巧木组。

9. *Isocyprina*（*I.*）*boonei* Cossmann

侧视，×1。标本号：PIII Hs 61-24。

产地及层位：双湖区多玛乡哈尔托贡玛中侏罗世莎巧木组。

10a，10b，10c. *Protocardia*（*P.*）*lycetti* Rollier

10a. 双壳侧视，×2；10b. 左侧视，×3；10c. 右侧视，×3。标本号：PIII Hs 25-31。

产地及层位：双湖区多玛乡曲瑞恰乃中侏罗世莎巧木组。

11. *Pleuromya* sp.

侧视，×1。标本号：PIII Hs 62-4。

产地及层位：双湖区多玛乡哈尔托贡玛中侏罗世莎巧木组。

12. *Bositra buchi*（Roemer）

侧视，×2。标本号：D 7148。

产地及层位：其香错北7148地质点早侏罗世曲色组。

13. *Camptonectes*（*Camptonectes*）sp.

侧视，×1。标本号：PXXI Hs 9-3。

产地及层位：双湖区米改尔托巴中侏罗世夏里组。

14a，14b，14c. *Pleuromya* sp. nov.

14a. 左侧视，×1；14b. 右侧视，×1；14c. 背视，×1。标本号：PIII Hs 49-69。

产地及层位：双湖区多玛乡哈尔托贡玛中侏罗世色哇组。

15. *Liostrea birmanica*（Reed）

侧视，×1。标本号：PIII Hs 59-19。

产地及层位：双湖区多玛乡哈尔托贡玛中侏罗世莎巧木组。

16a，16b. *Pleuromya uniformis*（J. Sowerby）

16a. 左侧视，×1；16b. 右侧视，×1。标本号：PIII Hs 49-19。

产地及层位：双湖区多玛乡曲瑞恰乃中侏罗世色哇组。

17a，17b，17c. *Mactromya* cf. *gibossa*（Morris and Lyceff）

17a. 左侧视，×1；17b. 右侧视，×1；17c. 背视，×1。标本号：PIII Hs 62-16。

产地及层位：双湖区多玛乡哈尔托贡玛中侏罗世莎巧木组。

## 图版Ⅺ

1. *Corbula*（*Bicorbula*）*yanshipingensis* Wen

左侧视，×2。标本号：PXIII Hs 15-29。

产地及层位：毕洛错东索日卡早侏罗世曲色组。

2. *Cuspidaria*? *ibbetsoni*（Morris）

左侧视，×2。标本号：PXIII Hs 25-4。

产地及层位：毕洛错东索日卡早侏罗世曲色组。

3. *Grammatodon*（*Grammatodon*）*minimus*（Lackenby）

右侧视，×5。标本号：PXIII Hs 10-81。

产地及层位：毕洛错东索日卡早侏罗世曲色组。

4. *Cuspidaria? ibbetsoni* (Morris)
　左侧视，×2。标本号：PXIII Hs 25－11。
　产地及层位：毕洛错东索日卡早侏罗世曲色组。
5. *Cuspidaria? ibbetsoni* (Morris)
　左内模侧视，×2。标本号：PXIII Hs 25－3。
　产地及层位：毕洛错东索日卡早侏罗世曲色组。
6. *Protocardia* (*Protocardia*) *lingulata* (Lycett)
　侧视，×2。标本号：PXIII Hs 9－31。
　产地及层位：毕洛错东索日卡早侏罗世曲色组。
7. *Anisocardia* (*Anisocardia?*) *caudata* (Lycett)
　侧视，×2。标本号：PXIII Hs 9－28。
　产地及层位：毕洛错东索日卡早侏罗世曲色组。
8. *Lucina cardioides* d' Archiac
　左内模侧视，×5。标本号：PXIII Hs 10－69。
　产地及层位：毕洛错东索日卡早侏罗世曲色组。
9. *Protocardia* (*Protocardia*) *stricklandi* (Morris et Lycett)
　右侧视，×2。标本号：PXIII Hs 15－12。
　产地及层位：毕洛错东索日卡早侏罗世曲色组。
10. *Protocardia* (*Protocardia*) *lingulata* (Lycett)
　右侧视，×1。标本号：PXIII Hs 9－34。
　产地及层位：毕洛错东索日卡早侏罗世曲色组。
11a，11b. *Protocardia* (*Protocardia*) *linkaensis* Wen
　11a. 右侧视，×2；11b. 左侧视，×2。标本号：PXIII Hs 9－12。
　产地及层位：毕洛错东索日卡早侏罗世曲色组。
12. *Anisocardia* (*Anisocardia?*) *caudata* (Lycett)
　左侧视，×2。标本号：PXIII Hs 10－37。
　产地及层位：毕洛错东索日卡早侏罗世曲色组。
13. *Grammatodon* (*Grammatodon*) *minimus* (Lackenby)
　侧视，×2。标本号：PXIII Hs 10－36。
　产地及层位：毕洛错东索日卡早侏罗世曲色组。
14. *Protocardia* (*Protocardia*) *stricklandi* (Morris et Lycett)
　左侧视，×2。标本号：PXIII Hs 9－27。
　产地及层位：毕洛错东索日卡早侏罗世曲色组。
15. *Grammatodon* (*Grammatodon*) *minimus* (Lackenby)
　右侧视，×5。标本号：PXIII Hs 15－14。
　产地及层位：毕洛错东索日卡早侏罗世曲色组。
16. *Camptonectes* sp.
　侧视，×1。标本号：PXIII Hs 28－7。
　产地及层位：毕洛错东索日卡中侏罗世布曲组。
17. *Camptonectes* sp.
　侧视，×2。标本号：PXIII Hs 9－21。
　产地及层位：毕洛错东索日卡早侏罗世曲色组。
18. *Protocardia* (*Protocardia*) *stricklandi* (Morris et Lycett)
　左侧视，×5。标本号：PXIII Hs 15－21。

产地及层位：毕洛错东索日卡早侏罗世曲色组。

19. *Ceratomya* sp.

侧视，×1。标本号：PXIII Hs 28－1。

产地及层位：毕洛错东索日卡中侏罗世布曲组。

20. *Anisocardia* (*Anisocardia*?) *minima* (J. Sowerby)

侧视，×2。标本号：PXIII Hs 9－63。

产地及层位：毕洛错东索日卡早侏罗世曲色组。

## 图版Ⅻ

1. *Pleuromya shuanghuensis* sp. nov.

侧视，×2。标本号：PII Hs 44－22。

产地及层位：双湖区鄂纵错北多普勒乃晚三叠世扎那组。

2. ? *Palaeocardita mansuyi* Reed

侧视，×3。标本号：PII Hs 44－32。

产地及层位：双湖区鄂纵错北多普勒乃晚三叠世扎那组。

3. *Propeamusium* (*Propeamusium*) *heptacostatum* Wen

侧视，×2。标本号：PXXI Hs 29－17。

产地及层位：双湖区米改尔托巴中侏罗世夏里组。

4. *Propeamusium* (*P.*) *laeviradiatum* (Waagen)

侧视，×3。标本号：PXI Hs 51－13。

产地及层位：双湖区朋彦错南登琼多中侏罗世色哇组。

5. *Propeamusium* (*P.*) *laeviradiatum* (Waagen)

侧视，×3。标本号：PXI Hs 51－15。

产地及层位：双湖区朋彦错南登琼多中侏罗世色哇组。

6. *Cardium* (*Tulongcardium*) *martini* Bottger

侧视，×3。标本号：PII Hs 37－6。

产地及层位：双湖区鄂纵错北多普勒乃晚三叠世扎那组。

7. *Propeamusium* (*P.*) *laeviradiatum* (Waagen)

侧视，×3。标本号：PXI Hs 51－14。

产地及层位：双湖区朋彦错南登琼多中侏罗世色哇组。

8. *Thracia prisca* Healey

侧视，×2。标本号：PII Hs 44－8。

产地及层位：双湖区鄂纵错北多普勒乃晚三叠世扎那组。

9. *Thracia prisca* Healey

侧视，×2。标本号：PII Hs 44－20。

产地及层位：双湖区鄂纵错北多普勒乃晚三叠世扎那组。

10. *Propeamusium* (*Propeamusium*) *heptacostatum* Wen

侧视，×2。标本号：PXXI Hs 29－1－25。

产地及层位：双湖区米改尔托巴中侏罗世夏里组。

11. *Thracia prisca* Healey

侧视，×2。标本号：PII Hs 44－10。

产地及层位：双湖区鄂纵错北多普勒乃晚三叠世扎那组。

12. *Thracia prisca* Healey

侧视，×2。标本号：PII Hs 44－1。

产地及层位：双湖区鄂纵错北多普勒乃晚三叠世扎那组。

13. *Propeamusium*（*P.*）*laeviradiatum*（Waagen）

侧视，×3。标本号：PXI Hs 53。

产地及层位：双湖区朋彦错南登琼多中侏罗世色哇组。

14. ? *Palaeocardita mansuyi* Reed

侧视，×2。标本号：PII Hs 44－9。

产地及层位：双湖区鄂纵错北多普勒乃晚三叠世扎那组。

15a，15b. *Mysidiopteria* cf. *qinghaiensis* Chen et Zhang

15a. 侧视，×2；15b. 局部纹饰，×8。标本号：PXX Hs 7－2－1。

产地及层位：其香错北索布查温泉晚三叠世—早侏罗世索布查组。

16. *Lima* cf. *chinensis* Loczy

侧视，×1。标本号：PXX Hs 7－1－11。

产地及层位：其香错北索布查温泉晚三叠世—早侏罗世索布查组。

17. *Cardium*（*Tulongcardium*）*martini* Bottger

侧视，×5。标本号：PII Hs 37－2。

产地及层位：双湖区鄂纵错北多普勒乃晚三叠世扎那组。

18a，18b. ? *Palaeocardita mansuyi* Reed

18a. 右侧视，×2；18b. 背视，×2。标本号：PII Hs 44－3。

产地及层位：双湖区鄂纵错北多普勒乃晚三叠世扎那组。

19. *Protocardia jianchuanensis* Chen

侧视，×3。标本号：PII Hs 44－4。

产地及层位：双湖区鄂纵错北多普勒乃晚三叠世扎那组。

20. *Pseudolimea*? sp.

侧视，×5。标本号：PXIX Hs 19。

产地及层位：泥玛县南错乡康们垌勒纤上侏罗统沙木罗组。

## 图版XIII

1. ? *Choffatia* sp.

侧视，×1。标本号：PIII Hs 35－2。

产地及层位：双湖区多玛乡曲瑞恰乃中侏罗世布曲组。

2. *Meleagrinella bramburiensis*（Phillips）

侧视，×1。标本号：PIII Hs 49－56。

产地及层位：双湖区多玛乡哈尔托贡玛中侏罗世色哇组。

3. *Anthrophyopsis* sp.

植物叶部，×2。标本号：PII Hs 37。

产地及层位：双湖区鄂纵错北多普勒乃晚三叠世扎那组。

4. *Bositra buchii*（Roemer）

侧视，×2。标本号：Hs L 2004－3。

产地及层位：毕洛错东早侏罗世曲色组。

5. *Sonninia* cf. *mesacantha* Waagen

腹视，×1。标本号：PXV Hs 12－5。

产地及层位：帕度错北中侏罗世色哇组。

6. *Homoeoplanulites* sp.

侧视，×1。标本号：D Hs 7019。

产地及层位：面相茶周玛尔包 7019 地质点中侏罗世布曲组。

7. *Sonninia* cf. *adicra* Waagen

侧视，×1。标本号：PXV Hs 12－3。

产地及层位：帕度错北中侏罗世色哇组。

8. *Lytoceras* sp.

侧视，×2。标本号：D Hs 7017。

产地及层位：面相茶周玛尔包 7017 地质点中侏罗世色哇组。

## 图版XⅣ

1a－c，2a－b. *Catacoeloceras* sp.

1a. 侧视，×1；1b. 腹视，×1。登记号：A2005CUGB7046。

1c. 侧视，×1。登记号：A2005CUGB7047。

2a. 侧视，×1；2b. 腹视，×1，示口围和腹部。登记号：A2005CUGB7045。

产地及层位：毕洛错东南 2557 地质点早侏罗世曲色组。

3a－c，4，5，6. *Dumortieria* sp.

3a. 侧视，×1；3b 腹视，×1；3c. 腹部局部放大，×2。登记号：A2005CUGB7022。

4. 旋环侧视，×1（硅胶模型）。登记号：A2005CUGB7022。

5. 侧视，×1。登记号：A2005CUGB7024。

6. 侧视，×1（硅胶模型）。登记号：A2005CUGB7023。

产地及层位：双湖区巴岭乡贡巴日其香错北索布查温泉晚三叠世—早侏罗世索布查组。

## 图版XⅤ

1a－c. *Cleviceras* sp.

1a. 侧视，×1，示横肋壳饰；1b. 腹视，×1，示腹中棱；1c. 侧视，×1，示脐孔。登记号：A2005CUGB7025。

产地及层位：毕洛错东南 2557 地质点早侏罗世曲色组。

2a－b，3a－b，4a－b. *Erycites* sp.

2a. 住室旋环腹视，×1；2b. 住室旋环侧视，×1。登记号：A2005CUGB7061。

3a. 腹视，×1；3b. 侧视，×1。登记号：A2005CUGB7062。

4a. 住室旋环腹视，×1；4b. 住室旋环侧视，×1。登记号：A2005CUGB7063。

产地及层位：毕洛错东南 2557 地质点早侏罗世曲色组。

## 图版XⅥ

1. *Kahlerina nanlingensis* Wang Y. H.

×20。标本号：PIV Hs 5－1。

产地及层位：双湖区多玛乡日阿早—中侏罗世木嘎岗日岩群灰岩岩块。

2. *Neoschwagerina craticulifera* Schwager

×20。标本号：PIV Hs 5－3。

产地及层位：双湖区多玛乡日阿早—中侏罗世木嘎岗日岩群灰岩岩块。

3. *Neoschwagerina craticulifera* Schwager

×20。标本号：PIV Hs 5－4。

产地及层位：双湖区多玛乡日阿早—中侏罗世木嘎岗日岩群灰岩岩块。

4. *Neoschwagerina craticulifera* Schwager

×20。标本号：PIV Hs 5－7。

产地及层位：双湖区多玛乡日阿早—中侏罗世木嘎岗日岩群灰岩岩块。

5. *Yangchienia iniqua* Lee

×20。标本号：PIV Hs 5-6。

产地及层位：双湖区多玛乡日阿早—中侏罗世木嘎岗日岩群灰岩岩块。

6. *Kahlerina nanlingensis* Wang Y. H.

×20。标本号：PIV Hs 5-2。

产地及层位：双湖区多玛乡日阿早—中侏罗世木嘎岗日岩群灰岩岩块。

7. *Neoschwagerina* cf. *craticulifera* Schwager

×20。标本号：PIV Hs 5-5。

产地及层位：双湖区多玛乡日阿早—中侏罗世木嘎岗日岩群灰岩岩块。

8. *Chusenella tieni* Chen

×20。标本号：PIV Hs 5-8。

产地及层位：双湖区多玛乡日阿早—中侏罗世木嘎岗日岩群灰岩岩块。

9. Actinoptorygii

标本号：PXIII Hs 14。

产地及层位：毕洛错东索日卡早侏罗世曲色组。

## 图版ⅩⅦ

1. 变质中细粒长石石英砂岩

变余砂状结构，石英颗粒再生长大边发育，颗粒间多呈镶嵌状。填隙物为泥质钙质成分，已重结晶。

薄片号：PⅡ-6，10×10（+）。

产地：扎那。地层单元：晚三叠世扎那组（$T_3\hat{z}$）。

2. 变质中细粒海绿石石英砂岩

变余砂状结构，主要由石英、长石组成，重结晶使颗粒多呈凹凸镶嵌状，填隙物泥质钙质，已重结晶，形成闪石类矿物集合体，偶见海绿石。薄片号：PⅡ-7，10×10（+）。

产地：扎那。地层单元：晚三叠世扎那组（$T_3\hat{z}$）。

3. 变质中细粒海绿石石英砂岩

海绿石呈他形粒状（视域中心）。

薄片号：PⅡ-7，10×10（-）。

产地：扎那。地层单元：晚三叠世扎那组（$T_3\hat{z}$）。

4. 泥质粉砂岩

泥质、粉砂质结构，随着泥质、粉砂质含量的递变，形成显微级韵律。

薄片号：PⅡ-7，10×2（-）。

产地：曲瑞恰乃。地层单元：中侏罗世色哇组（$J_2s$）。

5. 钙质含砾岩屑粗砂岩

砾状，粗粒砂状结构，砾级、粗砂级岩屑呈长条状次棱角状，钙质胶结物已重结晶。

薄片号：PⅤb-7，10×4（+）。

产地：闭让夏日玛新近纪康托组（N*k*）。

6. 钙质中细粒石英砂岩

中细粒砂状结构，棱角状的石英砂屑被钙质（方解石）胶结，胶结物重结晶。

薄片号：PⅤb-2。

产地：闭让夏日玛。地层单元：新近纪康托组（N*k*）。

7. 砾屑砂屑亮晶灰岩

砾屑、砂屑结构，不规则状的砾屑砂屑被亮晶方解石胶结，砾屑边缘具泥化边。

薄片号：PⅪb－7，10×1.25（－）。

产地：登琼多。地层单元：中侏罗世布曲组（$J_2b$）。

8. 砾屑砂屑亮晶灰岩

砂屑、砾屑结构，次棱角状泥晶砂屑被亮晶胶结物基底式胶结。

薄片号：PⅧ－13，10×4（－）。

产地：陇阿鄂昌。地层单元：晚侏罗世吐卡日组（$J_3t$）。

## 图版ⅩⅧ

1. 鲕粒亮晶灰岩

鲕粒结构，鲕粒由泥晶成分组成，亮晶方解石呈基底式胶结。

薄片号：PⅧ－18，10×4（－）。

产地：陇阿鄂昌。地层单元：晚侏罗世吐卡日组（$J_3t$）。

2. 砂屑鲕粒灰岩

砂屑、鲕粒结构，次圆状的砂屑和鲕粒被亮晶方解石胶结，胶结物二个世代。

薄片号：PⅩb－43，10×4（－）。

产地：那卜祁优萨巴。地层单元：中侏罗世布曲组（$J_2b$）。

3. 鲕粒亮晶灰岩

鲕粒结构，鲕粒被亮晶方解石基底式胶结，石英砂呈鲕核。

薄片号：PⅢ－51，10×10（－）。

产地：哈尔托贡玛中侏罗世布曲组（$J_2b$）。

4. 鲕粒亮晶灰岩

鲕粒结构，浑圆状的鲕粒（单鲕复鲕）被亮晶方解石胶结。

薄片号：PⅧ－4，10×4（－）。

产地：陇阿鄂昌。地层单元：晚侏罗世吐卡日组（$J_3t$）。

5. 细晶白云岩

细晶结构，岩石由等粒的白云石组成。

薄片号：PⅩb－33，10×4（＋）。

产地：唐赛挪犒。地层单位：中侏罗世布曲组（$J_2b$）。

6. 中细晶白云岩

中—细晶结构，岩石由中—细晶白云石组成。

薄片号：PⅩb－42，10×4（－）。

产地：那卜祁优萨巴。地层单元：中侏罗世布曲组颗粒白云岩。

7. 白云石化鲕粒灰岩

鲕粒结构，浑圆状的鲕粒被粒状白云石交代，胶结物为亮晶方解石。

薄片号：PⅨ－20，10×4（－）。

产地：仁玛。地层单元：晚三叠世角木日查卡组（$T_3j$）。

8. 结晶灰岩

不等粒变晶结构，岩石由中—粗晶和细晶变晶方解石组成。

薄片号：PⅣ－39，10×10（－）。

产地：日阿。地层单元：木嘎岗日岩群（$J_{1\text{-}2}M$）。

## 图版ⅩⅨ

1. 强蛇纹石化橄榄岩

格子状交代结构，蛇纹石沿着橄榄石颗粒裂隙交代形成网格，部分橄榄石粒状形态可根据光性差异恢复。

薄片号：bGⅡ8，10×4（－）。

产地：其误旦冬。岩石单元：超铁镁质岩（Σ）。

2. 蛇纹岩

网格状交代结构，原矿物成分被纤维状蛇纹石交代，部分残留晶形假象。

薄片号：7022－1，10×2（＋）。

产地：森梗帕保。岩石单元：超铁镁质岩（Σ）。

3. 细粒辉长岩

细粒镶嵌结构，辉石异剥构造清楚，基性斜长石钠黝帘石化。

薄片号：bGⅡ8－2，10×4（＋）。

产地：其误旦冬。岩石单元：基性岩墙（$\beta\mu$）。

4. 辉绿玢岩

辉绿结构、含长结构、基性斜长石长条空晶骸晶状格架中分布着辉石颗粒。

薄片号：SⅣ－13，10×4（－）。

产地：塔仁本。岩石单元：基性岩墙（$\beta\mu$）。

5. 杏仁状球颗玄武岩

球颗结构，杏仁状构造，长条骸晶状斜长石呈放射状，其间隙中成分为玻璃质或铁质，杏仁体成分为方解石。

薄片号：PⅣ－44，10×4（－）。

产地：果碌陇巴。岩石单元：枕状玄武岩（$\beta b$）。

6. 放射虫硅质岩

生物结构、岩石由放射虫、玉髓质成分及少量粘土质混入物组成。

薄片号：GD29，10×10（＋）。

产地：果碌陇巴。岩石单元：放射虫硅质岩（$\gamma s$）。

7. 杏仁玄武岩

间粒结构，杏仁状构造，骸晶斜长石间隙中分布着辉石及少量玻璃质。

薄片号：PⅧ－27，10×4（＋）。

产地：吐卡日。地层单元：晚侏罗世吐卡日组（$J_3t$）。

8. 多斑安山岩

多斑结构，斑晶为中长石，具净边，基质为微晶斜长石和玻璃质组成，呈毛毡状结构。

薄片号：SⅣb－48，10×1.25（＋）。

产地：塔仁本。地层单元：早白垩世去申拉组（$K_1q$）。

## 图版XX

1. 球颗玄武岩

球颗结构，放射状骸晶斜长石间隙被铁质玻璃质充填。

薄片号：SⅣ$b_1$，10×4（－）。

产地：塔仁本。岩石单元：塔仁本洋岛型玄武岩（$t\beta$）。

2. 杏仁玄武岩

间粒结构，杏仁构造，长条状骸晶斜长石间隙中的暗色矿物颗粒已绿泥石化，杏仁体成分为方解石。

薄片号：SⅣ$b_{13}$，10×4（－）。

产地：塔仁本。岩石单元：塔仁本洋岛型玄武岩（$t\beta$）。

3. 玻基玄武岩

斑状结构，斑晶为辉石、橄榄石，基质由骸晶斜长石和玻璃质组成。

薄片号：SⅣb-20，10×4（－）。

产地：塔仁本。岩石单元：塔仁本洋岛型玄武岩（$t\beta$）。

4. 玄武质砾岩

砾状结构，角砾成分为玄武岩，被方解石基底式胶结。

薄片号：SⅣb-25，10×2（－）。

产地：塔仁本。岩石单元：塔仁本洋岛型玄武岩（$t\beta$）。

5. 放射虫硅质岩

生物结构，放射虫散布于玉髓质（含有泥质混入物）基底之上，后期方解石脉穿插岩石。

薄片号：SⅣb-28，10×10（－）。

产地：塔仁本。岩石单元：塔仁本洋岛型玄武岩（$t\beta$）。

6. 构造角砾岩

角砾状结构，角砾成分为硅质糜棱岩，角砾被钙质（方解石）胶结。

薄片号：3066-5，10×1.25（＋）。

产地：冬召加。地层单元：早中侏罗世木嘎岗日岩群（$J_{1\text{-}2}M$）。

7. 灰岩质糜棱岩

糜棱结构，条带构造，碎斑呈眼球体沿糜棱叶理分布，碎斑拖尾，压力影清楚。

薄片号：7022-2，10×2（－）。

产地：森梗帕保。地层单元：晚侏罗世吐卡日组（$J_3t$）。

8. 糜棱岩

糜棱结构，条带状构造，浅色条带硅质成分与暗色绿泥石矿物条带相间分布，构造分异明显。

薄片号：bGⅡ12-4，10×4（＋）。

产地：赞宗错东。地层单元：晚侏罗世沙木罗组（$J_3\hat{s}$）。

## 图版ⅩⅪ

1. 晚三叠世—早侏罗世索布查组灰黑色中薄层状泥晶灰岩、生物碎屑灰岩。

产地：索布查（PⅩⅪ剖面）。

2. 晚三叠世—早侏罗世索布查组灰黑色中薄层状泥晶灰岩中夹浅黄褐色、薄层状、泥质灰岩、钙质粉砂岩。

产地：索布查（PⅩⅪ剖面）。

3. 晚三叠世—早侏罗世索布查组灰黑色中薄层状泥晶灰岩、泥质灰岩中斜层理，显示为正常层序。

产地：索布查（PⅩⅪ剖面）。

4. 早侏罗世曲色组灰褐色玄武岩与灰黑色中薄层状泥晶灰岩整合接触。

产地：毕洛错加塞扫莎（D6030）。

5. 早侏罗世曲色组整合夹于灰黑色中薄层状泥晶灰岩中的灰褐色玄武岩，走向延伸稳定，与两侧灰岩整合接触。

产地：毕洛错加塞扫莎（D6030）。

6. 中侏罗世色哇组浅灰绿色薄层状泥质粉砂岩中，钙泥质团块特征。

产地：巴岭林多得巴地（PⅠ剖面）。

7. 晚白垩世阿布山组紫色中厚层状紫色砾岩。

产地：多玛乡北蒂保加木（SⅦ剖面）。

## 图版ⅩⅫ

1. 中侏罗世布曲组藻礁灰岩中的贝壳灰岩。

产地：隆鄂尼（D6099）。

2. 中侏罗世布曲组藻礁灰岩中的纹层藻灰岩。
   产地：隆鄂尼（D6099）。
3. 中侏罗世布曲组浅灰色藻粒灰岩。
   产地：毕洛错东（PXⅢ）。
4. 中侏罗世布曲组浅灰白色由贝壳灰岩经白云岩化作用形成的颗粒状白云岩。
   产地：扎仁（PX）。
5. 中侏罗世布曲组浅灰白色颗粒状白云岩，其中仍保留白云岩化以前的纹层藻灰岩纹理。
   产地：扎仁（PX）。
6. 晚侏罗世吐卡日组呈点礁状产出的群体珊瑚
   产地：(D6070)。
7. 晚三叠世扎那组植物化石碎片。
   产地：扎那（PⅡ）。
8. 中侏罗世夏里组灰紫色—灰绿色中薄层状细砂岩、粉砂岩韵律层。
   产地：隆鄂尼（D6101）。

## 图版XXⅢ

1. 中新世盐水湖积层（$N_1^{ls}$）浅黄褐色钙泥质粉砂（半固结）夹灰褐色砂砾石。
   产地：色林错北岸康丁格陇（D3502）。
2. 晚更新世山麓堆积砾石层（$Q_3^{pm}$）。
   分布于色林错北岸，海拔 4 850～4 900m，不整合覆盖于牛堡组砂岩、粉砂岩之上，砾石成分多为灰岩，与牛堡组差别较大，为异地砾石，其北侧 3～6km 俄则、尕阿档玛山上为二叠纪灰岩岩块，推测该砾岩层可能是在第四纪隆升过程中形成，北部山体强烈抬升，在其山前形成山麓堆积层。后又发生再次抬升而多分布于山顶。
   产地：色林错北岸宋傲矛（D3606）。
3. 晚更新世山麓堆积砾石层（$Q_3^{pm}$），不整合覆盖于牛堡组（$E_{1-2}n$）之上。
   产地：色林错北岸宋傲矛（D3606）。
4. 晚更新世山麓堆积砾石层（$Q_3^{pm}$）风化石柱。砾石杂乱。
   产地：色林错北岸宋傲矛（D3607）。
5. 晚更新世钙华堆积层（$Q_3^{ca}$）。
   产地：索布查。
6. 晚更新世钙华堆积层（$Q_3^{ca}$），其中夹冲积砾石层。
   产地：索布查。
7. 新近纪浅灰色花岗斑岩（$N_2^{\gamma\pi}$）呈岩株状侵入新近纪康托组（$Nk$）紫色钙质细砂岩中，边部花岗斑岩岩枝插入康托组。
   产地：哈日（埃尕拉）D3033。
8. 多玛乡现代活动温泉，处于班公湖-怒江结合带北缘断裂上，显示新构造运动正在活动。
   产地：多玛乡。

## 图版XXⅣ

1. 塔仁本洋岛型玄武岩—枕状玄武岩宏观特征。
   产地：日阿塞日南（SⅥ剖面）。
2. 塔仁本洋岛型玄武岩—枕状玄武岩枕状构造特征，岩枕之间为浅紫灰色灰岩。
   产地：塔仁本（SⅥ剖面）。
3. 塔仁本洋岛型玄岩—玄武质火山角砾岩。

产地：塔仁本（SⅥ剖面）。

4. 塔仁本洋岛型玄武岩—简单成分砾岩，砾石成分：只有灰岩和玄武岩两种砾石组成，砾石多呈棱角状，显示出物源封闭、近源远岸快速堆积的特点。
产地：塔仁本（SⅥ剖面）。
5. 塔仁本洋岛型玄武岩—灰黑色玄武岩与浅紫色灰岩韵律层。
产地：塔仁本（SⅥ剖面）。
6. 塔仁本洋岛型玄武岩—生物礁灰岩。
产地：塔仁本（SⅥ剖面）。
7. 塔仁本洋岛型玄武岩—玄武质砾岩，砾石成分为玄武岩，棱角状，砾石之间为灰岩。
产地：色哇南（GⅡ剖面）。
8. 塔仁本洋岛型玄武岩—玄武质凝灰岩，其中发育有包卷层理，可能为火山热浪作用所形成。
产地：色哇南（GⅡ剖面）。

## 图版ⅩⅩⅤ

1. 发育于木嘎岗日岩群变质砂岩中的小型纵弯褶皱。
产地：鄂碌勒纳陇（GD12）。
2. 发育于木嘎岗日岩群中的小型紧闭同斜褶皱岩性为薄层状硅质岩、硅质粉砂岩、灰岩韵律层。
产地：阿日阿塞日（GD5）。
3. 木嘎岗日岩群薄层状硅质岩（岩块）中的尖棱状紧闭褶皱样式。
产地：日阿塞日南（SⅥ剖面）。
4. 塔仁木洋岛型玄武岩—紫色薄层状灰岩中发育的不协调复杂的塑性流变褶皱样式。
产地：阿萨贡玛（D1651）。
5. 塔仁本洋岛型玄武岩—紫色薄层状灰岩、硅质岩韵律层中发育的挠曲构造。
产地：阿萨贡玛（D1651）。
6. 木嘎岗日岩群硅质粉砂岩、硅质岩韵律层中发育的小型褶皱构造。
产地：扎赫纳叶（GD27）。

7，8. 木嘎岗日岩群变质砂岩中面理置换构造特征。
产地：鄂碌勒纳陇（GD3）。

## 图版ⅩⅩⅥ

1. 木嘎岗日岩群放射虫硅质岩岩块中发育的不协调紧闭褶皱样式。
产地：日阿塞日（GD20）。
2. 木嘎岗日岩群变质砂岩中的原生包卷层理沉积构造。
产地：天扎勒（GD22）。
3. 木嘎岗日岩群变质砂岩、变质粉砂岩组成的韵律层-复理石沉积。
产地：天扎勒（GD22）。
4. 早侏罗世曲色组泥灰岩中新生的间隔劈理（$S_1$）置换了早期的层理构造（$S_0$）。
产地：索布查（GⅡ）。
5. 中侏罗世色哇组钙质粉砂岩中新生的劈理构造（$S_1$），置换了早期的层理（$S_0$）。
产地：唐那里旺（GD32）。
6. 侏罗世色哇组泥质粉砂岩中发育的膝折构造。
产地：木苟日王（GD32）。
7. 发育于中侏罗世色哇组灰绿色泥质粉砂岩中的铅笔构造。
产地：色哇北山（D7588）。

## 图版ⅩⅩⅦ

1. 木嘎岗日岩群中的二叠纪灰岩岩块。
   产地：日阿（PⅣ剖面）。
2. 枕状玄武岩中被压扁的岩枕。
   产地：塘尔伦错北（G27）。
3. 发育于晚侏罗世吐卡日组灰岩中的韧性剪切变形特征。
   产地：赞宗错东白日埃见（GⅡ剖面）。
4. 发育于晚侏罗世吐卡日组灰岩中糜棱岩化，其中施旋转碎斑拖尾，显示为右旋剪切特征。
   产地：赞宗错东白日埃见（GⅡ剖面）。
5. 木嘎岗日岩群中韧性变形特征，糜棱岩化变质粉砂岩、变质石英砂岩中，变质石英砂岩呈“布丁”，显示右旋剪切特征。
   产地：赞宗错东南（GⅡ）。
6. 木嘎岗日岩群中韧性变形特征，糜棱岩化变质粉砂岩、变质石英砂岩中，变质石英砂岩呈“布丁”，“布丁”中发育的剪节理，显示右旋剪切特征。
   产地：赞宗错东南（GⅡ）。
7. 木嘎岗日岩群糜棱岩化变质砂岩中的剪切碎斑，指示左行走滑。
   产地：日阿日阿塞日（GD17）。
8. 木嘎岗日岩群中构造变形的混杂堆积砾岩，砾石的形变呈现左旋剪切特征。
   产地：夏塞勒（GD25）。

## 图版ⅩⅩⅧ

1. 伦坡拉盆地含油页岩地层——渐新世丁青湖组宏观特征。
   产地：伦波日。
2. 丁青湖组油页岩标本。
   产地：伦波日。
3. 可点燃的油页岩标本。
   页岩油收率11.28%。
   产地：伦波日。
4. 多涌锑矿矿石标本。
   矿石为：发育有晶洞的石英脉-硅化蚀变岩，其中金属矿物为辉锑矿。
   品位：Sb为$2.32\times10^{-2}$，Au为$4.44\times10^{-6}$，样品：HD3058。
   产地：多涌锑矿点。
5. 毕洛错巨晶石膏矿标本。
   品位：$CuSO_4$为86.7%，样品：BGYH0-10。
   产地：毕洛错。
6. 热浪翻滚的索布查温泉。
   产地：索布查温泉。
7. 多玛乡的“金山”——多玛乡美丽的晨曦。
   产地：多玛乡西山。
8. 虔诚、神秘的玛尼石（堆）——壮美的藏区石刻艺术。
   产地：多玛乡。
9. 羌塘的“哨兵”——藏北野驴。
   产地：鲁雄错东。

## 图版 I

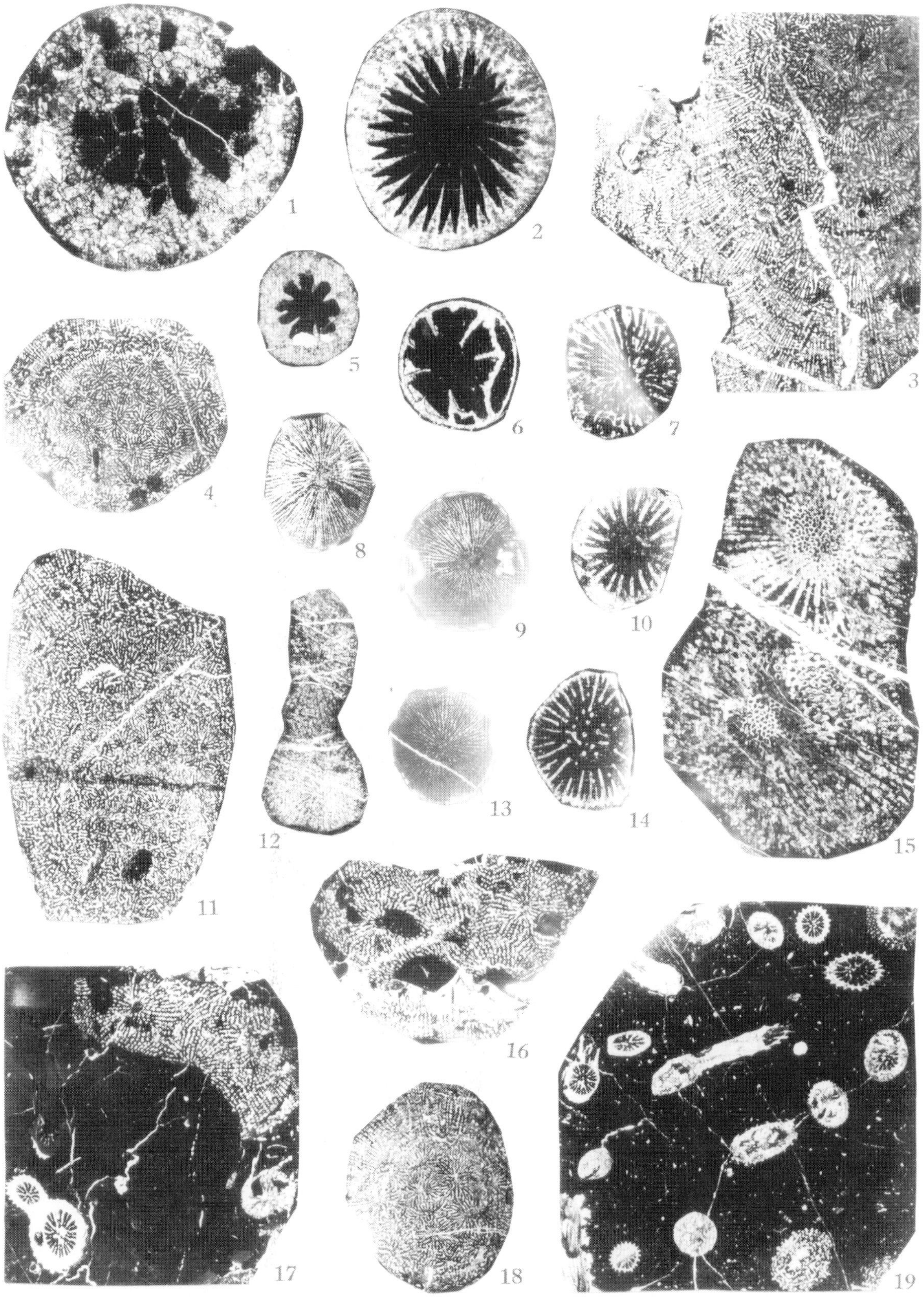

## 图版 II

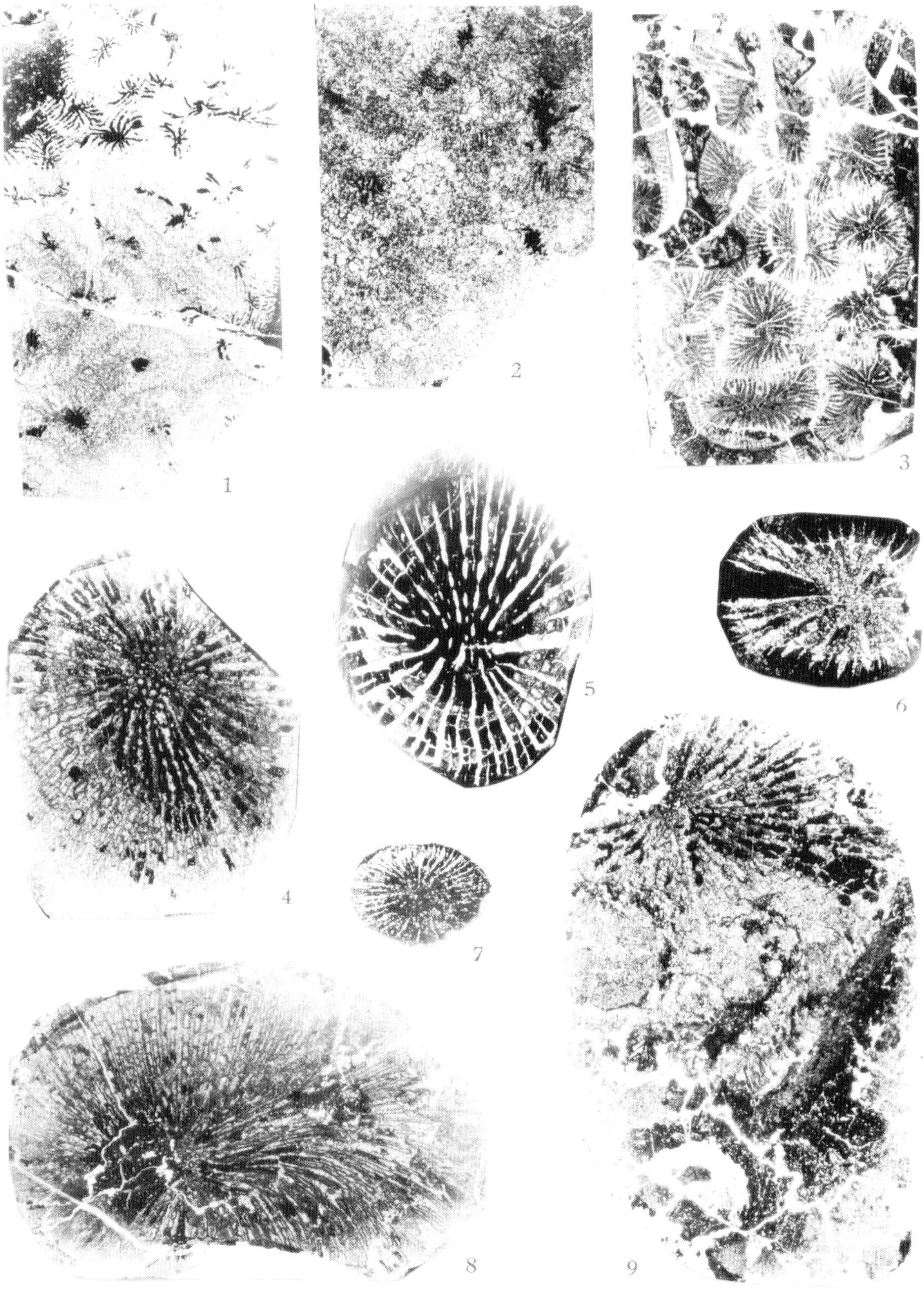

图版 III

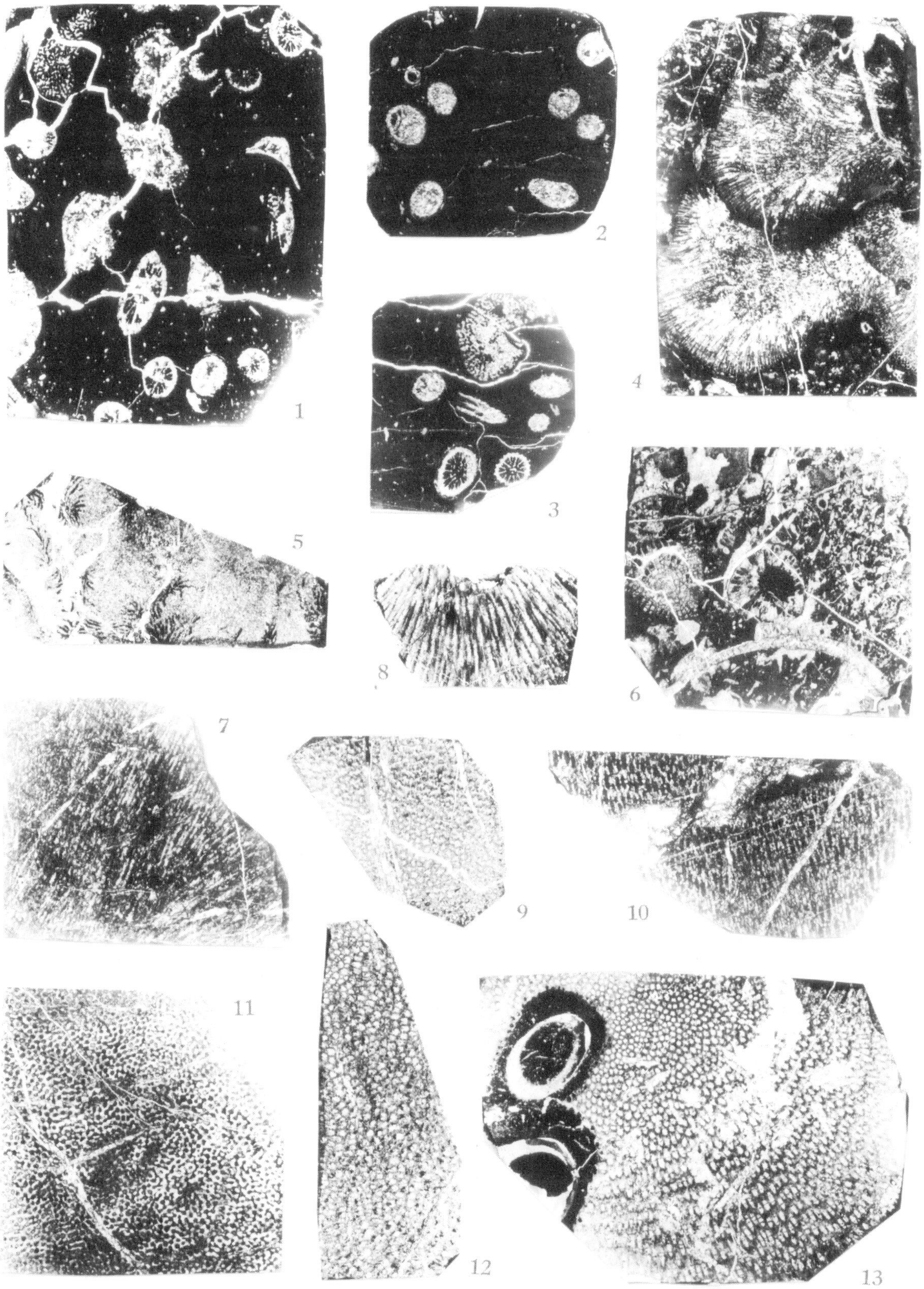

# 图版 IV

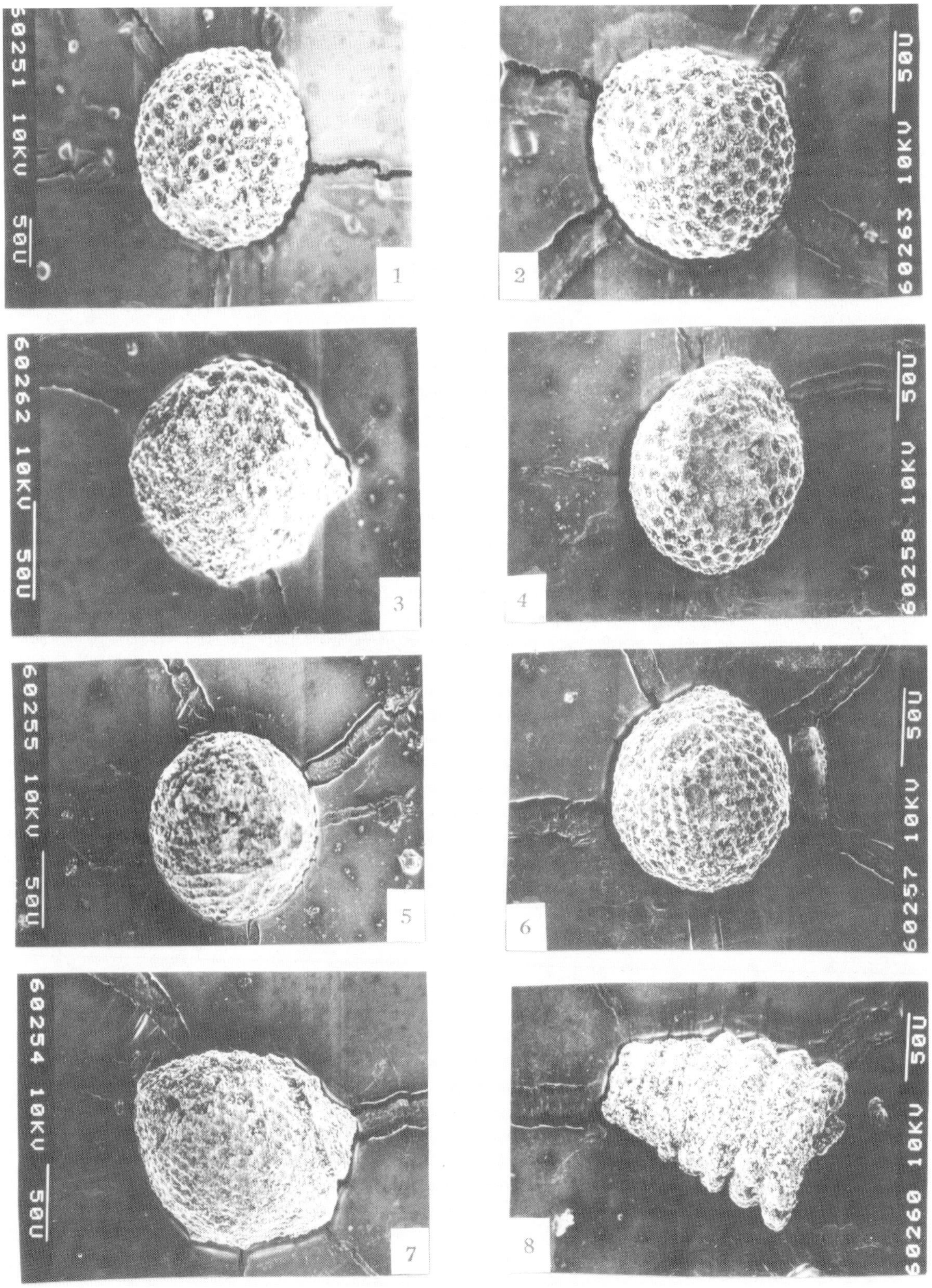
60251 10KV 50U
1
60263 10KV 50U
2
60262 10KV 50U
3
60258 10KV 50U
4
60255 10KV 50U
5
60257 10KV 50U
6
60254 10KV 50U
7
60260 10KV 50U
8

## 图版 V

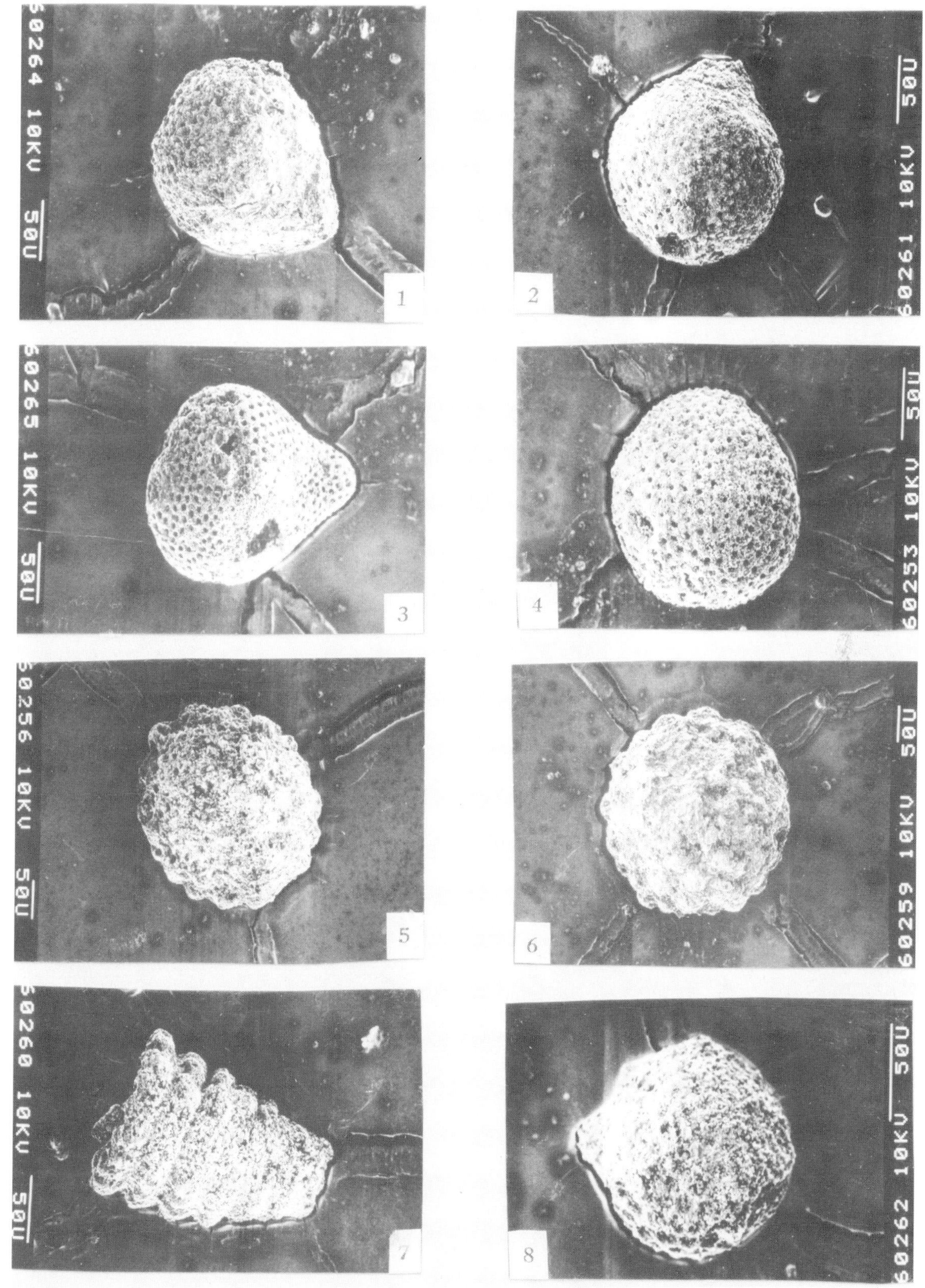
60264 10KV 50U
1
60261 10KV 50U
2
60265 10KV 50U
3
60253 10KV 50U
4
60256 10KV 50U
5
60259 10KV 50U
6
60260 10KV 50U
7
60262 10KV 50U
8

# 图版 VI

1
2
9
10
11
3
4
12
15
13
16
7
14
5
6
8
27
25
17
18
30
26
19
20
23
29
21
22
24
28

# 图版 VII

1
2
3
4
5
6
7
8
9
10
11
12
13
14
15
16
17
18
19
20
21
22
23
24
25
26
27
28
29
30
31
32

# 图版 VIII

1a
1c
2
3
4
1b
6
7
5
8a
9
10
11
8b
12
13
14
15
16
17
19
20
21
22
18a
18c
24
26c
23
18b
25
26a
26b

图版 IX

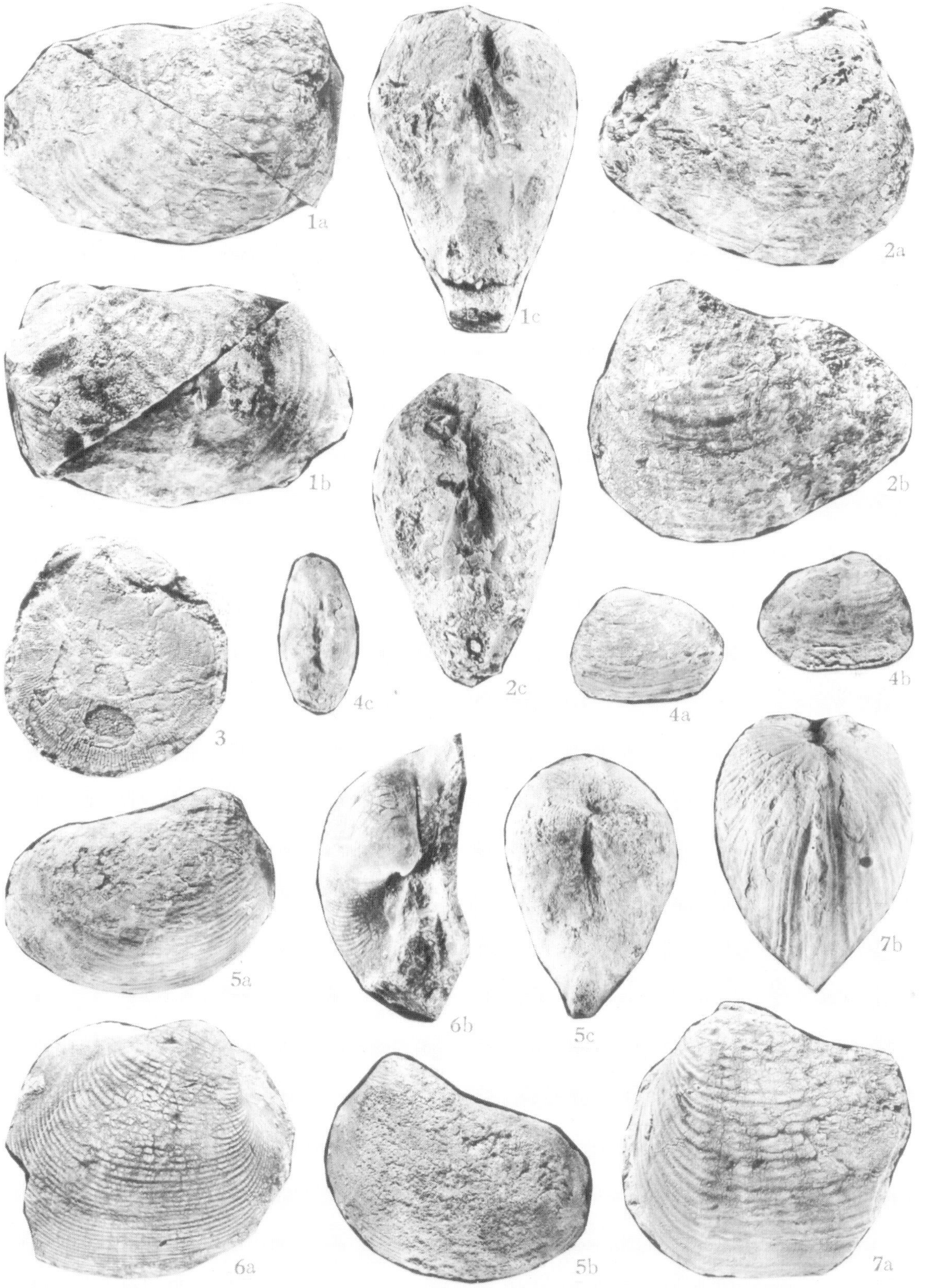

# 图版 X

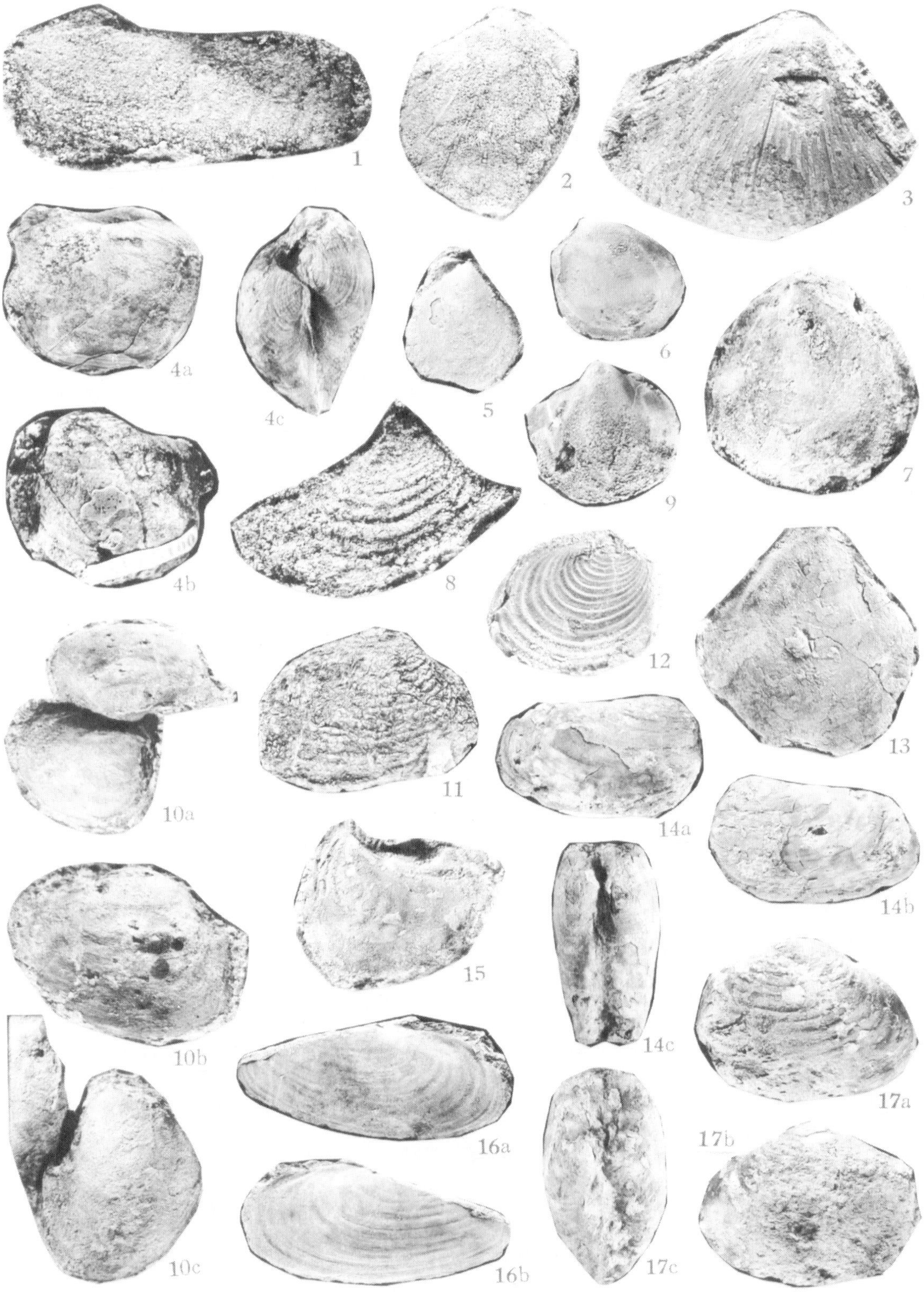
1
2
3
4a
4c
5
6
7
4b
8
9
12
13
10a
11
14a
14b
15
14c
10b
16a
17a
17b
10c
16b
17c

## 图版 XI

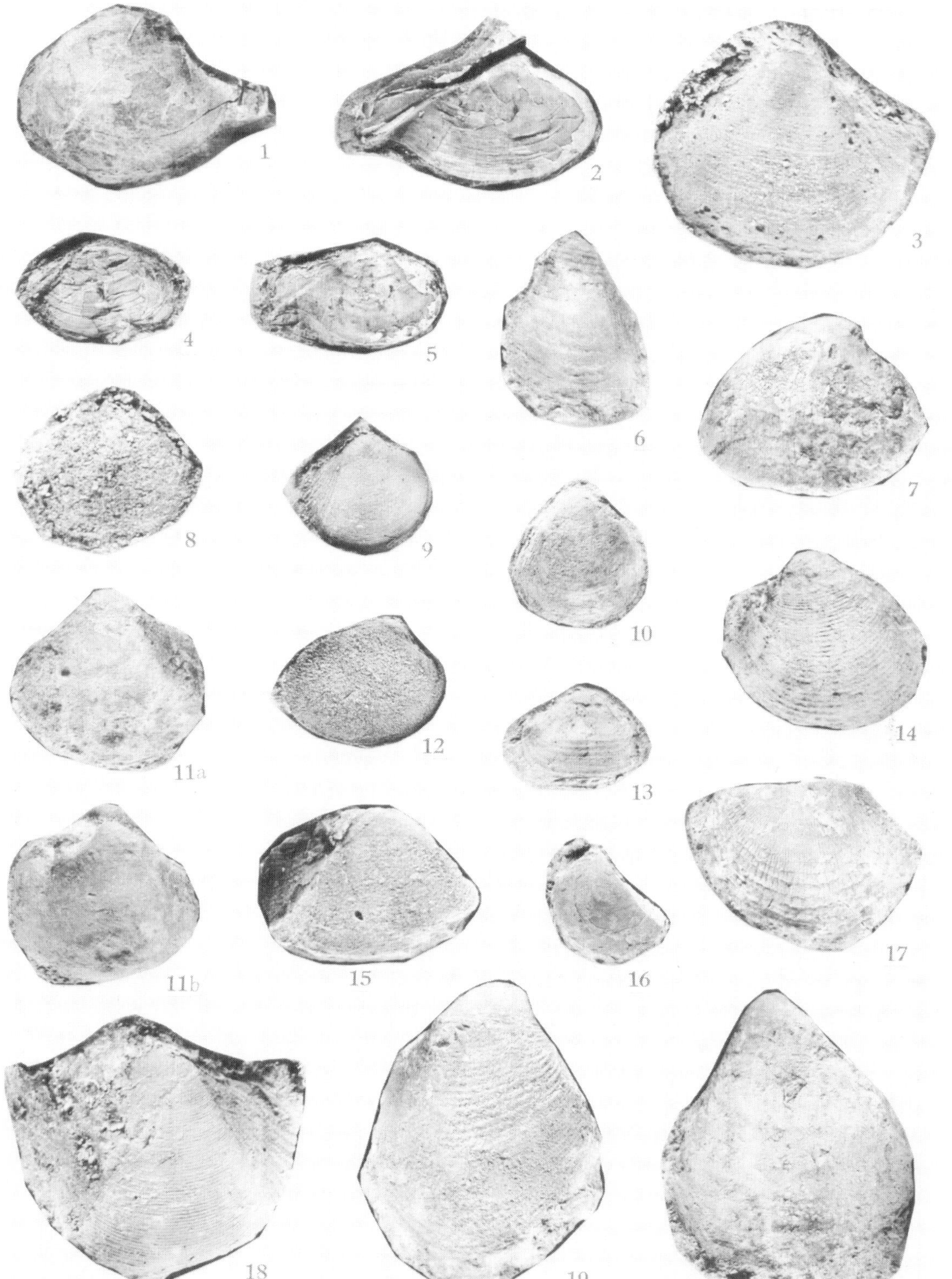

# 图版 XII

# 图版 XIII

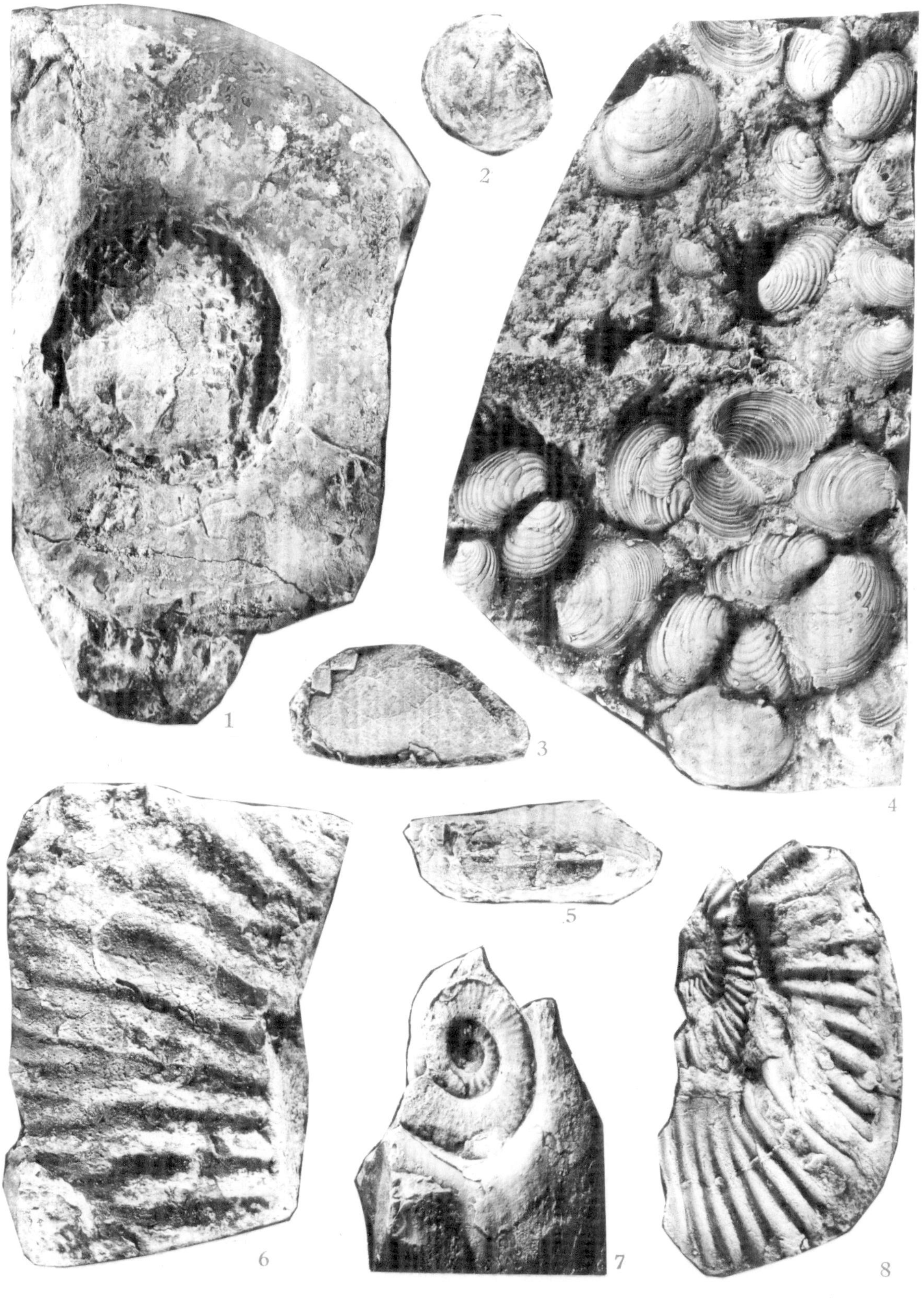

# 图版 XIV

图版 XV

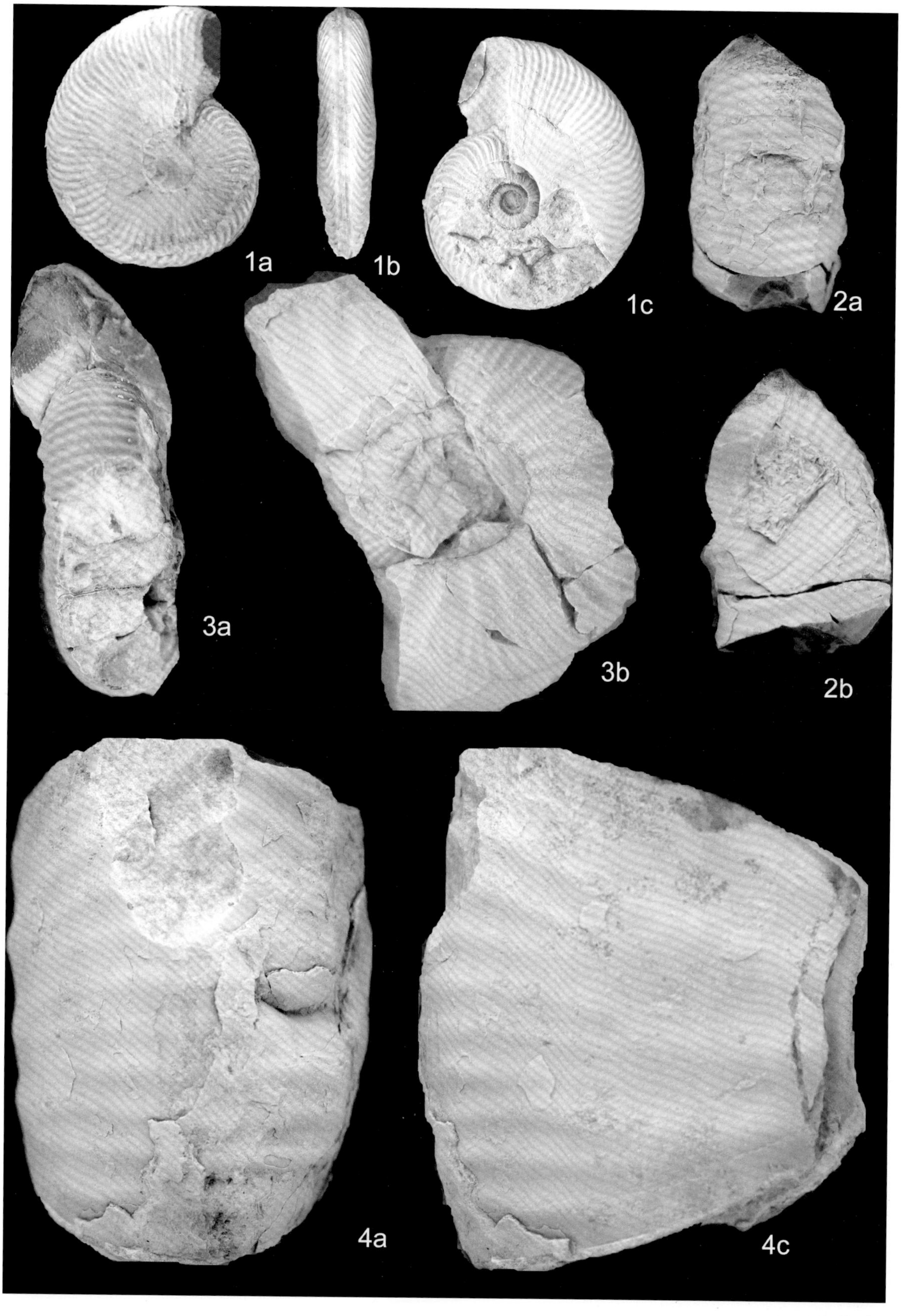

# 图版 XVI

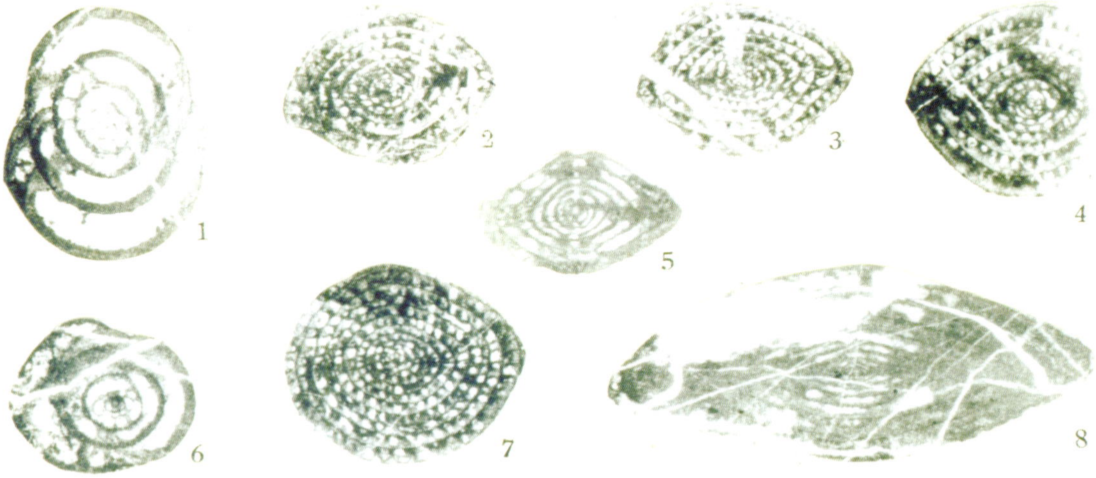

# 图版 XVII

## 图版 XVIII

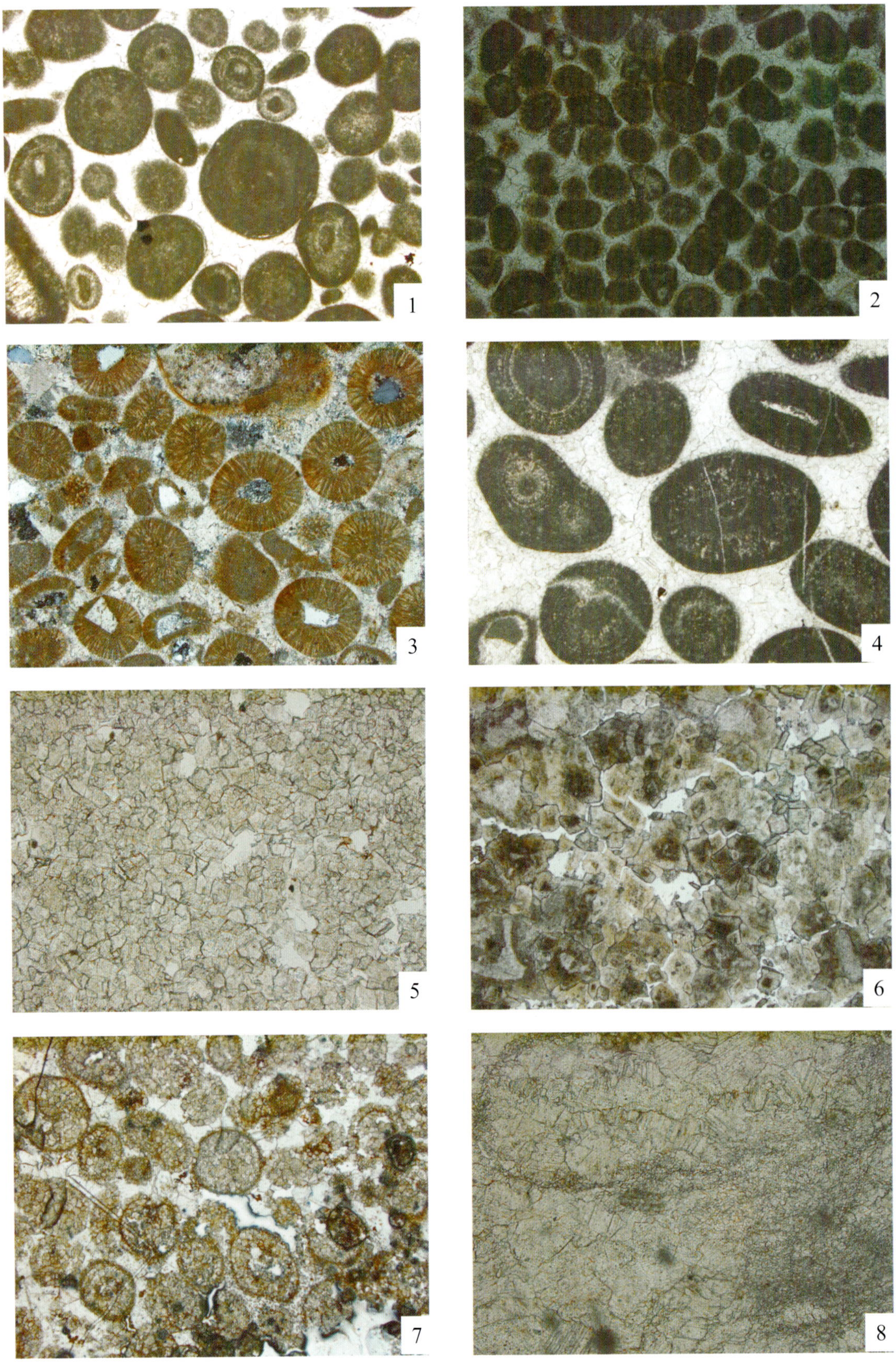

## 图版 XIX

图版 XX

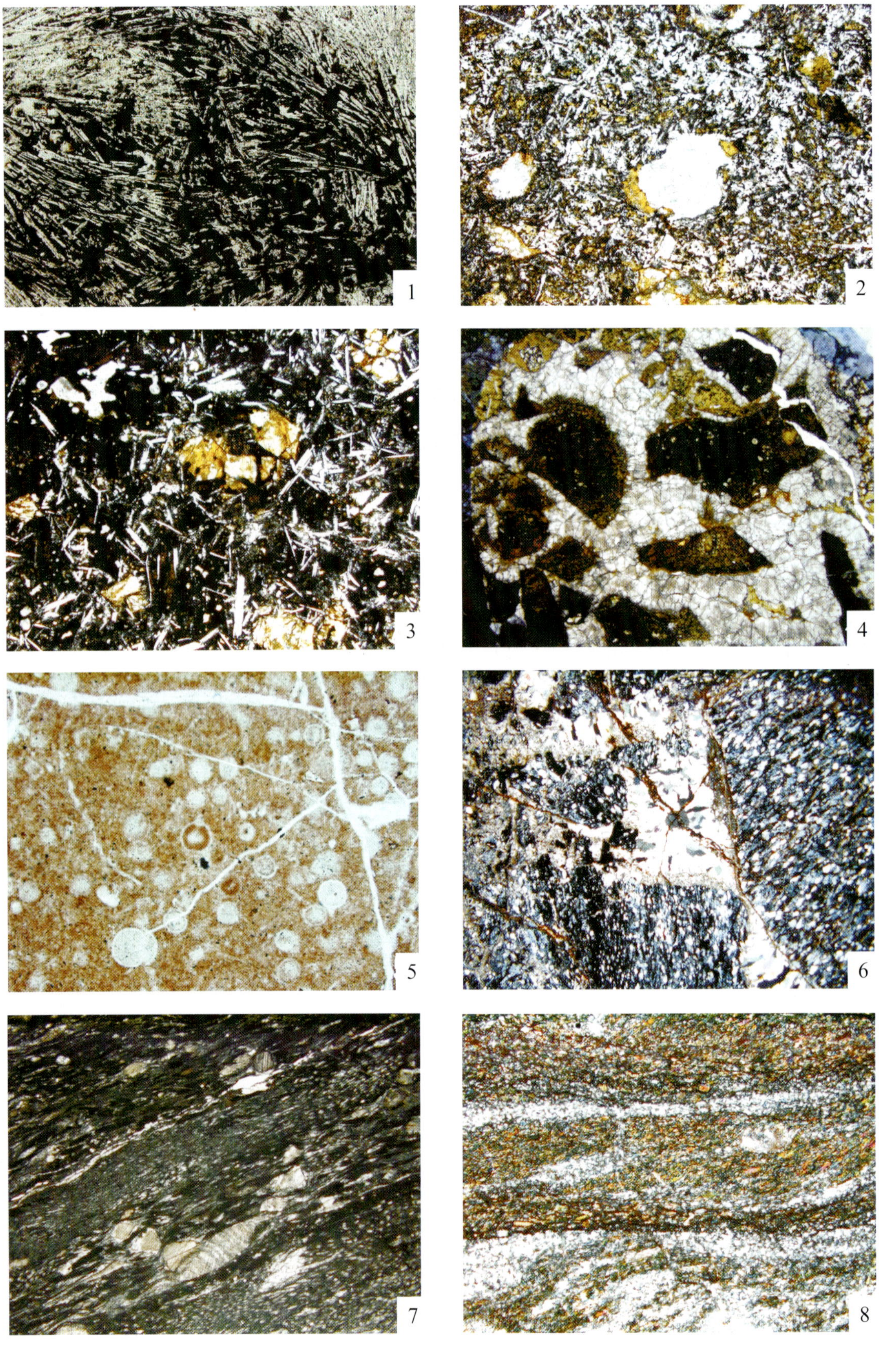

# 图版 XXI

1

2

3

4

5

6

7

# 图版 XXII

# 图版 XXIII

## 图版 XXIV

# 图版 XXV

1

2

3

4

5

6

7

8

# 图版 XXVI

# 图版 XXVII

# 图版 XXVIII

1

2

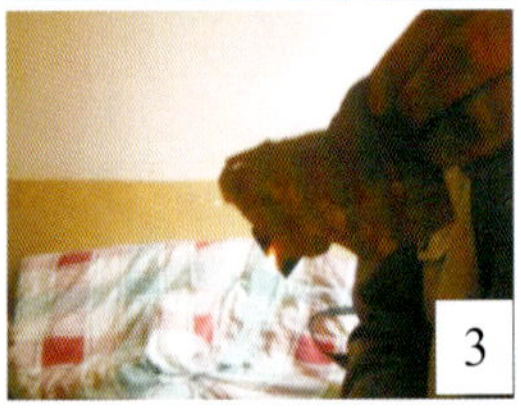
3

4

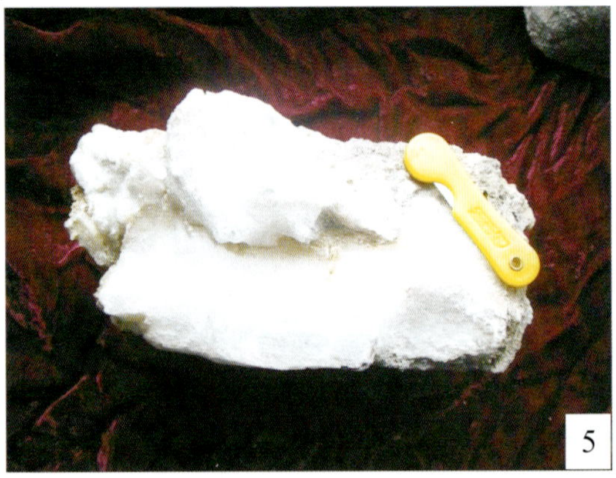
5

6

7

8

9